21世纪高等学校规划教材 | 计算机科学与技术

面向对象程序设计

（C++语言）（第二版）

程磊　李爱华　编著

清华大学出版社
北京

内容简介

本书是《面向对象程序设计(C++语言)》的第2版，参考了C++11标准的新特性，更新或增加了部分例题与习题，对部分章节的内容做了修改调整，特别增加了Visual C++环境下Windows程序开发的实例，给出了C++11的部分新特性，以便读者了解和深入学习。

本书基于C++语言详细地介绍了面向对象的程序设计思想，内容主要分三大部分共13章。

第一部分是C++语言基础。重点介绍C++语言的语法、面向对象的基本特征、C++程序的开发过程、基本数据类型、函数、引用、动态内存管理及异常处理等。

第二部分是面向对象的程序设计。详细讲述面向对象程序设计的基本概念、类与对象的定义和使用、继承与派生、多态性、运算符重载、模板、标准模板库STL、C++的输入与输出等。

第三部分是Visual C++环境下Windows程序开发概述。基于Visual C++ 2015开发环境、面向对象的程序设计思想，讲解Windows编程初步和应用实例的设计开发。

本书结构清晰，内容讲述深入浅出，实例讲解精练。同时，每章后面都附有大量的习题。教师可以从清华大学出版社网站www.tup.com.cn下载本书的电子课件和所有例题代码。

本书既可作为高等学校相关专业面向对象程序设计C++语言的教材，也可作为软件开发技术人员的参考书。

图书在版编目(CIP)数据

面向对象程序设计：C++语言/程磊，李爱华编著. —2版. —北京：清华大学出版社，2018(2023.1重印)
(21世纪高等学校规划教材·计算机科学与技术)
ISBN 978-7-302-50747-5

Ⅰ. ①面… Ⅱ. ①程… ②李… Ⅲ. ①C++语言－程序设计－高等学校－教材 Ⅳ. ①TP312.8

中国版本图书馆CIP数据核字(2018)第172073号

责任编辑：闫红梅　薛　阳
封面设计：傅瑞学
责任校对：梁　毅
责任印制：丛怀宇

出版发行：清华大学出版社
网　　址：http://www.tup.com.cn，http://www.wqbook.com
地　　址：北京清华大学学研大厦A座　**邮　　编**：100084
社 总 机：010-83470000　**邮　　购**：010-62786544
投稿与读者服务：010-62776969，c-service@tup.tsinghua.edu.cn
质量反馈：010-62772015，zhiliang@tup.tsinghua.edu.cn
课件下载：http://www.tup.com.cn，010-83470236
印 装 者：三河市铭诚印务有限公司
经　　销：全国新华书店
开　　本：185mm×260mm　**印　张**：23.5　**字　　数**：572千字
版　　次：2010年1月第1版　2018年8月第2版　**印　　次**：2023年1月第6次印刷
印　　数：7001～8500
定　　价：59.00元

产品编号：060351-01

出版说明

随着我国改革开放的进一步深化，高等教育也得到了快速发展，各地高校紧密结合地方经济建设发展需要，科学运用市场调节机制，加大了使用信息科学等现代科学技术提升、改造传统学科专业的投入力度，通过教育改革合理调整和配置了教育资源，优化了传统学科专业，积极为地方经济建设输送人才，为我国经济社会的快速、健康和可持续发展以及高等教育自身的改革发展做出了巨大贡献。但是，高等教育质量还需要进一步提高以适应经济社会发展的需要，不少高校的专业设置和结构不尽合理，教师队伍整体素质亟待提高，人才培养模式、教学内容和方法需要进一步转变，学生的实践能力和创新精神亟待加强。

教育部一直十分重视高等教育质量工作。2007年1月，教育部下发了《关于实施高等学校本科教学质量与教学改革工程的意见》，计划实施"高等学校本科教学质量与教学改革工程"(简称"质量工程")，通过专业结构调整、课程教材建设、实践教学改革、教学团队建设等多项内容，进一步深化高等学校教学改革，提高人才培养的能力和水平，更好地满足经济社会发展对高素质人才的需要。在贯彻和落实教育部"质量工程"的过程中，各地高校发挥师资力量强、办学经验丰富、教学资源充裕等优势，对其特色专业及特色课程(群)加以规划、整理和总结，更新教学内容、改革课程体系，建设了一大批内容新、体系新、方法新、手段新的特色课程。在此基础上，经教育部相关教学指导委员会专家的指导和建议，清华大学出版社在多个领域精选各高校的特色课程，分别规划出版系列教材，以配合"质量工程"的实施，满足各高校教学质量和教学改革的需要。

为了深入贯彻落实教育部《关于加强高等学校本科教学工作，提高教学质量的若干意见》精神，紧密配合教育部已经启动的"高等学校教学质量与教学改革工程精品课程建设工作"，在有关专家、教授的倡议和有关部门的大力支持下，我们组织并成立了"清华大学出版社教材编审委员会"(以下简称"编委会")，旨在配合教育部制定精品课程教材的出版规划，讨论并实施精品课程教材的编写与出版工作。"编委会"成员皆来自全国各类高等学校教学与科研第一线的骨干教师，其中许多教师为各校相关院、系主管教学的院长或系主任。

按照教育部的要求，"编委会"一致认为，精品课程的建设工作从开始就要坚持高标准、严要求，处于一个比较高的起点上。精品课程教材应该能够反映各高校教学改革与课程建设的需要，要有特色风格、有创新性(新体系、新内容、新手段、新思路，教材的内容体系有较高的科学创新、技术创新和理念创新的含量)、先进性(对原有的学科体系有实质性的改革和发展，顺应并符合21世纪教学发展的规律，代表并引领课程发展的趋势和方向)、示范性(教材所体现的课程体系具有较广泛的辐射性和示范性)和一定的前瞻性。教材由个人申报或各校推荐(通过所在高校的"编委会"成员推荐)，经"编委会"认真评审，最后由清华大学出版社审定出版。

目前,针对计算机类和电子信息类相关专业成立了两个“编委会”,即“清华大学出版社计算机教材编审委员会”和“清华大学出版社电子信息教材编审委员会”。推出的特色精品教材包括:

(1) 21世纪高等学校规划教材·计算机应用——高等学校各类专业,特别是非计算机专业的计算机应用类教材。

(2) 21世纪高等学校规划教材·计算机科学与技术——高等学校计算机相关专业的教材。

(3) 21世纪高等学校规划教材·电子信息——高等学校电子信息相关专业的教材。

(4) 21世纪高等学校规划教材·软件工程——高等学校软件工程相关专业的教材。

(5) 21世纪高等学校规划教材·信息管理与信息系统。

(6) 21世纪高等学校规划教材·财经管理与应用。

(7) 21世纪高等学校规划教材·电子商务。

(8) 21世纪高等学校规划教材·物联网。

清华大学出版社经过三十多年的努力,在教材尤其是计算机和电子信息类专业教材出版方面树立了权威品牌,为我国的高等教育事业做出了重要贡献。清华版教材形成了技术准确、内容严谨的独特风格,这种风格将延续并反映在特色精品教材的建设中。

清华大学出版社教材编审委员会
联系人:魏江江
E-mail:weijj@tup.tsinghua.edu.cn

第2版前言

本书是《面向对象程序设计(C++语言)》的第 2 版,为保持一定的教学连续性,本书继续保留原教材的主要框架及特点,对部分章节内容进行了更新或修改。

1. 第 2 版的变化

通过几年来的教学实践积累,根据作者的授课经验,以及教材使用院校的反馈,在第 1 版的基础上,本书做了以下几个方面的修改。

(1) 对章节内容的修改及完善。在不改变整体知识架构的基础上,对部分章节的内容做了调整,对章节内容进行深入讲解分析,更新或增加了每章的例题与习题。

(2) 增加了程序运行结果的截图。对于每章的例题,修改了例题运行结果的表示形式,给出例题的实际运行结果截图,以这种方式呈现程序的运行结果,强化了运行结果的直观性,便于读者阅读分析。

(3) 特别修改了本书第三部分的内容。特别修改了 Visual C++环境下 Windows 程序开发的内容,基于本书第一部分和第二部分的学习内容,增加了"小球游戏程序"开发的实例,综合运用面向对象程序设计知识,设计开发 Windows 应用程序,使学生在面向对象程序设计上再上一个台阶。

(4) 更新了 Windows 平台的程序开发环境。本书基于目前较主流的 Visual C++ 2015 集成开发环境,所有程序均基于 Visual C++ 2015 集成开发环境编译运行。并给出开发步骤的截图说明,读者可以跟着设计过程说明,学习应用程序的开发。

(5) 增加 C++ 11 标准的新特性。参考了 C++标准,为了保持教学的连贯性,本书并没有全部改到 C++ 11 标准上,仅给出了 C++ 11 的部分新特性,以便读者了解和深入学习。

2. 本书的主要内容

本书内容主要分三大部分,首先介绍 C++语言的基础,然后重点介绍面向对象的程序设计思想,最后讲解基于 Windows 环境的 VC++程序开发,有理论、有实践,三大部分内容循序渐进,逐步提高,这也是本书区别于同类书的一大亮点。

第一部分是 C++语言基础。重点介绍 C++语言的语法、面向对象的基本特征、C++程序的开发过程、基本数据类型、函数、引用、动态内存管理及异常处理等。

第二部分是面向对象的程序设计。详细讲述面向对象程序设计的基本概念、类与对象的定义和使用、继承与派生、多态性、运算符重载、模板、标准模板库 STL、C++的输入与输出等。

第三部分是 Visual C++环境下 Windows 程序开发概述。包括 Windows 编程初步和综合设计实例。

每章开始以精练的语言扼要说明本章的内容要点,本章难点被适当地分解在各节中。

本书作者长期以来从事面向对象程序设计的教学，具有丰富的教学、实践经验和独到的见解，这些经验和见解都已融入本书的内容中。书中的程序都已在 Visual C++ 2015 集成开发环境下编译通过。

3. 本书的特色

本书的特色体现在以下 4 个方面。

(1) 内容精练、讲解深入。参考 C++标准的新特性，对庞杂的知识做认真的取舍，结合作者的教学经验讲解，透彻展示重要内容。

(2) 知识介绍深入浅出、简明易懂。对 C++语言的基本概念、原理和方法的简述由浅入深，条理分明，循序渐进。以"概念→语法→举例"的形式进行讲解，强调指出学生常犯的错误和容易混淆的概念。

(3) 特别强调实践环节对于程序设计的重要性。理论与实践紧密结合。不仅说明知识点，更重要的是向读者表明其应用方法，注重对知识的应用领域和质量进行评价，激发读者对于程序设计的兴趣，使读者在短时间内掌握"用什么""怎么用""用在哪"，进而学会用 C++语言进行程序设计并积累丰富的实践经验。

(4) 讲授相关课程的教师可以从清华大学出版社网站 www.tup.com.cn 下载本书的电子课件和相关例程代码。

4. 相关说明

学生提出的问题，自己的编程实践和对技术的思索，特色教学的需要都是促使我们编写本书的源动力。本书第 1～4 章由李爱华编写，第 5～8 章由程磊编写，第 9～13 章由刘海艳编写。另外，沈红、郑浩哲、臧晶和高珊也参与了部分章节的编写及程序调试工作。

本书可以用作 48～64 学时教学的教材，我们努力从程序员的角度来介绍标准 C++语言的基本技术和精华内容，但限于篇幅，有些内容无法详述，如需更深、更详细的研究时可参考本书在最后给出的参考文献书目。

本书第 1 版已被很多院校选做"面向对象程序设计"课程的教材，他们在使用过程中给出了非常中肯的建议，在此深表感谢。

本书是作者多年教学实践的产物，我们希望它能够引导读者步入面向对象程序设计的辉煌殿堂，也特别希望读者能够不吝指出书中的缺点和错误，与我们交流，以便将其修改得更加完善。

作者的电子邮箱如下：

程　磊　chglei@163.com

李爱华　liaihua0561@163.com

作　者

2018 年 5 月

本书的结构框图

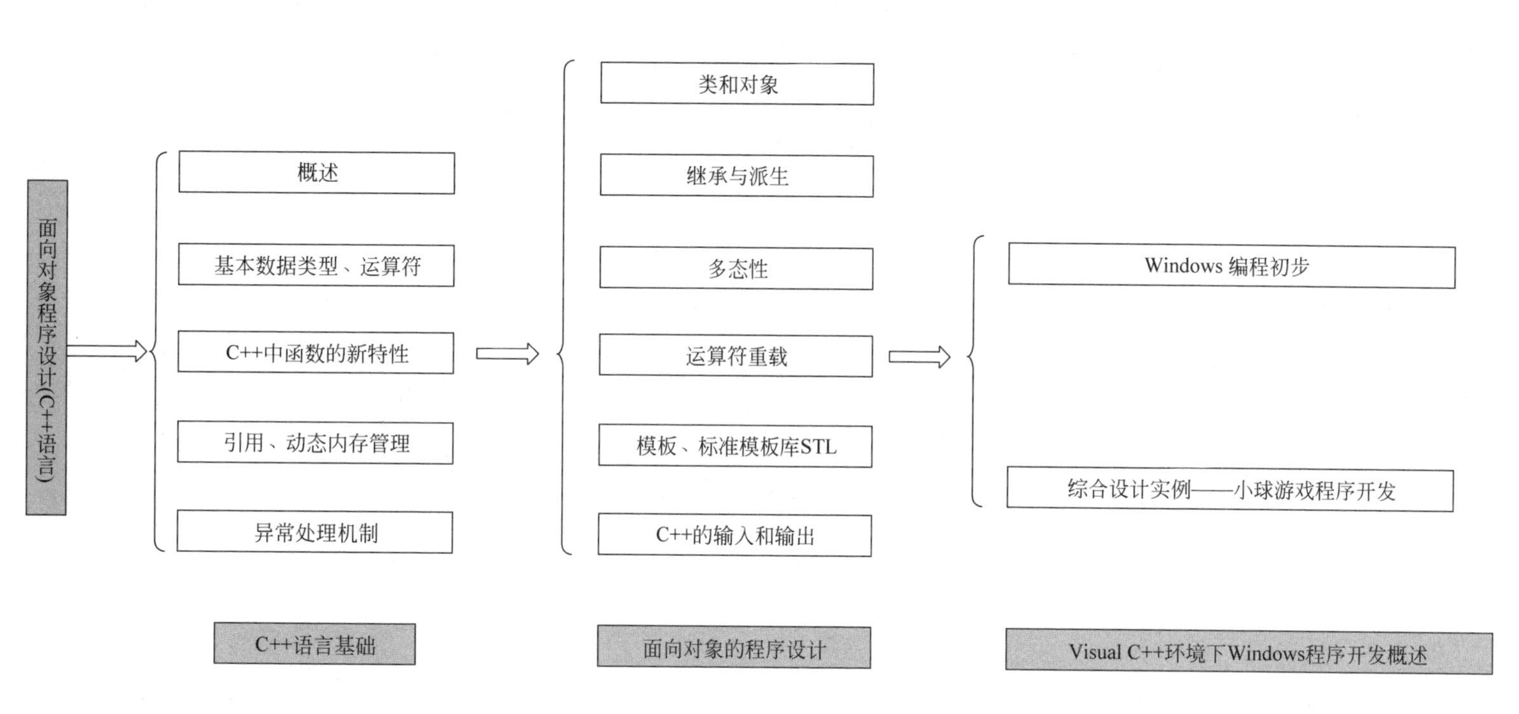

面向对象程序设计(C++语言)
概述
基本数据类型、运算符
C++中函数的新特性
引用、动态内存管理
异常处理机制
C++语言基础
类和对象
继承与派生
多态性
运算符重载
模板、标准模板库STL
C++的输入和输出
面向对象的程序设计
Windows 编程初步
综合设计实例——小球游戏程序开发
Visual C++环境下Windows程序开发概述

第一部分 C++语言基础

第二部分 面向对象的程序设计

第一部分 C++语言基础

第1章 面向对象程序设计概述

本章要点：

- 面向过程与面向对象的程序设计思想
- 面向对象的程序设计概念、基本特征
- C++语言的特点
- 安装、配置C++语言开发环境的方法
- Visual C++环境下C++程序的开发过程

欢迎进入面向对象程序设计的世界，欢迎进入C++的世界。目前，面向对象的程序设计方法已成为软件开发的主流方法，这种方法的提出和运用是软件开发史上的里程碑，它标志着软件开发产业进入到一个新的阶段。

何谓面向对象程序设计(Object-Oriented Programming，OOP)？面向对象程序设计以类的对象作为组成程序的基本单元，以“一切皆对象”的思想观察并分析客观问题，认为世界是由各种对象(object)组成的，所有问题都是在对象运行、变化和相互作用中发生的，这符合人们习惯的思维方式。但是，面向对象的程序设计不是直接简单地描述每一个具体的对象，而是先从个别对象入手，将它们上升到一般层次上，建立“类”模型。在此基础上，进一步给出实例——对象从初始状态到目的状态的变化，来得到问题的解。这种从个别到一般再到个别的思维模式，更容易抓住问题的本质，也更适合大型程序的开发。

本章将通过对比面向过程与面向对象的程序设计特点，介绍面向对象程序设计的基本概念，包括OOP开发方法的概述。

通过对C++语言的学习，读者可以掌握面向对象程序设计方法，也可为学习其他面向对象程序设计语言打下良好的基础。

1.1 面向过程与面向对象

何谓面向过程与面向对象？在软件设计与使用中，传统的、被人们广泛使用的方法是面向过程的程序设计方法。面向对象的程序设计方法的提出是软件业认识上的一次飞跃。

面向过程：这种方法以功能为基础，把数据和对数据操作的过程相分离。其优点是结构清晰、模块化强；缺点是代码的可重用性差，不利于代码的维护和扩充。

面向对象：这种方法以数据为基础，将数据与对数据操作的过程作为一个整体，数据本身对外界是隐藏的。而面向对象的程序设计方法所具有的封装性、继承性和多态性为提高代码的可重用性、可扩充性和可维护性提供了有力的技术保障，是目前主流的程序设计方法之一。

1.1.1 面向过程的程序设计

C语言就是面向过程的程序设计语言。C语言用一个个函数分别实现各子功能模块，在main()函数中，通过流程控制语句，将这些函数有机地组织成完整的程序。

尽管传统的程序设计语言经历了第一代语言、第二代语言以及第三代语言的发展过程，但是其编写程序的主要工作都是围绕设计解题过程进行的，都是面向过程的程序设计。

面向过程的程序设计思想的核心是功能分解，通常采用自顶向下的方法进行程序设计，即传统的结构化程序设计(Structured Programming,SP)方法：将一个大规模的、复杂的问题按功能逐步分解为若干小规模的、简单的子问题，使用对应的程序模块来实现每一个简单的子问题，因而每个程序模块具有相对独立的功能，再由这些基本模块在一定的控制方式下实现较大的功能模块，直至最后完成一个完整的程序。

面向过程的程序设计范型是"程序＝算法＋数据结构"，面向过程的程序设计具有直观、结构清晰的特点。

面向过程的程序设计方法存在的不足：程序将数据和对数据的操作分离。如果一个或多个数据的结构发生了变化，则与之相关的所有操作都必须改变，这种变化将波及程序的很多部分甚至整个程序，致使许多函数和过程必须重写，严重时会导致整个软件结构的崩溃。这就是说，传统程序的复杂性控制是一个很棘手的问题，这也是传统程序难以重用的一个重要原因。维护是软件生命周期中的最后一个环节，也是非常重要的一个环节。传统程序设计是面向过程的，其数据和操作相分离的结构，使得维护数据和处理数据的操作过程要花费大量的精力和时间，严重地影响了软件的生产效率。

1.1.2 面向对象的程序设计

面向对象程序设计方法强调以问题域(现实世界)中的事物为中心来思考和认识问题，并按照事物的本质特征将其抽象为对象，以作为构成软件系统的基础。

下面通过一个实例初识面向对象的程序设计方法，用C++进行面向对象程序设计的基本过程。

【例1.1】 一个简单的Student类的程序。

一个简单的学生成绩管理系统用来管理若干学生的信息。每个学生的信息包括学号、姓名、某门课的平时成绩、期末成绩、总评成绩和名次。该系统可实现成绩的录入、计算、排名、输出等操作。

```
class Student                   //定义一个类 Student
{                               //以下几项是数据项,作为类内的数据成员
private:                        //数据成员是私有的,即对外部函数不公开
    char number[10];            //学号
    char name[10];              //姓名
    int dailyScore;             //平时成绩
    int finalScore;             //期末成绩
```

```
    float generalScore;      //总评成绩
    int place;               //名次
public:                      //以下是类的公有成员函数,是类的对外接口
    void ReadData();         //输入当前学生的学号、姓名、平时及期末成绩
    void CalcuScore();       //计算当前学生的总评成绩
    void PrintOut();         //按一定的格式输出当前学生的完整信息
    //友元函数 SortScore(),根据总评成绩排名的学生名次
    friend void SortScore(Student stu[],int n);
};
…                            //类内函数及友元函数的具体实现代码省略
```

主函数中,通过定义类的对象,再向对象发送消息完成程序。

```
int main()
{
    Student stu[20];         //定义属于类 Student 的 20 个学生对象,stu[i]就是每个学生的名字
    int i,n=5;               //n=5 表示管理 5 个学生的成绩
    for(i=0;i<n;i++)         //通过向 5 个对象发送消息,对象接收消息后调用成员函数
        stu[i].ReadData();   //ReadData()实现读入每个学生的信息
    for(i=0;i<n;i++)         //5 个对象调用成员函数 CalcuScore()计算总评成绩
        stu[i].CalcuScore();
    SortScore(stu,5);        //根据总评成绩进行排名,得出每个学生的名次值
    for(i=0;i<n;i++)         //5 个对象调用成员函数 PrintOut()输出各自的信息
        stu[i].PrintOut();
    return 0;
}
```

程序说明:

类名称:Student。

类的数据成员:number、name、dailyScore、finalScore、generalScorel、place。

类的成员函数:ReadData()、CalcuScore()、PrintOut()、SortScore(Student stu[],int n)。

在以上的类定义中,所有的数据成员以及成员函数的具体实现代码都被封装和信息隐藏,只有成员函数的原型,即接口(interface)对外公开,在主函数中只能通过类的对象调用类的函数,间接地修改数据成员的值,而不能通过对象直接操作被封装的数据成员,这是面向对象程序所具有的封装性,这种特性增强了代码的安全性。

通过这个简单实例,可以得出以下结论:

(1) 面向对象的程序一般由两部分组成:类的定义和类的使用。

在函数中定义类的对象,并向对象发送消息,使其响应并完成一定功能。

(2) 程序中的一切操作都是通过向对象发送消息来实现的,对象接收到消息后,启动有关方法完成相应的操作。

面向对象的程序最终是通过定义各个类的对象,向对象发送消息,对象在接收到消息后启动相应的方法完成各种操作的。

向对象发送消息的形式如下:

对象名.成员函数名(实际参数表)

如例 1.1 中对象 stu 调用成员函数的语句:

```
stu[i].ReadData();
```

例 1.1 的 Student 类也可以用 UML(Unified Modeling Language)图来表示,如图 1.1 所示。

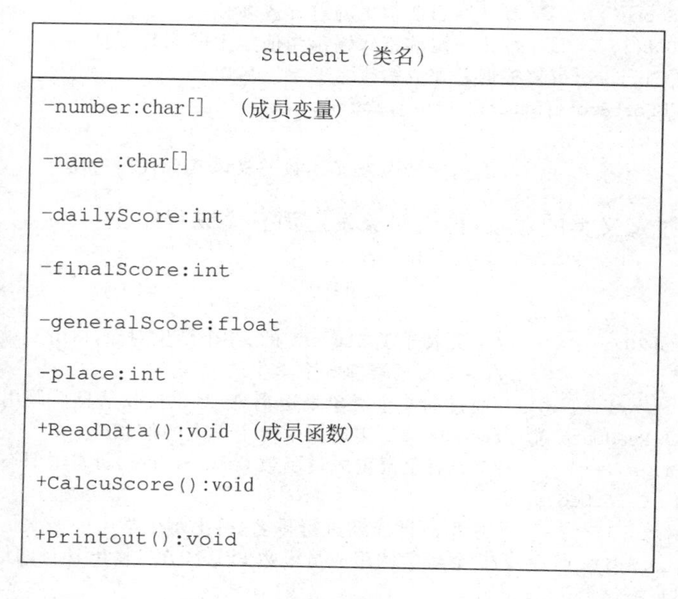

图 1.1　Student 类的 UML 图

有关 UML 的内容在第 3 章中会详细介绍。

1.2 面向对象程序设计的基本特征

1.2.1 新的程序设计范型

面向对象程序设计是一种新的程序设计范型(paradigm)。程序设计范型是指设计程序的规范、模型和风格,它是一类程序设计语言的基础。一种程序设计范型体现了一类语言的主要特征,这些特征能用以支持应用领域所希望的设计风格。不同的程序设计范型有不同的程序设计技术和方法学。

面向对象程序设计是一种新型的程序设计范型。这种范型的主要特征是:

程序 = 对象 + 消息

面向对象程序的基本元素是对象,面向对象程序的主要结构特点是:①程序一般由类的定义和类的使用两部分组成,在主程序中定义各对象并规定它们之间传递消息的规律。②程序中的一切操作都是通过向对象发送消息来实现的,对象接收到消息后,启动有关方法完成相应的操作。一个程序中涉及的类,可以由程序设计者自己定义,也可以使用现成的类(包括类库中为用户提供的类和他人已构建好的)。尽量使用现成的类,是面向对象程序设计范型所倡导的程序设计风格。

需要说明的是，某一种程序设计语言不一定与一种程序设计范型相对应。实际上存在具备两种或多种范型的程序设计语言，即混合型语言。例如C++就不是纯粹的面向对象程序设计范型，而是面向过程程序设计范型和面向对象程序设计范型的混合范型程序设计语言。

1.2.2　面向对象程序设计的基本概念

1. 对象(object)

面向对象程序设计认为客观世界由对象组成。对象是一类概念的具体示例，有形体特征和具体行为。例如，现实世界中的对象既具有静态的属性(attribute)，又具有动态的方法(method)或称行为。例如，每个人都有姓名、性别、年龄、身高、体重等属性，都有吃饭、走路、睡觉、学习等行为。所以在现实世界中，对象一般可以表示为：属性＋方法(行为)。

现实世界中的对象，具有以下特性：

(1) 每一个对象必须有一个名字以区别于其他对象。

(2) 用属性来描述他的某些特征。

(3) 有一组操作，每个操作决定对象的一种行为。

(4) 对象的操作可以分为两类：一类是自身所承受的操作；另一类是施加于其他对象的操作。

使用对象时只需知道它向外界提供的接口形式而无须知道它的内部实现算法，不仅使得对象的使用变得非常简单、方便，而且具有很高的安全性和可靠性。可见，面向对象程序设计中的对象来源于现实世界，更接近人类的思维。

2. 类(class)

在面向对象的程序设计方法中，具有相似属性和行为的一组对象，就称为类。也就是说，类是对具有相同数据结构和相同操作的一类对象的描述。类实质上就是一种类型，但这种类型与一般类型不同。类包括数据成员和成员函数。类体现的是在面向对象的程序设计中以数据为中心，将数据与对数据的操作绑定在一起的思想。

类和对象之间的关系是抽象和具体的关系。类是多个对象进行综合抽象的结果，一个对象是类的一个实例。例如，“学生”是一个类，他是由千千万万个具体的学生抽象而来的一般概念。同理，桌子、教师、计算机等都是类。

在面向对象程序设计中，总是先声明类，再由类生成其对象，如例1.1中Student类的声明。类是建立对象的“模板”，按照这个模板所建立的一个个具体的对象，就是类的实际例子，通常称为实例。

3. 消息(message)

由于面向对象程序设计是由对象组成的，对象之间需要通过消息传递来达到协调工作的目的。消息是一个对象向另一个对象发出的执行某种操作的请求，而对象执行操作称为对消息的响应。从实现代码看，消息就是通过一个对象对类的成员函数的一次调用。如例1.1中的“Stu[i].ReadData();”语句。

一般情况下,我们称发送消息的对象为发送者或请求者,接收消息的对象为接收者或目标对象。对象中的联系只能通过消息传递来进行。接收对象只有在接收到消息时,才能被激活,被激活的对象会根据消息的要求完成相应的功能。

消息具有以下 3 个性质:

(1) 同一个对象可以接收不同形式的多个消息,给出不同的响应。

(2) 相同形式的消息可以传递给不同的对象,所给出的响应可以是不同的。

(3) 对消息的响应并不是必需的,对象可以响应消息,也可以不响应。

4. 方法(method)

在面向对象程序设计中,要求某一对象做某一操作时,就向该对象发送一个相应的消息,当对象接收到发给他的消息时,就调用有关的方法,执行相应的操作。方法就是对象能执行的操作。方法包括界面和方法体两部分。方法的界面也就是消息的模式,他给出了方法的调用协议;方法体则是体现某种操作的一系列计算步骤,也就是一段程序。消息和方法的关系是:对象根据接收到的消息,调用相应的方法;反过来,有了方法,对象才能响应相应的消息。所以消息模式与方法界面应该是一致的。同时,只要方法界面保持不变,方法体的改动就不会影响方法的调用。在 C++语言中,方法是通过函数来实现的,称为成员函数。

1.2.3 面向对象程序设计的基本特征

本节将介绍面向对象程序设计的 4 个基本特征:抽象性、封装性、继承性与多态性。

1. 抽象性(abstraction)

抽象是通过特定的实例(对象)抽取共同性质以后形成概念的过程。抽象是对系统的简化描述或规范说明,它强调了系统中的一部分细节和特性,而忽略了其他部分。抽象包括两个方面:数据抽象和行为抽象。前者描述某类对象的属性或状况,也就是此类对象区别于彼类对象的特征物理量;后者描述了某类对象的共同行为特征或具有的共同操作。如图 1.1 所示。

抽象在系统分析、系统设计以及程序设计的发展中一直起着重要的作用。在面向对象程序设计方法中,对一个具体问题的抽象分析的结果是通过类来描述和实现的。

2. 封装性(encapsulation)

封装是指把数据和现实操作的代码集中起来放在对象内部,并尽可能隐蔽对象的内部细节。对象好像是一个不透明的黑盒子,表示对象属性的数据和实现各个操作的代码都被封装在黑盒子里,从外面是看不见的,更不能从外面直接访问或修改这些数据及代码。使用一个对象的时候,只须知道对象向外界提供的接口形式而无须知道对象的数据结构细节和实现操作的算法,如图 1.2 所示。

从上面的叙述可以看出,封装应该具有下面的几个条件:

(1) 对象具有一个清楚的边界,对象的私有数据和实现操作的代码都被封装在内。

(2) 具有一个描述对象与其他对象如何相互作用的接口,该接口必须说明消息传递的使用方法。

(3) 对象内部的代码和数据应受到保护，其他对象不能直接修改。

对象的这一封装机制，可以将对象的使用者与设计者分开，使用者不必知道对象行为实现的细节，只需要使用设计者提供的接口让对象去做。封装的结果实际上隐藏了复杂性，并提供了代码重用性，从而减轻了开发一个软件系统的难度。

3. 继承性(inheritance)

在面向对象程序设计中，允许在已有类的基础上通过增加新特征而派生出新的类，称为继承。原有的类称为基类(base class)，新建立的类称为派生类(derived class)。

例如，车是一个类，小轿车就是车的一个派生类，奥迪小轿车又是小轿车的一个派生类。由此可以看出，派生类自动继承了基类的属性和方法，在整个类的继承关系中，越是上层的类越简单、越一般，而越是下层的类越具体、越详细。因此，可以在基类的基础上增加一些属性和方法来构造出新的类。

在面向对象程序设计中定义新的类时，只要将新类说明为某个类的派生类，则该派生类会自动地继承这个基类的属性和方法，这些内容在新类中可以直接使用而不必重新定义。这显然减少了软件开发的工作量，也实现了代码的重用。

4. 多态性(polymorphism)

面向对象程序设计借鉴了现实世界的多态性。面向对象系统的多态性是指不同的对象收到相同消息时产生多种不同的行为方式。例如，有一个窗口 window 类对象，还有一个棋子 piece 类对象，如对它们都发出"移动"的消息，则"移动"操作在 window 类对象和 piece 类对象上可以有不同的行为。

C++语言支持两种多态性，即编译时的多态性和运行时的多态性。编译时的多态性是通过重载来实现的，运行时的多态性是通过虚函数来实现的。

重载一般包括函数重载和运算符重载。函数重载是指一个标识符可同时用于多个函数命名，而运算符重载是指一个运算符可同时用于多种运算。也就是说，相同名字的函数或运算符在不同的场合可以表现出不同的行为。

由于虚函数的概念较复杂，并且涉及 C++的语法细节，因此将在第 6 章再做进一步的讨论。

多态性增强了软件的灵活性和重用性，为软件的开发与维护提供了极大的便利。尤其是采用了虚函数和动态联编机制后，允许用户以更为明确、更易懂的方式去建立通用的软件。

对于以前从未接触过 OOP 的读者，这些术语未免有些抽象，本书后文会对这些术语进行详细解释。

1.3 C++语言概述

C++语言由 C 语言发展而来，它是一种混合型的程序设计语言。C++语言既是一种面向过程的程序设计语言，又是一种面向对象的程序设计语言。

有很多著名的软件都是基于C++语言开发的。

- 操作系统：主流的三种操作系统Windows、UNIX、Linux的内核都是用C语言和汇编语言编写的，很多高级特性都是用C++语言编写的。
- 驱动程序：涉及调用硬件的程序几乎都会用到C/C++语言。
- 苹果产品：苹果Apple的系列产品，使用的是Object-C，是一种类C++语言。
- 数据库引擎：MySQL、Oracle、SQL Server等基本上使用C/C++语言及汇编语言编写。
- 图形图像软件：Adobe平台的各种软件如Photoshop、Acrobat等。
- 浏览器软件：IE浏览器、火狐浏览器、谷歌Chrome浏览器等都是用C++语言编写的。
- 网络游戏：PC平台的大部分网络游戏，如《魔兽世界》《英雄联盟》《跑跑卡丁车》等2D/3D类游戏，均得益于C++的高性能运算和速度。
- 即时通信软件：PC平台上的QQ、阿里旺旺等。
- 通信行业后台管理系统：大型的后台，很多都使用C++语言编写。
- 应用软件：Microsoft Office、Microsoft Visual Studio等都是用C++语言编写的。

1.3.1 从C到C++

C++语言是从C语言发展演变而来的，因此在介绍C++语言之前，首先介绍C语言。C语言最初是美国贝尔实验室Dennis Ritchie在B语言的基础上开发出来的，而B语言又是在继承和发展了BCPL语言的基础上设计的，C最初用作UNIX操作系统的描述语言。开发者希望它功能强、性能好，既能像汇编语言那样高效、灵活，又能支持结构化程序设计。1972年，在一台PDP-11计算机上实现了最初的C语言。到了20世纪80年代，C语言已经广为流行，成为一种应用最广泛的程序设计语言。

尽管如此，C语言毕竟是一种面向过程的编程语言，因此与其他面向过程的编程语言一样，已经不能满足运用面向对象方法开发软件的需要。

C++语言正是为了解决上述问题而设计的。C++语言是美国贝尔实验室的Bjarne Stroustrup博士在C语言的基础上增加了面向对象的特征而开发出来的一种面向过程与面向对象结合的程序设计语言。最初把这种新的语言叫做“带类的C”，1979年10月，第一个“带类的C”的实现在贝尔实验室投入使用，1983年8月，第一个C++实现走出实验室并正式投入使用，同年12月正式改名为C++(发音为C plus plus)。1985年10月，C++ 1.0版本开始正式商业发布。

1.3.2 C++语言的特点

C++标准：

- C++ 98：1998年，ISO C++标准被正式批准为C++ 98。
- C++ 03：2003年发布C++ 2003，在C++ 98上进行了小幅修订。
- C++ 11：2011年，全面的大进化，之前称为C++ 0x，以为会在2008—2009年公布，没想到拖到了2011年。

- C++ 14：主要是对 C++ 11 的一个扩展。

即将推出的下一个 C++标准为 C++ 17。

一般 C++的书都是以 C++ 03 这个标准来讲的，对于初学者来说，简单够用。对于大的项目开发需使用 C++ 11 和 C++ 14 的新特性。本书的内容也是以 C++ 03 为主，个别地方对 C++ 11 和 C++ 14 的新增特性做简要介绍。

C++现在得到了越来越广泛的应用，它继承了 C 语言的优点，并有自己的特点，C++对 C 的增强主要有：

(1) 在原来面向过程的机制基础上，对 C 语言的功能做了不少扩充。

- 用 C 语言写的程序基本上可以不加修改地用于 C++；
- 增加了命名空间、引用和域作用符等大型程序开发需要的机制；
- C++是一种功能强大的混合型的程序设计语言。

(2) 增加了面向对象的机制。

- 面向对象的程序设计，是针对开发较大规模的程序而提出来的，目的是提高软件开发的效率；
- 面向对象和面向过程并不矛盾，而是各有用途、互为补充；
- 最新的标准，支持泛型编程。

(3) C++是 C 的超集，C 是 C++的子集。

C++是高性能开发的杰出语言，它的语法已经成为专业编程语言的标准。C++是现代编程语言的基础，Java 和 C# 语言都是从 C++发展而来的。

总之，目前人们对 C++的兴趣越来越浓，它已经成为被广泛使用的通用程序设计语言。当前，国内外使用、研究 C++的人正在迅猛增加，有序的 C++版本和配套的工具软件不断涌现。

1.4 C++程序及其开发环境

与开发其他高级语言的程序一样，开发一个 C++程序包括编辑、编译、连接、运行和调试等几个步骤。目前能完成 C++程序开发的集成开发环境有很多，如 Microsoft 公司的 Visual C++、Digia 公司的 QT、苹果公司的 XCode、DEV-C++、CodeBlock、Eclipse，Linux 平台上 EMAC、VIM、g++等。本书将以 Microsoft 公司的 Visual Studio 2015 为工具来讲解 C++程序的开发，本书中的源程序都是在 Visual Studio 2015 环境下开发的。

1.4.1 C++程序的开发过程

开发 C++程序与开发其他高级语言的程序一样，包括编辑、编译、连接和运行几个步骤。

1. 程序的编辑

程序的编辑是程序开发过程中的第一步，它主要是将源程序输入到计算机中，并做必要的修改。任何一种文本编辑器都可以完成这项工作。在开发环境中，可以使用源代码编辑窗口进行 C++程序的编辑工作，现在各种 C++开发工具在源代码编辑窗口中都提供了自动缩进、关键词亮色、调用提示、查找和替换等一系列功能,用户使用起来非常方便。

2. 程序的编译

程序的编译是将程序的源代码转换为机器语言代码。C++是一种高级程序设计语言,它的语法规则与汇编语言和机器语言相比更接近人类自然语言的习惯,而机器语言是计算机能够识别的唯一语言。因此,要想让计算机识别C++程序,必须使用一种叫做“编译器”的工具,将一个C++程序“翻译”成机器指令。

C++源程序经过编译以后是以.obj为扩展名的目标文件。如果一个C++程序由多个源程序文件组成,应将它们分别进行编译,从而形成多个目标文件。

3. 程序的连接

编译后的程序是不能由计算机执行的,还需要进行连接。程序的连接是将多个目标文件以及库中的某些文件连接在一起,生成扩展名为.exe的可执行文件。

在编译和连接程序时,都会对程序中存在的语法错误和连接错误进行检查,并将检查出的信息显示在屏幕上。

在Visual C++中,编译、连接这两个过程通常被合并到一起来执行,称为生成(build)。

4. 程序的运行

在程序的编译和连接工作成功地完成后,就可以运行程序,来观察程序是否符合所期望的运行结果。

5. 程序的调试

如果程序的运行结果与期望不符,则说明源程序中存在语义错误。这时,需要使用调试器对可执行程序进行跟踪调试来查找错误发生的原因。

1.4.2 Microsoft Visual Studio 2015 集成开发环境简介

Visual Studio是Microsoft公司推出的可视化集成开发环境(Integrated Development Environment,IDE)工具集,已经有20余年的历史,尤其是1998年推出的Visual Studio 6.0版本更是成为一代经典,至今,其中的Visual C++ 6.0还被许多公司和企业作为C/C++的开发工具,国内许多高校的计算机实验室仍然安装Visual C++ 6.0作为学习C/C++的主要教学软件,经过多年来的不断更新和升级,目前的Visual Studio软件集成多种编程语言与功能模块于一身,包含了Visual C++、Visual C#、Visual Basic等产品,操作风格统一且功能极其强大,基于稳定性和普及程度的考虑,本书采用了Visual Studio 2015(简称VS 2015)作为C++语言的开发工具,虽然不是最新版本,但是与新版本中的Visual C++工具差距不大。VS 2015中包含了代码编辑器、类向导、资源管理器、项目编译工具、增量连接器、集成调试工具等,可以在此环境中轻松地完成创建项目、添加文件、添加类、编辑资源,以及对程序的编辑、生成、运行和调试等工作。

当计算机上安装了Microsoft Visual Studio 2015软件平台后,单击Windows的任务栏中的“开始”按钮,在弹出的菜单中,选择“程序”→Visual Studio 2015→Visual Studio 2015

菜单命令，就可以进入 Visual Studio 2015 的集成开发环境的主窗口，当打开一个 C++项目时，其界面效果如图 1.2 所示。

图 1.2 Visual Studio 2015 集成开发环境的主窗口界面

由图 1.2 可以看出，该集成开发环境由标题栏、菜单栏、工具栏、源代码编辑窗口、项目管理区、输出区和状态栏等部分组成。

Visual Studio 2015 是一个典型的多窗口用户界面，允许用户订制界面上的窗格布局，同当前行业内各种主流的集成开发工具一样，本书采用了如图 1.2 所示的界面布局设置。界面的左侧是项目管理区，类似于原来 Visual C++ 6.0 中的工作区，能从不同角度对项目进行整体管理，它是一个视图的层叠集合，包括解决方案资源管理器、类视图、资源视图、工具箱及其他的管理窗口；界面的中间是代码编辑窗口，采用卡片式风格，可同时打开多个文件；界面的右侧是属性窗口，通过它可以修改当前选择对象的各种属性；在界面的下方是输出区，它主要用于显示项目生成过程中的各种信息，这里也是一个层叠视图集，也可以容纳"查找结果""错误列表"等多种视图；界面的最下面是状态栏，它给出了当前操作或所选择命令的提示信息等。另外，在程序调试过程中，Visual Studio 2015 可以为不同的调试信息创建不同的窗口，比如自动窗口、局部变量、监视窗口和调用堆栈窗口等。

1.4.3 Visual C++控制台应用程序开发

利用 Visual Studio 2015 开发 C++程序的过程包括新建 Visual C++项目、编辑、生成(包括编译、连接两个过程)、运行几个环节，建立 C++控制台应用程序的具体步骤如下。

(1) 新建一个项目。在 VS 2015 环境下，所有应用程序都包含在一个项目中，所以建立任何应用程序的第一步需要建立一个项目。选择菜单项"文件"→"新建"→"项目"，打开如图 1.3 所示的窗口。

这里需要事先在磁盘上建立一个文件夹，用来存储以后生成的 C++项目，在本书中为"C:\StudyC++"，然后在"新建项目"窗口中使用"位置"按钮选择此文件夹，再填写项目名称，单击"确定"按钮。

(2) 出现"欢迎使用 Win32 进入应用程序向导"窗口，单击"下一步"按钮。

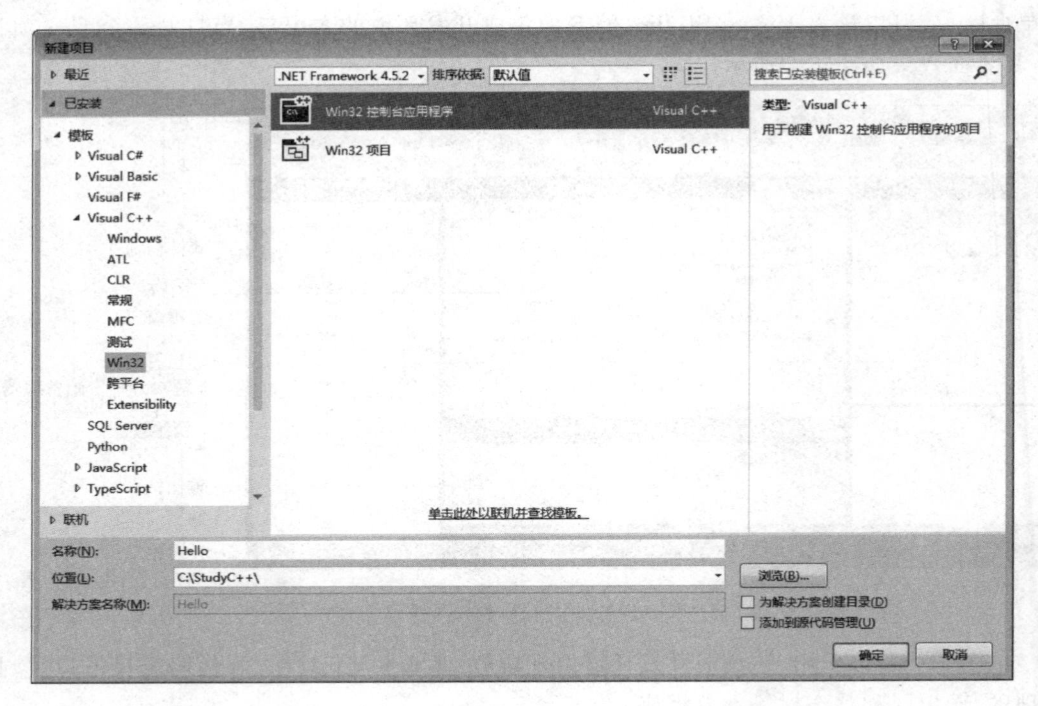

图 1.3 新建 Visual C++Win32 控制台应用程序项目

(3) 在"应用程序设置"窗口中,选中"附加选项"下的"空项目"复选框,其他保持默认,如图 1.4 所示,然后单击"完成"按钮。至此,完成新项目的建立。

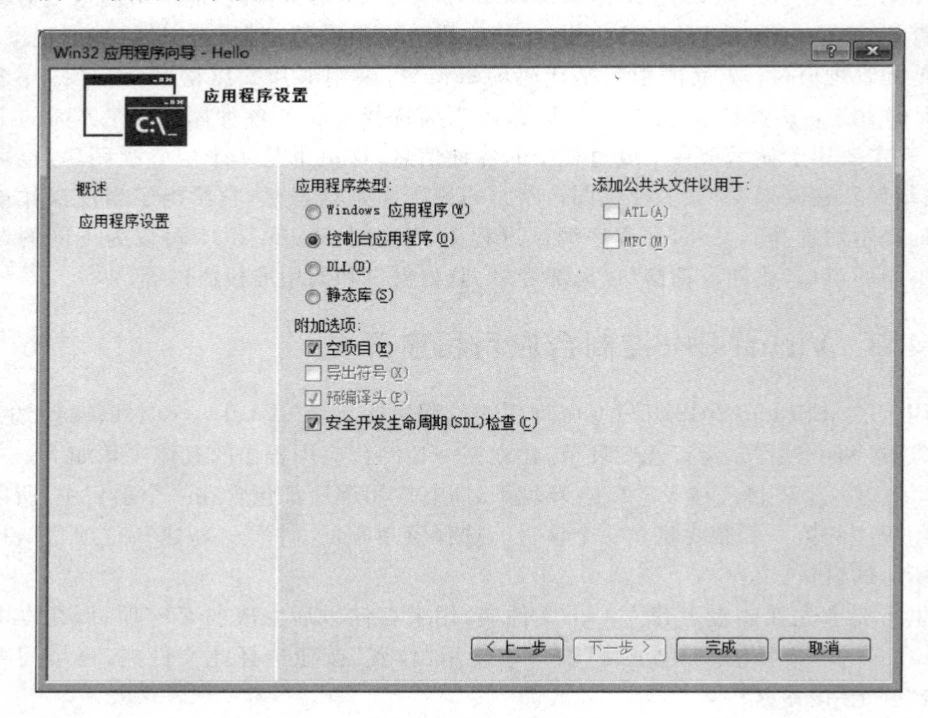

图 1.4 控制台应用程序设置界面

(4) 建立和编辑 C++源程序文件(即.cpp 文件)。项目建好后，选择菜单“项目”→“添加新项”，弹出如图 1.5 所示的窗口，选择“C++文件(.cpp)”类型，在下面名称里输入文件名，例如 main.cpp，然后单击“添加”按钮，将打开文件编辑器，可以输入并编辑 C++源程序代码(读者可以输入图 1.2 中的代码测试一下)。

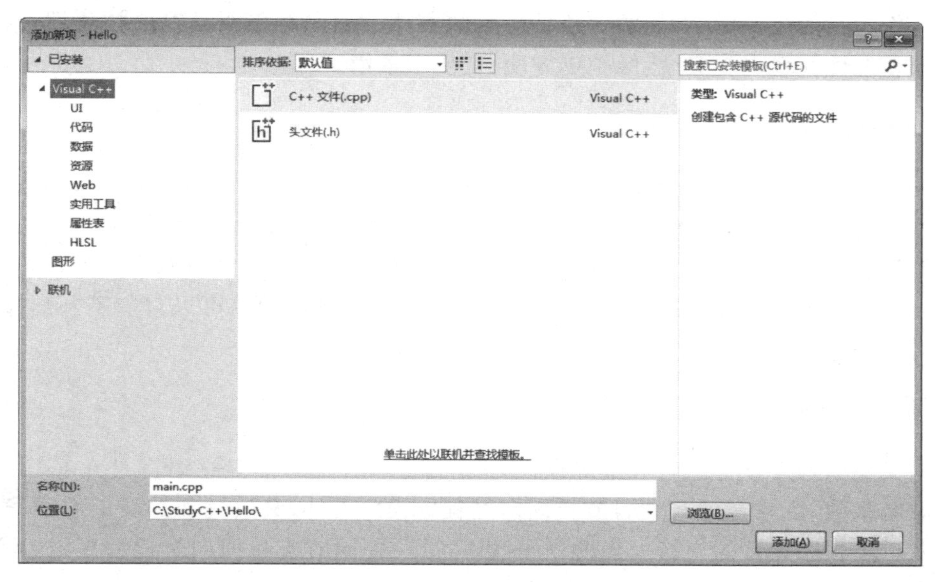

图 1.5　添加 C++源程序文件

(5) 建立可执行文件。源程序编辑完成后要保存文件，然后选择菜单“生成”→“生成解决方案”或者用快捷键 Ctrl＋Shift＋B，经历了编译、连接过程后，即可生成可执行程序，如果有错误，则在屏幕下方的输出窗口中显示错误信息。

(6) 选择菜单“调试”，显示下拉菜单，如图 1.6 所示，选择“开始调试”，或在工具栏中单击 ▶ 本地 Windows 调试器 按钮，或按快捷键 F5，均可调试运行程序，但是这样运行完程序后，控制台窗口会一闪而过，看不清结果，可以通过 system("pause")函数调用来解决此问题；用户还可以使用图 1.6 中的菜单项“开始执行(不调试)”或者快捷键 Ctrl＋F5 运行程序。这两种方法都会使控制台窗口最终停留在桌面上，接着显示文字“请按任意键继续...”。

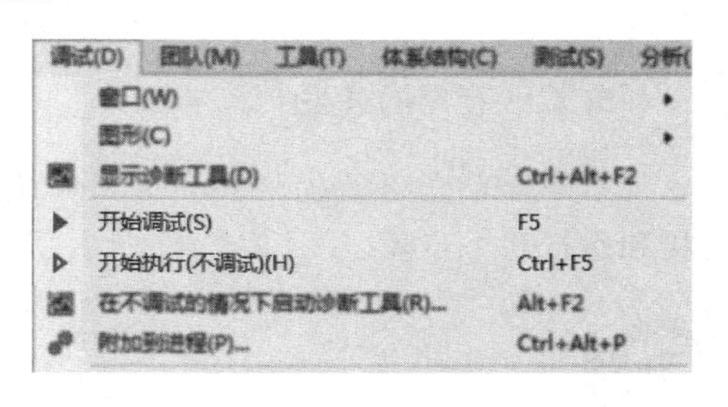

图 1.6　调试程序、执行程序菜单项

约定：本文在后面的章节中，如果没有特殊说明，所提到的运行程序都是调试运行程序，目的是为了更好地学习 C++语言规范，希望在程序运行时看到更多的输出信息；如果需要不调试运行，则会在文中特别指出。

1.5　本章小结

本章介绍了面向对象程序设计的一些基本概念、基本特征以及 Visual Studio 2015 程序开发环境，重点内容概括如下。

1. 面向过程与面向对象

面向过程与面向对象是两种不同的程序设计方法。面向过程以功能为中心,数据与对数据的操作相分离,给代码维护和重用带来困难;面向对象以数据为中心,数据及对数据的操作一起作为类的成员定义,类的对象是封装的实体。面向对象所具有的抽象性、封装性、继承性和多态性使代码更安全、维护更方便、更便于重用。

2. 面向对象程序设计的概念

面向对象程序设计中涉及的几个重要概念和特性为类、对象、封装、继承和多态。类与对象是抽象与具体的关系,面向对象的程序设计体现为类的设计和类的使用,类与对象具有封装与信息隐藏的特性,只有共有数据成员、公有成员函数的原型对外公开;类与类之间可以通过继承方式形成类间的层次关系,代码可重用;同一个函数名可以对应不同的操作,这是面向对象的多态性,方便用户使用。

3. 面向对象的程序设计语言

面向对象的程序设计语言有很多种,C++语言是其中之一。C++语言是在C语言的基础上发展起来的,既兼容了C语言支持面向过程的程序设计,又改进和扩展了C语言,增加了对面向对象程序设计的支持。因此,C++语言是一种同时支持面向过程程序设计和面向对象程序设计的混合型高级程序设计语言。

4. C++语言概述

C++语言继承了C语言的原有精髓,如高效率、灵活性。C++语言包括C语言的全部特征、属性和优点,同时,C++语言添加了面向对象编程的完全支持。

5. C++程序的开发

本章简单介绍了在Visual Studio 2015环境下C++程序的开发过程,包括编辑、编译、连接和运行几个步骤。

习题

1-1 面向对象的程序设计方法的特点是什么?它与面向过程程序设计的方法之间有何区别和联系?

1-2 在面向对象的程序设计中,什么是类、对象?二者有何联系?

1-3 简述面向对象程序设计的抽象性、封装性、继承性和多态性。

1-4 熟悉Visual Studio 2015集成开发环境,掌握开发C++程序的过程。

第2章 C++语言基础

本章要点：

- C++语言的基本语法
- 基本数据类型的定义与运算符
- 数据的输入与输出
- 内联函数、函数重载
- 引用的概念与使用
- new 和 delete 运算符
- 异常处理

本章主要介绍 C++语言对 C 语言的改进和扩展，具体内容包括更为方便的输入/输出处理方法，内联函数、函数重载等函数的一些新特性，引用的灵活应用，动态内存空间的管理，名字空间及异常处理机制等。

2.1 C++语言的基本语法

2.1.1 一个简单的 C++程序

本节从一个最简单的 C++程序开始，介绍 C++语言的一些基本特性及程序结构，以便使读者对 C++程序的格式有一个初步的了解。C++程序都包含一个或多个函数，其中一个必须命名为 main，操作系统通过调用 main 函数来运行 C++程序。

【例 2.1】 在屏幕上打印输出一行字符串的程序。

```
/* 02_01.cpp */
#include <iostream>                    //包含标准输入输出头文件 iostream
using namespace std;                   //引入 C++标准命名空间名 std
int main()
{
  cout << "Welcome to C++!"<< endl;    //屏幕打印输出"Welcome to C++!"
  system("pause");
  //作用是暂停程序运行窗口，输出"请按任意键继续...",便于观察程序运行结果
  return 0;                            //程序成功返回
}
```

程序的运行结果如图 2.1 所示。

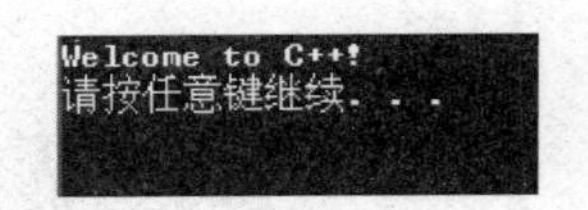

图 2.1　例 2.1 的运行结果

程序说明：

(1) C++源程序的扩展名为.cpp，而 C 源程序的扩展名是.c。不同编译器使用不同的扩展名，最常见的包括.cpp、.cc、.cxx 等。

(2) 头文件：示例中的#include <iostream>为 C++的预处理指令，它告诉 C++编译器在程序中要包括 C++标准输入输出流头文件。从 C 继承的“.h”库仍然可用。在 C 源文件名前加字母 c，如#include <stdio.h>在 C++程序中可写为#include <cstdio.h>。有关<iostream>头文件的内容将在后续章节中介绍。

(3) 命名空间：标准 C++引入了一个可以由程序员命名的作用域，即命名空间(namespace)。在每一个命名空间中可将一些相关的实体(如变量、函数、对象、类等)放入其中，以解决程序中常见的同名冲突问题。std 为 C++标准类库的一个命名空间名，其中存放了 C++标准库中所定义的各种实体名。程序中的 using namespace std 语句称为 using 指令，它将 std 命名空间中的实体名的作用域引入到该程序中。关于命名空间本章后续会有讲解。

(4) main 函数：在标准 C++程序中，main()函数的返回类型必须为 int，即整数类型。在标准 C++中，返回类型不能省略。return 返回值的类型必须与函数的返回类型相容。在大多数系统中，main 的返回值用来指示状态，返回值 0 表示成功，非 0 的返回值的含义由系统定义，返回值−1 通常被当作程序错误的标识。

(5) 程序的注释：C++中有两种注释，即单行注释和多行注释。单行注释以“//”开始，到行尾结束。如例 2.1 中用的单行注释。通常在调试期间注释掉一些代码，最好的方式是用单行注释方式注释掉代码段的每一行。

多行注释用“/*”及“*/”作为注释分界符号，可以包含除“*/”外的任意内容，包括换行符，编译器将在“/*”和“*/”之间的所有内容都当作注释，例如：

```
/*   this is a test   */
```

这种注释是 C++保留的 C 语言的注释方式，“/*……*/”方式的注释不能嵌套，但它可以嵌套//方式的注释。

(6) 输入/输出：C++源程序中用“cin >>”和“cout <<”处理输入/输出，而 C 源程序中用 scanf 和 printf 处理输入/输出。其中 cin 称为标准输入流，cout 是标准输出流，它们都是流对象；“>>”是输入运算符，“<<”是输出运算符。

```
cout <<数据;                        //表示把数据写到流对象 cout 上
cin >>变量;                         //表示从流对象 cin 读数据到变量中
```

流对象 cin、cout 及运算符“<<”“>>”的定义，均包含在文件 iostream.h 中。这就是程序的开始要有#include <iostream>的原因。#include 指令和头文件的名字必须写在同一行中，#include 指令必须出现在所有函数之外，一般都放在源文件的开始位置。

操作符 endl 的作用是结束当前行。

关于这几个输入输出流对象和运算符，以及 C++的文件输入输出，将在第 10 章详细介绍。

2.1.2 名字空间

C++语言提供名字空间(namespace)防止命名冲突。一个程序使用不同程序员编写的不同的类和函数时,可能会出现两个程序员为两样不同的东西使用同一个名称的情况。名字空间就是为了解决这个问题而设计的。名字空间是名称定义(如类定义和变量声明)的一个集合。

1. 名字空间的定义

```
namespace  名字空间名称
{ … ;
  }
```

关于名字空间定义的说明:

(1) 定义名字空间以关键字 namespace 开头,名字空间名称是合法的、用户自定义的标识符。

(2) 以一对大括号括起该名字空间的开始和结束处,右大括号后面不加分号。

(3) 在名字空间以外声明或定义的任何实体,都可以出现在名字空间内。

2. 名字空间中内容的使用

方法一,在需要使用名字空间中的内容时用下面的形式:

```
名字空间名称::局部内容名;
```

其中的"::"称为域解析符或作用域运算符,用来指明该局部内容来自于哪一个名字空间,从而避免命名冲突。

方法二,在使用该内容之前用

```
using  namespace  名字空间名称;
```

声明以后,可以直接使用该名字空间中所有的内容。

方法三,在使用该内容之前用

```
using 名字空间名称::局部内容名;
```

声明以后,可以直接使用该名字空间中这一局部内容名,而该名字空间中的其余内容在使用时仍要附加名字空间名称和域解析符。

【例 2.2】 关于名字空间的主要用法示例。

```
/* 02_02.cpp */
#include <iostream>
using namespace std;                    //using声明使用一个完整的名字空间 std,C++中提供的名字
                                        //空间 std 涵盖了所有标准 C++的定义和声明
namespace one                           //定义一个名字空间 one,有 M 和 inf
{   const int M = 200;
    int inf = 10;
}                                       //后面不加分号
```

```
namespace two                          //定义一个名字空间 two,有 x 和 inf
{    int x;
     int inf =- 100 ;
}                                      //后面不加分号
using namespace one ;                  //using 声明使用一个完整的名字空间 one
int main()
{    using two::x ;                    //using 声明仅使用 two 中的 x
      x =- 100 ;                       //直接访问,相当于 two::x = - 100;
      cout << inf << endl;             //直接使用 one 中的所有成员
      cout << M << endl;
      two::inf *= 2;                   //使用名字空间名::局部内容名,操作未使用 using 声明的内容
      cout << two::inf << endl;        //同样是 two 中的内容,但是访问方式不一样
      cout << x << endl ;              //直接访问 two 中的 x
      system("pause");                 //暂停运行界面
}
```

程序的调试运行结果如图 2.2 所示。

C++语言提供的名字空间 std 涵盖了标准 C++的定义和声明，包含了 C++所有的标准库。本书大部分程序使用名字空间 std。

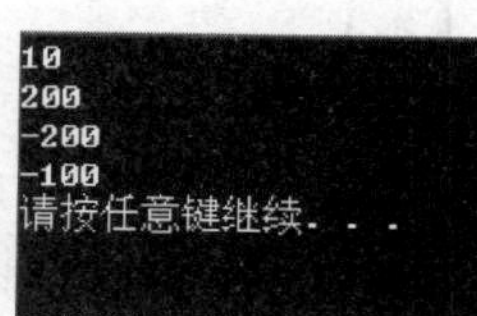

图 2.2 例 2.2 的调试运行结果

2.1.3 标识符命名及规范

在程序中经常要自己定义一些常量、变量、类、方法等,定义时所起的名称是一些有效字符组成的序列,称为标识符(identifier)。C++有严格的标识符命名规则。

C++语言中的标识符必须符合如下命名规则:

(1) 由字母、数字、下画线_组成,其首字符必须是字母或下画线。

(2) 标识符区分大小写。

(3) 中间不能出现空格。

(4) 不能与关键字、标准库函数名、类名重名。

从语法角度讲,用户标识符可以下画线开头,但一般把以下画线开头的标识符保留为系统专用,故在程序中不宜用以下画线开头的标识符名。

除了遵循 C++语言所规定的语法规则外,在命名标识符时建议遵循如下规则,它将使程序的可读性和可维护性大大提高。这些规则包括:

(1) 程序中避免用形式上只有细微差别的标识符名,如 l0(数字 0)与 lo(字母 o)。

(2) 让标识符名反映其含义,使读者能见名知义。

(3) 在一个程序中,注意标识符命名风格的一致性,对于符号常量名一般全部采用大写的标识符定义。

(4) 对于类名,每个单词的开头字母一般用大写,如 MyFirstApp。

(5) 如果想用两个或更多的单词组成一个名称,通常的做法是用下画线字符、每个单词的首字母大写或从第二个单词开始将每个单词的首字母大写,如 Student_name、StudentName 或 studentName,这三种方法依次称为下画线命名法、帕斯卡命名法和骆驼命名法,这几种形式都很容易将单词区分开,本书倾向于使用帕斯卡命名形式。

利用 C++语言提供的自由的变量声明机制,变量用时才声明并立即初始化,并尽可能地缩小其作用域,以免程序中标识符重名或程序发生错误。

标识符的命名是一种艺术，更体现了编程者的风格与品位。

标准 C++语言的关键字如表 2.1 所示。

表 2.1 C 与 C++都有的关键字

<table>
<tr><th colspan="3">C 与 C++都有的关键字</th><th colspan="3">C++关键字</th></tr>
<tr><td>auto</td><td>break</td><td>case</td><td>asm</td><td>bool</td><td>catch</td></tr>
<tr><td>char</td><td>const</td><td>continue</td><td>class</td><td>const_cast</td><td>delete</td></tr>
<tr><td>default</td><td>do</td><td>double</td><td>dynamic_cast</td><td>explicit</td><td>false</td></tr>
<tr><td>else</td><td>enum</td><td>extern</td><td>friend</td><td>inline</td><td>extern</td></tr>
<tr><td>float</td><td>for</td><td>goto</td><td>namespace</td><td>new</td><td>operator</td></tr>
<tr><td>if</td><td>int</td><td>long</td><td>private</td><td>protected</td><td>public</td></tr>
<tr><td>register</td><td>return</td><td>short</td><td>reinterpret_cast</td><td>static_cast</td><td>template</td></tr>
<tr><td>signed</td><td>sizeof</td><td>static</td><td>this</td><td>throw</td><td>static</td></tr>
<tr><td>struct</td><td>switch</td><td>typedef</td><td>try</td><td>typeid</td><td>typename</td></tr>
<tr><td>union</td><td>unsigned</td><td>void</td><td>using</td><td>virtual</td><td>void</td></tr>
<tr><td>volatile</td><td>while</td><td></td><td></td><td></td><td></td></tr>
<tr><th colspan="6">C++运算符关键字</th></tr>
<tr><td colspan="2">and(&&)</td><td colspan="2">bitand(&)</td><td colspan="2">and_eq(&=)</td></tr>
<tr><td colspan="2">or(||)</td><td colspan="2">bitor(|)</td><td colspan="2">or_eq(|=)</td></tr>
<tr><td colspan="2">not(!)</td><td colspan="2">xor(^)</td><td colspan="2">xor_eq(^=)</td></tr>
<tr><td colspan="2">not_eq(!=)</td><td colspan="2">compl(~)</td><td colspan="2"></td></tr>
</table>

按照上述规则，下列是合法的用户标识符：Student、student、sudent1、sdudent_name _student。

下列是不合法的用户标识符：2name(数字开头)、name-&(含非法字符)、class(关键字)。

C++ 11 标准新增关键字：alignas、alignof、char16_t、char32_t、constexpr、decltype、export、mutable、nullptr、true、wchar_t。

在后续内容中对用到的关键字再详细说明。

C++语言编译器不允许将关键字用作标识符名称。C++语言还有很多经常出现在程序中但不被保留的标识符，包括头文件名、库函数名和 main。只要不发生名字空间冲突，就可以将这些标识符用于其他目的，但没有理由这样做，不建议使用。

2.2 基本数据类型、运算符和程序流程控制

通过本节内容学习，读者应该熟悉和掌握 C++语言中数据类型的分类及使用，注意它与 C 数据类型间的区别；熟练掌握 C++语言中各种运算符的使用；熟练掌握 C++中表达式的描述和计算。

2.2.1 基本数据类型

1. 数据类型

C++语言提供了十分丰富的预定义数据类型，称为基本数据类型。在 C 语言的基本数

据类型上增加了一个布尔类型,包括整型、字符型、浮点型、布尔型和空类型。

除了基本数据类型外,C++语言还提供了构造数据类型,在C语言的基础上增加了类类型,包括数组、结构体、共用体(联合体)、枚举和类。类类型是面向对象程序设计中所支持的一个概念,也是在后续的章节中会重点学习的内容。

C++可以使用的数据类型如图2.3所示。

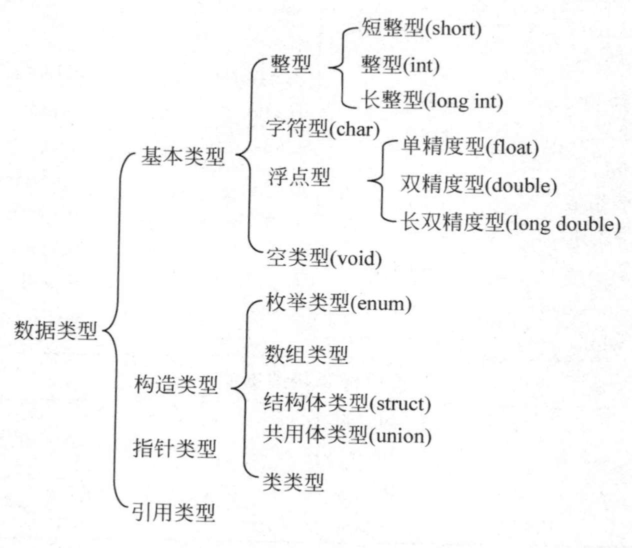

图2.3 C++语言的数据类型

C++语言提供的5种基本数据类型各自所占的内存空间是不同的,因此所表示的数据的范围大小也不同。同时C++语言为每种不同的数据类型规定了固定的关键字,用于标识和区分不同的数据类型。

ISO C++标准并没有明确规定每种数据类型的字节数和取值范围,不同的编译器对此会有不同的实现。以面向32位处理器的C++编译器为例,5种基本数据类型如表2.2所示,其中浮点型包括单精度浮点型、双精度浮点型和长双精度浮点型。

表2.2 C++语言的5种基本数据类型

数据类型	关键字	字节数	数值范围
字符型	char	1	−128～127
整型	int	4	−2147483648～2147483647
单精度浮点型	float	4	±(3.4E-38～3.4E38)
双精度浮点型	double	8	±(1.7E-308～1.7E308)
长双精度浮点型	long double	10	±(1.2E-4932～1.2E4932)
布尔型	bool	1	true, false
无值型	void	0	valueless

在5种基本数据类型中,字符型用于处理ASCII码字符,整型用于处理整型数据,浮点型用于处理带小数的实数,布尔型用于表示逻辑的true和false,无值型主要用于处理函数和指针。

为了进一步满足程序设计的需要,C++语言还允许在基本数据类型(除void类型外)前加上类型修饰符来更具体地标识数据类型。C++的类型修饰符如下：

signed　　有符号型
unsigned　无符号型
short　　短型，至少16位
long　　长型，至少32位

4种修饰符都可以用来修饰整型和字符型。用signed修饰的类型的值可以为正数或负数，用unsigned修饰的类型的值只能为正数，用short修饰的类型的值一定不大于对应的整数，用long修饰的类型的值一定不小于对应的整数。

ISO C++标准规定了每种数据类型之间的字节数大小顺序满足

[signed/unsigned]/char≤[unsigned]short≤[unsigned]int≤[unsigned]long

在基本数据类型修饰符后，C++的基本数据类型如表2.3所示。

表2.3　C++的基本数据类型

数据类型标识符	字节数	数值范围	常量写法举例
char	1	−128～127	'A','\n"
signed char	1	−128～127	56
unsigned char	1	0～255	100
short [int]	2	−32768～32767	100
signed short [int]	2	−32768～32767	−3456
unsigned short [int]	2	0～65535	0xff
int	4	−214783648～2147483647	1000
signed int	4	−214783648～2147483647	−123456
unsigned int	4	0～4294967295	0xffff
long [int]	4	−214783648～2147483647	−123456
signed long [int]	4	−214783648～2147483647	−3246
unsigned long [int]	4	0～4294967295	123456
float	4	±(3.4E-38～3.4E38)	2.35，−53.231，3E-2
double	8	±(1.7E-308～1.7E308)	12.354，−2.5E10
long double	10	±(1.2E-4932～1.2E4932)	8.5E-300

表中带[ ]的部分表示是可以省略的，如short [int]可以写为short int或简写为short，二者的含义是相同的。实际上，short是short int的简称，而long是long int的简称。

C++ 11新增了类型long long和unsigned long long，以支持64位(或更宽)的整型；新增了类型wchar_t、char16_t和char32_t，wchar_t类型用于确保可以存放机器最大扩展字符集中的任意一个字符，char16_t和char32_t类型用以支持16位和32位的字符表示，为Unicode字符集服务，Unicode是用于表示所有自然语言中字符的标准；还新增了“原始”字符串。

程序中的数据不仅分为不同的类型，而且每种类型的数据还有常量与变量之分。下面详细介绍常量与变量。

2. 常量

在C++语言中,对于程序中参加运算的数据,有的在整个程序的运行过程中其值保持不变,而有的则随着程序的运行在不断发生变化,所以数据又可以分为常量和变量两大类。

(1) 常量(constant):在程序的执行过程中其值不会发生改变的数据。

(2) 变量(variable):在程序的执行过程中其值可以被改变的数据。

由于程序中的数据是有类型的,所以常量和变量也有类型之分。

常量按照不同的数据类型可以分为整型常量、浮点型常量、字符型常量、字符串常量等。程序根据常量的书写格式来区分它属于哪种类型的。

1) 整型常量

由于整数类型可分为int,short int等类别,因此整型常量也可分为int,short int等类别。

注意:*在程序中书写整型常量时没有小数部分。*

在程序中,用户根据需要分别可以用十进制、八进制和十六进制的形式书写整型常量。

(1) 十进制格式:由数字0~9和正号、负号组成,书写时直接写出数字,如123,516等。若为long int型的常量,需在常量后加一个字母l或L,如123L。

(2) 八进制格式:以0开头的数字(0~7)序列,如011,010007,0177777等。如011表示八进制数11,即$(11)_8$,它相当于十进制数9。

(3) 十六进制格式:以0x或0X开头的数字(数字0~9、字母a~f)序列,如0x11,0x78AC,0xFFFF等。例如,0x11表示十六进制数11,即$(11)_{16}$,它相当于十进制数17。

2) 浮点型常量

浮点型常量可以用十进制小数形式或指数形式表示。

(1) 十进制小数形式:一般由整数部分和小数部分组成,也可省略其一,但不能二者都省略。例如0.567也可表示为.567,65.0也可表示为65.。如果在实数的数字后面加上字母F或f,则表示此数为单精度浮点数;如果加上字母L和l,则表示此数为长双精度数。

(2) 指数形式:也就是通常所讲的科学记数法的描述形式。其一般形式为

数符　数字部分　指数部分

其中,数字部分和指数部分缺一不可,指数部分以E或e开始,E或e表示后面的数是以10为底的幂。例如,10^{-5}可表示为1e-5,但不能写成e-5,又如,-0.00563可以表示为-0.563e-2,-5.63e-3,-56.3e-4等形式,它们所起的作用是相同的。

在程序中无论采用十进制小数形式还是指数形式,在内存中都是以指数形式存储的。

3) 字符型常量

字符型常量分为普通的字符常量和转义字符常量。

(1) 普通的字符常量:用一对单引号括起来的一个字符就是字符型常量,如'a','T'都是合法的字符常量。

(2) 转义字符常量:在C++语言中,有一些字符用于控制输出或编译系统本身保留,无法作为字符常量来表示。对此,C++语言规定,采用反斜杠后跟一个字母来代表一个控制字符,反斜杠后的字符不再作原有的字符使用,而具有新的含义。转义字符在屏幕上是不能显

示的。C++语言常用的转义字符如表2.4所示。

表2.4 C++中常用的转义字符

转义字符	含 义	ASCII码值(十进制)
\a	响铃(BEL)	7
\b	退格(BS)	8
\n	换行(LF)	10
\r	回车(CR)	13
\t	水平制表(HT)	9
\v	垂直制表	11
\\	反斜杠	92
\'	单引号	39
\"	双引号	34
\0	空字符(NULL)	0
\ddd	任意字符	3位八进制数
\xhh	任意字符	2位十六进制数

4）字符串常量

用一对双引号括起来的一个或多个字符的序列称为字符串常量或字符串。字符串以双引号为定界符，双引号不作为字符串的一部分，可以将转义字符加入字符串，转义字符占用一个字节。例如，"Hello""K""Good Morning!""I say\n"都是合法的字符串常量。

字符串常量要用字符数组来存放。字符串中的字符的个数称为该字符串的长度。在存储时，系统自动在字符串的末尾加字符串结束标志，即转义字符'\0'。例如" Hello"在内存中占用6个字节，"I say\n"占用7个字节。字符串可以写在多行上，必须用续行符反斜线'\'表示下一行字符是这一行字符的延续，而且在两行字符串间没有空格，续行符后面的空格和换行对于字符串都不起作用。例如：

```
cout <<"This is a \
book.";
```

该语句的输出结果为

```
This is a book.
```

5）符号常量

常量也可用一个标识符来表示，称为符号常量。符号常量的一般定义格式如下：

```
#define 符号名 常量值
```

例如：

```
#define MAX 20     //不是语句,末尾不加分号
int main()
{ … }
```

此处，#define语句定义MAX为20，凡在程序中出现MAX的地方都代表20，它可与常量进行运算。使用符号常量可以使得符号的含义更加清楚，在需要改变常量值时，只需改

变第一行中的常量值即可,程序中所有的 MAX 的值都会相应地改变。

使用符号常量应注意以下几个方面:

(1) 它不同于变量,在其作用域内其值不能改变和赋值。

例如,在上例中如再用语句“MAX=40;”进行赋值则是错误的。

(2) 符号常量名一般用大写,而变量名用小写,以示区别。

6) 程序中常量的表示方法

在程序中的常量有以下 3 种表示方法。

(1) 在程序中直接写入常量。

例如:

```
int i; char s; float f;
i = 20; s = 'a'; f = 2.0;
```

(2) 利用#define 定义宏常量。

```
#define 宏名  常数
```

例如:

```
#define  PI  3.14
…
s = 2 * PI * r;
…
```

(3) 利用 const 定义正规常数。

```
const [数据类型标识符]  常数名 = 常量值;
```

说明:

① const 必须放在被修饰类型符和类型名的前面。

② 数据类型是一个可选项,用来指定常数值的数据类型,如果省略了该数据类型,那么,C++编译程序认为它是 int 类型。

C++语言使用 const 修饰符定义常量,在 C 语言中,定义一个符号常量需要用宏定义#define 来实现,宏定义常量的缺陷是对常量只作简单的替换而不作类型检查,容易出错。

例如:

```
#define  PI  3.14159;
```

在语句 s=PI * r * r 作替换时会出错,因为替换后变为

```
s = 3.14159; * r * r
```

在 C++语言中,利用 const 关键字提供了一种更灵活安全的定义常量的方式。

定义 PI 常量如下:

```
const double PI = 3.14159;
```

用 const 进行常量定义的几点说明如下:

① 用 const 定义符号常量的基本形式为

```
const  [常量类型]符号常量名 = 常量值;
```

默认的"常量类型"为 int 型，const 定义的符号常量有自己的数据类型，因此 C++ 编译程序可进行更加严格的类型检查。

② 符号常量定义的最后一定要有分号。

③ 定义的位置可以在函数体外或函数体内，只是作用域不同。

符号常量用宏定义在 C++ 语言中仍支持，但是建议使用更安全的 const 定义方式。

3. 变量

变量是用于保存程序运算过程中所需要的原始数据、中间运算结果和最终结果且其值可以改变的量。因此，每一个变量就相当于一个容器，对应着计算机内存中的某一块存储单元。每个变量具有一个变量名，具有一个特定的数据类型。

1) 定义变量

程序中的每一变量都要先定义后使用。定义变量主要是告诉编译系统该变量的名称和数据类型。定义变量 3 种格式如下：

```
[修饰符]数据类型标识符   变量名列表;
[修饰符]数据类型标识符   变量名 = 初始化值;
[修饰符]数据类型标识符   变量名 1[ = 初始值 1],变量名 2[ = 初始值 2], …;
```

说明：

(1) 此处的类型标识符表示要定义的变量所属的数据类型，它可以是前面介绍的数据类型标识符中的一种，如 int，double，bool 等。

(2) 变量名是每个变量的名称，由用户自己命名，要遵循标识符命名规则。

变量名一般用小写字母表示，要起得有意义、便于记忆，尽量做到见名知义。

2) 变量的初始化

在定义变量的同时可以给变量赋一个初值，称为变量的初始化。

方法是在定义变量时，在变量名的后面写上"=初值"。初值可以是常量，也可以是一个有确定值的表达式，系统会自动计算得到一个值，赋给该变量。例如：

```
int a = 5,b = 6 * (3 + 5);
```

在对多个变量赋予同一个初值时，必须分别指定，应当写成：

```
int a = 8,b = 8,c = 8;
```

或者：

```
int a,b,c = 8;
a = b = c;
```

而不能写成：

```
int a = b = c = 8;
```

3) 定义变量的位置

在程序中的不同位置采用不同的变量定义方式决定了该变量具有不同的特点。变量的定义一般可有以下 3 种位置。

(1) 在函数体内部。

在函数体内部定义的变量称为局部变量,这种局部变量只在进入定义它的函数体时起作用,离开该函数体后该变量就消失(被释放),即不再起作用。因此,不同函数体内部可以定义相同名称的变量,而互不干扰。例如:

```
void func1(void)
{   int s;
    s = 5;
}
void func2(void)
{   int s;
    s =- 10;
}
```

上述函数 func1 和 func2 的函数体内部都分别定义了变量 s,但它们都只能在各自的函数体内起作用,互不干扰,且都是局部变量。

C++语言提供了局部变量更加灵活的定义方式,在满足先定义后使用的原则下,局部变量可以随用随定义,局部变量的定义和声明可以在程序块的任何位置出现,这时变量的作用域为从定义点到该变量所在的最小程序块末的范围。

变量定义究竟是集中在块首定义还是随用随定义好呢? 一般认为,当函数代码较长时,在最靠近使用变量的位置定义变量较为合理; 而当函数代码较短时,将局部变量集中在函数开始处定义更好。

(2) 形式参数。

当定义一个有参函数时,函数名后面括号内的变量统称为形式参数。例如:

```
int func(int x, int y)
{   if (x > y)
      return x;
    else
      return y;
}
```

上述函数 func 后面括号内的变量 x 和 y 是该函数的形式参数,它们都只能在该函数体内起作用,是该函数的局部变量。

(3) 全局变量。

在所有函数体的外部定义的变量,其作用范围是整个程序,并在整个程序运行期间有效。

通常情况下,如果两个变量同名,一个是全局变量,另一个是局部变量,则在 C 语言中,在局部变量的作用域内该同名全局变量不可见。在 C++语言中,通过在同名变量前加上域解析符“::”对被隐藏的同名全局变量进行访问。这样,域解析符解决了同名局部变量与全局变量的重名问题,提供了一种在同名局部变量的作用域内访问同名全局变量的方法,扩大了同名全局变量的作用域,使全局变量具有真正意义上的全局作用范围。

【例 2.3】 局部变量随用随定义及用域解析符扩大变量的作用域示例。

```
/* 02_03.cpp */
#include<iostream>
using namespace std;                  //使用 C++的标准名字空间
int sum = 5050;                       //定义全局变量 sum
int main()
{   int arr[3],i;                     //定义变量,但是 i 的作用域为去掉第一个 for 内的变量 i
    {   for(int i = 0;i<3;i++)        //定义另一个局部变量 i,其作用域仅在本循环内
            cin>>arr[i];
    }
    int sum = 0;                      //定义局部变量 sum,与全局 sum 同名,该函数内
                                      //默认的 sum 是该局部变量,其作用域到函数结束处
    for(i = 0;i<3;i++)                //此处的 i 为函数开始处定义的 i
        sum += arr[i];
    for(i = 0;i<3;i++)                //此处的 i 为函数开始处定义的 i
        cout<<arr[i]<<endl;
    cout<<"局部 sum = "<<sum<<endl; //输出局部 sum 变量的值
    ::sum += sum;                     //通过域解析符在同名局部变量的作用域内对全局 sum 访问
                                      //赋值号右边的 sum 为同名局部变量
    cout<<"全局 sum = "<<::sum<<endl;  //输出全局 sum 变量的值
    system("pause");                  //暂停运行界面
    return 0;
}
```

运行程序,从键盘输入:

```
4  5  6<回车>
```

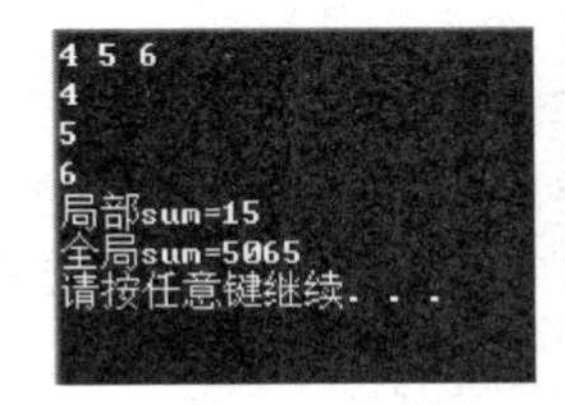

图 2.4 例 2.3 的调试运行结果

程序的调试运行结果如图 2.4 所示。

C++ 11 变量的新特性如下。

(1) C++中的 auto 声明。

以前,关键字 auto 是一个存储类型说明符,auto 是一个 C 语言关键字,但很少使用。C++ 11 将其用于实现自动类型推断。让编译器能够根据初始值的类型推断变量的类型。为此,它重新定义了 auto 的含义。在初始化声明中,如果使用关键字 auto,而不指定变量的类型,编译器将把变量的类型设置为与初始值相同:

```
auto a = 20;                //a 的类型是 int
auto b = 0.6;               //b 的类型是 double
auto c = 2.1e10L;           //c 的类型是 long double
```

然而,自动推断类型并非为这种简单情况而设计的,处理复杂类型时,如标准模板库(STL)中的类型时,自动类型推断的特点才能显现出来。

(2) 变量初始化。

作为 C++ 11 标准的一部分,扩大了用大括号括起来的初始化列表的使用范围,使其可用于所有内置类型和用户定义的类型(数组、类对象)。使用初始化列表时,可添加等号

(=),也可不添加。

```
int a = {6};
double b{10};
short arry[5]{1,2,3,4,5};
```

(3) 关键字 decltype。

关键字 decltype 将变量的类型声明为表达式指定的类型。下面的语句的含义是,让 t 的类型与 s 相同,其中 s 是一个表达式:

```
decltype(s) t;
```

下面是几个示例:

```
double a;
int b;
decltype(a * b) c;                    //c 的类型与 a * b 的类型一致,为 double
decltype(&a) pt:                      //pt 的类型为 double *
```

decltype 在定义模板时特别有用,因为只有等模板被实例化时才能确定类型,具体可查阅 C++ 11 标准,本书只做简单介绍。

(4) nullptr。

C++ 11 新增了关键字 nullptr,用于表示空指针。它是指针类型,不能转换为整型类型。空指针是不会指向有效数据的指针,以前,C++在源代码中使用 0 表示这种指针,但内部表示可能不同。这带来一些问题,因为这使得 0 既可以表示指针常量,又可以表示整型常量。为向后兼容,C++ 11 仍允许使用 0 来表示空指针,但使用 nullptr 而不是 0 提供了更高的类型安全。

(5) 类型别名。

类型别名是一个名字,它是某种类型的同义词。使用类型别名有很多好处,它让复杂的类型名字变得简单明了、易于理解和使用。传统的方法是使用关键字 typedef。

```
typedef float  sum;                   //sum 是 float 的同义词
```

C++ 11 标准规定了一种新的方法,使用别名声明来定义类型的别名:

```
using sum = float;                    //sum 是 float 的同义词
```

这种方法用关键字 using 作为别名声明的开始,其后紧跟别名和等号,其作用是把等号左侧的名字规定成等号右侧类型的别名。

类型别名和类型的名字等价,只要是类型的名字能出现的地方,就能使用类型别名。

4. 新增 bool 类型

C++语言新增加了 bool 和 string 数据类型,在枚举类型、联合体类型、结构体类型的定义和使用上也与在 C 语言中存在一些差别。

为了更方便地处理逻辑值,C++语言保持了 C 语言用 0 表示逻辑假,非 0 表示逻辑真的用法,新增加了数据类型 bool,用常量 true 表示逻辑真,用常量 false 表示逻辑假。所有的关系运算、逻辑运算都产生 bool 类型的结果值。

bool 类型使程序直观易懂，在编译系统处理 bool 型数据时，将 false 处理为 0，将 true 处理为 1。bool 型数据可以与数值型数据进行算术运算，逻辑运算的规则照旧。

我们可以使用 C++ 标准库提供的 boolalpha 操纵符使逻辑真、逻辑假输出为 true 或 false，可以用 noboolalpha 操纵符使输出恢复为 1 或 0。

【例 2.4】 布尔型变量使用示例。

```
/* 02_04.cpp */
#include <iostream>
using namespace std;
int main()
{   bool f = 1 < 2;
    cout << f << "   " << boolalpha << f << "   " << noboolalpha << f << endl;
    system("pause");
    return 0;
}
```

程序的调试运行结果如图 2.5 所示。

```
1  true  1
请按任意键继续. . .
```

图 2.5 例 2.4 的调试运行结果

5. 新增 string 类型

C++语言新增加了 string 类型来代替 C 语言中以'\0'结尾的 char 类型数组。使用 string 类型必须包含头文件 string，string 类型实际上是封装字符串数据的容器类。

传统的 C 风格字符串深受不是真正的类型之苦。C 语言将字符串存储在字符数组中，也可以将字符数组初始化为字符串。但不能使用赋值运算符将字符串赋给字符数组，而必须使用 strcpy()或 strncpe()。不能使用关系运算符来比较 C 风格字符串，而必须使用 strcmp()（如果忘记了这一点，使用了">"运算符，将不会出现语法错误，程序将比较字符串的地址，而不是字符串的内容）。

1）string 类

string 类使得能够使用对象来表示字符串，并定义了赋值运算符、关系运算符和加法运算符（用于拼接）。另外，string 类还提供了自动内存管理功能，因此通常不用担心字符串被保存前，可能会跨越数组边界或将字符串截断。

优点：有了 string 类型，程序员无须关心内存如何分配，也无须处理复杂的'\0'结束字符，这些操作将由系统自动完成。使用 string 对象的方式与使用字符数组相同。

可以使用 cin 将键盘输入存储到 string 对象中，也可以使用 cout 来显示 string 对象中的字符：

```
string str1;
string str2 = "hello";
cin >> str1;
cout << str2;
```

使用 string 类时，可以实现字符串赋值、读写、求串长、字符串联结、修改、比较、查找等操作。

初始化 string 对象的方式：

```
string s1;              //默认初始化,s1 是一个空串
string s2(s1);          //s2 是 s1 的副本
string s2 = s1;         //等价于 s2(s1)
string s3("value");     //s3 是字符串"value"的副本,除了字符串最后的那个空格字符外
string s3 = "value";    //等价于 s3("value")
string s4(n,'c');       //把 s4 初始化为由连续 n 个字符 c 组成的串
```

string 对象上的操作:

```
getline(is,s)           //从 is 中读取一行赋给 s,返回 is
s.empty()               //s 为空返回 true,否则返回 false
s.size()                //返回 s 中字符的个数
s[n]                    //返回 s 中第 n 个字符的引用,位置 n 从 0 计起
s1 + s2                 //返回 s1 和 s2 连接后的结果
s1 = s2                 //用 s2 的副本代替 s1 中原来的字符
s1 == s2                //如果 s1 和 s2 中所含的字符完全一样,则它们相等; 相等性判断对字母
                        //的大小写敏感
s1!= s2                 //判断 s1 和 s2 是否不相等
```

关系运算符<、<=、>、>=判别一个 string 对象是否小于、小于等于、大于、大于等于另外一个 string 对象。利用字符在字典中的顺序进行比较,且对字母大小写敏感:

(1) 如果两个 string 对象的长度不同,而且较短 string 对象的每个字符都与较长 string 对象对应位置上的字符相同,则较短 string 对象小于较长 string 对象。

(2) 如果两个 string 对象在某些对应的位置上不一致,则 string 对象比较的结果其实是 string 对象中第一对相异字符比较的结果。

下面是 string 对象比较的一个示例:

```
string s1 = "Hello";
string s2 = "Hello World";
string s3 = "Hiya";
```

根据规则 1 可判断,对象 s1 小于对象 s2; 根据规则 2 可判断,对象 s3 既大于 s1 也大于 s2。

2) C++ 11 标准新增字符串特性

(1) C++ 11 标准字符串初始化

C++ 1 标准允许将列表初始化用于 string 对象:

```
string name = {"lily"};
```

(2) C++ 11 标准原始(raw)字符串

C++ 11 新增的一种类型是原始(raw)字符串。在原始字符串中,字符表示的就是自己,例如,序列\n 不表示换行符,而表示两个常规字符——斜杠和 n,因此在屏幕上显示时,将显示这两个字符。可在字符串中使用符号",既然可在字符串中包含符号",就不能再使用它来表示字符串的开头和结尾。因此,原始字符串将"(和)"用作定界符,并使用前缀 R 来标识原始字符串。

```
cout << R"(Hello "world" \n endl.)"<<'\n';
```

上述代码将显示如下内容：

```
Hello "world" \n endl.
```

如果字符串中出现与界定符相同的内容时，使用 R"+ * 开头与+ * "结尾的界定符。在默认界定符之间可以添加任意数量的基本字符，但空格、左括号、右括号、斜杠和控制符除外。可将 R 与其他字符串前缀结合使用，可将 R 放在前面，也可将其放在后面，如 Ru、uR。

6. 枚举类型

在 C 语言中，以如下方式声明一个枚举类型 WEEK 并定义一个该类型的变量 w：

```
enum WEEK {Sun,Mon,Tue,Wed,Thu,Fri,Sat};
enum  WEEK  w;
```

在 C++语言中直接用 WEEK w; 定义，不需要再写 enum。

也可以用匿名 enum 来定义符号常量，例如：

```
enum {Min = 0,Max = 100};
```

这样 Min、Max 成为常量，定义 int x=Min, arr[Max];合法。

C++ 11 新增枚举特性如下：

传统的 C++枚举提供了一种创建常量的方式，但其类型检查相当低级。另外，枚举名的作用域为枚举所属的作用域，这意味着如果在同一个作用域内定义两个枚举，它们的枚举成员不能同名。最后，枚举可能不是可完全移植的，因为不同的实现可能选择不同的底层类型。为解决这些问题，C++ 11 新增了一种枚举。这种枚举使用 class 或 struct 定义枚举类型，例如：

```
enum class WEEK1{Sun,Mon,Tue,Wed,Thu,Fri,Sat};
enum class WEEK2{Sun,Mon,Tue,Wed,Thu,Fri,Sat};
```

新枚举要求进行显示限定，以免发生名称冲突。因此，引用特定枚举时，需要使用 WEEK1::Sun 和 WEEK2::Sun 等。

7. 无名联合

无名联合是 C++语言中一种特殊的联合，它在关键字 union 后没有给出联合体的类型名称，这样做可以使一组变量共享同一段内存空间，起始地址相同。例如：

```
union
{  char      c;
   int       i;
   double    d;
};
```

在此无名联合中，变量 c、i、d 具有相同的起始地址。

无名联合可通过使用其中数据项名字直接存取数据，例如：

```
i = 0; c = 'A'; d = 21.8;
```

都是正确的,这与在C语言中必须通过联合体变量名.数据项名字的操作方式不同。

8. 扩展了的结构体类型

C++语言的结构体类型与C语言结构体类型有以下两个区别:

(1) 在C++语言中定义结构体类型时,struct后面的标识符可以直接作为该结构体类型的类型名,例如:

```
struct Point
{   double x,y;
  };
Point p;                        //在C++语言中Point可作为类型
struct Point p;                 //在C语言中必须这样写
```

(2) C++语言的结构体中不仅包含了数据成员,还可以将对这些数据成员进行操作的成员函数也定义在结构体内,体现了数据与对数据的操作不分离的思想,这也是面向对象程序设计的基础,例如:

```
struct Point
{    double x,y;                //数据成员
     void SetVal(double a,double b)
     {   x = a; y = b;   }      //成员函数
} p;                            //结构体变量
```

语句:p.SetVal(2.3,5.8);其作用等同于:

```
p. x = 2.3; p.y = 5.8;
```

C++ 11标准也支持将列表初始化用于结构体,且等号(=)是可选的:

```
Point p = {1.5,3.5};
Point p{1.5,3.5};               //省略等号
```

其次,如果大括号内未包含任何东西,各个成员都将被设置为零。

9. void型指针

void通常表示无值,但将void作为指针的类型时,它却表示不确定的类型。这种void型指针是一种通用型指针,也就是说,任何类型的指针值都可以赋给void类型的指针变量。

例如下面的程序段:

```
void pa;
void *pc;
int i = 456;
char c = 'a';
pc = &i;
pc = &c;
```

void型指针的这种特性,使得它在编写通用程序时非常有用。void型指针现已被ANSIC所采纳。

需要指出的是,这里说void型指针是通用型指针,是指它可以接收任何类型的指针的

赋值，但对已获值的 void 型指针，在对它进行处理，如输出或传递指针值时，必须再进行显示类型转换，否则会出错。

【例 2.5】 void 型指针的使用。

```
/* 02_05.cpp */
#include<iostream>
using namespace std;
int main()
{
    void *pc;
    int i = 456;
    char c = 'a';
    pc = &i;
    cout << *(int *)pc << endl;
    pc = &c;
    cout << *(char *)pc << endl;
    return 0;
}
```

2.2.2 运算符和程序流程控制

C++语言提供了一套丰富的运算符，并定义了这些运算符作用于基本类型的运算对象时所执行的操作。

表达式由一个或多个运算对象组成，对表达式求值将得到一个结果。常量和变量是最简单的表达式，其结果就是常量和变量的值。把一个运算符和一个或多个运算对象组合起来可以生成较复杂的表达式。

1. C++中的各种运算符

C 语言是 C++语言的子集，C++语言继承了 C 语言语句简洁、运算符丰富等优良特性。C++语言的操作符不仅操作范围广，而且程序中的基本操作都可以用运算符来实现。

根据参加运算对象的个数分类，C++语言中的运算符可分为：

- 一元运算符，或称单目算符，即参加运算对象的数目为一个。
- 二元运算符，或称双目算符，即参加运算对象的数目为两个。
- 三元运算符，或称三目算符，即参加运算对象的数目为三个。

根据运算符的功能划分，C++中的运算符又分为算术运算符、关系运算符、逻辑运算符、条件运算符、赋值运算符等。

对于 C++语言的各类运算符，它们的优先级按照从高到低的次序可以排列为

单目运算符>算术运算符>关系运算符>逻辑运算符>条件运算符>赋值运算符

在 C++语言中，对表达式求值时，先按优先级确定运算次序，再将优先级相同的运算符按结合性进行运算。C++中运算符的优先级和结合性如表 2.5 所示。

表 2.5 C++中运算符的优先级和结合性

优先级	运 算 符	结 合 性
1	::	自左至右
2	( ) [ ]->. .* ->*	自左至右
3	! ~ ++ -- sizeof new[ ] delete[ ]	自右至左
4	*/%	自左至右
5	+-	自左至右
6	<< >>	自左至右
7	< <= > >=	自左至右
8	== !=	自左至右
9	&	自左至右
10	^	自左至右
11	|	自左至右
12	&&	自左至右
13	||	自左至右
14	?:	自右至左
15	= += -= *= /= %= <<= >>= &= ^= |=	自右至左
16	throw	自右至左
17	,	自左至右

在表 2.5 中,运算符优先级按从上到下的顺序递减,例如,圆括号运算符的优先级最高,逗号运算符的优先级最低,同一行的运算符具有相同的优先级。当同一表达式中有多个优先级相同的运算符时,则根据其结合性确定运算顺序,高优先级运算符要先于低优先级运算符进行运算,优先级相同的运算符,运算次序由结合方向决定。

值得注意的是,C++中的某些运算符具有多态现象,即同一运算符在不同的上下文环境中具有不同的语义。如"-"运算符,既可以是一元负号,又可以是二元减;"&"既可以是位与运算符,又可以是取地址运算符。因此,在学习与使用 C++运算符时,一定要注意它们的上下文环境,以明确其确切的含义。

C++ 11 新增特性如下:

sizeof 运算符返回一条表达式或一个类型名字所占的字节数。C++ 11 允许使用作用域运算符来获取类成员的大小。通常情况下只有通过类的对象才能访问到类的成员,但是 sizeof 运算符无须提供一个具体的对象,因为要想知道类成员的大小无须真的获取该成员,本书在后续类和对象的内容中会用到 sizeof 的新特性。

2. 程序流程控制

C++语言继承了 C 语言的程序流程控制语句,程序流程分为三大结构:顺序、选择、循环。

顺序结构是 C++程序最基本的结构,程序就是按照语句出现的先后顺序,自上而下执行的。

选择结构和循环结构相对略复杂一些,经常会出现复合语句的使用。复合语句也称为块语句,是包含在一对大括号中的语句序列。复合语句内可以定义数据,但这些数据仅在定义它的语句内有效,复合语句内还可以包含另外的复合语句。

if-else 语句、while 语句以及 for 语句是指定控制流程的 3 种方式。

C++的 9 种程序流程控制语句如下:

(1) if()~else~

(2) for()~

(3) while()~

(4) do~ while()

(5) continue

(6) break

(7) switch

(8) goto

(9) return

以上 9 种控制语句实现 C++程序的流程控制,控制语句的具体使用请参考 C 语言的介绍。

C++ 11 新特性如下:

C++ 11 引入了一种更简单的 for 语句,这种语句可以遍历容器或其他序列的所有元素,本书在后续标准模板库 STL 中再做相关使用说明。

2.2.3 数据类型转换

当表达式中出现多种类型数据的混合运算时,首先需要进行类型转换,其次再计算表达式的值。C++语言允许不同基本类型的量混合参加运算,因此,编程中常常需要进行类型之间的相互转换。类型转换分为隐式的类型转换和显式的类型转换两种。隐式的类型转换是由编译器根据具体情况自动完成的,无须手工编码。在进行赋值运算、函数调用时参数的虚实结合及函数的返回时,都可能会进行必需的隐式的类型转换。

【例 2.6】 隐式类型转换示例。

```
/* 02_06.cpp */
#include <iostream>
using namespace std;
double Gt(float x, float y)          //参数虚实结合时自动进行隐式的类型转换
{
    return x > y?x:y;                //将表达式值的类型进行隐式的类型转换
}
int main()
{
    int i = 23, j = 45, result;
    double d;
    d = i;                           //进行隐式类型转换,i 转换为 double 类型后赋值给 d
    result = Gt(i,j);                //i, j 转换成 float 类型进行参数传递
                                     //Gt(i,j)的结果为 double 类型,隐式类型转换后赋值给 result
    cout <<"result = "<< result << endl;
    system("pause");
    return 0;
}
```

程序的调试运行结果如图 2.6 所示。

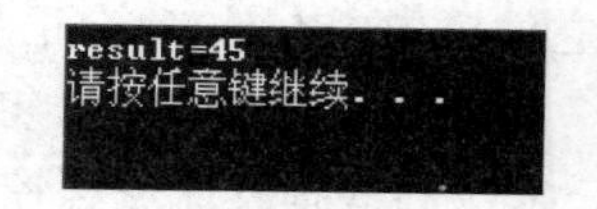

图 2.6 例 2.6 的调试运行结果

所谓显式,就是在编程时需手工利用这些操作符进行类型转换。可用 C++语言提供的类型转换运算符(类型)(C 风格的类型转换)以及 static_cast、const_cast、reinterpret_cast 和 dynamic_cast 算符进行显式的类型转换。

C++语言中仍支持 C 语言中的类型转换形式,即

(目标类型名) 待转换源数据

例如,将一个 float 型的值转换为 int 型结果,可以使用如下格式进行转换:

```
float   f = 100.23;
int   x = (int)f;
```

C++语言提供了另一种更为方便的类似于函数调用的转换方式:

目标类型名(待转换源数据)

上面的转换在 C++语言中写成:

```
x = int(f);
```

类型转换通过调用类型转换函数来实现。

采用 C++语言的 static_cast、const_cast、reinterpret_cast 和 dynamic_cast 类型转换运算符将会比 C 风格的类型转换更安全、更便利。语法形式如下:

```
static_cast <目标数据类型>(源数据类型表示式)
const_cast <目标数据类型>(源数据类型表示式)
reinterpret_cast <目标数据类型>(源数据类型表示式)
dynamic_cast <目标数据类型>(源数据类型表示式)
```

static_cast 是 C++推荐的强制类型转换操作符。如上例中的 int(f)和(int)f 都可以替换为

```
static_cast < int >(f);
```

基本数据类型之间的转换都适用于 static_cast。static_cast 的其他功能和 const_cast、reinterpret_cast、dynamic_cast 的用法将在后续章节中加以介绍。

在进行类型转换时,应尽量使用显式的类型转换。采用系统隐式的类型转换,不仅易导致程序错误,而且使代码的可读性下降。另外,C++是一种强类型语言,类型由低向高的转换一般是安全的、无副作用的,反之可能导致不期望的结果或错误。总之,类型转换在编程时应慎用。

2.3 数据的输入与输出

2.3.1 I/O 的书写格式

在 C++语言中,数据的输入和输出是通过 I/O 流来实现的,分别使用系统所提供的输入流对象 cin 和输出流对象 cout 来完成。在使用过程中,只要在程序的开头嵌入相应的头文

件#include<iostream>即可。

1. 数据的输出 cout

输出流对象 cout 输出数据语句的一般格式为

```
cout <<数据 1 <<数据 2 <<…<<数据 n;
```

说明：

(1) cout 是系统预定义的一个标准输出设备(一般代表显示器)；“<<”是输出操作符，用于向 cout 输出流中插入数据。

(2) cout 的作用是向标准输出设备输出数据，被输出的数据可以是常量、已有值的变量或是一个表达式。

2. 数据的输入 cin

在 C++程序中，数据的输入通常采用输入流对象 cin 来完成。

其格式如下：

```
cin >>变量名 1 >>变量名 2 >>…>>变量名 n;
```

说明：

(1) cin 是系统预定义的一个标准输入设备(一般代表键盘)；“>>”是输入操作符，用于从 cin 输入流中取得数据，并将取得的数据传送给其后的变量，从而完成输入数据的功能。

(2) cin 的功能是：当程序在运行过程中执行到 cin 时，程序会暂停执行并等待用户从键盘输入相应数目的数据，用户输入完数据并回车后，cin 从输入流中取得相应的数据并传送给其后的变量。

(3) “>>”操作符后除了变量名外不得有其他数字、字符串或字符，否则系统会报错。

(4) cin 后面所跟的变量可为任何数据类型，若变量为整型数据类型，则在程序运行过程中从键盘输入数据时，可分别按十进制、八进制或十六进制格式输入该整数。

(5) 当程序中用 cin 输入数据时，最好在该语句之前用 cout 输出一个需要输入数据的提示信息，以正确引导和提示用户输入正确的数据。

(6) 当一个 cin 后面同时跟有多个变量时，则用户输入数据的个数应与变量的个数相同，各数据之间用一个或多个空格隔开，输入完毕后按回车键；或者每输入一个数据按一次回车键。

2.3.2 简单的 I/O 格式控制

从上面的介绍中可以看出，当用 cin、cout 进行数据的输入和输出时，无论处理的是什么类型的数据，都能够自动按照默认格式处理。但这还不够，我们经常需要设置特殊的格式。设置格式有很多种方法，有关内容将在第 10 章做详细介绍，本节只介绍简单的格式控制。

C++语言的 I/O 流类库提供了一些控制符，可以直接嵌入到输入/输出语句中来实现 I/O 格式控制。使用格式控制符首先必须在源程序的开头包含 iomanip 头文件。表 2.6 中列出了几个常用的 I/O 流类库格式控制符。

表 2.6 常用的I/O流控制符

控制符	含义
dec	数值数据采用十进制
hex	数值数据采用十六进制
oct	数值数据采用八进制
ws	提取空白符
endl	插入换行符,并刷新流
ends	插入空字符
setfill(c)	在给定的输出域宽度内填充字符 c
setprecision(int)	设置浮点数的小数位数,默认值是 6(不包括小数点)
setw(int)	设置域宽
setiosflags(ios::left)	左对齐
setiosflags(ios::scientific)	指数显示

在使用 setw(n)时要注意:

(1) 如一个输出量需要比 setw(n)确定的字符数更多的字符,则该输出量将使用它所需要的宽度。例如:

```
float sum = 3.12345;
cout << setw(4)<< sum << endl;
```

其运行结果为

```
3.12345
```

它并不按 4 位宽度,而是按实际跨度输出。

(2) setw(n)仅仅影响下一个数值输出,使用 setw 设置的间隔方式并不保留其效力。例如:

```
cout << 200 << setw(8)<< 400 << 600 << endl;
```

其运行结果为

```
200     400600
```

运行结果中 600 并没有按宽度 8 输出。setw()的默认宽度为 0,意思是按输出数值表示的宽度输出。

2.4 C++中函数的新特性

2.4.1 函数的原型

在 C++语言中,要求对于具有任何返回值类型的函数在调用之前都要作原型声明,以说明函数的返回值类型、函数名、形式参数类型与个数。

C++中函数原型声明的形式为

函数返回值类型 函数名(形式参数表);

对函数的原型声明作以下几点说明:

函数原型最简单的声明方法是将函数定义的首部复制到调用点之前,然后在最后加一个分号,函数原型作为程序中的一条语句必须以分号结束。

函数返回值类型建议都要给定,若一个函数没有返回值,则必须在原型声明中声明其返回值类型为 void。

函数原型参数表中必须指明形式参数的个数和类型,形式参数名可以省略。但是在函数定义的首部要给出形式参数名称。

例如,"float Fun(int a, float b);"与" float Fun(int , float);"是完全等效的。

如果原型声明时形式参数表为空,则该函数的参数表为 void,表示函数不带任何参数。

例如,"void Fun(); "与"void Fun(void); "是完全等效的。

先定义后被调用的函数以及 main 函数无须作原型声明。main 函数不必进行原型声明,因为它是第一个执行的函数,被看作一个自动声明原型的函数。

在 C 语言的函数中,局部变量的定义只能出现在形式参数表中或者是程序块开始的位置。C++语言提供了局部变量更加灵活的定义方式,在满足先定义后使用的原则下,局部变量可以随用随定义。

局部变量的定义和声明可以在程序块的任何位置出现,变量的作用域为从定义点到该变量所在的最小程序块末。

变量定义位置的建议:若函数代码较长,在最靠近使用变量的位置定义变量较为合理;若函数代码较短,将局部变量集中在函数开始处定义更好。

在 C 语言中,一个全局变量在同名局部变量的作用域内是不可见的。

在 C++语言中,在同名局部变量的作用域内,通过在同名变量前加上域解析符"::"可以对同名全局变量进行访问。

域解析符提供了一种在同名局部变量的作用域内访问同名全局变量的方法,使全局变量具有真正意义上的全局作用范围。

2.4.2 默认参数的函数

一般情况下,实参个数应该与形参个数相同,但 C++语言允许实参个数与形参个数不同。方法是在说明函数原型时,为一个或多个形参指定默认值,以后调用此函数时,若省略其中某一实参,C++语言自动地以缺省值作为相应参数的值。例如有一函数原型说明为

```
int Init(int x = 5, int y = 10);
```

则 x 与 y 的缺省值分别为 5 和 10。

当进行函数调用时,编译器按从左向右的顺序将实参和形参结合,若未指定足够的实参,则编译器按顺序调用函数原型中的缺省值来补足所缺少的实参。例如以下的函数调用都是允许的。

```
Init(100,80);                    //x = 100, y = 80
```

```
Init(25);                        //x = 25, y = 10
Init(10);                        //x = 5, y = 10
```

可见,应用带有缺省值的函数,可以使函数调用更为灵活方便。

说明:

(1) 在函数原型中,所有取缺省值的参数都必须出现在不缺省值的参数的右边。即一旦开始定义取缺省值的参数,就不可以再说明非缺省的参数。例如,“int Fun(int i, int j=5, int k);”是错误的,因为在取缺省值参数的 int j=5 后,不应再说明非缺省参数 int k。若改为“int Fun(int i, int k, int j=5);”就正确了。

(2) 在函数调用时,实际参数提供的顺序应该是从左到右依次提供的,实际参数的最少个数应等于不具有默认参数值的形式参数个数。若某个参数省略,则其后的参数皆应省略而采用默认值。不允许某个参数省略后,再给其后的参数指定参数值。例如不允许出现以下调用 Init()函数的语句:

```
Init(,20);
```

(3) 如果指定了默认参数值的形式参数在调用时又得到了实际参数,则实际参数值优先。在调用时如果不提供对应参数,则形式参数使用默认参数值。

2.4.3 内联函数

在函数说明前冠以关键字 inline,该函数就被声明为内联函数。每当程序中出现对该函数的调用时,C++编译器使用函数体中的代码插入到调用该函数的语句之处,在程序运行时不再进行函数调用。

引入内联函数主要是为了消除函数调用时的系统开销,以提高运行速度。在程序执行过程中调用函数时,系统要将程序当前的一些状态信息存到栈中,同时转到函数的代码处去执行函数体语句,在保存与传递这些参数的过程中需要时间和空间的开销,这使得程序执行效率降低,特别是在程序频繁地调用函数时,这个问题会变得更为严重。例 2.7 的程序定义了一个内联函数。

【例 2.7】 内联函数的使用。

```
/* 02_07.cpp */
#include <iostream>
using namespace std;
inline double Circle(double r)
{
    return 3.1416 * r * r;
}
int main()
{
    for (int i = 1;i <= 3;i++)
        cout <<"r = "<< i <<"area = "<< Circle(i)<< endl;
    system("pause");
    return 0;
}
```

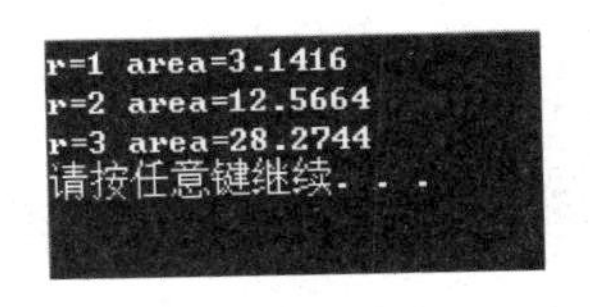

图 2.7 例 2.7 的调试运行结果

程序的调试运行结果如图 2.7 所示。

说明：

(1) 内联函数在第一次被调用之前必须进行声明或定义，否则编译器将无法知道应该插入什么代码。因此，下面的程序不会像预计的那样被编译。

(2) C++语言的内联函数具有与 C 语言的宏定义#define 相同的作用和相似的机理，但消除了#define 的不安全因素。

(3) 内联函数体内一般不能有循环语句和开关语句。

(4) 后面章节讲到的类结构中所有在类说明体内定义的函数都是内联函数。

(5) 使用内联函数是一种用空间换时间的措施，若内联函数较长，且调用太频繁时，程序将加长很多。因此，通常只有较短的函数才定义为内联函数，对于较长的函数最好作为一般函数处理。

注意：内联函数只是向编译器发出的一个请求，编译器可以选择忽略这个请求。

2.4.4 函数重载

在传统的 C 语言中，同一作用域内函数名必须是唯一的，也就是说，不允许出现同名的函数。假如要求编写求整数、浮点数和双精度数的三次方数的函数，若用 C 语言来处理，必须编写 3 个函数，这 3 个函数的函数名不允许同名。例如：

```
Icube(int i);                    //求整数的三次方
Fcube(float f);                  //求浮点数的三次方
Dcube(double d);                 //求双精度数的三次方
```

当使用这些函数求某个数的三次方数时，必须调用合适的函数，也就是说，用户必须记住 3 个函数。虽然这 3 个函数的功能是相同的。

在 C++语言中，用户可以重载函数。这意味着，只要函数参数的类型不同，或者参数的个数不同，或者二者兼而有之，两个或两个以上的函数可以使用相同的函数名。当两个以上的函数共用一个函数名，但是形参的个数或者类型不同时，编译器根据实参和形参的类型及个数的最佳匹配，自动确定调用哪一个函数，这就是函数的重载。被重载的函数称为重载函数。

由于 C++语言支持函数重载，上面 3 个求三次方数的函数可以起一个共同的名字 Cube，但它们的参数类型仍保留不同。当用户调用这些函数时，只需在参数表中代入实参，编译器就会根据实参的类型来确定到底调用哪个重载函数。因此，用户调用求三次方数的函数时，只需记住一个 Cube()函数，剩下的都是系统的事情。上述过程可以用例 2.8 的程序来实现。

【例 2.8】 参数类型不同的重载函数。

```
/* 02_08.cpp */
#include<iostream>
using namespace std;
int Cube(int i)
{
```

```
    return i * i * i;
}
float Cube(float f)
{
    return f * f * f;
}
double Cube(double d)
{
    return d * d * d;
}
int main()
{
    int i = 12;
    float f = 3.4;
    double d = 5.67;
    cout << i <<' * '<< i <<' * '<< i <<' = '<< Cube(i)<< endl;
    cout << f <<' * '<< f <<' * '<< f <<' = '<< Cube(f)<< endl;
    cout << d <<' * '<< d <<' * '<< d <<' = '<< Cube(d)<< endl;
    system("pause");
    return 0;
}
```

程序的调试运行结果如图 2.8 所示。

```
12*12*12=1728
3.4*3.4*3.4=39.304
5.67*5.67*5.67=182.284
请按任意键继续. . .
```

图 2.8 例 2.8 的调试运行结果

在 main()中 3 次调用了 Cube()函数,实际上是调用了 3 个不同的重载版本。由系统根据传送的不同参数类型来决定调用哪个重载版本。例如 Cube(i),因为 i 为整型变量,所以系统将调用求整数三次方数的重载版本 int Cube(int i)。可见,利用重载概念,用户在函数编程时,书写非常方便。

【例 2.9】 参数个数不同的重载函数。

```
/* 02_09.cpp */
#include< iostream >
using namespace std;
int Add(int x,int y)
{
    return x + y;
}
int Add(int x,int y,int z)
{
    return x + y + z;
}
int main()
{
    int a = 3,b = 4,c = 5;
    cout << a <<" + "<< b <<" = "<< Add(a,b)<< endl;
    cout << a <<" + "<< b <<" + "<< c <<" = "<< Add(a,b,c)<< endl;
    system("pause");
    return 0;
}
```

程序的调试运行结果如图 2.9 所示。

图 2.9 例 2.9 的调试运行结果

例 2.9 中的函数 Add()被重载，这两个重载函数的参数个数是不同的。编译程序根据传送参数的数目决定调用哪一个函数。

说明：

(1) 返回类型不在参数匹配检查之列。若两个函数除返回类型不同外，其他均相同，则是非法的。例如“ int mul(int x,int y);”和“double mul(int x,int y);”，虽然这两个函数的返回类型不同，但是由于参数个数和类型完全相同，编译程序将无法区分这两个函数。因为在确定调用哪一个函数之前，返回类型是不知道的。

(2) 函数的重载与带默认值的函数一起使用时，有可能引起二义性，例如：

```
void Drawcircle(int r = 0;int x = 0;int y = 0);
void Drawcircle(int r);
```

C++语言尽管提供重载，但当调用“Drawcircle(20);”时，编译无法确定使用哪一个函数。

(3) 在函数调用时，如果给出的实参和形参类型不相符，C++语言的编译器会自动做类型转换工作。如果转换成功，则程序继续执行，但在这种情况下，有可能产生不可识别的错误。例如，有两个函数的原型如下：

```
void F_a(int x);
void F_a(long x);
```

虽然这两个函数满足函数重载的条件，但是，如果用 int c=F_a(5.56);去调用，就会出现不可分辨的错误。这是由于编译器无法确定将 5.56 转换成 int 类型还是 long 类型。

2.5 引用

2.5.1 引用的概念及使用

引用(Reference)是 C++语言新增加的概念，用来为变量起别名，它主要用作函数参数以及作为函数的返回值类型，在程序中发挥着灵活的作用。

C++是通过引用运算符 & 来声明一个引用的，在声明时，必须进行初始化。

声明一个引用的格式如下：

数据类型&引用名 = 已定义的变量名;

例如：

```
int i = 5;
int &j = i;
```

这里，j 是一个整数类型的引用，用整型变量 i 对它进行初始化，j 就可看作是变量 i 的别名，也就是说，变量 i 引用 j 占用内存的同一位置。当 i 变化时，j 也随之变化，反之亦然。

说明:

(1) 在以上声明引用的格式中,& 不是取地址符,而是引用运算符,只在声明一个引用时使用,以后引用就像普通变量一样使用,无须再带 & 符。

(2) 引用名为一个合法的用户自定义标识符。

(3) 在声明一个引用的同时,如果不是作为函数的参数或返回值类型,就必须对它进行初始化,以明确该引用是哪一个变量的别名,以后在程序中不可改变这种别名关系。

(4) 引用只是某一个变量的别名,系统不为引用另外分配内存空间,与所代表的变量占用同一内存。

(5) 并不是任何类型的数据都可以有引用,不能建立 void 型引用、引用的引用、指向引用的指针、引用数组。

【例 2.10】 引用的最基本用法示例。

```
/* 02_10.cpp */
#include <iostream>
using namespace std;
int x = 5, y = 10;
int &r = x;                          //定义一个引用 r 作为变量 x 的别名
void Print()                         //定义一个专门用于输出的函数
{
    cout <<"x = "<< x <<" y = "<< y;
    cout <<" r = "<< r << endl;
    cout <<"Address of x "<< &x << endl;
    cout <<"Address of y "<< &y << endl;
    cout <<"Address of r "<< &r << endl;
}
int main()
{   Print();                         //第 1 次调用输出函数
    r = y;                           //相当于 x = y,将 y 的值赋给 x,
                                     //而不是 r 改变为变量 y 的别名
    y = 100;                         //对 y 重新赋值不会影响引用 r 的值
    Print();                         //再次调用输出函数
    system("pause");
    return 0;
}
```

程序的调试运行结果如图 2.10 所示。

```
x=5 y=10 r=5
Address of x 00919000
Address of y 00919004
Address of r 00919000
x=10 y=100 r=10
Address of x 00919000
Address of y 00919004
Address of r 00919000
请按任意键继续. . .
```

图 2.10 例 2.10 的调试运行结果

2.5.2 引用作为参数传递

在C++语言中，引用最主要的用途是作为函数的形式参数，在函数被调用时引用成为实在参数变量在被调函数中的别名，从而可以通过对引用的访问和修改达到对实在参数变量进行操作的效果，为对实在参数变量的访问和修改提供了简单方便的途径。

引用参数使得实在参数变量的作用域“扩大”到原先无法进入的被调函数中。

C++语言提供引用，其主要的一个用途就是将引用作为函数的参数。

【例2.11】 采用“引用参数”传递函数参数。

```
/* 02_11.cpp */
#include< iostream >
using namespace std;
void Swap( int&m, int&n)
{
    int temp;
    temp = m;
    m = n;
    n = temp;
}
int main()
{
    int a = 5, b = 10;
    cout <<"a = "<< a <<" b = "<< b << endl;
    //调用函数,参数传递相当于执行了"int &m = a;"和" int &n = b;"使引用参数获得了初值
    Swap(a,b);
    cout <<"a = "<< a <<" b = "<< b << endl;
    system("pause");
    return 0;
}
```

```
a=5 b=10
a=10 b=5
请按任意键继续. . .
```

图2.11 例2.11的调试运行结果

程序的调试运行结果如图2.11所示。

当程序中调用函数Swap()时，实参a和b分别引用m和n，所以对m和n的访问就是对a和b的访问，函数Swap()改变了main()函数中变量a和b的值。

顺便提一下，如果把语句Swap(int &m,int &n)中的&去掉，变成Swap(int m,int n)，函数就不会变换a和b的值了。因为这时的函数调用Swap(a,b)是通常的传值调用，而不是传地址调用。

将形式参数设为引用参数，克服了不能通过值形式参数改变对应实在参数变量的缺陷，因为引用参数与对应实参变量共享内存。

与引用形式参数对应的实在参数只能是变量，而不能是常量或表达式。

在无须改变对应实在参数变量值时，用引用参数仍然比用值形式参数更高效，因为无须另外分配空间和进行传值操作。

2.5.3 引用与指针的区别

引用与指针，都能实现修改第三方变量值，因此有一种观点认为“引用是能自动间接引用的一种指针”，即无须使用指针运算符“ * ”就可以得到或修改一个变量的值。而指针一定要使用运算符“ * ”来得到或修改指针所指向变量的值。

使用引用可以简化程序，因而引用是C++程序员的利器之一。

如果将例2.11两数交换的程序改为指针作形式参数，则Swap函数应当修改为例2.12中的形式。

【例2.12】 采用“指针参数”传递函数参数。

```
/* 02_12.cpp */
#include<iostream>
using namespace std;
void Swap(int *m,int *n)            //系统要给m、n分配内存空间以存放实际参数地址
{
    int temp;
    temp = *m;
    *m = *n;
    *n = temp;
}
int main()
{
    int a = 5,b = 10;
    cout <<"a = " << a <<" b = " << b << endl;
    Swap(&a,&b);                  //改写swap调用
    cout <<"a = " << a <<" b = "<< b << endl;
    return 0;
}
```

程序的调试运行结果如图2.12所示。

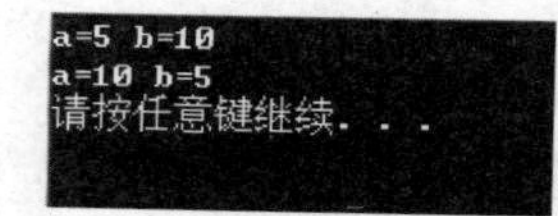

图2.12 例2.12的调试运行结果

可见，指针参数是一种按地址传递参数的方法，使用这种传址方法调用函数Swap()后，a和b的值被交换了。

尽管两种不同的形式参数下都可以实现对实参变量a、b的互换，但是引用参数的效率更高，语法更简单直观，因为系统要给指针形式参数分配内存空间以存放实际参数地址。

C++语言主张引用参数传递取代指针参数传递的方式，因为引用参数传递的语法容易且不易出错。

2.5.4 引用作为返回类型

在C++语言中，函数除了可以返回值以外，还可以返回一个引用。

引用返回函数的原型声明形式为

类型名& 函数名(形式参数表);

调用引用返回函数可以作为：

- 独立的函数语句；
- 表达式中的某一个运算对象；
- 左值(即赋值号左边的变量)，这是引用作为返回值的函数的一个主要用法。

【例 2.13】 引用作为函数返回类型示例。

```
/* 02_13.cpp */
#include <iostream>
using namespace std;
int & Fun(const int &x,int &y,int z)
{
    z++;
    y = x + y + z;
    return y;
}
int main()
{   int a = 1, b = 2, c = 3, d = 0;
    cout <<"a = "<< a <<" b = "<< b <<" c = "<< c <<" d = "<< d << endl;
    Fun(a,b,c) = 20;              //这是引用返回的函数特有的调用方式,相当于语句 b = 20;
    cout <<"a = "<< a <<" b = "<< b <<" c = "<< c <<" d = "<< d << endl;
    return 0;
}
```

程序的调试运行结果如图 2.13 所示。

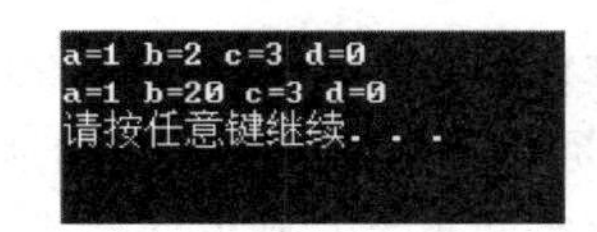

图 2.13 例 2.13 的调试运行结果

对于引用作为返回值的函数有几个特别的要求：

(1) return 后面只能是变量(引用也理解为一种特殊的变量)，而不能是常量或表达式，因为只有变量才能作为左值使用。

(2) return 后面变量的内存空间在本次函数调用结束后应当仍然存在，因此局部自动型变量不能作为引用返回。

(3) return 后面返回的不能是常引用，因为常引用是为了保护对应的实在参数变量不被修改，而引用返回的函数作为左值必定要引起变量的修改。在例 2.13 中，如果将"return y;"修改为"return x;"，则编译时会出现一个错误"cannot convert from 'const int' to 'int &'"提示。

C++ 11 右值引用：传统的 C++引用(称为左值引用)使得标识符关联到左值。左值是一个表示数据的表达式(如变量名)，程序可获取其地址。C++ 11 新增了右值引用，就是使用 && 表示的。右值引用可关联到右值，即可出现在赋值表达式右边，右值包括字面常量(字符串除外)。

```
int a = 5;
int b = 10;
int &&t1 = 20;
int &&t2 = a + b;
```

注意，t2 关联到的是当时计算 a+b 得到的结果。也就是说，t2 关联到的是 15，即使以后修改了 a 或 b，也不会影响到 t2。

将右值关联到右值引用导致该右值被存储到特定的位置，且可以获取该位置的地址。也就是说，虽然不能将运算符 & 用于 20，但可将其用于 t1。通过将数据与特定的地址关联，使得可以通过右值引用来访问该数据。

2.6 动态内存分配

程序开发过程中，经常要动态地申请和撤销内存空间，因此，这种内存的分配方式是动态分配，而不是静态分配(如数组)。

2.6.1 动态内存分配与释放函数

程序运行时，计算机的内存被分为 4 个区，即程序代码区、全程数据区、栈和堆，其中堆可由用户分配和释放。C 语言中使用函数 malloc()和 free()等来进行动态内存管理。并在程序的头部嵌入相应的头文件 stdlib.h。

1. malloc 函数

malloc 函数原型如下：

```
void   * malloc(unsigned int size);
```

其作用是在内存的动态存储区中分配一个长度为 size 的连续空间。此函数的值(即返回值)是一个指向分配域起始地址的指针(基类型为 void)。如果此函数未能成功地执行(例如内存空间不足)，则返回空指针(NULL)。

例如：

```
int * p;
p = (int * )malloc(sizeof(int));
student * ps;
ps = (student * )malloc(sizeof(student));
```

2. calloc 函数

calloc 函数原型如下：

```
void * calloc(unsigned n, unsigned size);
```

其作用是在内存的动态区存储中分配 n 个长度为 size 的连续空间。函数返回一个指向分配域起始地址的指针；如果分配不成功，返回 NULL。

用 calloc 函数可以为一维数组开辟动态存储空间，n 为数组元素个数，每个元素长度为 size。

3. free 函数

free 函数原型如下：

```
void free(void * p);
```

其作用是释放由 p 指向的内存区,使这部分内存区能被其他变量使用。p 是最近一次调用 calloc 或 malloc 函数时返回的值,free 函数无返回值。

2.6.2 new 和 delete

C++语言则提供了操作符 new 和 delete 来做动态内存分配工作,比 malloc 函数和 calloc 函数的性能更优越,使用更方便灵活。

1. new

运算符 new 用于内存分配的最基本的语法形式为

指针变量 = new 类型名;

该语句在程序运行过程中从称为堆的一块自由存储区中为程序分配一块 sizeof 字节大小的内存空间,该内存空间的首地址被存于指针变量中。

2. delete

运算符 delete 用于释放 new 分配的存储空间。其基本的语法形式为

delete 指针变量;

其中,指针变量保存着 new 分配的内存的首地址。例 2.14 是 new 和 delete 操作的一个简单的例子。

【例 2.14】 操作符 new 和 delete 的使用。

```
/* 02_14.cpp */
#include<iostream>
using namespace std;
int main()
{
    int *p;
    p = new int;
    *p = 10;
    cout << *p << endl;
    delete p;
    system("pause");
    return 0;
}
```

程序的调试运行结果如图 2.14 所示。

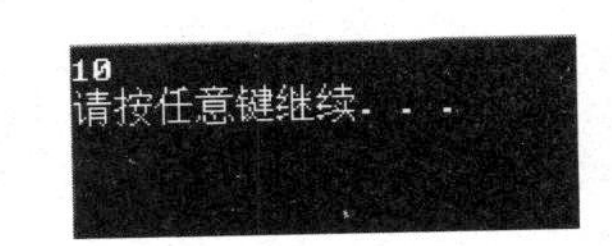

图 2.14　例 2.14 的调试运行结果

该程序定义了一个整型指针变量 p,然后用 new 为其分配了一块存放整型数据的内存空间,p 指向这个内存块。然后在这个内存块中赋予初值 10,并将其打印出来。最后,用 delete 释放 p 指向的内存空间。

【例 2.15】 将运算符 new 和 delete 用于结构类型。

```
/* 02_15.cpp */
#include<iostream>
#include<string>
using namespace std;
struct person
{
    char name[20];
    int age;
};
int main()
{
    person *p;
    p=new person;
    strcpy(p->name,"wang fun");
    p->age=23;
    cout<<"\n"<<p->name<<""<<endl<<p->age<<endl;;
    delete p;
    system("pause");
    return 0;
}
```

程序的调试运行结果如图 2.15 所示。

图 2.15 例 2.15 的调试运行结果

虽然 new 和 delete 完成的功能类似于 malloc()和 free(),但是它们有以下几个优点:

(1) new 可以自动计算所要分配内存的类型的大小,而不必使用 sizeof()来计算所需要的字节数,这就减少了发生错误的可能性。

(2) new 能够自动返回正确的指针类型,不必对返回指针进行强制类型转换。

(3) 可以用 new 将分配的对象初始化。

(4) new 和 delete 都可以被重载,允许建立自定义的内存管理算法。

下面对 new 和 delete 的使用再作几点说明:

(1) 用 new 分配的空间,使用过结束后应该用也只能用 delete 显式地释放,否则这部分空间将不能收回而变成死空间。

(2) 使用 new 动态分配内存时,如果没有足够的内存满足分配要求,new 将返回空指针。因此通常要对内存的动态分配是否成功进行检查。

【例 2.16】 对内存的动态分配是否成功进行检查。

```
/* 02_16.cpp */
#include<iostream>
using namespace std;
int main()
{
    int *p;
    p=new int;
    if(!p)
```

```
    {
        cout <<"allocation failure\n";
        return -1;
    }
    *p = 20;
    cout << *p << endl;;
    delete p;
    system("pause");
    return 0;
}
```

程序的调试运行结果如图 2.16 所示。

图 2.16　例 2.16 的调试运行结果

若动态分配内存失败，此程序将在屏幕上显示“allocation failure”。

(1) 使用 new 可以为数组动态分配内存空间，这时需要在类型名后面加上数组大小。其语法形式为

```
指针变量 = new 类型名[下标表达式];
```

例如：

```
int *pi = new int [10];
```

这时 new 为具有 10 个元素的整型数组分配了内存空间，并将首地址赋给了指针 pi。使用 new 为多维数组分配空间时，必须提供所有维的大小，例如：

```
int *pi = new int[2][3][4];
```

其中第一维的界值可以是任何合法的表达式，例如：

```
int i = 3;
int *pi = new[i][3][4];
```

(2) 释放动态分配的数组存储区时，可以使用 delete 运算符，其语法形式如下：

```
delete [ ]指针变量;
```

无须指出空间大小，但老版本的 C++语言要求在 delete 的方括号中标出数字，以告诉要释放多少个元素所占的空间。例如：

```
delete [ ]pi;
delete [10]pi;
```

(3) new 可在为简单变量分配内存空间的同时进行初始化。这时语法形式为

```
指针变量 = new 类型名(初始值列表);
```

【例 2.17】 new 在为简单变量分配内存空间的同时，进行初始化。

```
/* 02_17.cpp */
#include <iostream>
using namespace std;
int main()
```

```
{
    int *p;
    p = new int(99);
    if(!p)
    {
        cout <<"allocation failure\n";
        return -1;
    }
    cout << *p << endl;
    delete p;
    system("pause");
    return 0;
}
```

程序的调试运行结果如图 2.17 所示。

```
99
请按任意键继续. . .
```

图 2.17　例 2.17 的调试运行结果

若动态分配内存失败，此程序将在屏幕上显示“allocation failure”。

new 不能对动态分配的数组存储区进行初始化。下面例 2.18 是一个数组动态分配内存空间的例子。

【例 2.18】 对一个数组动态分配内存空间。

```
/* 02_18.cpp */
#include <iostream>
using namespace std;
int main()
{
    double *s;
    s = new double[10];
    if(!s)
    {
        cout <<"allocation failure\n";
        return -1;
    }
    for (int i = 0;i < 10;i++)
        s[i] = 100.00 + 2 * i;
    for(int j = 0;j < 10;j++)
        cout << s[j]<<" ";
    delete[] s;
    system("pause");
    return 0;
}
```

程序的调试运行结果如图 2.18 所示。

```
100 102 104 106 108 110 112 114 116 118
请按任意键继续. . .
```

图 2.18　例 2.18 的调试运行结果

若动态分配内存失败，此程序将在屏幕上显示“allocation failure”。

C++ 11 智能指针新标准：C++ 11 提供了智能指针类型来管理动态对象，智能指针的行为类似常规指针，重要的区别是它负责自动释放所指向的对象。新标准库提供了 shared_ptr，unique_ptr，weak_ptr 三种智能指针，这三种类型都定义在 memory 头文件中，具体说明请查阅 C++ 11 新标准。

2.7 异常处理

软件的安全可靠性是非常重要的。一个好的软件不仅要保证软件的正确性，而且应该具有一定的容错能力。

程序中的错误可分为两大类。

语法错误：包括编译错误和连接错误，这类错误在编译连接时根据出现的错误信息可以进行纠正。

运行错误：在编译连接通过后，在运行时出现的错误，通常包括不可预料的逻辑错误和可预料的运行异常。

有的程序虽然能通过编译，也能投入运行。但是在运行过程中会出现异常，得不到正确的运行结果，甚至导致程序不正常终止，或出现死机现象。例如，在计算过程中，出现除数为 0 的情况；内存空间不够，无法实现指定的操作；无法打开输入文件，因而无法读取数据；等等。

在运行没有异常处理的程序时，如果运行情况出现异常，则程序本身不能处理，只能终止运行。如果在程序中设置了异常处理机制，则在运行情况出现异常时，由于程序本身已规定了处理的方法，所以程序的流程就转到异常处理代码段处理。

因此，异常处理指的是对运行时出现的差错以及其他例外情况的处理。

异常处理是 C++语言的一种工具，使用这种工具可以对程序中某些事先可以预测的错误进行测试和处理。

2.7.1 异常处理的机制

C++语言异常处理机制的基本思想是将异常的检测与处理分离。当在一个函数体中检测到异常条件存在，但却无法确定相应的处理方法时，该函数将抛出一个异常，由函数的直接或间接调用者捕获这个异常并处理这个错误。如果程序始终没有处理这个异常，最终运行系统捕获后，通常只是简单地终止这个程序。

C++语言使用了 throw 和 try-catch 语句支持异常处理。

C++语言中异常处理的机制由以下 3 步来实现。

(1) 检查异常(使用 try 语句块)：圈定一个监控段，可能是一条语句，也可能是一个语句块。

(2) 抛出异常(使用 throw 语句块)：抛出异常对象。

(3) 捕捉异常(使用 catch 语句块)：根据异常类型进行异常处理。

其中，第(1)步和第(3)步在上级函数中处理，第(2)步在可能出现异常的当前函数中处理。

throw 语句一般是由 throw 运算符和一个数据组成的，其形式为

```
throw 表达式;
```

try-catch 的结构为

```
try
{被检查的语句}
catch(异常信息类型[变量名])
{进行异常处理的语句}
```

说明：

(1) try 块和 catch 块作为一个整体出现。

(2) 一个 try-catch 结构中只能有一个 try 块，但却可以有多个 catch 块，以便与不同的异常信息匹配。

(3) catch 后面的括号中，一般只写异常信息的类型名。但 catch(…)表示可以捕捉任何类型的异常信息。

(4) 在某些情况下，在 throw 语句中可以不包括表达式，如：

```
catch( … )
{//其他语句
throw;      //将编译捕获的异常信息再次原样抛出，由上一层的 catch 处理器处理
```

(5) 如果 throw 抛出的异常信息找不到与之匹配的 catch 块，那么系统就会调用一个系统函数 terminate，使程序终止运行。

异常处理提出了一种规范的错误处理风格，不仅改善了程序风格，而且明确地要求程序员，在分析问题时，把充分考虑程序运行环境也作为一种需求处理。

2.7.2 异常处理的实现

C++语言中异常处理的完整过程是程序顺序执行 try 块中的语句。如果在执行 try 块内的各条语句中都没有发生异常，则跳过 catch 块，转到执行 catch 块后面的语句。如果在执行 try 块内的某一条语句中发生异常，则由被调函数的 throw 抛出异常信息。由 throw 抛出的异常信息提供给 catch 块，系统寻找与之匹配的 catch 子句，进行异常处理后，程序继续执行 catch 子句后面的语句，而跳过 try 中的剩余语句。

【例 2.19】 C++异常机制的处理过程示例。

```
//* 02_19.cpp * /
#include < iostream >
using namespace std;
int Divide(int x, int y)
{   if (y == 0)  throw 1;                              //如果分母为零，抛出异常
    return x/y;
}
int main()
{   int a = 10, b = 5, c = 0;
```

```
    try                                          //检查是否出现异常
    {    cout <<"a/b = "<< Divide(a,b)<< endl;
         cout <<"b/a = "<< Divide(b,a)<< endl;
         cout <<"a/c = "<< Divide(a,c)<< endl;   //分母为零,程序抛出异常
         cout <<"c/b = "<< Divide(c,b)<< endl;
    }

    catch(int)                                   //捕获异常并作出处理,即输出一条提示信息
    {    cout <<"except of divide zero"<< endl;  }
    cout <<"calculate finished"<< endl;          //catch 块的后续语句
    return 0;
}
```

程序的调试运行结果如图 2.19 所示。

```
a/b=2
b/a=0
except of divide zero
calculate finished
请按任意键继续. . .
```

图 2.19　例 2.19 的调试运行结果

2.8 本章小结

本章首先介绍了 C++语言的基本语法,随后主要介绍了 C++语言在非面向对象方面对 C 语言的扩充。这些扩充部分包括数据类型、输入输出流、const 修饰符、内联函数、函数重载、强制类型转换、new 和 delete、引用等。介绍了有关 C++ 11 的新增特性,并简单说明相关内容。通过本章的学习读者能够较快进入 C++语言的领域,为学习 C++面向对象程序设计内容打下基础。

本章重点内容概括如下:

1. 简单的 C++程序

用 C++语言编写的源程序扩展名为. cpp,在程序的开头有文件包含语句 # include <iostream>以及使用 C++标准名字空间的语句“using namespace std;”。这是因为 C++语言在 iostream 中提供的输入输出流可以更加方便地完成输入输出。在 C++源程序中可以使用/ * … * /或//两种方式进行注释。

2. const 修饰符

const 修饰符有了更灵活的运用,可以更安全地定义符号常量;比用宏定义更安全;可以和指针结合在一起使用,定义指向常量的指针、常指针和指向常量的常指针;可以在定义指针及引用形式参数时,用 const 修饰,保护对应的实际参数变量不被修改。

3. C++新增数据类型

C++语言新增加了 bool 类型处理逻辑值,新增加了 string 类型(使用时必须包含 std 名字空间中的 string 头文件)更方便地操作字符串。枚举类型和联合体类型都可以默认类型名,都有独特的用法,而结构体在 C++语言中允许有数据成员和成员函数。C++语言还提供了灵活多样的强制类型转换方法。

4. 有关函数的区别

函数仍然是 C++语言面向过程的程序设计的最基本单位,与 C 语言相比,有一些新的要求和功能。在 C++语言中,函数必须声明原型,并且明确给出返回值类型;局部变量的定义更加灵活,可以随用随定义;全局变量在 C++程序中也可以通过域解析符"::"使其在同名局部变量的作用域可见;C++程序的形式参数可以带有默认参数值;C++语言的内联函数机制提供了一种以空间换时间的方法;C++语言通过函数重载将一些功能相同或类似而只是形式参数有所区别的一组函数以相同的函数名命名,调用时根据实际参数与形式参数的匹配情况由系统自行确定调用的是哪一个重载函数,这种机制减轻了用户的记忆负担,可以更加方便地使用某一类功能的函数。

5. 引用的概念

引用是 C++语言新增加的概念,是变量的别名,因此不另外分配内存空间,使用时与一般的变量一样。将引用作为形式参数可以方便直观地改变对应实在参数变量的值,而且效率更高;而引用返回值使得函数调用结果可以作为左值,这也是引用的一大特色。

6. 动态内存管理

C++语言提供了更加方便的动态内存空间的管理,用 new 和 delete 两个运算符非常方便地申请、回收一个或连续若干个连续的动态内存空间。void 类型的指针在编写通用程序时非常有用。

7. 异常处理

C++语言提供了处理异常的有效机制,通过 throw 抛出异常,通过 try-catch 块检测、捕捉并处理异常,从一定程度上保证了程序的健壮性。

本章内容是利用 C++语言进行过程化程序设计的基础,了解和掌握 C++语言与 C 语言在过程化程序设计方面的区别更有利于用 C++语言编程,这些知识也将是接下来学习 C++面向对象程序设计的基础。

习题

2-1 叙述 C++的特点。C++有哪些发展?

2-2 初始化与赋值有什么区别?

2-3 简述内联函数与普通函数的区别和联系。

2-4 什么是函数重载？简述匹配重载函数的顺序。

2-5 单项选择题。

(1) 下面有关重载函数的说法中正确的是( )。

A. 重载函数必须具有不同的返回值类型

B. 重载函数形参个数必须不同

C. 重载函数必须有不同的形参列表

D. 重载函数名可以不同

(2) 因为函数代码较少，被频繁调用，为了提高效率，则选用( )合适。

A. 重载函数　　B. 内联函数

C. 递归调用　　D. 嵌套调用

(3) 以下设置默认值的函数原型声明中错误的是( )。

A. int setdata(int m=5,int n=10,int i=15);

B. int setdata(int m,int n=10,int i=15);

C. int setdata(int m,int n=10,int i);

D. int setdata(int m,int n,int i=15);

2-6 将下面的C语言风格的程序改写成C++语言风格的源程序。

```
#include <stdio.h>
int Add(int a, int b);
int main()
{   int x, y, sum;
    printf("Please intput x and y :\n");
    scanf("%d%d", &x,&y);
    sum = Add(x,y);
    printf("%d + %d = %d\n", x,y,sum);
    return 0;
}
int Add(int a, int b)
{   return a + b;
}
```

2-7 写出下面程序的运行结果。

(1)

```
#include <iostream>
using namespace std;
int main()
{
    cout <<"this"<<"is";
    cout <<"a"<<"C++";
    cout <<"program."<< endl;
    return 0;
}
```

(2)

```
#include <iostream>
```

```
using namespace std;
void F(double x = 50.6, int y = 10, char z = 'A');
int main()
{    double a = 216.34;
     int b = 2;
     char c = 'E';
     F();
     F(a);
     F(a,b);
     F(a,b,c);
     return 0;
}
void F(double x, int y, char z)
{    cout <<"x = "<< x <<"   y = "<< y <<" z = "<< z << endl;  }
```

(3)

```
#include <iostream>
using namespace std;
int & S(const int &a, int &b)
{
     b += a;
     return b;
}
int main()
{    int x = 500, y = 1000, z = 0;
     cout << x <<'\t'<< y <<'\t'<< z << endl;
     z = S(x,y);
     cout << x <<'\t'<< y <<'\t'<< z << endl;
     S(x,y) = 200;
     cout << x <<'\t'<< y <<'\t'<< z << endl;
     return 0;
}
```

2-8 设计对整数求最大值的重载函数 max，要求：

(1) 对两个整数求最大值；

(2) 对三个整数求最大值；

(3) 设计一个主函数对以上函数进行测试。

2-9 用 new 运算符为一个包含 20 个整数的数组分配内存，输入若干个值到数组中，分别统计其中正数和负数的个数，输出结果，再用 delete 运算符释放动态内存空间。

2-10 编写程序，从键盘输入一个学生的姓名(建议用 string 类型)、年龄(合理的年龄范围为 15～25)、五分制考试分数(合理范围为 0～5)，调用函数 float CheckAgeScore(int age, float score)，该函数主要完成两件事：通过检查两个形式参数的范围是否合理，抛出不同的异常信息；如果无异常，则返回对应的百分制成绩。主函数中定义 try-catch 结构检测、捕获并处理异常。最后输出该同学的姓名、年龄、百分制成绩。

第二部分 面向对象的程序设计

第3章　类和对象(一)

第4章　类和对象(二)

第5章　继承与派生

第6章　虚函数与多态性

第7章　运算符重载

第8章　模板

第9章　标准模板库STL

第10章　C++的输入和输出

第3章 类和对象(一)

本章要点：

- 类的定义与类的成员
- 对象的定义与使用
- 类的构造函数
- 重载构造函数
- 析构函数
- UML 及类图

本书的第一部分讲解 C++语言在面向过程方面对 C 语言的扩充与改进，从本章开始进入第二部分面向对象的程序设计，将介绍 C++语言在面向对象方面的应用。围绕类与对象的概念和特点，本章将介绍类的定义与使用方法，类的数据成员与成员函数，类的构造函数与析构函数，拷贝构造函数的定义，深拷贝与浅拷贝的区别；并对 C++ 11 新的类功能进行简单说明。

3.1 类的构成

3.1.1 从结构到类

C++语言中的结构(structure 或者 struct)类似于一种简单的类。结构是一种自定义的数据类型，它们把相关联的数据元素组成一个单独的统一体。

例如下面声明了一个日期结构：

```
struct Date
{
    int year;
    int month;
    int day;
};
```

结构 Date 中包含了三个数据元素 year，month，day，分别表示年、月、日。在结构中可以进行设置日期、显示日期等操作。例 3.1 是这个例子的完整程序。

【例 3.1】 有关日期结构的示例。

```
/* 03_01.cpp */
#include<iostream>
using namespace std;
struct Date
{
    int year;
    int month;
    int day;
};
int main()
{
    Date date1;
    date1.year = 2009;
    date1.month = 5;
    date1.day = 26;
    cout << date1.year <<"."<< date1.month <<"."<< date1.day << endl;
    system("pause");
    return 0;
}
```

程序的调试运行结果如图 3.1 所示。

```
2009.5.26
请按任意键继续. . .
```

图 3.1 例 3.1 的调试运行结果

C 语言中的结构体存在一些缺点。例如,一旦建立了一个结构变量,就可以在结构体外直接修改数据。如在例 3.1 的 main()函数中,可以用赋值语句随意修改结构变量中的数据 year,month 和 day。但是在现实世界中有些数据不允许随意修改。换句话说,不同的使用者对数据修改的权限是不一样的。例如,一个人的出生日期是不能随意修改的。可见,在 C 结构中的数据是很不安全的,C 语言结构无法对数据进行保护和权限控制。C 语言结构中的数据与对这些数据进行的操作是分离的,没有把这些相关的数据和操作构成一个整体进行封装,因此使程序的复杂性很难控制,维护数据和处理数据要花费很大的精力,使传统程序难以重用,严重影响了软件的生产效率。

在 C++语言中引入了类的概念,它能克服 C 结构的这些缺点,C++语言中的类将数据和与之相关的函数封装在一起,形成一个整体,具有良好的外部接口,可以防止数据未经授权的访问,提供了模块间的独立性。

3.1.2 类的构成

在面向对象程序设计中,类和对象是两个基本的概念。对象是客观事物在计算机中的抽象描述;而类则是对具有相似属性和行为的一组对象的统一描述。

类是把各种不同类型的数据和对数据的操作组织在一起而形成的用户自定义的数据类型。其中,把不同类型的数据称为数据成员,把对数据的操作称为成员函数。

类主要由 3 部分组成,分别是类名、数据成员和成员函数。按访问权限划分,数据成员和成员函数又可分为 3 种,分别是公有数据成员与成员函数,保护数据成员与成员函数,以及私有数据成员与成员函数。类声明的一般格式如下:

```
class 类名
{
    [private: ]
        私有数据成员;
        私有成员函数;
    protected:
        保护数据成员;
        保护成员函数;
    public:
        公有数据成员;
        公有成员函数;
};
```

说明:

(1) class 是类定义的关键字。

(2) 类名由用户自定义,但必须是 C++语言的有效标识符,且一般首字母要大写。

(3) 大括号中是类体,最后以一个分号结束。

(4) private、public、protected 这 3 个关键字是访问权限控制符,限制了类成员的访问权限。

例如,下面定义了一个描述日期的类。

```
class Date
{
private:                                  //private 可以默认
    int year;                             //定义数据成员
    int month;
    int day;
public:
    void SetDate(int y, int m, int d);    //成员函数声明
    void ShowDate();                      //成员函数声明
};
```

在此,声明了一个类 Data,封装了有关数据和对这些数据的操作,分别称为类 Date 的数据成员和成员函数。

在一般情况下,类体中仅给出成员函数原型,而把函数体的定义放在类体外实现。成员函数的具体定义将在后续章节中讨论。

从类的定义可以看出,类是实现封装的工具。封装就是将类的成员按使用或存取的方式分类,从而有条件地限制对类成员的使用。

3.1.3 类成员的访问属性

类的任何成员都具有访问属性。类成员有 3 种访问属性:私有类型(private)、公有类型(public)和保护类型(protected)。这 3 种属性分别由 private,public,protected 3 个关键字后跟字符":"来指定。

这 3 种访问权限控制符可以以任何顺序出现,且在同一个类的定义中,这 3 个部分并非必须同时出现。

(1) private 部分:这部分的数据成员和成员函数称为类的私有成员。私有成员只能由

本类的成员函数访问，而类外部根本就无法访问，实现了访问权限的有效控制。在类 Date 中就声明了 3 个只能由内部函数访问的数据成员，即 year，month，day。

(2) public 部分：这部分的数据成员和成员函数称为类的公有成员。公有成员可以由程序中的函数访问，即它对外是完全开放的。公有成员函数是对类的动态特性的描述，是类与外界的接口，来自类外部的访问需要通过这种接口来进行。例如，在类 Date 中声明了设置日期成员函数 SetDate()和日期成员函数 ShowDate()，它们都是公有的成员函数，类外部若想对类 Date 的数据进行操作，只能通过这两个函数来实现。

(3) protected 部分：这部分的数据成员和成员函数称为类的保护成员。保护成员可以由本类的成员函数访问，也可以由本类的派生类的成员函数访问，而类外的任何访问都是非法的，即它是半隐蔽的，这个问题将在第 5 章详细介绍。

类的定义应注意以下几点：

(1) 对一个具体的类来讲，类声明格式中的 3 个部分并非一定要全有，但至少要有其中的一个部分。

一般情况下，一个类的数据成员应该声明为私有成员，成员函数声明为公有成员。这样，内部的数据结构整个隐蔽在类中，在类的外部根本就无法看到，使数据得到有效的保护，也不会对该类以外的其余部分造成影响，程序模块之间的相互作用降到最小。

(2) 类声明中 private，protected 和 public 三个关键字可以按任意顺序出现任意次，甚至可以交叉出现。但是，如果把所有的私有成员、保护成员和公有成员归类放在一起，程序将更加清晰。

(3) 若私有部分处于类体中第一部分，关键字 private 可以省略。这样，如果一个类体中没有一个访问权限关键字，则其中的数据成员和成员函数都默认为私有的。

(4) 数据成员可以是任何数据类型，但是不能用自动方式、寄存器方式或外部方式进行说明。

(5) 在 C++ 11 之前的标准中，规定不能在类声明中给数据成员赋初值。例如：

```
class Date
{
private:                                    //定义私有数据成员
    int year = 2008;                        //错误
    int month = 10;                         //错误
    int day = 5;                            //错误
public:
    void SetDate(int y, int m, int d);      //公有成员函数声明
    void ShowDate();
};
```

C++ 11 之前的标准规定，只有在类对象定义之后才能给数据成员赋初值。

C++ 11 标准新特性如下：

在 C++ 11 标准中，类成员赋初值有了新的规定。所以，类成员是否能够在定义时赋初值，要看具体的 C++编译环境是否支持 C++ 11 的新标准。

C++ 11 标准规定，可以为数据成员提供一个类内初始值。这一点与 C++ 03 标准有很大不同，创建对象时，类内初始值将用于初始化数据成员。没有初始值的成员将被默认初始

化，默认值到底是什么由变量类型决定。

类内初始值或者放在大括号里，或者放在等号右边，记住不能使用圆括号。按照 C++ 11 新标准，Date 类可以在类声明中给数据成员赋初值。

```
class Date
{
private:                                    //定义私有数据成员
  int year = 2008;                          //或 int year {2008};
  int month = 10;                           //或者 int month {10};
  int day = 5;                              //或者 int day {5};
public:
  void SetDate(int y,int m,int d);          //公有成员函数声明
  void ShowDate();
};
```

C++中的结构体如下：

C++增加了 class 类型后，仍然保留了结构体类型 struct。而且把它的功能也扩展了。

在 C++语言中通过对结构类型的扩充，使得它不仅可以包含不同类型的变量，还可以包含对这些变量进行相关操作的函数。类 class 和结构 struct 很相似，都含有以数据成员表示的属性和以成员函数表示的行为。

但是，用 struct 声明的类和 class 声明的类是有区别的。C++语言中类 class 和结构 struct 的主要区别是默认访问属性不同。在类 class 中，成员的默认访问属性是 private，而在结构体 struct 中，成员的默认访问属性是 public，相比之下，类更好地体现了面向程序设计中封装与信息隐藏的特点。

而且，C++ 11 新标准规定，可以为结构体的数据成员提供一个初始值。

3.2　类的成员函数

在面向对象程序设计中，类的成员函数是实现对封装的数据成员进行操作的主要途径，是类的行为。类中的所有成员都要在类的类体中进行说明，但成员函数的定义既可以在类体中给出，也可以在类体外给出，通常采用以下两种方式。

1. 将成员函数的定义直接写在类体中

在类中直接定义成员函数一般适合于成员函数规模较小的情况。

例如，定义表示坐标点的类 Point。

```
class Point
{
private:
    int x,y;
public:
    void SetPoint(int a,int b)
    {
      x = a;y = b;
```

```
        }
        int Getx()
        {
          return x;
        }
        int Gety()
        {
          return y;
        }
};
```

此时,成员函数 SetPoint()、Getx()和 Gety()就是隐含的内联成员函数。即使没有明确用 inline 关键字定义,它们也是内联函数。内联函数的调用类似宏指令的扩展,它直接在调用处扩展其代码,而不进行一般函数的调用操作。

2. 在类定义中只给出成员函数的原型,而成员函数体写在类的定义之外

这种方法比较适用于成员函数的函数体较大的情况,但要求在定义成员函数时,在函数的名称之前加上其所属的类名以及作用域运算符“::”,以此来表示该成员函数属于哪个类,未加类名及作用域运算符的函数是非成员函数。

这种成员函数在类外定义的一般形式如下:

```
函数返回值的类型类名::成员函数名(形式参数表)
{
//函数体
}
```

例如,对于前面的表示坐标点的类 Point 来说,给出下面的定义:

```
class Point
{
private:
    int x,y;
public:
    void SetPoint (int,int);
    int Getx();
    int Gety();
};
void Point::SetPoint(int a,intb)
{
    x=a;y=b;
}
int Point::Getx()
{
    return x;
}
int Point::Gety()
{
    return y;
}
```

在这个例子中,虽然函数 SetPoint()、Getx()和 Gety()的函数体写在类外部,但它们属于类 Point 的成员函数,它们可以直接使用类 Point 中的数据成员 x 和 y。

在 C++语言中,除了上面第一种方式的隐式声明外,还可以用下面格式将成员函数显式声明为类的内联函数。

```
inline 返回类型类名::成员函数名(参数表)
{
  //函数体
}
```

在类声明中只给出成员函数的原型,而成员函数体写在类的外部。但为了使它起内联函数的作用,在成员函数返回类型前冠以关键字 inline,以此显式地说明这是一个内联函数。

例如,上面的例子改为显式声明为内联函数可变成如下形式:

```
class Point
{
private:
    int x,y;
public:
    void SetPoint(int,int);
    int Getx();
    int Gety();
};
inline void Point::SetPoint(int a ,int b)
{
     x = a;y = b;
}
inline int Point::Getx()
{
     return x;
}
inline int Point::Gety()
{
     return y;
}
```

使用 inline 说明内联函数时,必须使函数体和 inline 说明结合在一起,否则编译器将它作为普通函数处理。例如函数原型写成:

```
inline void SetPoint(int, int);
```

不能说明这是一个内联函数。有效的声明应该如下:

```
inline void Point::SetPoint(int a,int b)
{
     x = a;y = b;
}
```

通常只有较短的成员函数才定义为内联函数,对于较长的成员函数最好作为一般函数处理。

3.3 对象的定义与使用

类描述了本类对象的共同属性和行为,是一个用户自定义的数据类型,实现了封装和数据隐藏功能。但是,类作为一种类型在程序中只有通过定义该类型的变量——对象,才能发挥作用。对象是类的实例或实体。下面来具体介绍对象的定义和使用。

3.3.1 类与对象的关系

一个类也就是用户声明的一个数据类型,而且是一个抽象数据类型。每一种数据类型都是对一类数据的抽象,在程序中定义的每一个变量都是其所属数据类型的一个实例。类的对象可以看成是该类类型的一个实例,定义一个对象和定义一个一般变量相似。

类是抽象的概念,而对象是具体的概念;类只是一种数据类型,而对象属于该类(数据类型)的一个变量,每个对象占用了各自的存储单元,都各自具有了该类的一套数据成员(静态数据成员除外),而类的成员函数是所有对象共有的。每个对象的成员函数都通过指针指向同一个代码空间。

在 C++语言中,类与对象间的关系,可以用数据类型 int 和整型变量 i 之间的关系来类比。类类型和 int 类型均代表的是一般的概念,而对象和整型变量却是代表具体的东西。正像定义 int 类型的变量一样,也可以定义类的变量。C++语言把类的变量称为类的对象,对象也称为类的实例。

3.3.2 对象的定义

对象的定义也称为对象的创建,在 C++语言中可以用以下两种方法定义对象。

1. 在声明类的同时直接定义对象

在声明类的右大括号后,直接写出属于该类的对象名表。例如:

```
class Point
{
private:
    int x,y;
public:
    void SetPoint(int,int);
    int Getx();
    int Gety();
}op1,op2;
```

在声明类 Point 的同时,直接定义了对象 op1 和 op2。这时定义的对象是一个全局对象。

2. 声明了类之后在使用时再定义对象

定义的格式与一般变量的定义格式相同:

类名 对象名(参数表);

说明:

(1)对象名可以是一个或多个对象的名字,多个对象名之间用逗号分隔;在对象名中,可以是一般的对象名,也可以是指向对象的指针变量名或引用,还可以是对象数组名。

(2)参数表是初始化对象所需要的。创建对象时可以根据给定的参数调用相应的构造函数对对象进行初始化。没有参数时表示调用类的默认构造函数。关于构造函数的内容将在3.4节中介绍。

例如,上例中已定义了类Point,则

```
class Point
{
//…
};
//…
int main()
{
    Point op1,op2;
    //…
}
```

在主函数中,为类Point定义了op1和op2两个对象。

说明:

(1) 在声明类的同时定义的对象是一种全局对象,在它的生存期内,任何函数都可以使用它。但有时使用它的函数只在极短的时间对它进行操作,而它却总是存在,直到整个程序运行结束,因此,容易导致错误和混乱。而采用使用时再定义对象的方法可以消除这种弊端,建议尽可能使用这种方法来定义对象。

(2) 声明了一个类便声明了一种类型,它并不接收和存储具体的值,只作为生成具体对象的一种"样板",只有定义了对象后,系统才为对象分配存储空间。

3.3.3 对象中成员的访问

对象中的成员就是该类对象所属的类所定义的成员,包括数据成员和成员函数。定义了类及其对象之后,就可以通过对象来访问其中的成员了。不论是数据成员,还是成员函数,只要是公有的,在类的外部可以通过类的对象进行访问,访问的方式包括圆点访问形式和指针访问形式。对象只能用前一种方式访问成员,而指向对象的指针用两种方式都可以访问。

1. 圆点访问形式

圆点访问形式就是使用成员运算符"."来访问类的成员,一般格式为

对象名.成员名

或

(*指向对象的指针).成员名

在类定义内部，所有成员之间可以互相直接访问；但是在类的外部，只能以上述格式访问类的公有成员。主函数main()也在类的外部，所以，在主函数中定义的类对象，在操作时只能访问其公有成员。

例3.2定义了Point类的两个对象op1和op2，并对这两个对象的成员进行了一些操作。

【例3.2】 使用类Point的完整程序。

```
/* 03_02.cpp */
#include <iostream>
using namespace std;
class Point
{
private:
int x,y;
public:
void SetPoint(int a,int b)                      //对数据成员赋值函数
{
    x = a; y = b;
}
int Getx()                                      //提取x变量值
{
    return x;
}
int Gety()                                      //提取y变量值
{
    return y;
}
};
int main()
{
    Point op1,op2;
    int i, j;
    op1.SetPoint(10,20);                        //通过对象以圆点形式访问成员函数
    op2.SetPoint(30,40);
    i = op1.Getx();
    j = op1.Gety();
    cout <<"op1 i = "<< i <<" op1 j = "<< j << endl;
    i = op2.Getx();
    j = op2.Gety();
    cout <<"op2 i = "<< i <<" op2 j = "<< j << endl;
    system("pause");
    return 0;
}
```

程序的调试运行结果如图3.2所示。

说明：

(1) 例3.2中的op1.SetPoint(10,20)实际上是一种缩写形式，它表达的意义是op1.Point::SetPoint(10,20)，这两种表达式是等价的。

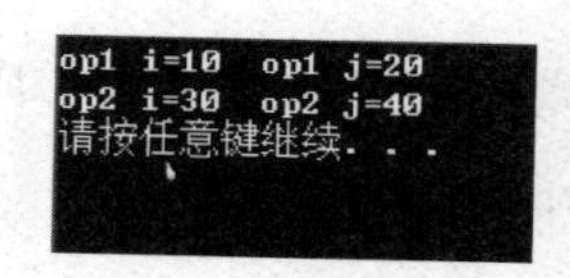

图3.2 例3.2的调试运行结果

(2) 在类的内部所有成员之间都可以通过成员函数直接访问,但是类的外部不能访问对象的私有成员。

例 3.3 就是一个存在错误的程序。

【例 3.3】 一个存在错误的程序。

```
/* 03_03.cpp */
#include<iostream>
using namespace std;
class Date
{
private:
    int year;
    int month;
    int day;
public:
    void SetDate(int y,int m,int d);          //声明对数据成员赋值的函数
    void ShowDate();                          //声明显示数据成员值的成员函数
};
void Date::SetDate(int y,int m,int d)
{
    year = y;
    month = m;
    day = d;
}
void Date::ShowDate()
{
    cout << year <<"."<< month <<"."day << endl;
}
int main()
{
    Date date1,date2;
    cout <<"date1 set and output:"<< endl;
    date1.SetDate(1998,4,28);
    cout << date1.year <<"."<< date1.month <<"."<< date1,day << endl;      //错误
    cout <<"date2 set and output:"<< endl;
    cout << date2.year <<"."<< date2.month <<"."<< date2.day << endl;      //错误
    return 0;
}
```

编译这个程序时,编译器将标识出两条错误的语句,因为类的外部不能访问对象的私有成员。因此,应该将这两条错误语句改成调用公有的成员函数 ShowDate()来显示私有数据成员 year、month 和 day 的值,修改后的程序如例 3.4 所示。

【例 3.4】 使用 Date 类的正确程序。

```
/* 03_04.cpp */
#include<iostream>
using namespace std;
class Date
{
```

```
private:
    int year;
    int month;
    int day;
public:
    void SetDate(int y,int m,intd);
    void ShowDate();
};
void Date::SetDate(int y,int m,int d)
{
    year = y;
    month = m;
    day = d;
}
inline void Date::ShowDate()
{
    cout << year <<"."<< month <<"."day << endl;
}
int main()
{
    Date date1,date2;
    cout <<"date1 set and output:"<< endl;
    date1.SetDate(2001,2,30);
    date1.ShowDate();                                    //修改后
    cout <<"date2 set and output:"<< endl;
    date2.SetDate(2005,10,12);
    date2.ShowDate();                                    //修改后
    system("pause");
    return 0;
}
```

修改后，程序的调试运行结果如图 3.3 所示。

```
date1 set and output:
2001.2.30
date2 set and output:
2005.10.12
请按任意键继续. . .
```

图 3.3 例 3.4 的调试运行结果

2. 指针访问形式

指针访问形式是使用成员访问运算符"->"来访问类的成员，该运算符前面必须是一个指向对象的地址。使用格式如下：

对象指针变量名 -> 成员名

或

(&对象名) -> 成员名

一般使用这种形式访问成员，通常事先定义指向该类型的指针变量，在该指针指向某个对象后再用这种形式访问。

【例 3.5】 指针访问形式的应用。

```
/* 03_05.cpp */
#include <iostream>
```

```
using namespace std;
class Point
{
private:
    double x,y;
public:
    void SetPoint(double, double);              //给出成员函数的原型
    void ModifyX();
    void ModifyY();
    double GetX();
    double GetY();
};
void Point::SetPoint(double a, double b)        //类外实现函数体
{   x = a;
    y = b;
}
void Point::ModifyX()
{   x++;
}
void Point::ModifyY()
{   y++;
}
double Point::GetX()
{   return x;
}
double Point::GetY()
{   return y;
}
int main()
{   Point *op = new Point;
    op->SetPoint(10,20);
    op->ModifyX();
    op->ModifyY();
    cout<<"("<<op->GetX()<<","<<op->GetY()<<")"<<endl;
    system("pause");
    return 0;
}
```

```
(11,21)
请按任意键继续. . .
```

图 3.4 例 3.5 的调试运行结果

程序的调试运行结果如图 3.4 所示。

例 3.5 也可以将指针形式转化为圆点形式，将 main() 函数修改如下：

```
int main()
{   Point *op = new Point;
    (*op).SetPoint(10.20);
    (*op).ModifyX();
    (*op).ModifyY();
    cout<<"("<<op->GetX()<<","<<op->GetY()<<")"<<endl;
    return 0;
}
```

也能得到完全一样的结果。

一般在两种访问成员的形式中,如果通过对象来访问成员,则采用圆点访问形式,如果通过指向对象的指针来访问成员,则采用指针访问形式。

任何对对象私有数据成员的访问都必须通过向对象发送消息来实现,而且所发送的消息还必须是该对象能够识别和接受的。在C++语言中,消息的发送正是通过公有成员函数的调用来实现的。由于类接口隐藏了对象的内部细节,用户只能通过类接口访问对象,因此,在类设计中必须提供足够的公有接口以捕获对象的全部行为,这正是类设计中的一个最基本的要求。

3.3.4 对象赋值语句

如果有两个整型变量 x 和 y,那么用语句“y=x;”就可以把 x 的值赋给 y。同类型的对象之间也可以进行赋值,当一个对象赋值给另一个对象时,所有的数据成员都会逐位复制。例如,a 和 b 是同一类的两个对象,假设 a 已经存在,那么下述对象赋值语句把对象 a 的数据成员的值逐位复制给对象 b:

```
b = a;
```

【例 3.6】 用对象赋值语句的示例。

```
#include <iostream>
using namespace std;
class Sample
{private:
    int a,b;
public:
    void Init(int i, int j)
    {   a = i;  b = j;  }
    void Show()
    {   cout << a << "   " << b << endl;  }
};
int main()
{
    Sample obj1,obj2;
    obj1.Init(22,33);
    obj2 = obj1;
    obj1.Show();
    obj2.Show();
    system("pause");
    return 0;
}
```

在该程序中,语句:

```
obj2 = obj1;
```

等价于语句

```
obj2.a = obj1.a;
obj2.b = obj1.b;
```

因此,运行此程序将显示如图 3.5 所示界面。

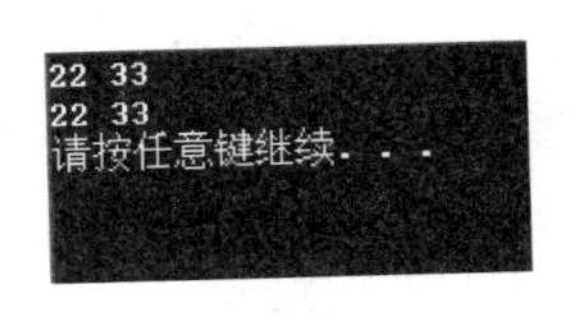

图 3.5　例 3.6 的调试运行结果

说明:

(1) 在使用对象赋值语句进行对象赋值时,两个对象的类型必须相同,如果对象的类型不同,编译时将出错。

(2) 两个对象之间的赋值,只是使这些对象中的数据成员相同,而两个对象仍是分离的。例如例 3.6 对象赋值后,再调用 obj1.Init()设置 obj1 的值,不会影响 obj2 的值。

(3) 例 3.6 中的对象赋值是通过缺省的赋值运算符函数实现的,有关赋值运算符函数将在第 7 章介绍。

(4) 当类中存在指针时,使用缺省的赋值运算符函数进行对象赋值,可能会产生错误,这个问题将在 3.4.8 节中进行分析说明。

3.4　构造函数与析构函数

类是一种用户自定义的类型,其结构多种多样,可能比较简单,也可能很复杂。当定义一个类的对象时,编译程序需要根据其所属的类类型为对象分配存储空间。在声明一个对象的时候,也可以同时给它的数据成员赋初值。在声明对象的同时给它的数据成员赋初值,称为对象的初始化。在对象使用结束时,还经常需要进行一些清理工作。在 C++语言中,这部分工作由两个特殊的成员函数来完成,即构造函数和析构函数。

构造函数和析构函数都是类的成员函数,但它们都是特殊的成员函数,实现特殊的功能,不能调用且自动执行,而且这些函数的名字与类的名字有关。构造函数与析构函数可以由用户提供,也可以由系统自动生成。

3.4.1　构造函数

构造函数(Constructor)是与类名同名的特殊的成员函数,当定义该类的对象时,构造函数被系统自动调用,以实现对该对象的初始化。

下面为类 Date 建立一个构造函数。

【例 3.7】　为类 Date 建立一个构造函数。

```
/* 03_07.cpp */
#include<iostream>
using namespace std;
class Date
{
private:
    int year, month, day;
public:
    Date(int y,int m,int d);                    //构造函数的声明
    void SetDate(int sy,int sm,int sd);
    void ShowDate();
```

```
};
Date::Date(int y,int m,int d)                                    //构造函数定义
{
    year = y;
    month = m;
    day = d;
    cout <<"constructing… "<< endl;
}
void Date::SetDate(int sy,int sm,int sd)
{
    year = sy;
    month = sm;
    day = sd;
}
void Date::ShowDate()
{
    cout << year <<"."<< month <<"."<< day << endl;
}
int main()
{
    Date date1(1998,4,28);
    cout <<"date1 output1:"<< endl;
    date1.ShowDate();
    date1.SetDate(2002,11,14);
    cout <<"date1 output2:"<< endl;
    date1.ShowDate();
    return 0;
}
```

程序的调试运行结果如图 3.6 所示。

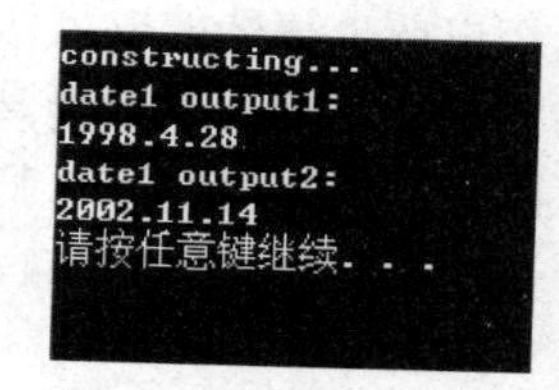

图 3.6　例 3.7 的调试运行结果

上面声明的类名为 Date,其构造函数名也是 Date。构造函数的主要功能是给对象分配空间,进行初始化,即对数据成员赋初值,这些数据成员通常为私有成员。

从例 3.7 可看出,在 main()函数中,没有显式调用构造函数 Date()的原句。构造函数是在定义对象时被系统自动调用的。也就是说,在定义对象 date1 的同时,date1.Date()被自动调用执行,分别给数据成员 year,month 和 day 赋初值。在构造函数中一般不做赋初值以外的事情。

构造函数说明:

(1) 构造函数的函数名必须与类名相同,以类名为函数名的函数一定是类的构造函数。

(2) 构造函数没有返回值类型,前面不能添加 void。

(3) 构造函数为 public 属性。

(4) 可以有不同类型的参数,但不能指定返回类型。它有隐含的返回值,该值由系统内部使用。

(5) 构造函数是特殊的成员函数,函数体可写在类体内,也可写在类体外。

(6) 构造函数可以重载,即一个类中可以定义多个参数或参数类型不同的构造函数。

(7) 构造函数被声明为公有函数,但它不能像其他成员函数那样被显式地调用,它是在

定义对象的同时由系统自动调用的。

3.4.2 成员初始化表

在声明类时，不能在数据成员的声明中对数据成员进行初始化，对数据成员的初始化工作一般在构造函数中用赋值语句进行。但是对于常量类型和引用类型的数据成员，又不能在构造函数中用赋值语句直接赋值。为此，C++语言提供了成员初始化表的置初值的方式。用成员初始化表可圆满地解决这一问题。

带有成员初始化表的构造函数的一般形式如下：

```
类名::构造函数名([参数表])[:成员初始化表]
{
//构造函数体
}
```

上面的成员初始化表的一般形式为

```
数据成员名1(初始值1),数据成员名2(初始值2),…
```

【例 3.8】 成员初始化表的使用。

```
/* 03_08.cpp */
#include<iostream>
using namespace std;
class Sample
{
private:
    int x;
    int &rx;
    const float pi;
public:
    Sample (int x1): x(x1),rx(x),pi(3.14f)   //构造函数以成员初始化表的形式赋初值
    { }
    void Print()
    {
        cout<<"x = "<<x<<" "<<"rx = "<<rx<<" "<<"pi = "<<pi<<endl;
    }
};
int main()
{
    Sample a(10);
    a.Print();
    system("pause");
    return 0;
}
```

```
x=10 rx=10 pi=3.14
请按任意键继续. . .
```

图 3.7 例 3.8 的调试运行结果

程序的调试运行结果如图 3.7 所示。

这样，用成员初始化表可在类的声明中对常量类型和引用类型进行初始化了。

3.4.3 具有默认参数的构造函数

对于带参数的构造函数,在定义对象时必须给构造函数传递参数,否则构造函数将不被执行。但在实际使用中,有些构造函数的参数值通常是不变的,只有在特殊情况下才需要改变它的参数值,这时可以将其定义成带默认参数的构造函数。

【例 3.9】 带有默认参数的构造函数。

```
/* 03_09.cpp */
#include <iostream>
using namespace std;
class Date
{
private:
    int year, month, day;
public:
    Date(int y = 2000, int m = 1, int d = 1);      //构造函数的声明,提供默认参数值
    void ShowDate();
};
Date::Date(int y, int m, int d)                    //构造函数定义时首部不能再提供默认参数值
{
    year = y;
    month = m;
    day = d;
    cout <<"constructing..."<< endl;
}
void Date::ShowDate()
{
    cout << year <<"."<< month <<"."<< day << endl;
}
int main()
{
    Date date1;                                    //定义对象但不提供实际参数,全部采用默认值
    cout <<"date1 : ";
    date1.ShowDate();
    Date date2(2005);                              //只提供一个实际参数,其余两个采用默认值
    cout <<"date2 : ";
    date2.ShowDate();
    Date date3(2006,12,15);                        //提供 3 个实际参数
    cout <<"date3 : ";
    date3.ShowDate();
    system("pause");
    return 0;
}
```

程序的调试运行结果如图 3.8 所示。

```
constructing...
date1:2000.1.1
constructing...
date2:2005.1.1
constructing...
date3:2006.12.15
请按任意键继续. . .
```

图 3.8 例 3.9 的调试运行结果

在 Date 类中,构造函数 Date 的 3 个参数分别拥有默认参数值 2000、1 和 1。因此,在定义对象时可根据需要使

用其默认值。main()函数中定义了3个对象,由于传递参数的个数不同,使得私有数据成员获得不同的值,从而输出不同的结果。

在使用有默认参数的构造函数时,要防止二义性。在后面构造函数重载部分将详细讲解。

3.4.4 析构函数

析构函数也是一种特殊的成员函数。它执行与构造函数相反的操作,通常用于撤销对象时的一些清理任务,如释放分配给对象的内存空间等。

析构函数同构造函数一样,也是类的一个特殊成员函数,其函数名称是在类名的前面加"~"。析构函数没有返回值和参数,不能随意调用,也没有重载,只是在类对象生存期结束时,系统自动调用。

析构函数的定义格式为

```
~类名()
{函数体  }
```

说明:

(1) 如果在类定义时没有为类提供析构函数,则系统会自动创建一个默认的析构函数,其形式为

```
~类名()
{  }
```

(2) 对于一个简单的类来说,可以直接使用系统提供的默认析构函数。但是,如果在类的对象中分配有动态内存,如用new申请分配的内存时,就必须为该类提供适当的析构函数,以完成清理工作。

(3) 一个类中只能拥有一个析构函数。

(4) 对象被析构的顺序与其建立时的顺序正好相反,即最后构造的对象最先被析构。

下面用例3.10重新定义类Date,使它既含有构造函数,又含有析构函数。

【例3.10】 重新定义类Date。

```
/* 03_10.cpp */
#include<iostream>
using namespace std;
class Date
{
private:
    int year,month, day;
public:
    Date(int y,int m,int d);                //构造函数的声明
    ~Date();                                //析构函数的声明
    void ShowDate();
};
Date::Date(int y,int m,int d)               //构造函数定义
{
    year = y;
```

```
        month = m;
        day = d;
        cout <<"constructing… "<< endl;
    }
    Date::~Date()
    {
        cout <<"destruting… "<< endl;
    }
    void Date::ShowDate()
    {
        cout << year <<"."<< month <<"."<< day << endl;
    }
    int main()
    {
        {   //加此大括号的目的:在程序块结束时调用析构函数,显示析构函数调用的结果 destruting…
            Date date1(1999,4,20);
            cout <<"date1: "<< endl;
            date1.ShowDate();
            Date date2(2004,10,15);
            cout <<"date2: "<< endl;
            date2.ShowDate();
        }
        //如果去掉前面这对大括号,并删除 system("pause")语句,采用不调试运行也可以看到相同结果
        system("pause");
        return 0;
    }
```

```
constructing...
date1:
1999.4.20
constructing...
date2:
2004.10.15
destructing...
destructing...
请按任意键继续. . .
```

图 3.9 例 3.10 的调试运行结果

程序的调试运行结果如图 3.9 所示。

在类 Date 中定义了构造函数和析构函数。由于类 Date 较为简单,对象撤销时不需要特殊的清理工作,因此我们让析构函数只输出一个串“destructing…”。

另外,在以下情况,析构函数也会被调用。

(1) 如果一个对象被定义在一个函数体内,则当这个函数结束时,该对象的析构函数被自动调用。

(2) 若一个对象是使用 new 运算符动态创建的,则在使用 delete 运算符释放它时,delete 会自动调用析构函数。

3.4.5 默认的构造函数和析构函数

1. 默认的构造函数

通常需要给每个类定义构造函数,如果没有给类定义构造函数,则编译系统自动生成一个默认的构造函数,该默认构造函数是个无参函数,它仅负责创建对象,而不做任何初始化工作。默认构造函数的格式为

```
类名()
{    }
```

按构造函数的规定,默认构造函数名与类名相同。默认构造函数的这种格式也可以显

式地定义在类体中。

只要一个类定义了一个构造函数(可以是无参构造函数,也可以是有参构造函数),C++编译系统就不再提供默认的构造函数。也就是说,如果已经为类定义了一个有参的构造函数,但还想要无参构造函数,也必须自己定义。

在用默认构造函数创建对象时,如果创建的是局部对象,则该对象的数据成员的初始值是不确定的。

【例 3.11】 分析下列程序的运行结果。

```
/* 03_11.cpp */
#include <iostream>
using namespace std;
class Date
{
private:
    int year, month, day;
public:
    Date(int y,int m,int d);
    void SetDate(int y,int m,int d);
    void ShowDate();
};
Date::Date(int y,int m,int d)
{
    year = y;
    month = m;
    day = d;
}
void Date::SetDate(int y,int m,int d)
{
    year = y;
    month = m;
    day = d;
}
void Date::ShowDate()
{
    cout << year <<"."<< month <<"."<< day << endl;
}
int main()
{
    Date date1;
    date1.SetDate(2002,11,14);
    date1.ShowDate();
    system("pause");
    return 0;
}
```

运行程序显示如图 3.10 所示。

2 个错误 | 0 个警告 | 0 个消息 搜索

	说明	文件	行	列
1	error C2512: "Date": 没有合适的默认构造函数可用	例3.11.cpp	30	1
2	IntelliSense: 类 "Date" 不存在默认构造函数	例3.11.cpp	30	7

图 3.10　例 3.11 运行程序显示的信息

也许有些读者认为该程序的运行结果是

```
2002.11.14
```

实际上,运行结果表明,这是一个错误的程序。当定义类 Date 的对象 date1 时,找不到与之匹配的构造函数。错误的原因是,当类中定义了带有参数的构成函数时,系统将不再给它提供缺省的构造函数。

可以在类中增加如下一个无参数的构造函数来解决这个问题。

```
Date()
{}
```

或者将主函数改写成以下形式:

```
int mian()
{
    Date date1(2002,11,14);
    date1.ShowDate();
    system("pause");
    return 0;
}
```

2. 默认的析构函数

每个类必须有一个析构函数。若没有显式地为一个类定义析构函数,那么系统会自动地生成一个默认的析构函数,其格式如下:

```
~类名()
{ }
```

对于一个简单的类来说,可以直接使用系统提供的默认析构函数。但是,如果在一个对象完成其操作之前需要做一些特殊处理,则应该显式地定义析构函数。

【例 3.12】 分析以下程序的执行结果。

```
/* 03_12.cpp */
#include <iostream>
using namespace std;
class String
{
private:
    char *text;
public:
    String(char * ch)
    {
```

```
        text = new char[strlen(ch) + 1];
        strcpy(text,ch);
        cout <<"constructing…"<< endl;
    }
    ~String()
    {
        delete[ ] text;
        cout <<"destructing…"<< endl;
    }
    void Show()
    {
        cout <<"text = "<< text << endl;
    }
};
int main()
{
    { //加此大括号的目的:在程序块结束时调用析构函数,显示析构函数调用的结果 destruting…
        String string("Hello!");
        string.Show();
    }
    system("pause");
    return 0;
}
```

```
constructing...
text=Hello!
destructing...
请按任意键继续. . .
```

图 3.11 例 3.12 的调试运行结果

程序的调试运行结果如图 3.11 所示。

3.4.6 重载构造函数

如果一个类中出现了两个以上的同名函数,则称为类的成员函数的重载。与一般的成员函数一样,C++允许重载构造函数,以适应不同的场合。在类的成员函数的重载中,比较常见的是构造函数的重载。构造函数既可定义成有参函数,也可定义成无参函数,要根据实际需要来确定。这些构造函数之间以它们所带的参数的个数或类型的不同而区分。

【例 3.13】 重载构造函数应用例程。

```
/* 03_13.cpp */
#include <iostream>
using namespace std;
class Date
{
private:
    int year, month, day;
public:
    Date();                              //无参的构造函数
    Date(int y,int m,int d);             //带有参数的构造函数
    void ShowDate();
};
Date::Date()
{
    year = 2000;
    month = 1;
    day = 1;
```

```
}
Date::Date(int y,int m,int d)
{
    year = y;
    month = m;
    day = d;
};
void Date::ShowDate()
{
    cout << year <<"."<< month <<"."<< day << endl;
}
int main()
{
    Date date1;                          //声明类 Date 的对象 date1
                                         //调用无参数的构造函数
    cout <<"Date1 : ";
    date1.ShowDate();                    //调用 date1 的 ShowDate(),显示 date1 的数据
    Date date2(2002,11,14);              //定义类 Date 的对象 date2
    cout <<"Date2 : ";
    date2.ShowDate();                    //调用 date2 的 ShowDate(),显示 date2 的数据
    system("pause");
    return 0;
}
```

程序的调试运行结果如图 3.12 所示。

```
Date1:2000.1.1
Date2:2002.11.14
请按任意键继续. . .
```

图 3.12 例 3.13 的调试运行结果

注意:使用无参构造函数创建对象时,应该用语句"Date date1;",而不能用语句"Date date1();"。因为语句"Date date1();"表示一个名为 date1 的普通函数。

在重载没有参数和带缺省参数的构造函数时,有可能产生二义性。例如:

```
class X {
public:
    X();                                 //没有参数的构造函数
    X(int i = 0);                        //带缺省参数的构造函数
};
    //…
int main()
{
    X obj1(10);                          //正确,调用 X(int i = 10)
    X obj2;                              //存在二义性
    //…
}
```

该例子定义了两个重载构造函数 X,其中一个没有参数,另一个带有一个缺省参数。创建对象 obj2 时,由于没有给出参数,因此它既可以调用第一个构造函数,也可以调用第二个构造函数。这时,编译系统无法确定应该调用哪一个构造函数,因此产生了二义性。在实际应用时,一定要注意避免这种情况。

3.4.7　拷贝构造函数

拷贝构造函数也是类的一个重载版本的构造函数，是一种特殊的构造函数，其形参是本类对象的引用。拷贝构造函数的功能是用于实现对象值的拷贝。通过将一个同类对象的值拷贝给一个新对象而完成对新对象的初始化，即用一个对象去构造另外一个对象。

C++语言为每一个类定义了一个默认的拷贝构造函数，可以实现将实参对象的数据成员值复制到新创建的当前对象的对应数据成员中。用户可以根据需要定义自己的拷贝构造函数，从而实现同类对象之间数据成员的值传递。

拷贝构造函数的定义如下：

```
类名::类名(const 类名  &对象名)
{
    //拷贝构造函数的函数体
}
```

拷贝构造函数具有以下特点：

(1) 因为拷贝构造函数也是一种构造函数，所以其函数名与类名相同，并且该函数也没有返回值类型。

(2) 该函数只有一个参数，并且是同类对象的引用。

(3) 每个类都必须有一个拷贝构造函数。程序员可以根据需要定义特定的拷贝构造函数，以实现同类对象之间数据成员的传递。如果程序员没有定义类的拷贝构造函数，系统会自动生成一个缺省的拷贝构造函数。

拷贝构造函数在以下 3 种情况下由系统自动调用。

(1) 由一个对象初始化另一个对象时。

(2) 当对象作为函数的实际参数传递给函数的值形式参数时。

注意： 如果形式参数是引用参数或指针参数，都不会调用拷贝构造函数，因为此时不会产生新对象。

(3) 当对象作为函数返回值时。

【例 3.14】　拷贝构造函数自动调用示例。

```
/* 03_14.cpp */
#include<iostream>
using namespace std;
class Date
{
private:
    int year, month, day;
public:
    Date(int y = 2009, int m = 1, int d = 1);    //带有参数的构造函数
    Date(const Date &date);                       //拷贝构造函数声明
    ~Date()                                       //析构函数的定义
    {   cout <<"Destructing..."<< endl; }
    void ShowDate();
};
```

```
Date::Date(int y,int m,int d)                    //构造函数的定义
{
    year = y;
    month = m;
    day = d;
    cout <<"Constructing..."<< endl;
}
Date::Date(const Date &date1)                    //拷贝构造函数的定义
{
    year = date1.year;
    month = date1.month;
    day = date1.day;
    cout <<"Copy Constructing..."<< endl;
}
void Date::ShowDate()                            //输出函数的定义
{
    cout << year <<"."<< month <<"."<< day << endl;
}
Date Fun(Date date2)                             //以类的对象作为形式参数
{   Date date3(date2);                           //第 1 种调用拷贝构造函数情况
    return date3;
}
int main()
{
    {//加此大括号的目的:在程序块结束时调用析构函数,显示析构函数调用的结果 Destructing...
        Date obj1(1999,3,20);
        Date obj3;
        Date obj2(obj1);
        Date obj4 = obj2;                    //调用拷贝构造函数,此语句等效于 Date obj4(obj2);
        obj3 = obj2;
        obj3 = Fun(obj2);
        obj3.ShowDate();
    }
    system("pause");
    return 0;
}
```

程序的调试运行结果如图 3.13 所示。

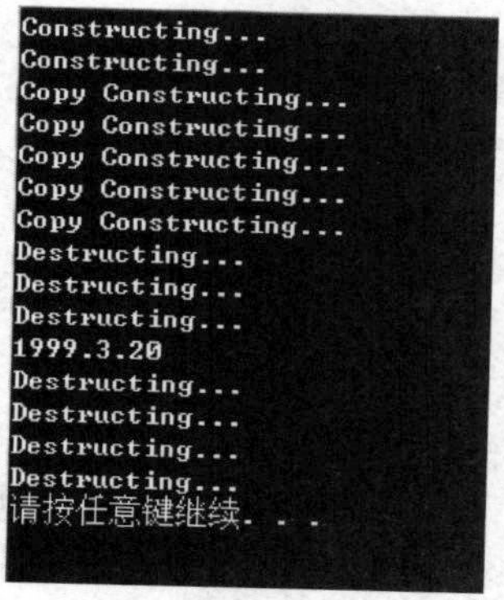

```
Constructing...
Constructing...
Copy Constructing...
Copy Constructing...
Copy Constructing...
Copy Constructing...
Copy Constructing...
Destructing...
Destructing...
Destructing...
1999.3.20
Destructing...
Destructing...
Destructing...
Destructing...
请按任意键继续. . .
```

图 3.13　例 3.14 的调试运行结果

程序结果说明：

```
Constructing...          //定义 obj1 调用带参构造函数
Constructing...          //定义 obj3 调用构造函数,使用默认参数值
Copy Constructing...     //定义 obj2 调用拷贝构造函数
Copy Constructing...     //定义 obj4 调用拷贝构造函数
Copy Constructing...     //调用 Fun 函数,实参 obj2 传值给形参 date2 时调用拷贝构造函数
Copy Constructing...     //Fun 函数内部,定义对象 date3 时以 date2 为实参调用拷贝构造函数
Copy Constructing...     //Fun 函数返回一个类对象时调用拷贝构造函数
Destructing...           //以下 3 行是函数调用结束时引起的析构函数的调用
Destructing...
Destructing...
1999.3.20                //调用输出函数输出对象 obj3 的值
Destructing...           //对象 obj4 生存期结束,调用析构函数
Destructing...           //对象 obj2 生存期结束,调用析构函数
Destructing...           //对象 obj3 生存期结束,调用析构函数
Destructing...           //对象 obj1 生存期结束,调用析构函数
```

通过此例可以更好地分析理解拷贝构造函数被调用的 3 种情况。

3.4.8 浅拷贝和深拷贝

系统为每一个类提供的默认拷贝构造函数,可以实现将源对象所有数据成员的值逐一赋值给目标对象相应的数据成员。那么,什么时候必须为类定义拷贝构造函数呢?

通常,如果一个类包含指向动态存储空间指针类型的数据成员,并且通过该指针在构造函数中动态申请了空间,则必须为该类定义一个拷贝构造函数,否则在析构时容易出现意外错误。

所谓浅拷贝,就是由默认的拷贝构造函数所实现的数据成员逐一赋值。通常默认的拷贝构造函数是能够胜任工作的,但若类中含有指针类型的数据,这种按数据成员逐一赋值的方法将会产生错误。例 3.15 的程序就说明了这个问题。

【例 3.15】 关于浅拷贝的示例。

```
/* 03_15.cpp */
#include <iostream>
#include <string>
using namespace std;
class String
{
private:
    char *S;
public:
    String(char *p=0); //构造函数声明
    ~String();
    void Show();
};
String::String(char *p) //构造函数的定义
{      if(p)
    {   S=new char[strlen(p)+1];
```

```
            strcpy(S, p);
        }
        else   S = NULL;
    }
    String::~String()             //析构函数的定义
    {   if(S) delete[] S;         //S 的存储空间由 new 分配,需用 delete 释放
    }
    void String::Show()
    {   cout <<"S = "<< S << endl;
    }
    int main()
    {   String s1("teacher");//调用普通构造函数
        String s2(s1);            //调用系统提供的默认拷贝构造函数
        s1.Show();
        s2.Show();
        return 0;
    }
```

该程序在编译时无错误也无警告,但在执行后会出错,中断执行。因为在执行"String s1("teacher");"语句时,构造函数动态地分配存储空间,并将返回的地址赋给对象 s1 的成员 S,然后把 teacher 的内容拷贝到这块空间。

由于 String 没有定义拷贝构造函数,因此当语句"String s2(s1);"定义对象 s2 时,系统将调用默认的拷贝构造函数,负责将对象 s1 的数据成员 S 中存放的地址值赋值给对象 s2 的数据成员 S,此时内存空间的示意如图 3.14 所示。

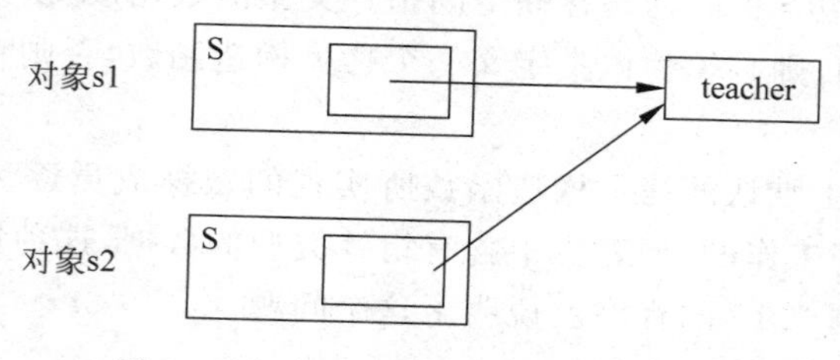

图 3.14　s2 对象生成时的内存示意图

在图 3.14 中,对象 s1 复制给对象 s2 的仅是其数据成员 S 的值,并没有把 S 所指向的动态存储空间进行复制,这种复制称为浅拷贝。

浅拷贝的副作用是在调用"s1.Show();"与"s2.Show();"时看不到有什么问题,因为两个对象的成员 S 所指向的存储区域是相同的,都是正确访问。但是当遇到对象的生命期结束需要撤销对象时,首先由 s2 对象调用析构函数,将 S 成员所指向的字符串 teacher 所在的动态空间释放,此时的内存状态如图 3.15 所示。

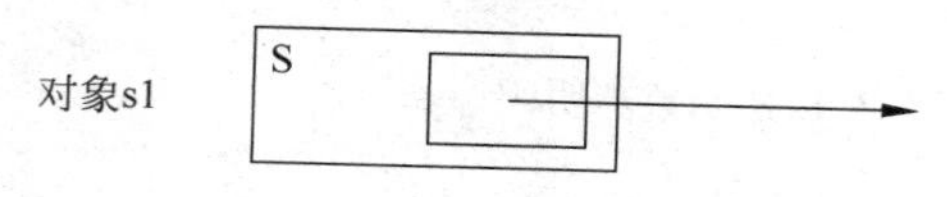

图 3.15　s2 对象生命期结束时的内存示意图

从图 3.15 可以看出,在对象 s1 自动调用析构函数之前,其数据成员 S 成了悬挂指针。因此在 s1 调用析构函数时,无法正确执行析构函数代码 delete []S,从而导致出错。

在这种情况下,通过定义拷贝构造函数实现深拷贝可以解决浅拷贝所带来的指针悬挂问题。深拷贝指不是复制指针本身,而是复制指针所指向的动态空间中的内容。这样,两个对象的指针成员就拥有不同的地址值,指向不同的动态存储空间首地址,而两个动态空间中的内容完全一样。

在例 3.15 的类定义中增加一个拷贝构造函数声明,在类体外定义该拷贝构造函数。

```
String(const String &r);
```

类外增加拷贝构造函数的实现代码如下:

```
String::String(const String &r)
{
    if(r.S)
    {    S = new char[strlen(r.S) + 1];
         strcpy(S, r.S);
    }
    else S = NULL;
}
```

这样,在执行语句"String s2(s1);"时,使用对象 s1 去创建对象 s2,调用程序员定义的拷贝构造函数,当前新对象通过数据成员 S 另外申请了一块内存空间,然后将已知对象的数据成员 S 值复制到当前对象 S 所指示的内存空间,如图 3.16 所示。

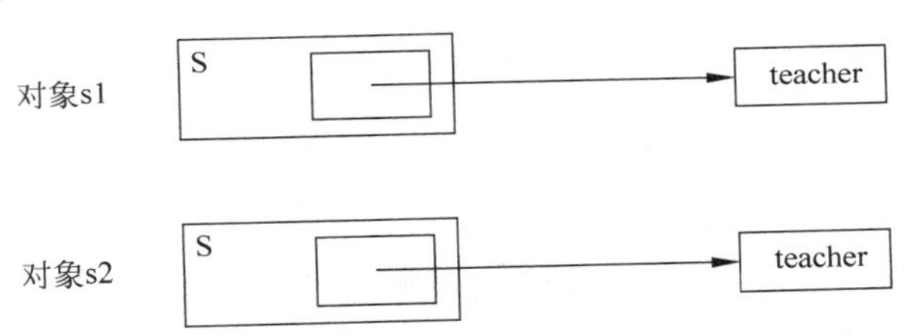

图 3.16　定义拷贝构造函数实现深拷贝

由图 3.16 可知,s1.S 和 s2.S 指向不同的存储区域,但两块存储区域中都保存着相同的字符串"teacher",这时实现的是深拷贝。此时运行程序在析构时不存在指针悬挂的问题,程序得以正确运行。

3.4.9　C++ 11 新的类功能

为了简化和扩展类设计,C++ 11 做了多项改进。这包括允许类内成员初始化、允许构造函数被继承和彼此调用、更佳的方法访问控制方式以及移动构造函数和移动赋值运算符等。这里对部分 C++ 11 新增的类功能进行简单介绍。

1. 特殊的成员函数

在原有几个特殊成员函数(默认构造函数、拷贝构造函数、析构函数)的基础上,C++ 11 新增了两个特殊成员函数:移动构造函数和移动赋值运算符。这些成员函数是编译器在各种情况下自动提供的。

在 C++ 03 标准中,创建类的对象时,在没有提供任何参数的情况下,将调用默认构造函数。如果没有给类定义任何构造函数,编译器将提供一个默认构造函数。默认构造函数无须任何实参。这种版本的默认构造函数称为合成的默认构造函数。

在前面说过浅拷贝的问题,对于通常默认的拷贝构造函数是能够胜任工作的,但若类中含有指针类型的数据,即动态内存分配的数据,这种按数据成员逐一赋值的方法将会产生错误。可以定义常规拷贝构造函数,实现深拷贝。为此,C++ 11 定义了两个特殊成员函数,即移动构造函数和移动赋值运算符,避免了移动原始数据,而只是修改了记录。拷贝构造函数可执行深拷贝,而移动构造函数只调整记录。这部分的详细说明请参考 C++ 11 新标准。

2. 默认的方法和禁用的方法

C++ 11 能够更好地控制要使用的方法。假定要使用某个默认的函数,而这个函数由于某种原因不会自动创建。例如,类定义提供了移动构造函数,因此编译器不会自动创建默认的构造函数、拷贝构造函数和拷贝赋值构造函数。在这种情况下,可使用关键字 default 显式地声明方法的默认版本,例如:

```
class Sample
{
public:
    Sample(Sample &&);
    Sample() = default;
    Sample(const Sample &) = default;
    Sample & operator = (const Sample &) = default;     //operator = 为运算符重载
…
};
```

编译器将创建自动提供的构造函数。

另外,关键字 delete 可用于禁止编译器使用特定方法。例如,要禁止复制对象,可禁止拷贝构造函数和拷贝赋值运算符,如下所示:

```
class Sample
{
public:
    Sample() = default;
    Sample(const Sample &) = delete;
    Sample & operator = (const Sample &) = delete;     //operator = 为运算符重载
…
};
```

要禁止复制,可将拷贝构造函数和赋值运算符放在类定义的 private 部分,但使用 delete 也能达到这个目的,且更不容易犯错、更容易理解。

3. 委托构造函数

如果给类提供了很多个构造函数,可能要重复编写相同的代码。也就是说,有些构造函数可能需要包含其他构造函数中已有的代码。为让编码工作更简单、更可靠,C++ 11 允许在一个构造函数的定义中使用另一个构造函数。该操作称为委托,即构造函数暂时将创建对象的工作委托给另一个构造函数。

举个例子,使用委托构造函数的 Sample 类,委托构造函数的形式如下所示:

```
class Sample
{   int k;
    double x;
  public:
    Sample();
    Sample(int);
    Sample(int,double);
};
Sample::Sample(int kk, double xx):k(kk),x(xx) { }
Sample::Sample():Sample(0,0.01) { }              //使用第一个构造函数初始化数据成员
Sample::Sample(int kk):Sample(kk,0.01) { }       //使用第一构造函数初始化数据成员
```

4. 继承构造函数

为了进一步简化编码工作,C++ 11 提供了一种让派生类能够继承基类构造函数的机制。这部分内容将在第 5 章中详细介绍。

3.5 UML

3.5.1 UML 概述

UML 是 Unified Modeling Language(统一建模语言)的缩写。UML 的开发始于 1994 年 10 月,首先是由同在 Rational 公司的 Grady Booch 和 Jim Rumbaugh 发起并着手进行统一 Booch 方法和 OMT(Object Modeling Technique)方法的工作。1995 年秋天,Ivar Jacobson 加盟到联合开发小组,并力图把 OOSE(Object-Oriented Software Engineering)方法也统一进来。目前,UML 得到了诸多大公司的支持,如 IBM、HP、Oracle、Microsoft 等,已成为面向对象技术领域内占主导地位的标准建模语言。

初学者往往弄不清楚 UML 和程序设计语言之间的区别。事实上,Java、C++等程序设计语言是用编码实现一个系统,而 UMI 是对一个系统建立模型,这个模型可以由 Java 或 C++等程序设计语言实现。UML 有以下 5 个方面的特点:

(1) 统一的标准,即 UML 已被 OMG (Object Management Group)接受为标准的建模语言,越来越多的开发人员开始使用 UML 进行软件开发,越来越多的开发厂商开始支持 UML;

(2) 面向对象,即 UML 是支持面向对象的软件开发建模语言;

(3) 可视化、表示能力强大;

(4) 独立于过程,即 UML 不依赖于特定的软件开发过程;

(5) 概念明确,即建模表示法简洁,图形结构清晰,容易掌握和使用。

统一建模语言的重要内容是各种类型的图形,分别描述软件模型的静态结构、动态行为和模块组织的管理。在 UML 中,共有 9 种类型的图,即用例图、顺序图、协作图、类图、对象图、状态图、活动图、构件图和部署图。在这 9 个图中,有些图非常重要,如用例图、类图。

UML 是一种复杂而庞大的系统建模语言,其目标是希望能够解决整个面向对象软件

开发过程中的可视化建模问题，详细完整地介绍其内容远超出本书的范围，为此本节仅就与本书关系最直接的 UML 相应内容进行介绍，使读者有的放矢地了解 UML 的特点，并且能够应用简单的 UML 图形标识来描述本书中涉及的 C++ 语言中类、对象等核心概念及其关系等相关内容，同时为以后的学习和软件开发打下良好的基础。如果读者希望深入了解该建模语言，可参考相关网站和书籍。

3.5.2 类图

一个类图是由类和与之相关的各种静态关系共同组成的图形。类图展示的是软件模型的静态结构，类的内部结构以及和其他类的关系。类图中最基本的是要图形化描述类，要表示类的名称、数据成员和成员函数以及各成员的访问控制属性。

1. 类和对象的 UML 表示

1) 类的 UML 表示

在 UML 中，类表示为划分成 3 个格子的长方形，类名写在顶部区域，数据成员(数据，UML 中称为属性)在中间区域，成员函数(行为，UML 中称为操作)出现在底部区域。这三个组成部分中除了类名外，其他两个部分是可选的，即类的属性和操作可以不表示出来，也就是一个写了类名的矩形就可以代表一个类。

下面以 Clock 类为例，具体看类的表示。

```
class Clock
{
public:
    void SetTime(int NewH, int NewM, int NewS);
    void ShowTime();
private:
    int Hour, Minute, Second;
};
```

图 3.17(a)给出了完整的具有可见说明的数据和行为的类。图 3.17(b)则是在隐藏类的数据和行为时的表示方法，显而易见，这种表示方法简单但是信息量很少。不同表示方法的使用场合不同，主要取决于绘制该图形的目标，如果要详细描述类的成员以及它们的访问控制属性，则应当使用类似图 3.17(a)的方式；如果着眼点在于类之间的关系，并不关心类内部的东西(如在程序设计初期划分类的时候)，则使用类似图 3.17(b)的方式。

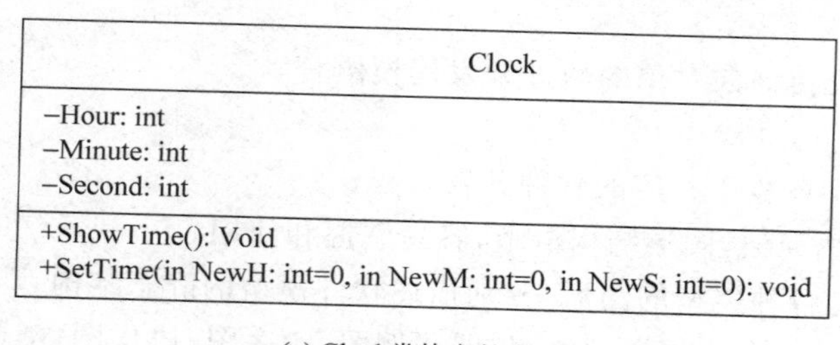

(a) Clock类的完整表示

Clock

(b) Clock类的简洁表示

图 3.17 类的两种表示方法

下面介绍完整表示一个类的数据成员和成员函数的方法。

根据图的详细程度,每个数据成员可以包括其访问控制属性、名称、类型、默认值和约束特性,最简单的情况是只表示出它的名称,其余部分都是可选的。UML规定数据成员表示的语法为

```
[访问控制属性]名称[重数][:类型][=默认值][{约束特征}]
```

这里至少必须指定数据成员的名称,其他的都是可选的。

- 访问控制属性:分为public,private和protected三种,分别对应于UML中的"+""—"和"#"。
- 名称:是标识数据成员的字符串。
- 重数:可以在名称后面的方括号内添加属性的重数。
- 类型:表示该数据成员的种类。它可以是基本数据类型,如整数、实数、布尔型等,也可以是用户自定义的类型,还可以是某一个类。
- 默认值:是赋予该数据成员的初始值。
- 约束特征:是用户对该数据成员性质的约束说明。例如,"{只读}"说明它具有只读属性。

图3.2(a)Clock类中,数据成员Hour描述为

```
-Hour:int
```

访问控制属性"-"表示它是私有数据成员,其名称为Hour,类型为int,没有默认值和约束特性。再如下面的例子,表示某类的一个public类型的数据成员,名为size,类型为Area,其默认值为(100,100)。

```
+size:Area=(100,100)
```

每个成员函数可以包括其访问控制属性、名称、参数表、返回类型和约束特性,最简单的情况是只表示出它的名称,其余部分都是可选的,根据图的详细程度选择使用。UML规定成员函数的表示语法为

```
[访问控制属性]名称[(参数表)][:返回类型][{约束特征}]
```

- 访问控制属性:分为public,private和protected三种,分别对应于UML中的"+""—""#"。
- 名称:是标识成员函数的字符串。
- 参数表:含有由逗号分隔的参数,其表示方法为按照"[方向]名称:类型=默认值"格式给出函数的形参列表,注意其格式和cpp文件中不同。方向指明参数是用于表示输入(in)、输出(out)或是既用于输入又用于输出(inout)。
- 返回类型:表示该成员函数返回值的类型,它可以是基本数据类型,可以是用户自定义的类型,也可以是某一个类,还可以是上述类型的指针。
- 约束特征:是用户对该成员函数性质的约束说明。

图3.4(a)中Clock类中,函数成员SetTime描述为

```
+SetTime(in NewH:int=0,in NewM:int=0,in NewS:int=0):void
```

访问控制属性“+”表示它是公有成员函数,其名称为 SetTime,括号中是参数表,返回类型为 void,没有约束特性。

2) 对象的 UML 表示

在 UML 中,用一个矩形来表示一个对象,对象的名字要加下画线。对象的全名在图形的上部区域,由类名和对象名组成,其间用冒号隔开,表示方式为“对象名: 类名”,在一些情况下,可以不出现对象名或类名。数据成员及其值在下面区域,数据成员是可选的。仍以 Clock 类为例,图 3.18 表示了类 Clock 的对象 myClock 在 UML 中表示的不同方法。图 3.18(a)给出完整的具有数据的对象。图 3.18(b)则是只有名称的表示方法。选用原则和类的表示方法相同。

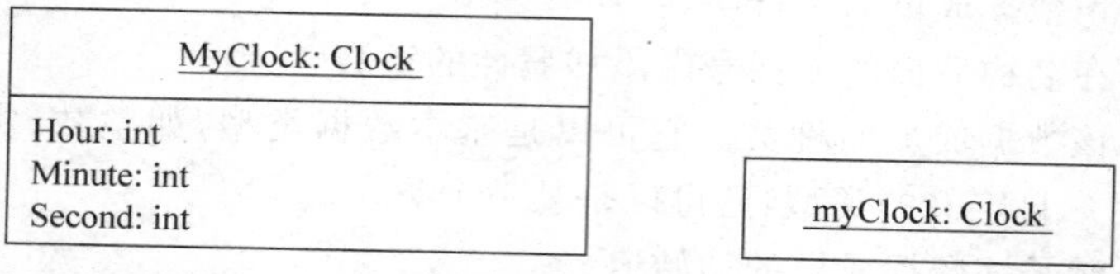

MyClock: Clock

Hour: int
Minute: int
Second: int

(a) myClock对象类的完整表示

myClock: Clock

(b) myClock对象类的简洁表示

图 3.18 myClock 对象的不同表示

2. 几种关系的图形表示

上面介绍了 UML 中类、对象的图形表示,仅通过这些图形符号还不能表示一个大型系统中类与类之间、对象与对象之间、类与对象之间的关系,例如,类与类有继承派生关系和调用关系。

UML 中使用带有特定符号的直线段或虚线段表示关系,下面介绍如何用这些图形来表示调用、类的组合、继承等各种关系。

1) 依赖关系

类或对象之间的依赖描述了一个事物的变化可能会影响到使用它的另一个事物,反之不成立。当要表明一个类使用另一个类作为它的成员函数参数时,就使用依赖关系。通常类之间的调用关系、友元、类的实例化都属于这类关系。对于大多数依赖关系而言,简单的、不加修饰的依赖关系就足够了。然而,为了详述其含义的细微区别,UML 定义了一些可以用于依赖关系的构造类型,这里就不做介绍了。

图 3.19 说明了如何表示类间的依赖关系,UML 图形把依赖绘成一条指向被依赖的事物的虚线。图中的“类 A”是源,“类 B”是目标,表示“类 A”使用了类 B,或者“类 A”依赖“类 B”。

2) 作用关系——关联

关联用于表述一个类的对象和另一个类的对象之间相互作用的连接。在 UML 中,用实线来表示的两个类(或同一个类)之间的关联,在线段两端通常包含多重性(或称重数)。多重性可以说是关联最重要的特性,关联一端的多重性表明:在关联另一端的类的每个对象要求与在本端的类的多个对象发生作用。图 3.20 说明了在 UML 中对关联的表示。

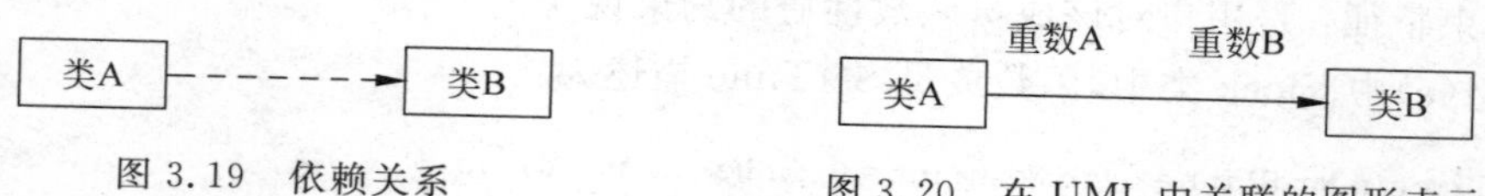

图 3.19 依赖关系

图 3.20 在 UML 中关联的图形表示

图 3.20 中的“重数 A”决定了类 B 的每个对象与类 A 的多少个对象发生作用,同样“重数 B”决定了类 A 的每个对象与类 B 的多少个对象发生作用。重数标记的形式和含义均列于表 3.1 中。

表 3.1 重数的标记及其说明

标记	说明	标记	说明
*	任何数据的对象(包括 0)	0..n	0 个或 n 个对象(表明关联是可选的)
1	恰好一个对象	n..m	最少为 n 个对象,最多为 m 个对象(m 和 n 是整数)
n	恰好 n 个对象	2,4	离散的结合(如 2 个或 4 个)

3) 包含关系——聚集和组合

类或对象之间的包含关系在 UML 中由聚集和组合两个概念描述,它们是一种特殊关联。UML 中的聚集表示类之间的关系是整体与部分的关系,“包含”“组成”“分为……部分”等都是聚集关系。一条线段有两个端点,这是聚集的一个例子。组合是一种简单的聚集形式,但是它具有更强的拥有关系;整体拥有各个部分,整体与部分共存,如果整体不存在了,那么部分也不存在了。例如,打开一个窗口,它就由标题、外框和显示区所组成。在 UML 中,聚集表示空心菱形,组合表示为实心菱形。图 3.21 说明了怎样表示类的聚集和组合。

4) 继承关系——泛化

类之间的继承关系在 UML 中称为泛化,使用带有三角形标识的直线段表示这种继承关系,三角的一个尖指向父类,对边上的线指向子类。图 3.22 说明了泛化关系。子类 1 说明了单继承,子类 2 说明了多继承。

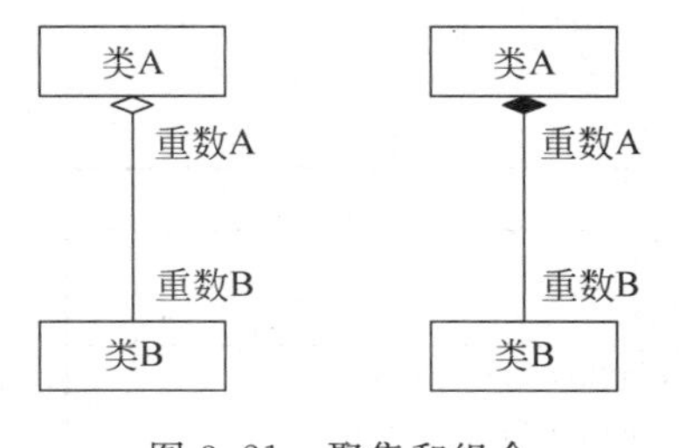

图 3.21 聚集和组合

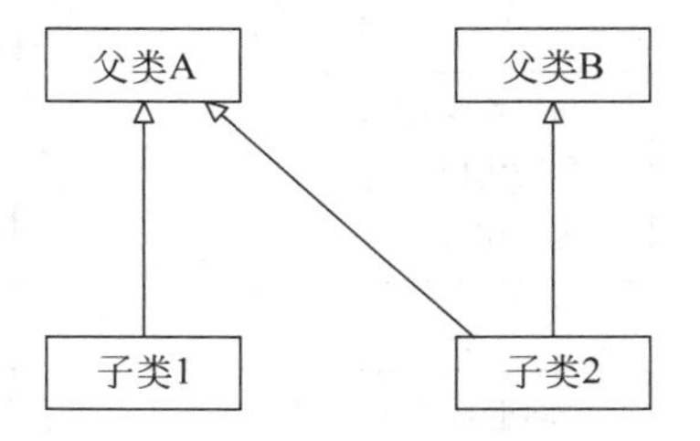

图 3.22 泛化关系

3. 注释

为了更生动地描述类、对象以及它们之间的关系,除了上述最基本的图形符号外,UML 还有一些辅助的图形符号,例如注释。

UML 中的注释是一种最重要的能够独立存在的修饰符号。注释是附加在元素或元素集上用来表示说明或注释的图形符号。用注释可以为模型附加一些诸如说明、评述和注解等的信息。在 UML 图形上,注释表示为带有折角的矩形,然后用虚线连接到 UML 的其他元素上,它是一种用于在图中附加文字注释的机制。

【例 3.16】 带有注释的 Line 类和 Point 类关系的 UML 描述,如图 3.23 所示。

```
/* 03_16.cpp */
class Point                                    //Point 类声明
{
public:
    Point(int xx = 0,int yy = 0);
    Point(Point &p);
    int GetX();
    int GETY();
private:
    int X,Y;
};
class Line                                     //Line 类声明
{
public:
    Line(Point xp1,Point xp2);
    Line(Line &);
    double GetLen();
private:
    Point p1,p2;                               //Point 类对象 p1,p2
    double len;
};
```

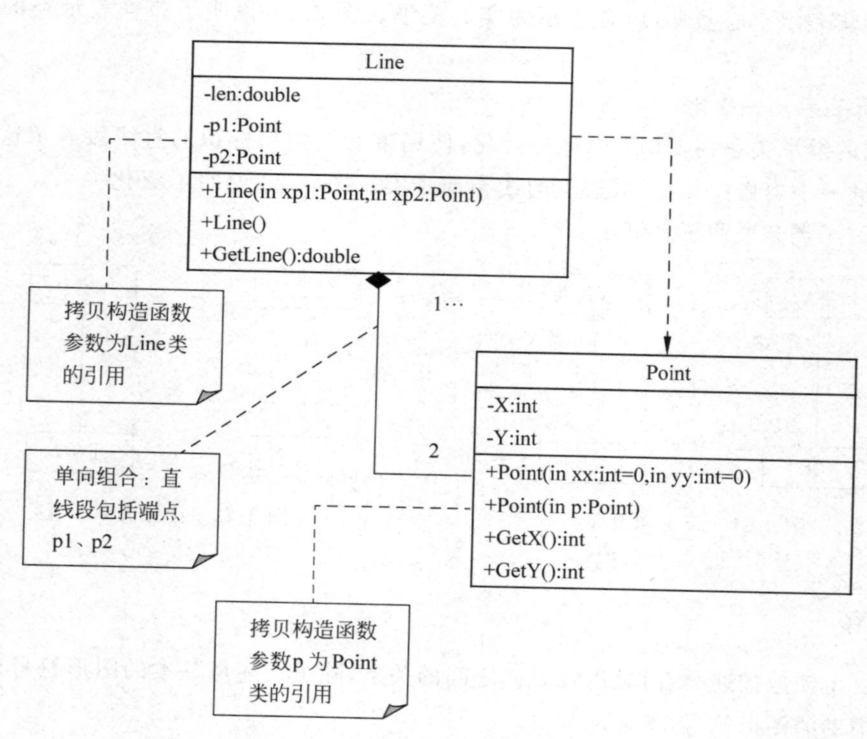

图 3.23 带有注释的 Line 类和 Point 类的关系

Line 类的数据成员包括了 Point 类的两个对象 p1 和 p2,因此重数为 2,而 Point 类的对象是 Line 类对象的一部分,因此需要应用聚集关系来描述。另外,Line 类的构造函数使用了 Point 类对象 p1 和 p2 的公有函数,可以通过简单的依赖关系来简洁、直观地描述各种使用关系。而且图 3.23 中的注释很清晰地表述了两个类之间的组合关系。

3.6 本章小结

C 结构中的数据是很不安全的,C 结构无法对数据进行保护和权限控制。C 结构中的数据与对这些数据进行的操作是分离的,维护数据和处理数据要花费很大的精力,使传统程序难以重用。在 C++ 中,引入了类的概念,类将数据和与之相关的函数封装在一起,形成一个整体,具有良好的外部接口。

1. 类与对象

类是用户声明的一种抽象的数据类型。对象是类的一个实例。在 C++语言中可以用两种方法定义对象:

(1) 在声明类的同时,直接定义对象,即在声明类的右大括号后,直接写出属于该类的对象名表。这时定义的对象是一个全局对象。

(2) 声明了类之后,在使用时再定义对象。这时定义的对象是一个局部对象,建议使用这种方法来定义对象。

2. 类成员的访问权限

按访问权限划分,数据成员和成员函数可分为 3 种,分别是公有数据成员与成员函数,保护公有数据成员与成员函数,以及私有数据成员与成员函数。一般情况下,一个类的数据成员应该声明为私有成员(或保护成员),这样,使数据得到有效的保护;成员函数声明为公有成员,是类与外界的接口。

3. 构造函数与析构函数

(1) 构造函数。构造函数是一种特殊的成员函数,它主要用于为对象分配空间,进行初始化。构造函数不能像其他成员函数那样被显式地调用,它是在定义对象的同时被调用的。在实际应用中,如果没有给类定义构造函数,则编译系统自动地生成一个缺省的构造函数。在 C++ 中有多种构造函数,如缺省参数的构造函数、拷贝构造函数、缺省的构造函数等,它们有不同的特点和用途。

(2) 析构函数。析构函数也是一种特殊的成员函数。它执行与构造函数相反的操作,通常用于撤销对象时的一些清理任务,如释放分配给对象的内存空间等。

析构函数同构造函数一样,也是类的一个特殊成员函数,其函数名称是在类名的前面加上“~”。析构函数没有返回值和参数,不能随意调用,也没有重载,只是在类对象生存期结束时,系统自动调用。

4. 浅拷贝与深拷贝

所谓浅拷贝就是由缺省的拷贝构造函数所实现的数据成员逐一赋值。若类中含有指针类型的数据,这种方法将会产生错误。为了解决浅拷贝出现的错误,必须显式地定义一个自己的拷贝构造函数,使之不但拷贝数据成员,而且为对象分配各自的内存空间,这就是所谓的深拷贝。

5. C++ 11 新的类功能

C++ 11 对类功能做了多项改进。这包括允许类内成员初始化、允许构造函数被继承和彼此调用、以更佳的方法访问控制方式以及移动构造函数和移动赋值运算符等。

6. 类图的 UML 表示

随着应用系统的面向对象分析与设计的建模表示方法和建模过程方法的不断丰富和完善,UML 成为进行面向对象系统建模的业界标准。在系统分析和设计时,UML 作用非常重要,其中的类图具有充分强大的表达能力和丰富的语义,是建模时非常重要的一个图。

习题

3-1 单项选择题。

(1) 下列关于类和对象的叙述中,错误的是(　　)。

A. 一个类只能有一个对象

B. 对象是类的具体实例

C. 类是对某一类对象的抽象

D. 类和对象的关系是一种数据类型与变量的关系

(2) 在声明类时,下面的说法正确的是(　　)。

A. 可以在类的声明中给数据成员赋初值

B. 数据成员的数据类型可以是 register

C. private, public, protected 可以按任意顺序出现

D. 没有用 private, public, protected 定义的数据成员是公有成员

(3) 在下面有关对构造函数的描述中,正确的是(　　)。

A. 构造函数可以带有返回值

B. 构造函数的名字与类名完全相同

C. 构造函数必须带有参数

D. 构造函数必须定义,不能缺省

(4) 在下面有关析构函数特征的描述中,正确的是(　　)。

A. 一个类中可以定义多个析构函数

B. 析构函数名与类名完全相同

C. 析构函数不能指定返回类型

D. 析构函数可以有一个或多个参数

(5) 有如下类声明:

```
class Sample
{   int x;   };
```

则 Sample 类的成员 x 是(　　)。

A. 公有数据成员　　　　B. 公有成员函数

C. 私有数据成员　　D. 私有成员函数

(6) 对于任意一个类,析构函数的个数为(　　)。

A. 0　　B. 1　　C. 2　　D. 3

(7) 假定 MyClass 为一个类,则执行"MyClass　a,b(2),*p;"语句时,自动调用该类构造函数的次数是(　　)。

A. 2　　B. 3　　C. 4　　D. 5

(8) 已知 p 是一个指向类 A 数据成员 m 的指针,A1 是类 A 的一个对象。如果要给 m 赋值为 5,下列正确的是(　　)。

A. A1.p=5　　B. A1->p=5　　C. A1.*p=5　　D. *A1.p=5

(9) 通常类的拷贝构造函数的参数是(　　)。

A. 某个对象名　　B. 某个对象的成员名

C. 某个对象的引用名　　D. 某个对象的指针名

3-2　类声明的一般格式是什么?

3-3　类与对象的关系是怎样的?

3-4　构造函数和析构函数的主要作用是什么?各有什么特点?

3-5　拷贝构造函数在什么时候被调用?

3-6　什么是浅拷贝、深拷贝?

3-7　程序改错。

(1) 修改程序,使程序正确输出 Destructing。

```
#include <iostream>
using namespace std;
class A
{private:
    const int a;
    int &b;
public:
    A(int a1, int b1)
    {
        a = a1;
        b = b1;
    }
   ~A()
    {  cout <<"Destructing"<< endl;  }

int main()
{   A a(1,2);
    return 0;
}
```

(2) 指出下列程序的错误之处,并改正使程序输出结果为 38-15=23。

```
#include <iostream>
using namespace std;
class Test
{
```

```
    int x, y;
public:
    void init(int x1 = 0, int y1 = 0);
};
inline void Test::init(int x1,int y1)
{
    x = x1; y = y1;
}
void Print()
{   cout << x << " - " << y << " = " << x - y << endl;
}
int main()
{   Test A;
    init(38, 15);
    Print();
    return 0;
}
```

3-8 分析程序回答问题。

(1) 分析程序写出运行结果。

```
#include <iostream>
using namespace std;
class A
{public:
    A() { cout <<"Constructing A"<< endl; }
    ~A() {cout <<"Destructing A"<< endl; }
};
class B
{public:
    B() {cout <<"Constructing B"<< endl; }
    ~B() {cout <<"Destructing B"<< endl; }
};
int main()
{   A a;
    B b;
    return 0;
}
```

(2) 完善下列类的构造函数与拷贝构造函数的定义。

```
#include <iostream>
using namespace std;
class Point
{private:
    double x, y;
public:
    Point(double, double);
    Point(Point &);
};
Point::Point(    ①    )
```

```
{
    x = a;    y = b;
}
Point::Point(   ②   )
{   x =    ③    ;
    y = p.y;
}
```

3-9 用C++语言描述下面的类,自己决定类的成员并设计相应的测试程序。

(1) 一个学生类。

(2) 一个图书类。

(3) 一个手机类。

3-10 构建一个类,使其含有3个数据成员,分别表示盒子的3条边长;含有构造函数和一个用来计算盒子体积的成员函数。

3-11 下面是一个类的测试程序,请设计出能使用如下测试程序的类。

```
int main()
{
    Test a;
    a.Init(35,15);
    a.Print();
}
```

3-12 设计一个Car类,它的数据成员要能描述一辆汽车的品牌、型号、出厂年份和价格,成员函数包括提供合适的途径来访问数据成员,在main()函数中定义类的对象并调用相应成员函数。

3-13 设计一个学生类Student,拥有的数据成员是学号、姓名、电话号码、所属院系,成员函数包括访问和修改这些属性,在main()中定义对象,并输出相关信息。

3-14 根据下面的C++语言程序代码绘出相应的UML图形,表示出类ZRF、类SSH和Person的继承关系。

```
Class Person
{
public:
    Person(const Person &right);
    ~Person();
private:
    char Name;
    int Age;
};
class ZRF: protected Person
{
};
class SSH: private Person
{
};
```

类和对象(二)

本章要点：

- 对象数组与对象指针
- 类的静态成员：静态数据成员与静态成员函数
- 友元有 3 种形式：友元函数、友元成员和友元类
- 常对象：常数据成员与常成员函数

4.1 自引用指针 this

在类定义中成员函数可以访问类中的数据成员。然而经实例化后，每个对象都拥有一套数据成员，而类中的成员函数实现代码是所有对象都共享的，它与数据成员是分开存储的。当成员函数被调用时，它总是针对某个特定的对象，所访问的是该对象中的数据成员。那么它是如何知道要对哪个对象进行操作呢？

对象的自身引用是面向对象程序设计语言中特有的、十分重要的一种机制。在 C++语言中，为这种机制设立了专门的表示：this 指针变量。

原来，在类的每一个成员函数的形参表中都有一个隐含的指针变量 this，该指针变量的类型就是成员函数所属类的类型。当程序中调用类的成员函数时，this 指针变量被自动初始化为发出函数调用的对象的地址。

尽管在定义成员函数时没有看到 this 指针变量，也没有定义 this 指针变量，但是在成员函数体内可以使用 this 指针变量，因为该指针变量是系统隐含给出的，不需要也不能在成员函数的形参表中对 this 指针变量进行显式说明。下面通过例 4.1 及对例 4.1 的修改来说明 this 指针的使用。

【例 4.1】 this 指针的使用。

```
/* 04_01.cpp */
#include <iostream>
using namespace std;
class Sample
{
    int x, y;
public:
    Sample(int a = 0, int b = 0)
    {   x = a; y = b;   }
```

```
    void Print()
    {   cout << x << endl;
        cout << y << endl;
    }
};
int main()
{   Sample obj(5,10);
    obj.Print();
    return 0;
}
```

在例4.1中，成员函数中隐含着一个指针this，它指向调用成员函数的对象，在成员函数中可以直接使用该指针，上述程序可用this指针显式改写为完全等价的形式：

```
#include <iostream>
using namespace std;
class Sample
{
    int x, y;
public:
    Sample(int a = 0, int b = 0)
    {   this -> x = a;                    //在此例中 this = &obj
        this -> y = b;
    }
    void Print()
    {   cout << this -> x << endl;        //在此例中 this = &obj
        cout << this -> y << endl;
    }
};
int main()
{   Sample obj(5,10);
    obj.Print();
    return 0;
}
```

在通常情况下，this指针在系统中是隐含地存在的，可以将其显式地表示出来。this指针是一个const指针，不能在程序中修改它或给它赋值。this指针是一个局部数据，它的作用域仅在一个对象的内部。因此，利用this机制可实现成员函数在定义时与具体对象无关，在调用时与具体对象相关。

那么何时使用this指针呢？编写代码时主要有两种场合要求尽可能使用this指针，一种是为了区分成员和非成员。例如：

```
void Sample::Fun(int x)
{
  this -> x = x;
}
```

这里，由于定义了局部形参变量x，因此，类的成员x必须采用this－>的写法来避免混淆。

另一种使用this指针的应用，是一个类的方法需要返回当前对象的引用。例如：

```
class Sample
{
private:
    int x;
    char * ptr;
public:
    Sample & Set(int i, char * p);
    //...
};
Sample& Sample::Set(int i, char * p);
{
    x = i;
    ptr = p;
    return * this;
}
```

方法 Set 返回当前对象的引用，* this 就是当前对象。

4.2 对象数组与对象指针

4.2.1 对象数组

一个数组中的所有元素属于同一种数据类型，一个数组的类型除了可以为基本的数据类型外，还可以为类类型。所谓对象数组是指每一数组元素都是对象的数组，也就是说，若一个类有若干个对象，我们把这一系列的对象用一个数组来存放。对象数组的元素是对象，不仅具有数据成员，而且还有函数成员。定义对象数组时，系统为每个数组元素对象调用一次构造函数以构造这些元素。

对象数组的定义格式为：

类名 数组名 [数组大小];

例如：

```
Student stu[3];
```

定义了类 Student 的对象数组 stu。系统调用无参构造函数 3 次。

如果类 Student 有 2 个数据成员姓名(char name[10])、年龄(int age)，那么在定义对象数组时也可以实现初始化。

例如：

```
Student stu[3] = { Student("zhao",22), Student("qian",20), Student("sun",8,90) };
```

在建立对象数组时，分别调用构造函数，对每个元素初始化。

与基本数据类型的数组一样，在使用对象数组时也只能访问单个数组元素，也就是一个对象，通过这个对象，也可以访问到它的公有成员，一般形式是：

数组名[下标].成员名

下面是一个对象数组的例子。

【例 4.2】 对象数组的应用。

```
/* 04_02.cpp */
#include <iostream>
using namespace std;
class Sample
{
private:
    int x;
public:
    void Set_x(int n)
    {   x = n;   }
    int Get_x()
    {   return x;   }
};
int main()
{
    Sample obj[4];
    int i;
    for(i = 0; i < 4; i++)
        obj[i].Set_x(i);
    for(i = 0; i < 4; i++)
        cout << obj[i].Get_x()<<" ";
    cout << endl;
    system("pause");
    return 0;
}
```

```
0 1 2 3
请按任意键继续. . .
```

图 4.1 例 4.2 的调试运行结果

程序的调试运行结果如图 4.1 所示。

这个程序建立了类 Sample 的对象数组,并将 0~3 的值赋给各元素对象的 x。对象数组的初始化过程,实际上就是每一个元素对象调用构造函数的过程。本例没有自定义的构造函数,就调用缺省的构造函数。

如果需要建立某个类的对象数组,在设计类的构造函数时就要充分考虑到数组元素初始化的需要;当各个元素的初值要求为相同的值时,应该在类中定义出不带参数的构造函数或带有缺省参数值的构造函数;当各元素对象的初值要求为不同的值时需要定义带形参(无缺省值)的构造函数。定义对象数组时,可通过初始化表进行赋值。

4.2.2 堆对象

在 2.6 节中,我们介绍了 new 和 delete 运算符动态地分配或释放堆内存。在这一节介绍用 new 和 delete 建立、删除对象。

使用 new 运算符动态分配的对象属于堆对象,其所占存储空间被分配在堆区。利用 new 建立对象会自动调用构造函数,利用 delete 删除对象会自动调用析构函数。

【例 4.3】 堆对象的建立与删除。

```
/* 04_03.cpp */
```

```
#include <iostream>
using namespace std;
class Date                                  //定义日期类 Date
{private:
    int month, day,  year;
public:
    Date(int m, int d, int y);              //声明构造函数
};
Date::Date(int m, int d, int y)             //定义构造函数
{   if (m>0 && m<13)
    month=m;
    if (d>0 && d<32)
        day=d;
    if (y>0 && y<3000)
        year=y;
}
int main()
{   Date *pd;                               //定义一个指向 Date 类的对象的指针变量 pd
    pd=new Date(1,1,2018);                  //pd 指向新建 Date 类的对象的起始地址
    //…
    delete(pd);                             //释放 pd 所指向的内存空间
    return 0;
}
```

说明：

堆对象的生存期是整个程序的生命期，所以，只有当程序运行结束时，堆对象才被删除。它与一般的局部对象的生存期不同，局部对象的生存期开始于函数体的执行，而终止于函数体的执行结束。

堆对象用 delete 运算符来释放。堆对象在使用完毕后，及时用 delete 运算符进行释放，其作用域为从创建到释放的执行范围之中。

4.2.3 对象指针

指向类对象的指针称为对象指针。与其他类型的指针一样，对象指针用于存放同类的对象地址的变量，定义方法与普通指针一样。

每一个对象在初始化后都会在内存中占有一定的空间。因此，既可以通过对象名访问一个对象，也可以通过对象地址来访问一个对象。对象指针就是用于存放对象地址的变量。声明指向类对象的指针变量的一般形式为：

类名 * 对象指针名;

用指针引用单个对象成员的方法与其他基本类型指针相同，可以有两种形式：

指针变量名->成员名

或

(*指针变量名).成员名

可以通过对象指针访问对象和对象的成员。

例如：

```
Date obj, *pt;
pt = &obj;
```

定义指向 Date 类对象 obj 的指针变量 pt。

```
*pt                    //pt 所指向的对象,即 obj
(*pt).year             //pt 所指向的对象 obj 中的 year 成员,即 obj.year
pt->year               //pt 所指向的对象 obj 中的 year 成员,即 obj.year
(*pt).GetDate()        //调用所指向的对象 obj 中的 GetDate 函数,即 obj.GetDate()
pt->GetDate()          //调用所指向的对象 obj 中的 GetDate 函数,即 obj.getdate()
```

【例 4.4】 有关对象指针的使用方法。

```
#include <iostream>
using namespace std;
class Date                          //定义日期类 Date
{public:
    int month, day,  year;          //将数据成员定义为公有属性,是为了测试指向数据成员的指针
    Date(int m, int d, int y);      //声明构造函数
    void ShowDate();                //声明显示数据成员值的成员函数
};
Date::Date(int m, int d, int y)     //定义构造函数
{   if (m>0 && m<13)
        month = m;
    if (d>0 && d<32)
        day = d;
    if (y>0 && y<3000)
        year = y;
}
void Date::ShowDate()
{
    cout << year <<"."<< month <<"."<< day << endl;
}
int main()
{
    Date obj(1,1,2008);             //定义 Date 类对象 obj
    int *pt1 = &obj.year;           //定义指向整型数据的指针变量 pt1,并使 pt1 指向 obj.year
    cout << *pt1 << endl;           //输出 pt1 所指向的数据成员 obj.year
    obj.ShowDate();                 //调用对象 obj 的成员函数 showDate()
    Date *pt2 = &obj;               //定义指向 Date 类对象的指针变量 pt2,并使 pt2 指向 obj
    pt2->ShowDate();                //调用 pt2 所指向对象 obj 的 showDate()函数
    system("pause");
    return 0;
}
```

程序的调试运行结果如图 4.2 所示。

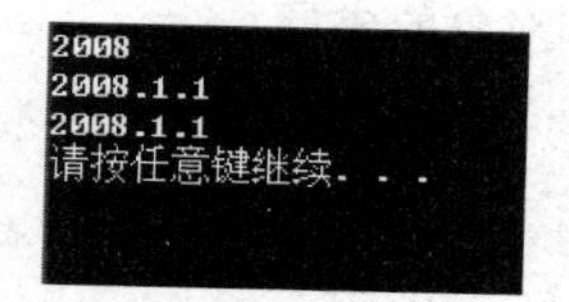

图 4.2 例 4.4 的调试运行结果

4.3 向函数传递对象

在使用类类型作为函数的形式参数时，与普通数据类型一样，对象可以作为参数传递给函数，其方法与传递其他类型的数据相同。也可以以对象指针或引用作为形式参数达到更方便高效地访问、修改对应的实际参数对象值的作用，从而更方便地完成函数间的信息传递。

4.3.1 使用对象作为函数参数

对象可以作为函数的值形式参数，调用函数时用同类的实际参数对象与之对应。参数传递方法与传递其他类型的数据相同，是单项值传递。在函数调用之初需用实际参数对象初始化形式参数对象，这就需要调用拷贝构造函数。由于单向值传递的关系，在函数中对形式参数对象的任何修改均不影响对应实际参数对象本身，这与一般类型变量作为形式参数的单向值传递原理完全一样。

【例 4.5】 使用对象作为函数参数。

```
/* 04_05.cpp */
#include <iostream>
using namespace std;
class Myclass
{
private:
    int i;
public:
    Myclass (int n)
    {   i=n;  }
    void Set(int n)
    {   i=n;  }
    int Get()
    {   return i;  }
};
void Sqr(Myclass  obj)
{
    obj.Set(obj.Get() * obj.Get());
    cout <<"Copy of obj has i value of ";
    cout << obj.Get()<< endl;;
}
int main()
```

```
{
    Myclass  obj(10);
    Sqr(obj);
    cout <<"But, obj.i is unchanged in main:";
    cout << obj.Get()<< endl;
    system("pause");
    return 0;
}
```

程序的调试运行结果如图 4.3 所示。

```
copy of obj has i value of 100
But,obj.i is unchanged in main:10
请按任意键继续. . .
```

图 4.3 例 4.5 的调试运行结果

从运行结果可以看出,例 4.5 函数中对对象的任何修改均不影响调用该函数的对象本身。但是如同其他类型的变量一样,也可以将对象的地址传递给函数。这时函数对对象的修改将影响调用该函数的对象本身,下面介绍有关的方法。

4.3.2 使用对象指针作为函数参数

在调用函数时如果仅将对象的地址传递给函数参数而不是复制整个对象的值,效率将会提高,以类对象指针作为形式参数可以达到这一要求。

使用对象指针作为函数参数可以实现传址调用,即可在被调用函数中改变调用函数的参数对象的值,实现函数之间的信息传递。同时使用对象指针实参仅将对象的地址值传给形参,而不进行副本的拷贝,这样可以提高运行效率,减少时空开销。

当函数的形参是对象指针时,调用函数的对应实参应该是某个对象的地址值。下面对例 4.4 稍作修改,说明对象指针作为函数参数这个问题。

【例 4.6】 使用对象指针作为函数参数。

```
/* 04_06.cpp */
#include <iostream>
using namespace std;
class Myclass
{
private:
    int i;
public:
    Myclass (int n)
    {   i = n;  }
    void Set(int n)
    {   i = n;  }
    int Get()
    {   return i;  }
};
void Sqr(Myclass * obj)
{
```

```
        obj->Set(obj->Get() * obj->Get());
        cout <<"Copy of obj has i value of  ";
        cout << obj->Get()<<"\n";
    }
    int main()
    {
        Myclass obj(10);
        Sqr(&obj);
        cout <<"Now,obj.i in main() has been changed: ";
        cout << obj.Get()<< endl;
        system("pause");
        return 0;
    }
```

程序的调试运行结果如图 4.4 所示。

```
Copy of obj has i value of 100
Now,obj.i in main() has been changed: 100
请按任意键继续. . .
```

图 4.4　例 4.6 的调试运行结果

不难看出,调用函数前 obj.i 的值是 10,调用后 obj.i 的值变为 100,可见在函数中对对象的修改,影响了调用该函数的对象本身。

4.3.3　使用对象引用作为函数参数

与其他类型的变量一样,对象引用既可以作为函数的形式参数,也可以作为函数的返回值,在实际中,使用对象引用作为函数参数非常普遍,大部分程序员喜欢用对象引用取代对象指针作为函数参数。因为,通过传值方式来传递和返回对象时都会调用拷贝构造函数,会为形式参数对象分配空间,降低了时间和空间的效率。用对象引用作形式参数,在调用函数时使得引用参数成为实参对象的别名,不产生新对象,无须另外分配内存空间,也不会调用拷贝构造函数。将对象引用作为返回值,可以使函数的调用作为左值使用。

由于对象引用参数是实参对象的一个别名,因此在函数中对引用的操作就是对实参对象的操作。在修改对应实参对象方面,引用具有与指针类似的效果,但是其语法比指针简洁许多,类似于值形式参数的表现形式。

下面我们对例 4.6 稍作修改,说明对象引用作为函数参数这个问题。

【例 4.7】 使用对象引用作为函数参数。

```
/* 04_07.cpp */
#include <iostream>
using namespace std;
class Myclass
{
private:
    int i;
public:
    Myclass (int n)
```

```
    {    i = n;    }
    void Set(int n)
    {    i = n;    }
    int Get()
    {    return i;    }
};
void Sqr(Myclass &obj)
{
    obj.Set(obj.Get() * obj.Get());
    cout <<"Copy of obj has i value of  ";
    cout << obj.Get()<<"\n";
}
int main()
{
    Myclass obj(10);
    Sqr(obj);
    cout <<"Now,obj.i in main() has been changed: ";
    cout << obj.Get()<< endl;
    system("pause");
    return 0;
}
```

程序的调试运行结果如图 4.5 所示。

```
Copy of obj has i value of 100
Now,obj.i in main() has been changed: 100
请按任意键继续. . .
```

图 4.5　例 4.7 的调试运行结果

说明：

例 4.7 和例 4.6 的主要区别在于例 4.6 使用对象指针作为函数参数，而例 4.7 使用对象引用作为函数参数，两个例子的输出结果是完全相同的。请读者比较一下这两种函数参数在使用上的区别。

4.4　静态成员

在类的定义中，除了前面所描述的常规成员外，还有一种方便程序设计的特殊成员，即静态成员。为了实现一个类的不同对象之间的数据和函数共享，C++语言提出了静态成员的概念。静态成员包括静态数据成员和静态函数成员。

在类的定义中，可以用关键字 static 声明成员为静态成员，这些静态成员可以在同一个类的不同对象之间提供数据共享。不管这个类创建了多少个对象，但静态成员只有一份拷贝(副本)，为所有属于这个类的对象所共享，并且可以是 public、privated 或 protected。

4.4.1　静态数据成员

因为类的静态数据成员有着单一的存储空间而不管产生了多少个对象，所以存储空间必须在一个单独的地方定义。

静态数据成员的初始化必须在类外进行,默认值为 0,它是在编译时创建并初始化的,所以它在该类的任何对象被创建前就存在。因此,公有的静态数据成员可以在对象定义之前被访问,形式为:

类名::公有静态成员变量名;

在对象定义后还可以通过对象进行访问,形式为:

对象名.公有静态成员变量名;

私有的静态数据成员不能被类的外部函数访问,也不能用对象进行访问。

【例 4.8】 静态数据成员的定义与使用示例。

```
/* 04_08.cpp */
#include<iostream>
using namespace std;
class Ctype
{private:
     int a;
     static int s;                    //定义私有的静态数据成员 s
public:
     void Print();
     Ctype(int x = 0);
};
void Ctype::Print()
{    cout<<"a = "<<++a<<endl;        //输出普通数据成员
     cout<<"s = "<<++s<<endl;        //输出静态数据成员,两者作比较
}
Ctype::Ctype(int x)
{    a = x;
}
int Ctype::s = 0;                     //静态数据成员赋初值在类体外进行,前面不能再加 static
int main()
{    Ctype c1,c2,c3;                  //定义 3 个对象,都使用默认的参数值
     c1.Print();
     c2.Print();
     c3.Print();
     system("pause");
     return 0;
}
```

程序的调试运行结果如图 4.6 所示。

分析说明:

该例中定义了普通数据成员 a 和静态数据成员 s,a 变量为每个对象各自拥有,而 s 为 c1、c2、c3 这 3 个对象共有,所以每次调用 print()都会对 s 加 1。

由于静态数据成员只有一个值,所以不论用哪个对象访问,所得的结果是一样的。所以,从这个意义上讲,

图 4.6　例 4.8 的调试运行结果

静态数据成员也是类的公共数据成员，是对象的共享数据项。

C++语言支持静态数据成员的一个主要原因是可以不必使用全局变量。依赖于全局变量的类几乎都是违反面向对象程序设计的封装原理的。静态数据成员的主要用途是定义类的各个对象所公用的数据，如统计总数、平均数等。

【例 4.9】 静态数据成员和一般数据成员的不同。

静态数据成员在 UML 图中加下画线标识，包含静态数据成员的 Student 类的 UML 图如图 4.7 所示。

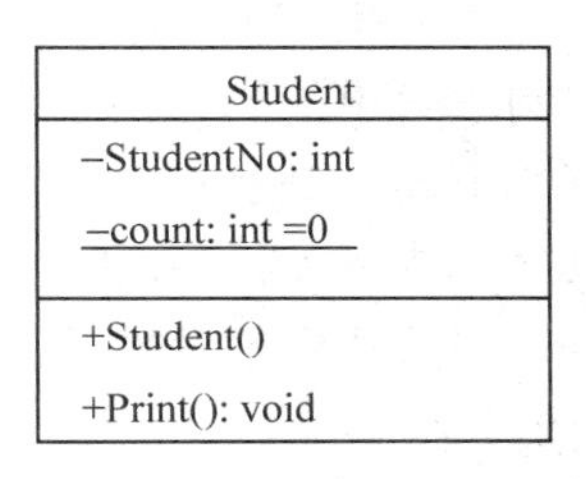

图 4.7 包含静态数据成员的 Student 类的 UML 图

```
//* 04_09.cpp */
#include<iostream>
using namespace std;
class Student
{
private:
    static int count;               //声明静态数据成员 count,统计学生的总数
    int StudentNo;                  //普通数据成员,用于表示每个学生的学号
public:
    Student()                       //构造函数
    {
        ++count;                    //每创建一个学生对象,学生数加 1
        StudentNo = count;          //给当前学生的学号赋值
    }
    void Print()                    //成员函数,显示学生的学号和当前学生数
    {
        cout <<"Student"<< StudentNo <<"   ";
        cout <<"count = "<< count << endl;
    }
};
int Student::count = 0;             //给静态数据成员 couny 赋初值
int main()
{
    Student Student1;               //创建第 1 个学生对象
    Student1.Print();
    cout <<" ---------- "<< endl;
    Student Student2;               //创建第 2 个学生对象 Student2
    Student1.Print();
    Student2.Print();
    cout <<" ----------- "<< endl;
    Student Student3;               //创建第 3 个学生对象 Student3
    Student1.Print();
    Student2.Print();
    Student3.Print();
    cout <<" ----------- "<< endl;;
    Student Student4;               //创建第 4 个学生对象 Student4
    Student1.Print();
    Student2.Print();
    Student3.Print();
    Student4.Print();
```

```
    system("pause");
    return 0;
}
```

在例4.9中,类Student的数据成员count被声明为静态的,它用来统计创建Student类对象的个数。由于count是静态数据成员,它为所有Student类的对象所共享,每创建一个对象(学生),它的值就加1。计数操作这项工作放在构造函数中,每次创建对象(学生)时系统自动调用其构造函数,从而count的值每次加1。静态数据成员count的初始化是在类外进行的。

数据成员StudentNo是普通的数据成员,每个对象都有其对应的拷贝,它用来存放当前对象(学生)的对象号(学号)。在上面的例子中,StudentNo的初始化在构造函数中进行,是用当前的对象数(学生数)给对象号(学号)赋值,从对象号(学号)可以看出对象被创建的次序。

```
Student1 count=1
----
Student1 count=2
Student2 count=2
----
Student1 count=3
Student2 count=3
Student3 count=3
----
Student1 count=4
Student2 count=4
Student3 count=4
Student4 count=4
请按任意键继续. . .
```

图4.8 例4.9的调试运行结果

成员函数Print()用来显示对象(学生)的各数据成员,即对象号(学号)和当前的对象数(学生数)。

程序的调试运行结果如图4.8所示。

从运行结果可以看出,所有对象的count值都是相同的,这说明它们都共享这一数据。也就是说,所有对象对于count只有一个拷贝,这也就是静态数据成员的特性。数据成员StudentNo是普通的数据成员,因此各个对象的StudentNo是不同的,它存放了各个对象的对象号。

4.4.2 静态成员函数

在类定义中,声明为static的成员函数能在类的范围内共享,把这样的成员函数称为静态成员函数。静态成员函数属于整个类,是该类所有对象共享的成员函数,而不属于类中的某个对象。静态成员函数只能使用静态数据成员,不能对类的其他类型的数据成员或成员函数进行访问,可以通过对象或类名进行调用。定义静态成员函数的格式为:

static 返回类型 静态成员函数名(参数表);

与静态数据成员类似,调用公有静态成员函数的一般格式为:

类名::静态成员函数名(实参表)
对象.静态成员函数名(实参表)

下面我们将例4.8稍加改动,使用静态成员函数来访问静态数据成员。

【例4.10】 将例4.8中的Print()函数改为静态成员函数,同时对构造函数修改。

包含静态成员函数的Ctype类的UML图如图4.9所示。UML图中静态成员函数加<< static >>标识。

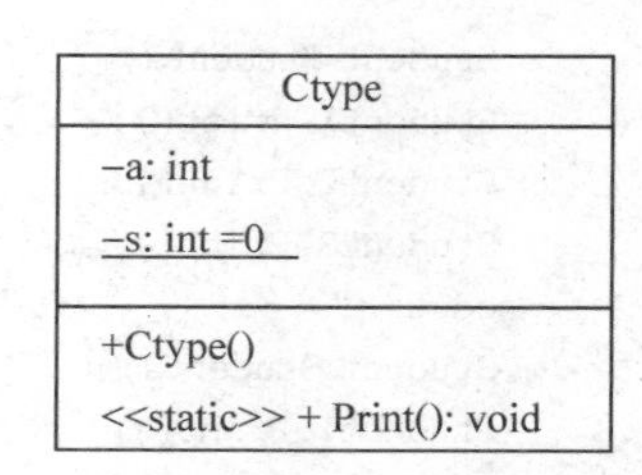

图4.9 包含静态函数成员的Ctype类的UML图

```
/* 04_10.cpp */
#include<iostream>
```

```
using namespace std;
class Ctype
{private:
    int a;
    static int s;                    //定义私有的静态数据成员 s
public:
    static void Print();             //静态成员函数声明
    Ctype();                         //构造函数声明
};
void Ctype::Print()
{   cout <<"a = "<<++a << endl;      //错误,静态成员函数中不能直接访问非静态数据成员
    cout <<"s = "<< s << endl;       //正确,静态成员函数中可以访问静态数据成员
}
Ctype::Ctype()
{   a = 0;
    s++;
    cout <<"a = "<<++a << endl;
}
int Ctype::s = 0;                    //静态数据成员赋初值在类体外进行,前面不能再加 static
int main()
{   Ctype::Print();                  //在未定义对象时,可以用类名来调用静态成员函数
    Ctype c1,c2;
    c1.Print();                      //也可以用对象来调用静态成员函数
    c2.Print();
    Ctype c3;
    c3.Print();
    system("pause");
    return 0;
}
```

图 4.10　例 4.10 的调试运行结果

题中出错原因是在静态成员函数中非法访问非静态数据成员,将此行删除,程序的调试运行结果如图 4.10 所示。

程序运行结果分析:

```
s = 0            //未定义对象时,静态数据成员 s 值为 0
a = 1            //定义 c1 对象时输出 c1 对象的数据成员 a 的值
a = 1            //定义 c2 对象时输出 c2 对象的数据成员 a 的值
s = 2            //通过对象 c1 调用静态成员函数 print()的输出
s = 2            //通过对象 c2 调用静态成员函数 print()的输出
a = 1            //定义 c3 对象时输出 c3 对象的数据成员 a 的值
s = 3            //通过对象 c3 调用静态成员函数 print()的输出
```

s 为静态数据成员,为对象 c1,c2 共享,在用 Print()输出时访问的是同一个变量,所以结果是相同的。

关于静态成员函数的使用有以下几点说明:

(1) 静态成员函数可以定义成内嵌的,也可以在类外定义,在类外定义时,不用 static 前缀。

(2) 一般情况下,静态成员函数主要用来访问全局变量或同一个类中的静态数据成员。特别是,当它与静态数据成员一起使用时,达到了对同一个类中对象之间共享数据进行维护

的目的。

(3) 私有静态成员函数不能被类外部函数和对象访问。

(4) 使用静态成员函数的一个原因是,可以用它在建立任何对象之前处理静态数据成员,这是普通成员函数不能实现的功能。

(5) 编译系统将静态成员函数限定为内部连接,也就是说,与现行文件相连接的其他文件中的同名函数不会与该函数发生冲突,维护了该函数使用的安全性,这是使用静态成员函数的另一个原因。

(6) 在一般的成员函数中都隐含有一个 this 指针,用来指向对象自身,而在静态成员函数中是没有 this 指针的。

(7) 一般而言,静态成员函数不访问类中的非静态成员。若确实需要,静态成员函数只能通过对象名(或指向对象的指针)访问该对象的非静态成员。

4.5 友元

类的一个很重要的特点就是实现了数据隐藏和封装。在类定义的时候,一般都将数据成员声明为私有成员(或保护成员),只能在类定义的范围内使用,也就是说私有成员(或保护成员)只能通过它的成员函数来访问。但是,调用公有函数接口是需要时间开销的,且有时候需要在类的外部访问类的私有成员(或保护成员)。为此,就需要寻找一种途径,在不放弃私有成员(或保护成员)数据安全性的情况下,使得一个普通函数或者类的成员函数可以访问到封装于某一类中的信息(私有、保护成员),在 C++ 语言中,通过定义友元(friend member)来实现这一功能。类的友元包括友元类和友元函数。

4.5.1 友元函数

友元函数有以下两种形式:

(1) 一个不属于任何类的普通函数声明为当前类的友元,称为当前类的友元函数。

(2) 一个其他类的成员函数声明为当前类的友元,称为当前类的友元成员。

1. 友元函数

友元函数是在类中说明的由关键字 friend 修饰的非成员函数。

友元函数不是当前类的成员函数,而是独立于当前类的外部函数,但它可以访问该类的所有对象的成员,包括私有成员、保护成员和公有成员。

在类中声明友元函数时,需在其函数名前加上关键字 friend。此声明可以放在公有部分,也可以放在保护部分和私有部分。友元函数可以定义在类内部,也可以定义在类的外部。

例 4.11 是一个使用友元函数的例子。

【例 4.11】 友元函数的使用。

```
/* 04_11.cpp */
#include <iostream>
```

```
using namespace std;
#include<cmath>
class Point
{
    int x, y;
public:
    Point(int a = 0, int b = 0)
    {   x = a; y = b;  }
    ~Point()  {   }
    void Show()
    {   cout <<"x = "<< x <<" y = "<< y << endl;   }
    int Get_x()
    {   return x;  }
    int Get_y()
    {   return y;  }
    friend double Distance(Point &p1, Point &p2);      //友元函数声明
};
double Distance(Point &p1, Point &p2)                  //友元函数定义
{
    return sqrt((p1.x - p2.x) * (p1.x - p2.x) + (p1.y - p2.y) * (p1.y - p2.y));
}
int main()
{   Point p1, p2(1,1);
    cout << Distance(p1,p2)<< endl;
    return 0;
}
```

程序的调试运行结果如图 4.11 所示。

图 4.11　例 4.11 的调试运行结果

程序中将 Distance()函数声明为类 Point 的友元函数,就可以直接访问 Point 类对象的私有数据成员。使用友元函数,使程序变得简洁,而且省去了多次调用成员函数带来的时间开销。

友元函数的说明:

(1) 友元函数不是类的成员函数。因此,对友元函数指定访问权限无效,可以把友元函数的说明放在 private、public、protected 的任意段中。在类的外部定义友元函数时,不必像成员函数那样,在函数名前加上"类名::"。

(2) 使用友元函数的目的是提高程序的运行效率。

(3) 慎用友元函数,因为它可在类外直接访问类的私有或保护成员,破坏了类的信息隐藏的特性。

友元机制是对类的封装机制的补充,利用这种机制,一个类可以赋予某些函数访问它的私有成员的特权。声明了一个类的友员函数,就可以用这个函数直接访问该类的私有数据,从而提高程序运行的效率。如果没有友元机制,外部函数访问类的私有数据,必须通过调用公有的成员函数才能访问私有数据,这在需要频繁调用私有数据的情况下,会带来较大的开销,从而降低程序的运行效率。但是,引入友元机制并不是使数据成为公有的或全局的,未经授权的其他函数仍然不能直接访问这些私有数据。因此,慎重、合理地使用友元机制不会

彻底丧失安全性,不会使软件可维护性大幅度降低。

友元提供了不同类的成员函数之间、类的成员函数与一般函数之间进行数据共享的机制。尤其当一个函数需要访问多个类时,友元函数非常有用,普通的成员函数只能访问其所属的类,但是多个类的友元函数能够访问相关的所有类的数据。

2. 友元成员

除了一般的函数可以作为某个类的友元外,一个类的成员函数也可以作为另一个类的友元,这种成员函数不仅可以访问自己所在类对象中的所有成员,还可以访问 friend 声明语句所在类对象中的所有成员,这样能使两个类相互合作、协调工作,完成某一任务。

【例 4.12】 将一个类的成员函数说明为另一个类的友元函数。

```
/* 04_12.cpp */
#include <iostream>
using namespace std;
class N;                              //N类的前向说明,因为N的定义在M之后,而M中使用了N
class M
{
    int a, b;
public:
    M(int x, int y)
    {   a = x; b = y;   }
    void Print()
    {   cout <<"a = "<< a <<" b = "<< b << endl;   }
    void Setab(N &);
};
class N
{
    int c, d;
public:
    N(int a, int b)
    {   c = a; d = b;   }
    void Print()
    {   cout <<"c = "<< c <<" d = "<< d << endl;  }
    friend void M::Setab(N&);         //将M类的成员函数说明为本类的友元函数
};
void M::Setab(N &obj)                 //M类的成员函数setab()是类N的友元函数
{
    a = obj.c;                        //在setab()中可以直接访问类N的私有成员
    b = obj.d;
}
int main()
{   M m(25, 40);
    N n(55,66);
    cout <<"m: ";
    m.Print();
    cout <<"n: ";
    n.Print();
    m.Setab(n);
```

```
    cout <<"m: ";
    m.Print();
    system("pause");
    return 0;
}
```

程序的调试运行结果如图 4.12 所示。

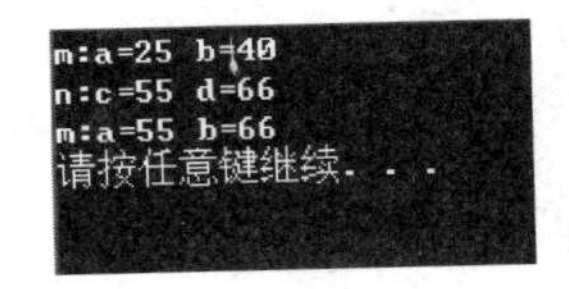

图 4.12　例 4.12 的调试运行结果

4.5.2　友元类

友元还可以是类,即一个类可以作为另一个类的友元。当一个类作为另一个类的友元时,则该类中的所有成员函数都是另一个类的友元成员,都可以访问另一个类的所有成员。

友元类的声明格式为:

friend 类名;

此语句可以放在公有部分也可以放在私有部分或保护部分。

例如:

```
class A
{
    //…
};
class B
{
    //…
friend A;                           //声明类 A 为类 B 的友元类
    //…
};
```

【例 4.13】　将一个类说明为另一个类的友元类。

```
/* 04_13.cpp */
#include <iostream>
using namespace std;
class B;                            //前向说明,因为在后面定义的 A 类中用到 B 类
class A
{
    int x;
public:
    A(int a)
    {    x = a;   }
    friend class B;                 //将类 B 声明为类 A 的友元类
};
class B
{
public:
    void Show(A  a)
    {   cout <<"x = "<< a.x << endl;   }
};
int main()
```

```
{
    A a(10);
    B b;
    b.Show(a);
    system("pause");
    return 0;
}
```

图 4.13 例 4.13 的调试运行结果

程序的调试运行结果如图 4.13 所示。

本例中,类 B 是类 A 的友元,因此,在类 B 的成员函数中可以访问类 A 的任何成员。

友元关系是单向的,不具有交换性,即类 A 中将类 B 声明为自己的友元类,但类 B 中没有将类 A 声明为友元类,所以类 A 的成员函数不可以访问类 B 的私有成员。当两个类都将对方声明为自己的友元时,才可以实现互访。

友元关系也不具备传递性,即类 A 将类 B 声明为友元,类 B 将类 C 声明为友元,此时,类 C 不一定是类 A 的友元。

应该指出的是,引入友元提高了程序运行效率、实现了类之间的数据共享并方便了编程。但是声明友元相当于在实现封装的黑盒子上开洞,如果一个类声明了许多友元,则相当于在黑盒子上开了很多洞,显然这将破坏数据的隐蔽性和类的封装性,降低程序的可维护性,这与面向对象的程序设计思想是背道而驰的,因此使用友元函数应谨慎。

4.6 对象成员

一个类的数据成员除了可以是 int、char 和 float 等这些基本数据类型外,还可以是一个类的一个对象,也就是把已有类的对象作为新类的数据成员,这时可称这种成员是新建类的子对象或成员对象。复杂的对象可以由比较简单的对象以某种方式组合而成,复杂对象和组成它的简单对象之间的关系是组合关系,也称为类的组合。

用成员对象创建新类是面向对象程序设计中的一种常用方法,它体现了客观世界中对象间的包含关系。例如,计算机可构成计算机类,计算机类的数据成员有型号、CPU 参数、内存参数、硬盘参数、厂家等。其中的数据成员“厂家”又是计算机公司类的对象。这样,计算机类的数据成员中就有计算机公司类的对象,或者反过来说,计算机公司类的对象又是计算机类的一个数据成员。这样,当生成一个计算机对象时,其中就嵌套着一个公司对象。

如果一个类的对象是另一个类的数据成员,则称这样的数据成员为对象成员。例如:

```
class A
{
    //…
};
class B
{
    A a;                                //类 A 的对象 a 为类 B 的对象成员
public:
```

```
    //…
};
```

使用对象成员着重要注意的问题是对象成员的初始化问题,即类B的构造函数如何定义?

当创建类的对象时,如果这个类具有内嵌的对象成员,那么内嵌对象成员也将被自动创建。因此,在创建对象时既要对本类的基本数据成员初始化,又要对内嵌的对象成员进行初始化。含有对象成员的类,其构造函数和不含对象成员的构造函数有所不同,例如有以下的类:

```
class X
{
    类名1  对象成员名1;
    类名2  对象成员名2;
    类名n  对象成员名n;
};
```

一般来说,类X的构造函数的定义形式为:

```
x::x(形参表0): 对象成员1(参数表1), 对象成员名2(参数表2), …, 对象成员名n(参数表n)
{
    …//构造函数体
}
```

冒号后面的部分是对象成员的初始化列表,各对象成员的初始化列表用逗号分隔。其中,参数表1提供初始化对象成员1所需的参数,参数表2提供初始化对象成员2所需的参数,以此类推,并且这几个参数表中的参数均来自参数表0。另外,初始化X的非对象成员所需的参数也由参数表0提供。

当调用构造函数X::X()时,首先按各对象成员在类声明中的顺序依次调用它们的构造函数,对这些对象初始化,而不是按照初始化表的顺序进行初始化。最后再执行X::X()的函数体。析构函数的调用顺序与此相反。

【例4.14】 对象成员的初始化。

```
/* 04_14.cpp */
#include <iostream>
using namespace std;
class Date
{
private:
    int year;
    int month;
    int day;
public:
    Date(int y, int m, int d)
    {
        cout <<"Constructing Date"<< endl;
        year = y;
        month = m;
        day = d;
    }
```

```
        void Show()
        {
            cout << year <<"."<< month <<"."<< day << endl;
        }
    };
    class Time
    {
    private:
        int hour;
        int minute;
        int second;
    public:
        Time(int h, int m, int s)
        {
            cout <<"Constructing Time"<< endl;
            hour = h;
            minute = m;
            second = s;
        }
        void Show()
        {
            cout << hour <<":"<< minute <<":"<< second << endl;
        }
    };
    class Schedule
    {
    private:
        int number;
        Date date;                              //定义对象成员 date
        Time time;                              //定义对象成员 time
    public:
        Schedule(int num, int a, int b, int c, int d, int e, int f): date(a,b,c), time(d,e,f)
        {
            cout <<"Constructing Schedule"<< endl;
            number = num;
        }
        void Show()
        {
            cout <<"number"<< number <<":";
            date.Show();                        //调用对象成员 date 的 Show()函数
            time.Show();                        //调用对象成员 time 的 Show()函数
        }
    };
    int main()
    {
        Schedule obj1(1,2008,3,12,12,10,0);
        obj1.Show();
        Schedule obj2(2,2009,2,8,18,20,0);
        obj2.Show();
        system("pause");
        return 0;
    }
```

程序的调试运行结果如图 4.14 所示。

图 4.14 例 4.14 的调试运行结果

程序分析:

(1) 在 main 函数中创建 Schedule 类的对象时,系统调用构造函数 Schedule。该构造函数执行时要分配数据成员的空间,包括整型数据、Date 类对象和 Time 类对象。对象成员要根据在类中声明的次序依次调用其构造函数,即首先调用 Date 构造函数,然后调用 Time 构造函数,最后才执行它自己的构造函数的函数体,初始化类中的非对象成员 number。

(2) 类 Schedule 的构造函数的定义格式也可以为:

```
Schedule(int num,int a,int b, int c, int d, int e, int f): time(d,e,f),date(a,b,c)
{
  cout <<"Constructing Schedule"<< endl;
  number = num;
}
```

对象成员使用时要注意以下几点:

(1) 对象成员的构造函数先于本类构造函数被执行,也就是说,先构造对象成员,再构造本类对象。

(2) 如果对象成员所属类的构造函数不带参数,则在本类构造函数后面无须用初始化列表来初始化对象成员,但是对象成员所属类的构造函数一定是调用的,与是否在初始化列表中出现无关。

(3) 如果要调用对象成员所属类的带参构造函数,则在本类构造函数后面必须提供初始化列表,以成员对象名(实在参数表)的形式出现在初始化列表中。

(4) 构造对象成员的实在参数通常来源于本类构造函数的形式参数表中。

(5) 构造函数的调用顺序为对象成员所属类的构造函数、本类构造函数,如果对象成员不止一个,则按照在新类定义时对象成员出现的先后次序依次调用各类的构造函数,而与在本类构造函数初始化表中各对象成员出现的顺序无关。

(6) 析构函数的调用顺序始终与构造函数的调用顺序正好相反,即先调用本类的析构函数,再调用对象成员所在类的析构函数。

(7) 对象成员的数据成员和成员函数应由该对象成员来访问。

4.7 常对象

虽然数据隐藏保证了数据的安全性,但各种形式的数据共享(如友元函数、友元类等)却又不同程度地破坏了数据的安全性。因此,对于既需要共享又需要防止改变的数据,应该声明为常量进行保护,因为常量在程序运行期间是不可改变的。这些常量需要用关键字 const 来定义。const 不仅可以修饰类的对象,还可以修饰类的数据成员和成员函数,分别称为常数据成员、常成员函数和常对象。

1. 常数据成员

类的数据成员用 const 说明。如果类中说明了常数据成员,则构造函数只能通过初始化列表对该数据成员进行初始化,并且任何其他函数都不能对常数据成员进行修改,只能访问。

【例 4.15】 常数据成员的初始化。

```
/* 04_15.cpp */
#include<iostream>
using namespace std;
class InitiData
{
    int x;
    int &rx;                                //定义一个引用成员
    const double pi;                        //定义常数据成员
public:
    InitiData(int x1);
    void Display();
};
InitiData::InitiData(int x1): rx(x), pi(3.14)          //对常数据成员、引用成员只能
{                                                      //用初始化列表进行初始化
    x = x1;
}
void InitiData::Display()
{
    cout <<"x = "<< x <<" rx = "<< rx <<" pi = "<< pi << endl;   //常数据成员只能被访问
}
int main()
{   InitiData  id(100);                                 //定义一个对象
    id.Display();
    system("pause");
    return 0;
}
```

程序的调试运行结果如图 4.15 所示。

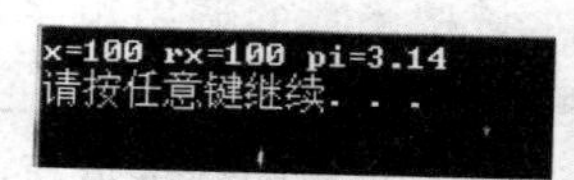

图 4.15 例 4.15 的调试运行结果

说明:

(1) pi 为常数据成员,只能通过类的构造函数的初始化表进行初始化,但是初始化列表中的内容未必是常量,也许是变量或表达式。

(2) 在 Display()函数中不可以修改常数据成员 pi。

(3) 在类中定义了一个引用成员 rx。同样,对引用成员的初始化也只能通过类的构造函数的初始化表进行,而且实参是本类中与 rx 同类型的一个数据成员才有意义。

2. 常成员函数

如果一个成员函数不需要直接或间接(通过调用其他的成员函数来改变其对象状态)地改变该函数所属对象的任何数据成员,那么最好将这个成员函数标记为 const,在类中使用关键字 const 说明的成员函数被称为常成员函数,常成员函数的声明格式为:

```
类型　函数名(参数表)const;
```

使用常成员函数需要注意以下几点：

(1) const 是函数类型的一个组成部分，因此在常成员函数的原型声明及函数定义的首部都要使用关键字 const。

(2) 常成员函数不能修改本类的数据成员，也不能调用该类中没有由关键字 const 修饰的成员函数，从而保证了在常成员函数中不会修改数据成员的值。

(3) 关键字 const 可以作为与其他成员函数重载的标志。

(4) 访问属性为 public 的常成员函数可以通过该类的任何对象调用。

(5) 常成员函数在原型声明及函数定义的首部都不能缺少 const 关键字，此时关键字 const 参与区分函数重载。

3. 常对象

如果在说明对象时用 const 修饰，则被说明的对象为常对象。常对象的数据成员值在对象的整个生存期内不能被改变。常对象的定义格式为：

```
const 类名 对象名;
```

或

```
类名 const　对象名;
```

常对象具有以下特点：

(1) 常对象在定义时必须进行初始化，而且其数据成员的值在对象的整个生存期间内不能被改变。也就是说，常对象必须进行初始化，而且不能被更新。

(2) 由于常对象的值(包括所有的数据成员的值)不能被改变，因此，通过常对象只能调用类中那些不改变数据成员值的成员函数(即常成员函数)，而不能调用类中的其他普通成员函数。

【例 4.16】 常成员函数与常对象的使用。

```
/* 04_16.cpp */
#include<iostream>
#include<string>
using namespace std;
class Person
{private:
    int age;
    char *name;
public:
    Person(int, char *);
    ~Person();
    void Print();                    //重载函数,用于输出的普通成员函数
    void Print() const;              //重载函数,用于输出的常成员函数,const 参与重载
    void ModifyAge();
};
Person::Person(int n, char *na)      //构造函数的定义
{   age=n;
```

```
        name = new char[strlen(na) + 1];
        strcpy(name, na);
    }
    Person::~Person()                         //析构函数的定义
    {   delete [ ]name;
    }
    void Person::Print()                      //普通成员函数 Print()的定义
    {   cout <<"age;"<< age <<"name:"<< name << endl;
        cout <<"This is general Print()."<< endl;
    }
    void Person::Print() const                //常成员函数 Print()的定义,const 不可省略
    {   cout <<"age:"<< age <<"   name:"<< name << endl;
        cout <<"This is const Print()."<< endl;
    }
    void Person::ModifyAge()                  //用于修改年龄的普通成员函数
    {   age++;
    }
    int main()
    {   const Person p1(17,"wu");             //定义常对象必须初始化
        cout <<"output const object p1"<< endl;
        p1.Print();                           //常对象调用常成员函数
        Person p2(18,"zhang");                //定义普通的对象
        cout <<"output general object p2"<< endl;
        p2.ModifyAge();                       //可以修改数据成员
        p2.Print();                           //普通对象调用普通的成员函数
        system("pause");
        return 0;
    }
```

```
output const object p1
age:17 name:wu
This is const Print().
output general object p2
age:19 name:zhang
This is general Print().
请按任意键继续. . .
```

图 4.16　例 4.16 的调试运行结果

程序的调试运行结果如图 4.16 所示。

说明:

(1) 如果将本例中 void Print();函数的原型声明及定义删除,其余代码不变,则程序仍可编译通过,运行结果的最后一行变为: This is const Print()。这说明普通的对象可以调用常成员函数;但是,如果有普通成员函数的重载函数,则首先会调用普通的成员函数,否则,自动调用常成员函数,也就是说公有的常成员函数可以被该类所有对象调用。

(2) 如果将本例中 void Print() const;函数的原型声明及定义删除,其余代码不变,则程序编译时会报错,原因是常对象只能调用常成员函数,而不能自动调用普通的成员函数,这一点非常重要。

4.8　本章小结

1. this 指针

this 指针总是指向当前对象,每当调用一个成员函数时,系统就自动把 this 指针作为一

个隐含的参数传给该函数。C++编译器将根据 this 指针所指向的对象来确定应该引用哪一个对象的数据成员。

2. 对象数组

所谓对象数组是指每一数组元素都是对象的数组,与基本数据类型的数组一样,在使用对象数组时也只能访问单个数组元素。对象指针就是用于存放对象地址的变量。

C++语言可以使指针直接指向对象的成员,进而可以通过这些指针访问对象的成员。需要指出的是,通过指向成员的指针只能访问公有的数据成员和成员函数。

3. 对象作为函数参数

对象可以作为参数传递给函数,其方法与传递其他类型的数据相同。在向函数传递对象时,是通过传值调用传递给函数的。对象指针也可以作为函数的参数,使用对象指针作为函数参数可以实现传址调用。在实际中,大部分程序员喜欢用对象引用取代对象指针作为函数参数。因为使用对象引用作为函数参数,不但具有用对象指针作函数参数的优点,而且用对象引用作函数参数将更简单、更直接。

4. 静态成员

静态成员包括静态数据成员和静态函数成员。不管创建多少对象,静态成员只有一个拷贝,一个类的所有对象共享这个静态成员。静态数据成员的主要用途是定义类的各个对象所公用的数据,如统计总数、平均数等。

5. 友元

友元有 3 种形式,即友元函数、友元成员和友元类。友元可以访问对象的私有数据。使类既有封装性,又具灵活性。友元提供了不同类的成员函数之间、类的成员函数与一般函数之间进行数据共享的机制。尤其当一个函数需要访问多个类时,友元函数非常有用。引入友元机制的另一个原因是方便编程,在某些情况下,如运算符被重载时,需要用到友元函数。

6. 类成员与 const

类的数据成员可以用 const 说明为常量或常引用,成员函数可以说明为常成员函数。常类型是软件开发中常用的方法,它可以提高程序的正确性和可维护性。

习题

4-1 什么是 this 指针?它的主要作用是什么?

4-2 什么是对象数组?

4-3 什么是类的友元函数和友元类?在程序中的作用是什么?

4-4 类的静态数据成员和静态成员函数的作用是什么?

4-5 常对象有什么特殊性?

4-6 单项单选题。

(1) 下面关于 this 指针的叙述中,正确的是( )。

A. 任何与类相关的函数都有 this 指针

B. 类的成员函数都有 this 指针

C. 类的友元函数都有 this 指针

D. 类的非静态成员函数才有 this 指针

(2) 一个类的友元函数或友元类可以访问该类的( )。

A. 私有成员
B. 保护成员
C. 公有成员
D. 私有成员、保护成员和公有成员

(3) 下面是关于一个类的友元的说法,其中不正确的是( )。

A. 友元函数可以访问该类的私有数据成员

B. 友元的声明必须放在类的内部

C. 友元函数可以是另一个类的成员函数

D. 若 X 类是 Y 类的友元,Y 类就是 X 类的友元

(4) 已知类 A 是类 B 的友元,类 B 是类 C 的友元,则( )。

A. 类 A 一定是类 C 的友元

B. 类 C 一定是类 A 的友元

C. 类 C 的成员函数可以访问类 B 的任何成员

D. 类 A 的成员函数可以访问类 B 的任何成员

(5) 在下面有关静态成员函数的描述中,正确的是( )。

A. 在静态成员函数中可以使用 this 指针

B. 在建立对象前,就可以为静态数据成员赋值

C. 静态成员函数在类外定义时,要用 static 前缀

D. 静态成员函数只能在类外定义

(6) 已知函数 show()是一个类的常成员函数,无返回值,下列正确的原型声明是( )。

A. const void Show()
B. void const Show()
C. void Show(const)
D. void Show() const

4-7 程序改错。

(1) 下面程序段中如果有错,请指出错误的位置和原因,并修改使之能正常运行。

```
#include <iostream>
using namespace std;
class Sample
{    static int count = 0;
public:
Sample()
    {    count++;    }
    void Display()
    {    cout <<"当前共创建了"<< count <<"个对象"<< endl;    }
};
int main()
{    Sample obj1, obj2;
    obj1.Display();
    Sample obj3;
```

```
    obj3.Display();
    return 0;
}
```

(2) 找出下面程序中的错误,说明原因并修改。

```
#include < iostream >
#include < cstdlib >
using namespace std;
class Ctest
{
private:
    int x;
    const int y1;
public:
    const int y2;
    Ctest(int i1,int i2): y1(i1), y2(i2)
    {
        y1 = 10;
        x = y1;
    }
    int Readme() const;
    //...
};
int Ctest::Readme() const
{
    int i;
    i = x;
    x++;
    return x;
}
int main()
{
    Ctest c(2,8);
    int i = c.y2;
    c.y2 = i;
    i = c.y1;
    return 0;
}
```

4-8 分析程序回答问题。

(1) 分析程序写出运行结果,观察对象成员的构造过程。

```
#include < iostream >
using namespace std;
class A
{public:
    int a;
    A() {    cout <<"constructor A"<< endl; a = 10;    }
    ~A(){    cout <<"destructor A"<< endl;    }
    void show() {    cout << a << endl;    }
```

```
};
int main()
{   A obj;
    obj.show();
    return 0;
}
```

(2) 写出下面程序的输出结果。

```
#include <iostream>
using namespace std;
class Base
{   int n;
public:
    Base(int i)
    {   n = i;   }
    friend int Add(Base &s1, Base &s2);
};
int Add(Base &s1, Base &s2)
{   return s1.n + s2.n;   }
int main()
{   Base A(29), B(11);
    cout << Add(A,B)<< endl;
    return 0;
}
```

(3) 写出下面程序的运行结果。

```
class Sample
{
public:
    Sample ()
    {   count++;   }
    ~ Sample ()
    {   count--;   }
    int GetCount()
    {   return count;   }
private:
    static int count;
};
int Sample::count = 0;
int main()
{
    Sample obj1,obj2,obj3;
    cout << obj1.GetCount()<< endl;
    Sample *p;
    p = new Sample;
    if (!p)
    {
        cout <<"Allocation error\n";
        return 1;
    }
```

```
    cout << obj1.GetCount()<< endl;;
    delete p;
    cout << obj1.GetCount()<< endl;;
    return 0;
}
```

4-9 定义一个满足如下要求的 Date 类。

(1) 定义带参数的构造函数。

(2) 用下面的格式输出日期：日/月/年。

(3) 定义修改日期成员函数 SetDate。

(4) 定义友元函数 Equal：判断两个日期是否相等。

(5) 最后编写主函数测试。

4-10 设计一个学生类 Stu，包括学生姓名、成绩(char * name;double score)，设计一个友元函数，比较学生成绩的高低，并求出下列一组学生：{Stu(“zhang”,78), Stu(“wang”,80), Stu(“zhao”,92), Stu(“li”,65), Stu(“chen”, 50)}中的最高分和最低分。

4-11 以下是图书类 Book 的定义，但没有类的实现部分，请根据类的定义编写类的实现部分的代码，并编写相应的程序对所定义的类进行测试。

```
class Book
{
private:
    char * name;                        //书名
    char * author                       //作者
    int sale;                           //销售量
public:
    Book();                             //无参构造函数
    Book(char * a, char * b, int c);    //有参构造函数
    void Print();                       //显示数据
    ~Book();                            //析构函数
};
```

第5章 继承与派生

本章要点：

- 继承与派生的概念
- 派生类的构造函数和析构函数的执行顺序与规则
- 多继承的声明与实现
- 基类成员访问原则
- 赋值兼容性
- 虚基类的概念

计算机软件技术发展到今天，各种软件系统已经越来越复杂、软件开发也越来越困难，软件复用(software reuse)技术日益受到人们的重视，软件复用一方面能够降低软件开发的工作量和成本、提高开发效率，另一方面也能够提高软件的可靠性。

传统的非面向对象程序设计也在软件复用的问题上做了一定的努力，当用户定义的已有数据结构和功能无法满足新的需求时，通常的办法就是改写甚至重写这些已经写好的程序，C语言在这方面常用的解决方法就是代码复制或者是使用程序库，但是这样的代码重用效率很低，造成了不必要的资源浪费；另外，传统的程序设计不能很好地体现程序间层次关系的思想。

继承(inheritance)机制是面向对象技术提供的另一种解决软件复用问题的途径，即在定义一个新的类时，先把一个或多个已有类的功能全部包含进来，然后再给出新功能的定义或对已有类的某些功能重新定义。继承不需要修改已有软件代码，很好地体现了程序的相关性，又实现了程序的可扩充性，它是种基于目标代码的复用机制，本章介绍有关继承的基本内容。

5.1 继承与派生的概念

继承是面向对象程序设计中重要的特性。继承主要是指在已有类(或称为基类)的基础上创建新类的过程，这个新类就是派生类。派生类自动包含了基类的成员，包括所有的数据和操作，而且它还可以增加自身新的成员。

在C++语言中，一个派生类可以从一个基类派生，也可以从多个基类派生，从一个基类派生的称为单继承，如图5.1所示。图5.2中的树状结构图可以体现学生体系的概念。

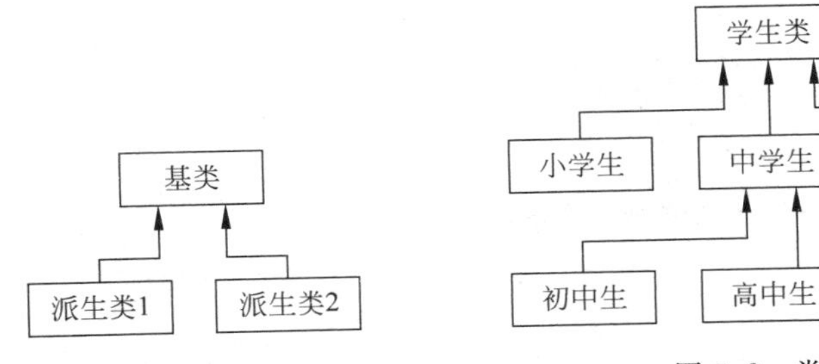

图 5.1 单继承

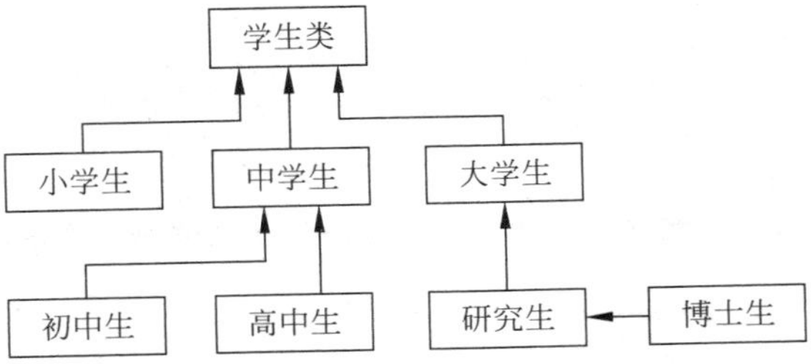

图 5.2 类的层次树状结构图

一个派生类从两个或多个基类派生则称为多继承，如图 5.3 所示，它使一个类可以融合多个类的特征，例如在现实生活中的在职研究生的概念就是一个多继承的例子，他是在职人员，又是研究生，如图 5.4 所示，从图中还可以看到一个有趣的现象，在职人员类本身是单继承的基类，教师和职员都是它的具体子类，而其又是在职研究生的多重基类，提供在职人员的基本特征。

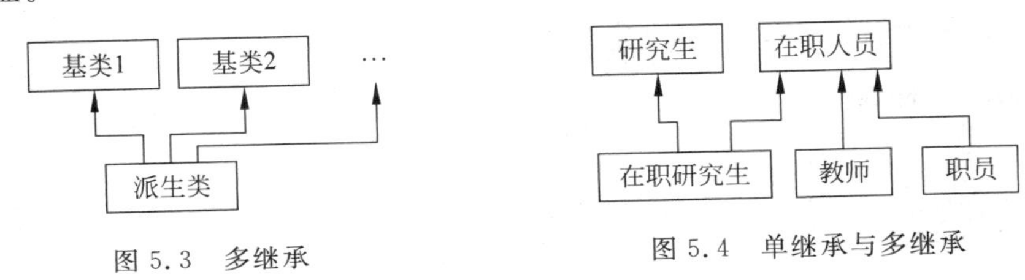

图 5.3 多继承

图 5.4 单继承与多继承

由以上可以看出，只要处理好类的层次关系，就可以生成各种有用的类，最大程度地实现软件重用。

继承机制除了支持软件复用外，还具备以下 3 个作用：

(1) 对事物进行分类。可以把基类看成子类的共性抽象，换一个角度，即基类表达了该种类型的一般概念，而子类则表达了一个特殊概念。

(2) 支持软件的增量开发。软件开发通常不是一次完成的，往往是一个逐步升级、细化、改进的过程，派生类和基类的关系恰好体现了这种改进和被改进的关系。

(3) 对概念进行组合。前面内容提过可以为类定义对象成员，这就是一种组合关系，而继承机制中，基类成为派生类的一部分，其实也是一种组合的概念，尤其在多继承关系上，多个基类共同构成同一派生类，此问题体现得更加明显。

前面已知如何定义类和如何实现类的抽象与封装，通常在不同的类中，数据成员和函数成员都是不同的，但对于某些特定的问题，有时候两个类的基本或大部分内容是相同的，在图 5.2 中给出了学生体系的概念，我们利用现有知识可以首先声明一个类来描述学生这一基本概念，代码如下：

```
class Student
{
private:
    int number;                         //学号
    string name;                        //姓名
public:
```

```
    Student()
    {
        number = 0;                     //学号初值 = 0
        name = "";                      //姓名初值为空字符串
    }
    void SetValue(int n, string s1) //修改成员变量
    {
        number = n;
        name = s1;
    }
    void Print()                        //打印输出学号、姓名
    {
        cout << "Number:" << number << endl;
        cout << "Name:" << name << endl;
    }
};
```

如果现在需要一个新类 Undergraduate 来描述大学生的概念，除上述的基本成员外，还需要用到年龄、年级等信息，可以如下定义此类：

```
class Undergraduate
{
private:
    int number;
    string name;
    int age;
    int grade;
public:
    void Print()
    {
        cout << "Number:" << number << endl;
        cout << "Name:" << name << endl;
        cout << "Age:" << age << endl;
        cout << "Grade:" << grade << endl;
    }
};
```

观察以上两个类，可以看到二者存在一定的关系，类 Undergraduate 是在 Student 类基础上扩充而来的，也可以说 Undergraduate 是 Student 的一种特例，具有 Student 的特征，并拥有自己的特殊特征。两个类的程序也存在着很大的相似性，那么利用继承机制该如何处理此问题呢？

5.2 派生类的声明

在 C++语言中，类的继承关系可以用如下语法表示：

```
class 派生类名:继承方式 基类名
{
  派生类成员声明
};
```

要求基类名必须是一个已经声明的类。其中{}内的部分用来定义派生类新增加的成员,或者是基类中原来已有但是在派生类做了一定的修改的成员。继承方式,也称访问控制方式,用来限定紧随其后的基类,包括三种方式:public、protected、private,如果没有显式使用这三个关键字之一进行声明,则系统默认为私有继承(private)。类的继承方式指定了派生类成员函数以及类的对象对于从基类继承来的成员的访问权限,或者说决定了是基类成员在派生类中访问控制方式的变化。

需要注意的是,基类的构造函数和析构函数不能被派生类继承,派生类若要初始化基类的数据成员必须在构造函数中初始化。

5.1 节介绍了 Student 和 Undergraduate 类,可以用继承机制来改写 Undergraduate 类。

【例 5.1】 用继承重新定义 Undergraduate 类。

```
/* 01_01.cpp */
#include <iostream>
#include <string>
using namespace std;
//定义基类 Student
class Student
{private:
    int number;                                 //学号
    string name;                                //姓名
public:
    Student()
    {
        number = 0; name = "";                  //学号、姓名设置初值
    }
    void SetValue(int n,string s1)              //修改成员变量
    {
        number = n;name = s1;
    }
    void Print()                                //打印输出学号、姓名
    {
        cout <<"Number:"<< number << endl;
        cout <<"Name:"<< name << endl;
    }
};
//定义派生类 Undergraduate
class Undergraduate : public Student
{
private:
    int  age;                                   //新增成员:年龄
    int  grade;                                 //新增成员:年级
public:
    Undergraduate()                             //不带参数构造函数
    {age = 0; grade = 1;
    }
    Undergraduate(int n, string s1, int a, int g)  //带参数构造函数
    {
        SetValue(n, s1);                        //调用基类成员函数修改学号、姓名
```

```
        age = a; grade = g;
    }
    void PrintExtra()                                   //打印新增的数据成员信息
    {
        cout <<"Age:"<< age << endl;
        cout <<"Grade:"<< grade << endl;
    }
};
//下面用主函数进行测试:
int main()
{
    Undergraduate st1(100,"wang",18,1);
    st1.Print();                                        //调用基类的函数
    st1.PrintExtra();                                   //调用派生类新定义的函数
    system("pause");
    return 0;
}
```

```
Number:100
Name:wang
Age:18
Grade:1
请按任意键继续. . .
```

图 5.5　例 5.1 的调试运行结果

程序的调试运行结果如图 5.5 所示。

由以上程序可以看出,扩展原有的类变得非常容易,派生类可以在自己的成员函数中访问来自基类的成员,也可以通过“派生类对象.成员”的方式来访问基类成员,这时基类成员已经变成了派生类的成员。如图 5.6 所示,派生类中成员分为两部分,一部分继承自基类,一部分是新增加的,每一部分都有数据成员和函数成员。

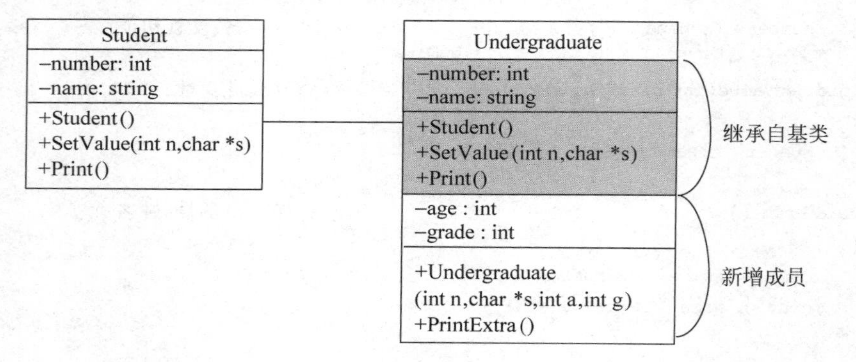

图 5.6　基类与派生类中的成员

在派生过程中,一个基类可以同时派生出多个派生类。此外,派生出来的新类也同样可以作为基类再继续派生新的类,也就是说,一个类从父类继承来的特征也可以继续向下传递,一个父类的特征可以同时被多个子类继承。这样,就形成了一个相互关联的类族体系。在这样的类族体系中,直接派生出某类的基类称为该类的直接基类,基类的基类甚至更高层的基类也称为间接基类。如图 5.2 中,大学生类是研究生类的直接基类,而学生类则是研究生类的间接基类,在例 5.1 基础上,可以继续定义研究生类:

```
class GraduateStudent : public Undergraduate          //研究生类派生自大学生类
{
protected:
```

```
    string researchField;                    //新增成员：研究领域
public:
    GraduateStudent(string sf)               //构造函数
    {
        researchField = sf;
    }
};
```

5.3 派生类的访问属性

除了基类的构造函数、析构函数和赋值运算符函数，派生类继承了基类所有的数据成员和其他成员函数，继承之后，基类成员的访问控制权限在派生类中会发生一定变化。如基类中的 private 成员在派生类中的访问权限变得更低，已经无法访问，而基类的 public 成员在派生类中不一定还是 public 权限，这些变化会直接影响到派生类对于基类成员的访问。

在不同的继承方式下，基类成员的访问权限在派生类中将会发生什么变化？先暂不考虑静态函数和友元函数这两种情况，针对普通的成员函数，主要着眼于两个方面：派生类的成员函数和派生类的对象能够访问基类中哪些权限的成员？

类的成员可以分为 public(公有)、protected (保护)和 private (私有)三种访问权限。类的非静态成员函数可以访问类中的所有成员，但是通过类的“对象. 成员”方式(在类的作用域之外)，则只能访问该类的公有成员。类的继承方式，有公有继承(public)、保护继承(protected)和私有继承(private)三种。不同的继承方式导致原有基类成员在派生类中的访问属性也有所不同。表 5.1 中列出三种继承方式下，派生类对于基类成员的访问控制规则。

表 5.1　不同继承方式下的访问控制权限

基类成员的权限	继承方式		
	public	**protected**	**private**
public	在派生类中为 public	在派生类中为 protected	在派生类中为 private
	派生类的成员函数和类的作用域之外，都可以直接访问	派生类的成员函数可以直接访问	派生类的成员函数可以直接访问
protected	在派生类中为 protected	在派生类中为 protected	在派生类中为 private
	派生类的成员函数可以直接访问	派生类的成员函数可以直接访问	派生类的成员函数可以直接访问
private	在派生类中被隐藏，无法访问	在派生类中被隐藏，无法访问	在派生类中被隐藏，无法访问
	任何方式都不能直接访问，但可以通过基类的 public、protected 成员函数间接访问	任何方式都不能直接访问，但可以通过基类的 public、protected 成员函数间接访问	任何方式都不能直接访问，但可以通过基类的 public、protected 成员函数间接访问

从表 5.1 中可以看出三种不同继承方式下的访问控制权限：

(1) public 继承时，基类成员的访问控制权限除私有成员外，在派生类中保持不变。

派生类的成员函数可以直接访问基类中的 public、protected 成员，以及本类所有权限的成员，基类的 private 私有成员虽然已经继承到派生类里，但是却无法实现直接访问，可以通过基类的 public、protected 成员函数访问。

在类的作用域之外的派生类对象只能访问基类的 public 成员和本类的 public 成员。

(2) protected 继承时，基类成员的 public 访问权限在派生类中变为 protected。

派生类的成员函数可以直接访问基类中的 public、protected 成员，以及本类所有权限的成员，不能访问的是基类的 private 成员，可以通过基类的 public、protected 成员函数访问。

在类的作用域之外的派生类对象不能访问基类所有权限的成员，但可以访问本类的 public 成员。

(3) private 继承时，基类成员的 public 和 protected 访问权限在派生类中变为 private。

派生类的成员函数可以直接访问基类中的 public、protected 成员，以及本类所有权限的成员，不能访问的是基类的 private 成员，但可以通过 public、protected 成员函数访问。

在类的作用域之外的派生类对象不能访问基类所有权限的成员，但可以访问本类的 public 成员。

另外要注意的一点是，如果继承时不写继承方式，则默认为私有继承，例如：

```
class Derived: Base
{   …   };
```

则该继承等价于：

```
class Derived: private Base
{   …   };
```

总结这三种继承方式的访问控制权限，可以发现：

(1) 基类的 private 成员在基类中任何方式都不能直接访问，只能通过基类的成员函数。

(2) 在 private、protected 继承方式下，基类成员的权限都发生较大的变化，只有在特殊要求的情况下才会使用，如希望在派生类的对象在类的作用域之外无法访问基类的 public 成员，就可以采用 protected 方式，再或者为了防止派生类还能被继续派生，就可以利用 private 方式把基类的访问权限都变为 private，这样如果本派生类被非法取得并被继续派生，则原基类的成员在新派生类中就全部都无法访问了，这在一定程度上对原基类的使用许可起到了保护的作用。

对于静态成员来说，与普通成员函数组合，将产生以下两种情况：

(1) 派生类中静态函数对基类中静态成员的访问；

(2) 派生类的普通成员函数要访问基类中的静态成员。

静态成员的访问控制变化完全遵循表 5.1 的规则，这两种情况和派生类中普通成员函数访问基类中普通成员没有区别。

为了说明访问控制的变化情况，以公有继承 public 为例，基类的 public、protected 成员在派生类中保持访问控制权限不变，而基类的 private 成员不可直接访问。在类的作用域之外的派生类对象，则只能访问从基类继承得到的 public 成员，以及派生类自己的 public 成员。

【例 5.2】 公有继承时的访问控制权限。

```
/* 05_02.cpp */
#include<iostream>
using namespace std;
class Base                                //定义基类 Base
{private:
    int a;                                //基类私有成员变量 a
    void Fun1()                           //基类私有成员函数 Fun1()
    {  cout << a << endl;  }
protected:
    int b;                                //基类保护成员变量 b
    void Fun2()                           //基类保护成员函数 Fun2()
    {  cout << c << endl;  }
public:
    int c;                                //基类公有成员变量 a
    void Fun3()                           //基类公有成员函数 Fun3()
    {  cout << b << endl;  }
    void Seta(int i)                      //共有成员函数 Seta(),可以修改私有成员 a 的值
    {  a = i;  }
    int  Geta()                           //公有成员函数 Geta(),返回私有成员 a 的值
    {  return a; }
    Base(int i, int j, int k)             //基类的构造函数
    {  a = i; b = j; c = k;  }
};
class Sub : public Base                   //定义派生类
{private:
    int d;                                //派生类的私有成员 d
public:
    Sub(int i, int j, int k, int m) :Base(i,j,k)  //派生类构造函数,调用基类构造函数
    {  d = m;  }
    void Test()
    {   //cout << a << endl;              //错误,无法访问基类的私有成员
        cout << b << endl;                //正确,可以访问基类的保护成员
        cout << c << endl;                //正确,可以访问基类的公有成员
        //Fun1();                         //错误,无法访问基类的私有成员
        Fun2();                           //正确,可以访问基类的保护成员
        Fun3();                           //正确,可以访问基类的公有成员
        Seta(10);                         //正确,间接访问基类成员 a
        cout << d << endl;                //正确,可以访问派生类的私有成员
    }
};
int main()
{
    Base b1(5,6,7);                       //定义基类对象 b1
    //cout << b1.a;                       //错误,无法访问对象的私有成员
    //cout << b1.b;                       //错误,无法访问对象的保护成员
```

```
    cout << b1.c << endl;                //正确,可以访问对象的公有成员 c
    cout << b1.Geta()<< endl;            //正确,间接访问对象的私有成员 a
    Sub s1(11,15,19,22);                 //定义派生类对象 s1
    s1.Test();                           //正确,可以访问对象的公有成员
    s1.c = 200;                          //正确,可以访问对象的公有成员
    s1.Fun3();                           //正确,可以访问对象的公有成员
    system("pause");
    return 0;
}
```

程序的调试运行结果如图 5.7 所示。

图 5.7 例 5.2 的调试运行结果

在上述程序中一些语句已经用“//”注释了，这些语句不符合访问控制，如果去掉“//”在编译时就会出错。在派生类的公有成员函数 Test()中，可以访问本类所有的成员，以及基类中除了 private 权限的成员。因此对于基类数据成员 a 和成员函数 f 的访问是不允许的，但是对于基类中 public、protected 权限成员 c、b、Fun2 ()和 Fun3 ()的访问能够正常进行，另外，对于基类中的私有成员，可以通过基类中 public 或 protected 函数来实现访问，如 Base 类中定义的 Geta()和 Seta()就实现了对私有变量 a 的间接访问。在主函数 main()还实现了“对象.成员”方式的访问，派生类对象利用这种方式就实现了对基类公有成员的访问。

对于保护继承和私有继承这两种方式，本书就不再进行举例说明了，感兴趣的读者可以修改例 5.2 的程序，进行实验，以加深对于三种继承方式的理解。

5.4 派生类的构造函数和析构函数

由前面的内容我们知道，用户在声明类时如果不定义构造函数，系统会自动提供一个默认的构造函数，在定义类对象时会自动调用这个默认的构造函数。这个构造函数实际上是一个空函数，没有形参，也不会执行任何操作。需要自己定义构造函数才能实现对数据成员的初始化。

在继承机制中，基类的构造函数和析构函数是不能继承的，也就是说，基类的构造函数不能作为派生类的构造函数，派生类的构造函数负责对来自基类数据成员和新增加的数据成员进行初始化，所以在执行派生类的构造函数时，需要调用基类的构造函数。

5.4.1 派生类构造函数和析构函数的执行顺序

通过继承，派生类得到了基类的成员，因此派生类对象中既包括自身类的数据成员还包括通过继承从基类中得到的数据成员。在派生类中还可用其他类来定义对象作为成员，又涉及派生类中对象成员的构造问题，则当用派生类定义对象后，派生类对象、对象成员、基类对象的构造函数的调用顺序如下：

(1) 基类的构造函数；

(2) 对象成员的构造函数(如果有的话)有多个时按声明的顺序；

(3) 派生类的构造函数。

【例 5.3】 派生类构造示例。

```
#include<iostream>
using namespace std;
class B                                //基类 B
{
public:
    B(){  cout <<"Construct B"<< endl;  } //基类 B 的构造函数
};
class C                                //C 类
{
public:
    C(){  cout <<"Construct C"<< endl;  } //C 类的构造函数
};
class D : public B                     //派生类 D
{
private:
    C c1;                              //对象成员 c1
public:
    D(){  cout <<"Construct D"<< endl;  } //派生类构造函数
};
int main()
{
    D d1;                              //定义派生类对象 d1
    system("pause");
    return 0;
}
```

程序的调试运行结果如图 5.8 所示。

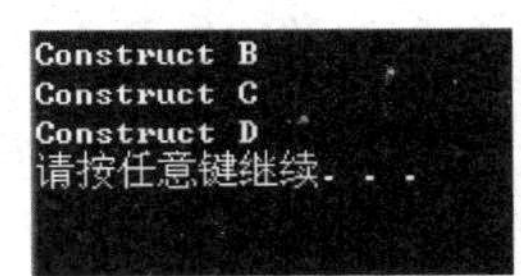

图 5.8 例 5.3 的调试运行结果

析构函数与构造函数执行的顺序相反，将按如下顺序执行：

(1) 派生类的构造函数；

(2) 对象成员的构造函数(如果有的话)有多个时与声明的顺序相反；

(3) 基类对象的析构函数。

对例 5.3 中的程序进行改造，为每一个类添加析构函数，然后再进行测试。

```
class B
{
public:
    B(){  cout << "Construct B" << endl;  }     //基类 B 构造函数
    ~B(){  cout << "Destruct B" << endl;  }     //基类 B 析构函数
};
class C
{
public:
    C(){  cout << "Construct C" << endl;  }     //C 类构造函数
    ~C(){  cout << "Destruct C" << endl;  }     //C 类析构函数
};
```

```
class D : public B                              //派生类 D
{
private:
    C c1;                                       //对象成员 c1
public:
    D(){  cout << "Construct D" << endl;  }     //派生类构造函数
    ~D(){  cout << "Destruct D" << endl;  }     //派生类析构函数
};

int main()
{
    D d1;                                       //定义派生类对象 d1
    return 0;
}
```

程序的运行结果如图 5.9 所示,注意:在 VS 2015 中,此处用到非调试运行。

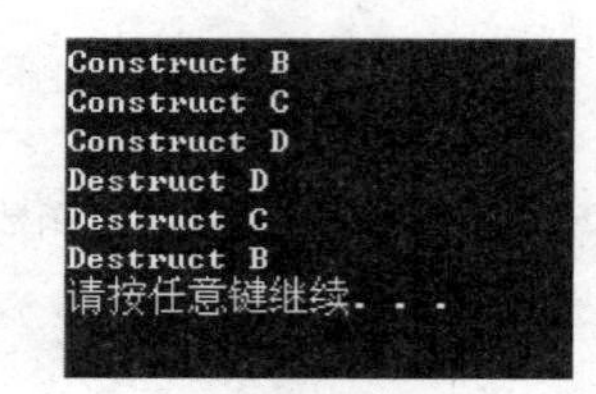

图 5.9　例 5.3 的调试运行结果

5.4.2　派生类构造函数和析构函数的构造规则

在 C++语言中,类的机制非常清楚、严格地划分了各自的权限和责任。是哪个类的操作,必须由哪个类调用;是谁的对象,就必须由该类的构造函数来完成对其构造的工作。因此,对派生类中基类成员的构造,必须由基类构造函数完成,而不能由派生类的构造函数越权去构造。派生类构造函数主要负责调用基类构造函数并提供基类构造函数所需的参数。

下面分两种情况讨论派生类对象的构造:

(1) 如基类中定义了默认构造函数,且该默认构造函数能够完成派生类对象中基类成员的构造,则派生类构造函数无须显式调用基类构造函数,直接调用基类的默认构造函数即可,这是一种较为简单的情况,例 5.3 中的继承就属于此类情况,下面的例 5.4 也可以说明这一点。

【例 5.4】 分析下面程序的输出结果。

```
/* 05_04.cpp */
#include <iostream>
using namespace std;
class Base                                      //基类
{
public:
    Base(){ a = 0; }                            //不带参数的缺省构造函数
    Base(int i){ a = i; }                       //带参数的构造函数
protected:
```

```
    int a;
};
class Derived : public Base                      //派生类
{
public:
    Derived(){ b = 0; }                          //派生类的不带参数缺省构造函数
    Derived(int i) { b = i; }                    //派生类的带参数构造函数
    void Print()                                 //打印数据
    {   cout <<"a = "<< a <<",b = "<< b << endl;   }
private:
    int b;
};
int main()
{
    Derived d1;                                  //定义派生类对象 d1,调用不带参数构造函数
    Derived d2(12);                              //定义派生类对象 d2,调用带参数构造函数
    d1.Print();
    d2.Print();
    system("pause");
    return 0;
}
```

程序的调试运行结果如图 5.10 所示。

```
a=0,b=0
a=0,b=12
请按任意键继续. . .
```

图 5.10 例 5.4 的调试运行结果

说明:在程序中派生类 Derived 内定义了两个构造函数,都没有显式地调用基类的构造函数,其实它们都隐式地调用了基类 Base 中的不带参数的缺省构造函数,由于不需要任何参数,所以在派生类的构造函数省略了对它的调用语句。

注意:如果基类中没有重新定义任何构造函数,本程序也是完全合法的,构造基类对象会使用系统提供的默认构造函数。但是如果基类中,没有重新定义缺省的构造函数,却定义了其他带参数的构造函数,本程序在编译时就会发生错误,原因就是派生类构造函数中隐式地调用基类的缺省构造函数,但是后者并不存在,因此产生编译错误。

(2) 若基类中定义了有参数的构造函数,或者所定义的默认构造函数不能完成基类成员的构造,则必须通过派生类构造函数显式地调用基类的构造函数,向带参数的构造函数传递参数,这需要用到“成员初始化列表”的语法。

另外,对于派生类中普通数据成员的初始化,以及对象成员的构造,也可以放在成员初始化列表中完成。此时,这些以逗号隔开的各种初始化项的顺序可以是任意的。

因此派生类构造函数定义的一般格式如下:

```
派生类名(参数列表):基类构造函数(参数列表 1),子对象成员(参数列表)…
{
    派生类构造函数体
}
```

【例 5.5】 派生类构造函数示例。

```
/* 05_05.cpp */
#include <iostream>
```

```
#include <cstring>
using namespace std;
class Date                                    //日期类
{
private:
    int year,month,day;                       //年、月、日成员变量
public:
    Date(int y = 2009,int m = 6,int d = 10)   //构造函数
    {
        year = y;month = m;day = d;
    }
    void Print()                              //输出数据,格式为: 年 - 月 - 日
    {
        cout << year <<" - "<< month <<" - "<< day << endl;
    }
};
class Student                                 //定义学生基类
{
protected:
    int number;                               //数据成员
    string name;
    char sex;
public:
    Student()                                 //重定义的默认构造函数
    {
        number = 0;
        name = "No name";                     //默认名字
        sex = 'M';                            //默认性别,男性 (Male)
    }
    Student(int n, string s, char x)          //带参数的构造函数
    {
        number = n;
        name = s;
        sex = x;
    }
};
//大学生派生类
class Undergraduate : public Student
{
public:
    Undergraduate(int n, string s, char x, int a, int y, int m, int d) :
        Student(n, s, x), birth(y, m, d)      //调用基类构造函数和对象成员的构造函数
    {
        age = a;
    }
    Undergraduate()                           //此处省略了 Student()调用
    {
        age = 0;
    }
    void Print()                              //输出信息
    {
```

```
            cout <<"number:"<< number << endl;
            cout <<"name:"<< name << endl;
            cout <<"sex:"<< sex << endl;
            cout <<"age:"<< age << endl;
            cout <<"birthday:";
            birth.Print();
        }
    private:
        int age;
        Date birth;                               //对象成员
    };
    //主函数
    int main()
    {
        Undergraduate st1;                        //用派生的默认构造函数定义对象
        Undergraduate st2(1001,"Zhang",'F',20,2009,6,11);  //带参数构造
        st1.Print();
        st2.Print();
        system("pause");
        return 0;
    }
```

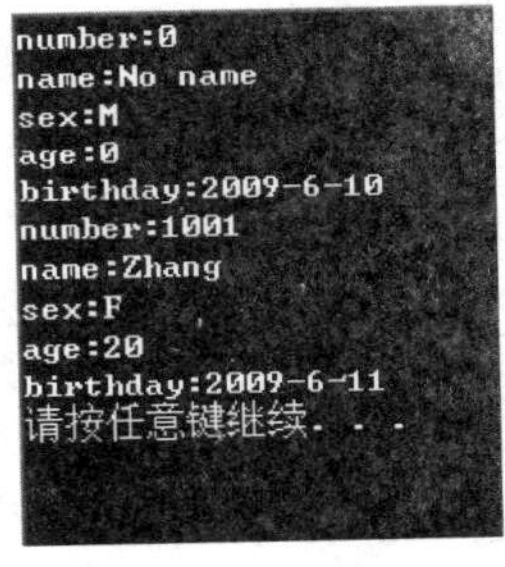

图 5.11　例 5.5 的调试运行结果

程序的调试运行结果如图 5.11 所示。

说明：在以上程序中，定义了 3 个类，Undergraduate 和 Student 类构成继承关系，在 Undergraduate 类中定义了带参数的构造函数和默认构造函数，并且还定义了一个日期类 Date 的对象成员，Undergraduate 类带参数的构造函数中，利用参数初始化表实现了基类对象的构造和对象成员的构造。

5.4.3　C++ 11 继承构造函数

1. C++ 11 继承构造函数

在 C++ 11 标准中，派生类能够重用其直接基类定义的构造函数。构造函数并非以常规的方式继承而来，一个类只初始化它的直接基类，出于同样的原因，一个类也只继承其直接类的构造函数。类不能继承默认、拷贝和移动构造函数。如果派生类没有直接定义这些构造函数，则编译器将为派生类生成它们。

派生类 Derived 继承基类 Base 构造函数的方式是提供一条注明了(直接)基类的 using 声明语句：

```
calss Derived: public Base
{
  public:
    using Derived::Base;                          //继承 Base 的构造函数
    …
};
```

通常情况下，using 声明语句只是令某个名字在当前作用域内可见。而当作用于构造

函数时，using声明语句将令编译器产生代码。对于基类的每个构造函数，编译器都生成一个与之对应的派生类构造函数。即对于基类的每个构造函数，编译器都在派生类中生成一个形参列表完全相同的构造函数。

编译器生成的构造函数形如：

```
Derived(parms): Base(args)
{ }
```

其中，Derived是派生类的名字，Base是基类的名字，parms是构造函数的形参列表，args将派生类构造函数的形参传递给基类的构造函数。如果派生类含有自己的数据成员，则这些成员将被默认初始化。

2. 继承的构造函数的特点

(1) 继承的构造函数不会改变访问属性。不管using声明出现在哪儿，基类的私有构造函数在派生类中还是一个私有构造函数，受保护的构造函数和公有构造函数也是同样的规则。

(2) 当一个基类构造函数含有默认实参时，这些实参并不会被继承。相反，派生类将获得多个继承的构造函数，其中每个构造函数分别省略一个含有默认实参的形参。例如，如果基类有一个接收两个形参的构造函数，其中第二个形参含有默认实参，则派生类将获得两个构造函数：一个构造函数接收两个形参(没有默认实参)，另一个构造函数只接收一个形参，它对应于基类中最左侧的没有默认值的那个实参。

(3) 如果基类含有几个构造函数，则除了两个例外情况，大多数时候派生类会继承所有这些构造函数。

第一个例外是派生类可以继承一部分构造函数，而为其他构造函数定义自己的版本。如果派生类定义的构造函数与基类的构造函数具有相同的参数列表，则该构造函数将不会被继承。定义在派生类中的构造函数将替换继承而来的构造函数。

第二个例外是默认、拷贝和移动构造函数不会被继承。这些构造函数按照正常规则被合成。继承的构造函数不会作为用户定义的构造函数来使用，因此，如果一个类只含有继承的构造函数，则它也将拥有一个合成的默认构造函数。

有关C++ 11构造函数新增特性的内容，请参阅C++ 11标准。

5.5 多继承

5.5.1 多继承的声明

前面讲述了单继承中派生类和基类之间的关系。这一节讨论多继承问题。多继承可以看作是单继承的扩展，所谓多继承是指派生类具有多个基类。派生类与每个基类之间的关系仍可看作是一个单继承，而多继承本质是实现多个概念的合并。

多继承下派生类的声明格式如下：

```
class 派生类名:继承方式1 基类名1,继承方式2 基类名2,…
```

```
{
    派生类类体;
};
```

其中，继承方式1、继承方式2、……是三种继承方式public、private和protected之一。以下为最基本的定义形式：

```
class B1
{
    …
};
class B2
{
    …
};
class D:public B1,public B2
{
    …
};
```

派生类D具有两个基类(类B1和类B2)，因此，类D是多继承的。按照继承的规定，派生类D的成员包含了基类B1中成员和基类B2中成员以及该类本身的成员，参见图5.12所示的UML图。

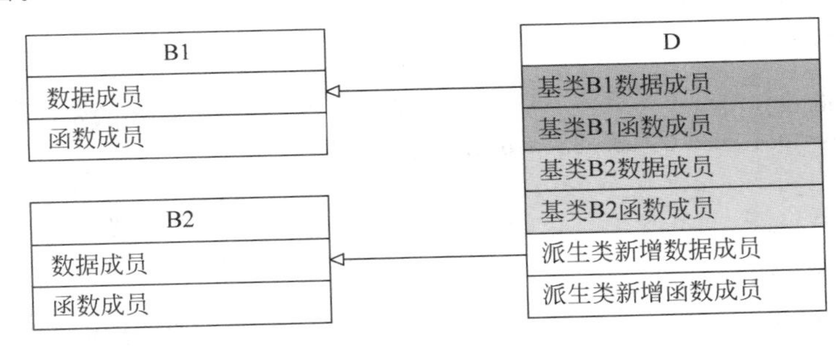

图5.12 多继承类D中的成员

5.5.2 多继承的构造函数与析构函数

在多继承的情况下，派生类的构造函数格式如下：

```
派生类名(参数列表):基类名1(参数表1),基类名2(参数表2)…,子对象名(参数表n)…
{
    派生类构造函数体;
}
```

其中，构造函数的参数列表中各个参数包含了其后的各个分参数表中所需的参数。

多继承下派生类的构造函数与单继承下派生类构造函数相似，它必须同时负责该派生类所有基类构造函数的调用，同时，派生类的参数个数必须包含完成所有基类初始化所需的参数个数。

派生类构造函数执行顺序是先执行所有基类的构造函数，再执行派生类本身的构造函数。处于同一层次的各基类构造函数的执行顺序取决于声明派生类时所指定的各基类顺序,与派生类构造函数中所定义的成员初始化列表的各项顺序无关。相对应的是,析构函数的调用顺序与构造函数完全相反。

以图 5.4 中的在职研究生为例,说明多继承中派生类构造函数的构成及其执行顺序。

【例 5.6】 多继承示例。

```
/* 05_06.cpp */
#include <iostream>
#include <cstring>
using namespace std;
//定义研究生基类
class GStudent
{
protected:
    int number;                                 //学号
    char name[20];                              //名字
    char sex;                                   //性别,男性: M,女性: F
public:
    GStudent (int n,char * s,char x)            //带参数的构造函数
    {
        number = n;
        strcpy(name,s);                         //此函数可以用 strcpy_s()替换
        sex = x;
        cout <<"Construct GStudent. "<< endl;
    }
    ~ GStudent()                                //析构函数
    {  cout <<"Destruct GStudent. "<< endl;  }
};
class Employee                                  //职员类
{
protected:
    char ename[20];                             //职员名字
    char jobname[20];                           //工作名
public:
    Employee(char * sn,char * sj)               //构造函数
    {
        strcpy(ename,sn);                       //此函数可以用 strcpy_s()替换
        strcpy(jobname,sj);                     //此函数可以用 strcpy_s()替换
        cout <<"Construct Employee. "<< endl;
    }
    ~ Employee ()                               //析构函数
    {  cout <<"Destruct Employee. "<< endl;  }
};
//在职研究生类,从两个基类派生
class GStudentHasJob: public GStudent,public Employee
{
public:
    GStudentHasJob (int n,char * s,char x,char * sj):
                GStudent (n,s,x),Employee(s,sj)          //调用两个基类构造函数
    {  cout <<"Construct GStudentHasJob. "<< endl;  }
```

```
    ~GStudentHasJob ()                                    //析构函数
    {   cout <<"Destruct GStudentHasJob."<< endl;   }
    void Print()                                          //输出信息
    {
        cout <<"number:"<< number << endl;
        cout <<"name:"<< name << endl;
        cout <<"sex:"<< sex << endl;
        cout <<"job:"<< jobname << endl;
    }
};
//主函数
int main()
{   //定义一个在职研究生对象,并对其初始化
    GStudentHasJob st(1001,"zhang",'F',"teacher");
    st.Print();
    return 0;
}
```

```
Construct GStudent.
Construct Employee.
Construct GStudentHasJob.
number:1001
name:Zhang
sex:F
job:teacher
Destruct GStudentHasJob.
Destruct Employee.
Destruct GStudent.
请按任意键继续. . .
```

图 5.13 例 5.6 的调试运行结果

程序的运行结果如图 5.13 所示，在 VS 2015 中，此处用到非调试运行。

说明：在派生类 GStudentHasJob 的构造函数中调用了两个基类 GStudent 和 Employee 的构造函数，并且把派生类构造函数的形参传递给这两个基类构造函数，两个基类的构造函数执行顺序是先构造 GStudent 基类对象，再构造 Employee 基类对象，其执行顺序与定义派生关系时声明基类的顺序相同。如果在某一个基类中定义了不带参数的默认构造函数，则在派生类的构造函数的成员初始化表中可以省略对该基类构造函数的显式调用，从而实现对该默认构造函数的隐式调用。

由以上程序的运行结果可以看出，各析构函数执行顺序与构造函数相反，先执行派生类的析构函数，然后按照定义派生关系时声明基类的相反顺序执行各基类的析构函数。

在 C++ 11 新增构造函数的特性中，允许派生类从它的一个或几个基类中继承构造函数。同样也需要使用 using 语句声明，但是如果从多个基类中继承了相同的构造函数(即形参列表完全相同)则程序将产生错误，这个派生类必须为该构造函数定义它自己的版本。有关详细说明请参考 C++ 11 标准。

5.6 基类成员访问和赋值兼容性

5.6.1 基类成员名的限定访问和名字覆盖

若多个基类中定义有同名成员，则派生类对这些同名成员的访问可能存在冲突。为避免可能出现的成员访问冲突，需要用成员名限定的方法显式地指定要访问的成员。

【例 5.7】 成员访问冲突。

```
/* 05_07.cpp */
```

```
#include <iostream>
using namespace std;
class MP3Player                          //MP3播放器类
{
public:
    void Play()                          //播放音乐操作
    {   cout <<"Play mp3 music."<< endl;   }
};
class VideoPlayer                        //视频播放器类
{
public:
    void Play()                          //播放视频操作
    {   cout <<"Play video."<< endl;   }
};
//新型的MP4播放器类
class MP4Player: public MP3Player,public VideoPlayer
{
public:
    /* ………… */
};
int main()
{
    MP4Player mp4;
    //mp4.Play();                        //去掉注释,本行将产生Play()函数访问不明确的错误
    mp4.MP3Player::Play();
    mp4.VideoPlayer::Play();
    system("pause");
    return 0;
}
```

```
Play mp3 music.
Play video.
请按任意键继续. . .
```

图5.14 例5.7的调试运行结果

程序的调试运行结果如图5.14所示。

在例5.7程序中,MP3Player和VideoPlayer类中都有一个成员函数Play(),这样在派生类MP4Player中就会同时拥有两个名为Play的成员函数。在main()函数中,如果把注释行的“//”去掉,访问MP4Player类的成员函数Play()时,会因为对该成员函数访问的不明确而出现二义性错误。为解决上述成员访问冲突问题,在main()函数中,采用了成员名限定的方法对具体基类的同名成员进行访问,格式如下:

基类名::成员名

即在成员名Play()前显式指定该成员所属基类,这样就有效避免了对该成员访问的二义性错误,同样对于基类的数据成员,该原则同样适用。

对于多继承,如果在不同的基类中定义了同名的成员,在派生类中要区分成员的来源,就必须使用成员名限定方法,即在成员名前加上各自基类的访问域限制即可。

【例5.8】 多继承中成员限定法。

```
/* 05_08.cpp */
#include <iostream>
using namespace std;
```

```
class B1                                    //基类 B1
{
public:
    int m;                                  //成员变量 m
    B1()                                    //构造函数
    {  m = 0;  }
};
class B2                                    //基类 B2
{
public:
    int m;                                  //成员变量 m
    B2()                                    //构造函数
    {  m = 100;  }
};
class D:public B1,public B2                 //派生类 D
{
public:
    void Test()
    {
        //cout << m << endl;                //此语句将引起二义性错误
        cout <<"B1::m = "<< B1::m << endl;  //输出基类 B1 中的成员 m 的值
        cout <<"B2::m = "<< B2::m << endl;  //输出基类 B2 中的成员 m 的值
    }
};
int main()                                  //主函数
{
    D d1;                                   //派生类对象
    d1.Test();
    system("pause");
    return 0;
}
```

程序的调试运行结果如图 5.15 所示。

```
B1::m=0
B2::m=100
请按任意键继续. . .
```

图 5.15 例 5.8 的调试运行结果

说明：程序中分别定义了两个基类 B1、B2，在两个类中都定义了数据成员 m，在派生类 D 中如果直接引用成员 m，就会引发二义性错误，编译器无法确定是对哪个基类中的 m 进行访问，因此必须显式地给出基类的访问域限制，如 B1::m，B2::m。

5.6.2 名字覆盖

当派生类中定义了与基类中同名的成员时，则从基类中继承得到的成员被派生类的同名成员覆盖，派生类对基类成员的直接访问将被派生类中该成员取代，为访问基类成员，必须采用成员名限定方法。

【例 5.9】 成员访问冲突。

```
/* 05_09.cpp */
#include <iostream>
using namespace std;
class Circle                                //定义圆类
```

```
{
protected:
    float radius;                                   //半径
public:
    Circle (float r)                                //构造函数
    {   radius = r;   }
    float Area()                                    //求圆面积
    {  return 3.14f * radius * radius;   }
};
class Cylinder: public Circle                       //圆柱体派生类
{
private:
    float height;                                   //高度
public:
    Cylinder (float r,float h) :Circle(r)           //构造函数
    {   height = h;   }
    float Area()                                    //求圆柱体面积,覆盖了基类的 Area()函数
    {   float botarea = 0,sidearea = 0;
        botarea = Circle::Area() * 2;               //底面积 * 2
        sidearea = 2 * 3.14f * radius * height;     //侧面积
        return botarea + sidearea;
    }
    float Volume()                                  //圆柱体积
    {   return Circle::Area() * height;   }         //基类求面积乘高度
};
int main()
{
    Cylinder cy1(10,5);                             //定义圆柱体对象
    cout <<"BottomArea = "<< cy1.Circle::Area()<< endl;  //访问基类成员
    cout <<"Area = "<< cy1.Area()<< endl;           //访问派生类成员
    cout <<"Volume = "<< cy1.Volume()<< endl;
    system("pause");
    return 0;
}
```

程序的调试运行结果如图 5.16 所示。

从上述程序可以看出,用派生类对象访问与基类中同名的成员时,会调用本类中的成员,而不会访问基类成员。为访问基类的同名成员,需要以成员名限定的方法来指明,如在 Cylinder 类中的求面积和体积函数就用到了基类的 Circle::Area()函数。

另外,要注意的一点是,在派生类中如果定义了与基类中同名的函数,则基类中所有的同名的重载函数都将被覆盖,即在派生类中或通过派生类对象都无法直接访问基类的任何一个同名函数,如图 5.17 中定义了一个基类和派生类。

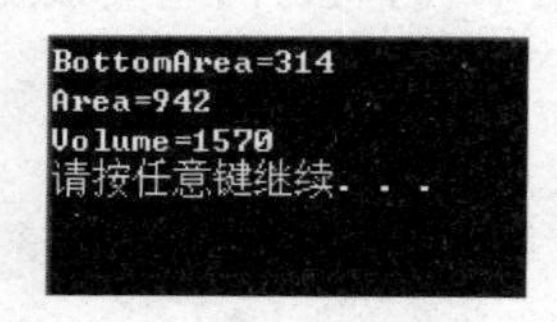

图 5.16 例 5.9 的调试运行结果

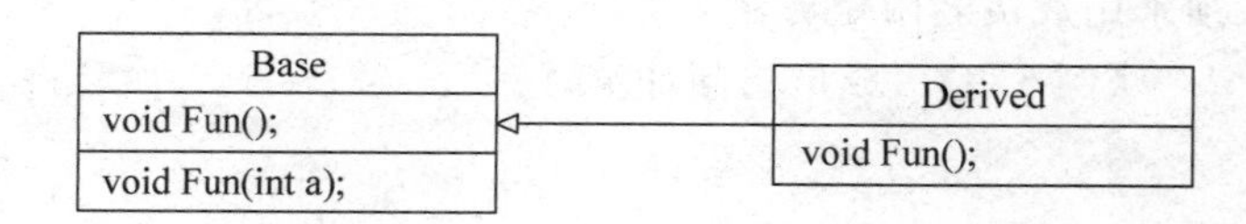

图 5.17 派生类对基类的名字覆盖

有如下程序段落：

```
Derived D1;            //定义派生类对象
D1.Fun();              //调用派生类中的 Fun()函数
D1.Fun(5);             //该语句错误,基类中的函数名被覆盖,无法直接调用
D1.Base::Fun();        //调用派生类中的 void Fun()函数
D1.Base::Fun(5);       //调用派生类中的 void Fun(int a)函数
```

5.6.3　赋值兼容规则

在派生类中包含了基类的全部成员,因此可以认为派生类对象在一定程度上就是基类对象,可以使用基类的任何地方也可以使用派生类,而实现了兼容的效果。为实现这种兼容性,应该允许把派生类对象形态对应赋值给基类对应的对象形态,此处对象形态包括普通对象、对象指针和对象引用。例如,可以把派生类对象赋值给基类对象。

由于在继承之后,派生类对象中包含有比基类更多的成员,因此可以把派生类对象看作基类对象。反之则不允许,这是因为基类对象中不包含派生类新增加的成员。

因此,在派生类对象和基类对象之间赋值时需要注意赋值的方向,即这些赋值操作需要满足赋值兼容规则。赋值兼容规则包括：

(1) 基类对象可以赋值给基类对象,也可以把派生类对象赋值给基类对象。

(2) 基类指针可以指向基类对象,也可以指向派生类对象。

(3) 基类引用可以指向基类对象,也可以指向派生类对象。

例如,有基类 Base 和其派生类 Derived,可以定义相应的对象、指针：

```
Base b1;
Base *pb;
Derived d1;
```

根据赋值兼容规则,在基类 Base 对象可以出现的任何地方都可以用派生类 Derived 对象来替代。

(1) 派生类对象可以赋值给基类对象,即派生类对象中来自基类成员,逐个赋值给基类对象的成员：

```
b1 = d1;
```

(2) 派生类的对象也可以初始化基类对象的引用：

```
Base &rb = d1;
```

(3) 基类的指针赋值为派生类对象的地址：

```
pb = &d1;
```

由于赋值兼容规则的引入,对于基类及其公有派生类的对象可以使用相同的函数统一进行处理(如当函数形参为基类对象形态时,实参可以是派生类对应的对象形态)而没有必要为每一个类设计单独的模块,大大提高了程序的效率。为 C++的运行时多态性打下了重要基础,相关内容将在第 6 章中详细介绍。

【例 5.10】 赋值兼容示例。

```
/* 05_10.cpp */
#include< iostream >
using namespace std;
class Base                                   //基类 Base
{
protected:
    int member;
public:
    Base()
    {  member = 0;  }
    void Show()                              //公有成员函数
    {   cout <<"Base::Show() :"<< member << endl;   }
};
class Derived1:public Base                   //第 1 个派生类 Derived1
{
public:
    Derived1(int a)
    { member = a;  }
    void Show()                              //重写公有成员函数 Show
    {   cout <<"Derived1::Show() :"<< member << endl;   }
};
class Derived2:public Derived1               //第 2 个派生类 Derived2
{
public:
    Derived2(int a): Derived1(a)
    { }
    void Show()                              //重写公有成员函数 Show
    {   cout <<"Derived2::Show() :"<< member << endl;   }
};
void Test(Base * pb)                         //测试函数,用基类指针作参数
{  pb -> Show();   }
void Test(Base &br)                          //重载测试函数,用基类引用作参数
{  br.Show();  }
int main()                                   //主函数
{
    Base b0;                                 //基类 Base 对象
    Derived1 d1(5);                          //派生类 Derived1 的对象
    Derived2 d2(10);                         //派生类 Derived2 的对象
    Base * pb0;                              //基类指针 pb0
    pb0 = &b0;                               //基类指针 pb0 指向基类对象 b0
    Test(pb0);
    b0 = d1;                                 //基类对象赋值为子类对象
    Test(pb0);                               //测试输出
    pb0 = &d1;                               //基类指针 pb0 指向其第一派生类 Derived1 的对象 d1
    Test(pb0);
    Test(d2);                                //第 2 派生类 Derived2 的对象 d2 的引用作参数传给 Test 函数
    system("pause");
    return 0;
}
```

程序的调试运行结果如图5.18所示。

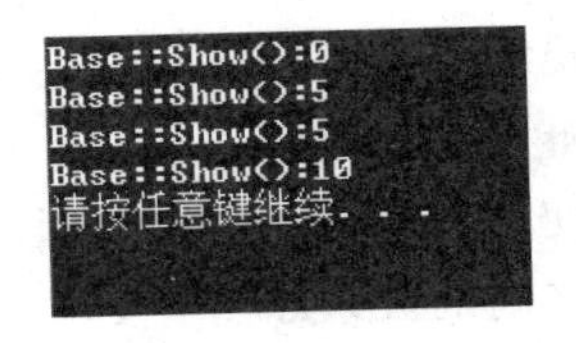

图5.18 例5.10的调试运行结果

说明：在程序中分别测试了用基类指针指向基类对象、把基类对象赋值为派生类对象、基类指针指向派生类对象、把派生类对象赋值初始化为基类引用4种情况，验证了继承机制中的赋值兼容性。

从上述结果也应该看到，由于指针pb0是基类对象指针，在用该指针指向派生类对象时，只能访问到这些派生类对象中包含的基类成员函数Show()，而不是派生类中重写的Show()函数，因此输出结果都是相同的。如何通过基类指针访问派生类成员，就是第6章要讨论的内容。

5.7 虚基类

5.7.1 提出问题

在多继承关系中，如果某个派生类D的多个基类(如类B1和B2)派生自另一个公共基类B0，则在派生类对象中，会通过不同的继承路径多次得到基类B0的成员。通过派生类D的对象访问这些成员时，会出现对这些成员的访问冲突，即二义性问题。为解决冲突问题可以使用成员名限定的方法来唯一标识某个成员所属的基类，但是这不能从根本上解决问题，即派生类对象中存在基类成员的多个副本，如图5.19所示。

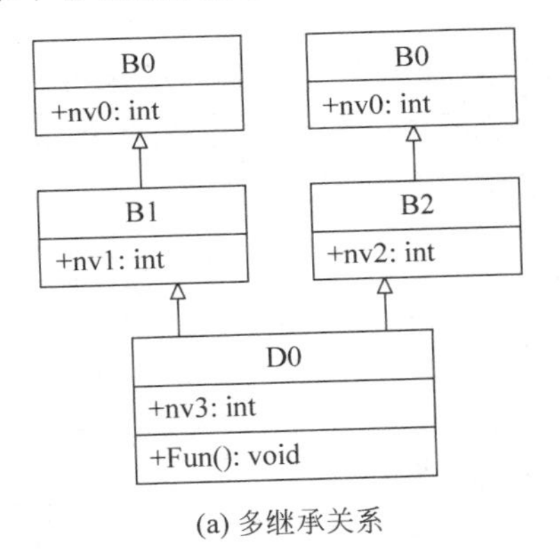

(a) 多继承关系

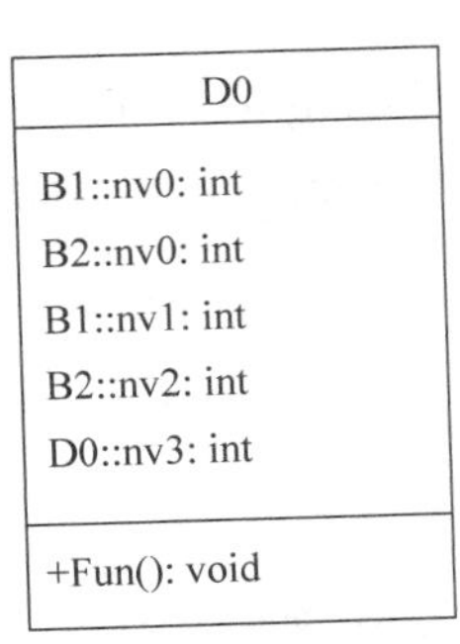

(b) 派生类的成员构成

图5.19 多继承关系及派生类的成员构成UML图

在如图5.22所示的继承关系中，类B0是一个公共基类，派生类D0是多重继承的派生类，它有两个基类B1和B2。从这种继承关系中可以看出，在派生类D0中含有两个从不同路径得到的间接基类B0的成员nv0。在引用这些同名成员时必须在派生类对象名后增加直接基类名进行类名限定，以避免产生二义性，那么有没有更好的解决办法呢？

5.7.2 虚基类的概念

为使得公共基类B0在派生类D0中只产生一份基类成员，则需要将这个共同基类B0设置为虚基类，让基类B1和B2从基类B0虚拟继承，这时从不同的路径继承过来的同名数据成员在派生类中就只有一个副本,同一个函数名也只有一个映射。这样就解决了同名成员的唯一标识问题。

使用虚基类,可以使公共基类的成员在其间接派生类中只保留一份。使用虚基类后,4个类之间的关系如图5.20(a)所示,这时派生类中的成员如图5.20(b)所示。

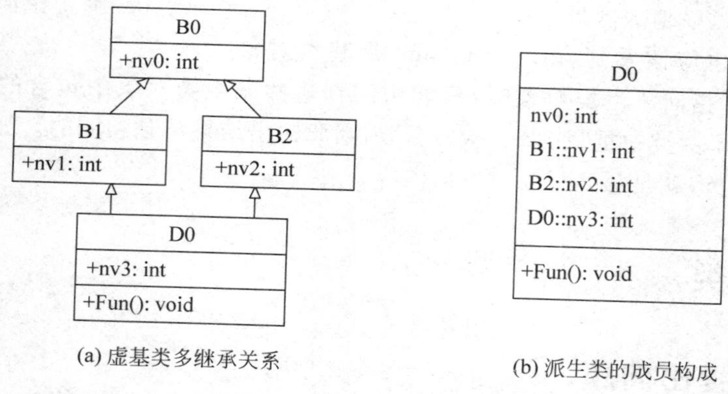

(a) 虚基类多继承关系

(b) 派生类的成员构成

图5.20 虚基类多继承关系及派生类的成员构成UML图

定义虚基类的格式如下:

```
class 派生类名: virtual 继承方式  基类名称
{
    …
};
```

定义虚基类使用关键字virtual,在说明派生类时加在基类名的继承方式前边,经过虚基类说明后,当公共基类经过多条派生路径被一个派生类继承时,该派生类中只保留一次公共基类的成员。则在图5.20中的几个类可以写成如下形式:

```
class B0                        //公共基类
{
    public:
    int nv0;
};
class B1: virtual public B0     //基类 B1,虚拟继承自 B0
{
    public:
    int nv1;
};
class B2: virtual public B0     //基类 B2,虚拟继承自 B0
{
    public:
    int nv2;
};
class D0: public B1,public B2   //派生类 D0
{
    public:
    int nv3;
};
```

在以上程序中，B0类就被定义为虚基类，D0类中就只含有B0类中的一次成员，这样就避免了二义性问题。

5.7.3 虚基类的初始化

关于虚基类的初始化，有如下两条规则：

(1) 所有从虚基类直接或者间接派生的类必须在该类构造函数的成员初始化列表列出对虚基类构造函数的调用，但是只有实际构造对象的类的构造函数才会引发对虚基类构造函数的调用，而其他基类在成员初始化列表中对虚基类构造函数的调用都会被忽略，从而保证了派生类对象中虚基类成员只会被初始化一次。

(2) 若某类构造函数的成员初始化列表中同时列出对虚基类构造函数和非虚基类构造函数的调用，则会优先执行虚基类的构造函数。

正如上面所示，在图5.23具有虚基类的多层派生继承结构中，对其虚基类B0的初始化应该由最后派生类D0来完成。如果由它的直接派生类完成，即由类B1和类B2中构造函数进行初始化，这时有可能使得类B0中一个数据成员先后接收不同的初始化参数而产生矛盾。如果由派生类来完成便可避免这一矛盾。为此要在定义派生类D0的构造函数中增加一个给虚基类的初始化项，而给两个直接基类B1和B2的初始化仍然保留。

【例5.11】 设置虚基类以解决二义性。

```
/* 05_11.cpp */
#include <iostream>
using namespace std;
class Base                                          //虚基类 Base
{
public:
    Base(int a)                                     //构造函数
    {   val = a;   }
    void Print()                                    //输出成员 val 值的函数
    {   cout << val << endl;   }
protected:
    int val;                                        //成员变量 val
};
class Derived1:virtual public Base                  //第一个派生类 Derived1
{
public:
    Derived1(int x, int y):Base(x),dv1(y)          //调用了基类的构造函数
    {   }
protected:
    int dv1;
};
class Derived2:virtual public Base
{
public:
    Derived2(int x, int y):Base(x),dv2(y)          //调用了基类的构造函数
```

```
    { }
protected:
    int dv2;
};
//最终的多重继承类 DerivedFinal
class DerivedFinal:public Derived1,public Derived2
{
public:
    DerivedFinal(int x,int y,int z):
        Derived1(x,y),Derived2(y,z),Base(z)
    { }
};
int main()
{
    DerivedFinal df(7,18,22);           //定义对象
    df.Print();                         //输出虚基类 Base 的成员 val 的值
    system("pause");
    return 0;
}
```

程序的调试运行结果如图 5.21 所示。

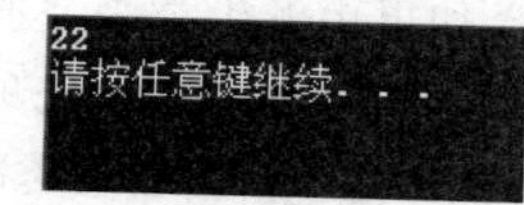

图 5.21 例 5.11 的调试运行结果

在上述程序中,从输出结果可以看出,在构造 DerivedFinal 类的对象 df 时,只有派生类 DerivedFinal 的构造函数的初始化表中列出的虚基类 Base 的构造函数被调用了,而且仅被调用了一次,在 Derived1 类和 Derived1 类的构造函数中对于基类 Base 构造函数的调用全部被忽略了。

5.8 本章小结

本章讨论了继承机制中类的继承方式、派生类对象的构造与析构的顺序与原则、继承中的几个主要问题,以及虚基类的应用。

1. 类的继承方式

类的继承方式有 public(公有继承)、protected (保护继承)和 private (私有继承)3 种,不同的继承方式,导致原来具有不同访问属性的基类成员在派生类中的访问属性也有所不同。这时访问规则有两类:一是派生类中非 static 成员函数和友元函数对基类成员的访问;二是在派生类作用域外的对象对基类成员的访问。

2. 派生类对象的构造与析构的顺序

构造派生类的对象时,就要对基类数据成员、派生类自身的数据成员和对象成员进行初始化。由于基类的构造函数不能被继承下来,要完成这些工作,就必须给派生类添加新的构造函数。派生类构造函数执行的一般顺序如下:

(1) 调用基类构造函数,调用顺序按照它们被继承时声明的顺序(从左向右)。

(2) 调用对象成员的构造函数,调用顺序按照它们在类中声明的顺序。

(3) 执行派生类的构造函数体中的内容。

派生类析构函数的功能是在该类对象消亡之前进行一些必要的清理工作。析构函数没有类型也没有参数,与构造函数相比情况略简单些。析构函数的执行次序和构造函数正好严格相反,首先调用派生类的析构函数,然后析构派生类的对象成员,最后调用基类的析构函数。

3. 继承中基类成员的访问和赋值兼容性

当多个基类中定义有同名成员,则派生类对这些同名成员的访问可能存在冲突和二义性,这时可采用成员名限定法来访问这种不明确的问题。

在多重继承的情况下,调用不同基类中的相同成员时可能也会出现二义性问题。C++语言规定,在派生类中重新声明的成员函数具有比基类同名成员函数更小的作用域,这时在可能出现二义性的地方,加上类名限定,就可避免出现名字冲突问题。

赋值兼容规则是指在需要基类对象的任何地方都可以使用公有派生类的对象来替代。通过公有继承,派生类得到了基类中除构造函数、析构函数之外的所有成员。这样,公有派生类实际就具备了基类的所有功能,凡是基类能解决的问题公有派生类都可以解决。赋值兼容规则中所指的替代包括以下几种情况:

(1) 派生类的对象可以赋值给基类的对象;

(2) 派生类的对象可以初始化基类的引用;

(3) 派生类对象的地址可以赋给指向基类的指针。

4. 虚基类

当某类的部分或全部直接基类是从另一个共同基类派生而来时,在这些直接基类中,从上一级共同基类继承来的成员就拥有相同的名称。在派生类对象中这些同名数据成员在内存中同时拥有多个副本,同一个函数名会有多个映射。这时可以将共同基类设置为虚基类,那么从不同的路径继承过来的同名数据成员在内存中就只有一个副本,同一个函数名也只有一个映射。因而虚基类解决了同名成员的唯一标识问题。

习题

5-1 判断题下列描述的正确性,对的画(√)错的画(×)。

(1) C++语言中,包括单继承和多继承两类。 ( )

(2) C++语言的继承仅包括 public 和 private 两种方式。 ( )

(3) 派生类从基类派生出来,它不能再生成新的派生类。 ( )

(4) 在公有继承中,基类中的私有成员在派生类中都是可见的。 ( )

(5) 在私有继承中,基类中只有公有成员对派生类是可见的。 ( )

(6) 派生类仅是其基类的组合。 ( )

(7) 基类的构造也可以被继承。 ( )

(8) 基类的析构函数不能被继承。 ( )

(9) 若多继承情况下出现名字冲突,可以使用成员名限定法访问基类成员。 ( )

5-2 单项选择题。

(1) 派生类的构造函数的成员初始化列表中,不能包含( )。

A. 基类的构造函数　　B. 派生类子对象的构造函数

C. 基类子对象的构造函数　　D. 派生类中一般数据的初始化

(2) 派生类的对象可以访问它的( )基类成员。

A. 公有继承的公有成员　　B. 公有继承的私有成员

C. 公有继承的保护成员　　D. 私有继承的公有成员

(3) 若基类定义了两个重载函数 Fun()和 Fun(int a),则如下说法正确的是( )。

A. 在派生类中不可以再定义名为 Fun 的函数

B. 在派生类中只能定义和基类原型不同的 Fun 重载函数

C. 在派生类中只要定义了名为 Fun 的函数,基类的所有名为 Fun 重载函数都被覆盖

D. 在派生类中定义的 Fun 函数仅覆盖基类中相同原型的 Fun 函数

(4) 下面关于赋值兼容性错误的语句是( )。

A. 基类对象可以赋值给基类对象,也可以把派生类对象赋值给基类对象

B. 基类指针可以指向基类对象,也可以指向派生类对象

C. 基类引用可以指向基类对象,也可以指向派生类对象

D. 基类对象的地址也可以直接赋值给派生类指针变量

(5) 设置虚基类的目的是( )。

A. 消除二义性　　B. 方便书写程序

C. 提高运行效率　　D. 减小目标代码体积

(6) 关于保护成员的说法正确的是( )。

A. 在派生类中仍然是保护的

B. 具有私有成员和公有成员的双重特色

C. 在派生类中是私有的

D. 在派生类中是公有的

5-3 简述类的组合和继承的区别。

5-4 派生类能否直接访问基类的私有成员?如果不能,用什么方式实现?

5-5 派生类的构造函数与析构函数的执行顺序是怎样的?

5-6 在类的继承机制中引入虚基类概念的原因是什么?

5-7 考虑赋值兼容性对程序中对象的组织和管理带来的影响。

5-8 程序改错。

(1)

```
class BC
{private:
    int x;
 public:
    BC(){x = 0;}
};
```

```
class DC
{ public:
    DC(){x = 100;}
};
```

(2)

```
class BC
{private:
    int x;
 public:
    BC(){ x = 0;}
};
class DC: public BC
{ public:
    DC(int i){ x = i;}
};
```

(3)

```
class BC
{private:
    int x;
public:
    BC(int i){x = i;}
};
class DC: public BC
{public:
    DC(){y = 0;}
 private:
    int y;
};
```

5-9 写出程序结果。

(1)

```
#include <iostream>
using namespace std;
class BC
{ public:
    void Fun(){ cout <<"base class"<< endl;}
};
class DC:public BC
{ public:
    void Fun(){ cout <<"vderived class"<< endl;}
};
int main()
{   BC *pbc;
    DC dc;
    pbc = &dc;
    pbc->Fun();
    return 0;
}
```

(2)

```
#include <iostream>
using namespace std;
class Base
{
public:
    Base(int i,int j){ x = i; y = j;}
    void Offset(int a,int b){ x += a;y += b; }
    void Print() { cout<<"("<<x<<","<<y<<")"<<endl; }
protected:
    int x,y;
};
class Derived: public Base
{
public:
    Derived(int i,int j,int k,int l):Base(i,j)
    {   w = k; h = l;   }
    void Move() {   Offset(10,10);   }
    void Print()
    {   cout<<"("<<x<<","<<y<<" - "<<w<<","<<h<<")"<<endl;   }
    void Show()
    {   Base::Print();   }
private:
    int w,h;
};
int main()
{
    Base b1(10,5);
    b1.Print();
    Derived d1(3,9,18,33);
    d1.Print();
    d1.Move();
    d1.Base::Print();
    d1.Derived::Print();
    d1.Show();
    return 0;
}
```

5-10 编程题,定义一个形状 Shape 基类,包括整型数的成员变量 x、y 来表示位置,定义带参数的构造函数可以初始化成员变量 x,y,再由此定义出派生类:矩形类 Rect 和圆类 Circle,Rect 类增加宽和高 w、h 两个成员变量,Circle 类增加半径 r,分别定义两个派生类的构造函数,可以初始化各自的成员变量(包括基类成员变量),最后用主函数测试。

5-11 编程题,定义机动车类 Vehicle,包括的数据成员有出厂日期和售价,并定义成员函数可以设置这些数据成员,再定义 Print( )成员函数输出成员变量内容;然后定义 Car 类和 Truck 类,分别扩展各自的内容,如 Car 类增加乘客数量,Truck 类增加载重吨数,并都可以通过构造函数初始化各自成员变量和其基类成员,最后都能输出相关的信息。

第6章 虚函数与多态性

本章要点：

- 多态性的概念
- 虚函数的定义与应用
- 多继承与虚函数
- 纯虚函数与抽象类

多态性是面向对象程序设计的一个非常重要的特性，如果不支持多态性，C++语言就不是真正的面向对象的程序设计语言。多态性指的是不同的对象对于同样的消息会产生不同的行为，而消息在C++语言中指的就是函数的调用，不同的函数可以具有多种不同的功能，而多态就是允许用一个函数名的调用来执行不同的功能。

本章将介绍多态性的种类，讨论了多态性的实现条件，包括虚函数的定义、运行时多态的特点、虚析构函数、纯虚函数以及抽象类. 通过本章的学习，读者应掌握程序绑定的两种方式，熟练掌握虚函数、纯虚函数和抽象基类的定义和使用。

6.1 多态性概述

6.1.1 多态的类型

多态性不仅限于C++语言，从面向对象技术的角度来看，多态性可以分为如下4类。

(1) 重载多态：前面学习的函数重载就属于此概念，运算符重载也是重载多态(第7章将详细介绍)。

(2) 强制多态：指将一个变量类型加以变化，以符合一个函数或者操作的要求，例如加法运算符在进行浮点数与整型数相加时，首先要对整型数进行强制类型转换为浮点数再相加的情况，就是强制多态的实例。

(3) 包含多态：同样的操作可用于一个类型及其子类型。包含多态一般需要进行运行时的类型检查，主要是通过虚函数来实现的。

(4) 参数多态：采用参数化模板，通过给出不同的类型参数，使得一个程序结构可以适用多种数据类型，C++提供的函数模板和类模板即为典型的参数多态(第8章将详细介绍)。

对于多态性，一个要解决的主要问题就是何时把具体的操作和对象进行绑定(binding)，也称联编、关联，绑定指的是程序如何为类的对象找到执行操作函数的程序入口的过程。从系统实现的角度来看,多态可以分为两类:编译时多态和运行时多态。

(1) 编译时多态:在程序编译过程中决定同名操作与对象的绑定关系,也称静态绑定、静态联编,典型的技术有函数重载、运算符重载、模板。由于这种方式是在程序运行前就确定了对象要调用的具体函数,因此程序运行的时候函数调用速度快、效率较高。其缺点是编程不够灵活。

(2) 运行时多态:在程序运行过程中动态地确定同名操作与具体对象的绑定关系,也称动态绑定、动态联编等,主要通过使用继承和虚函数来实现。在编译、连接过程中确定绑定关系,程序运行之后才能确定。动态绑定的优点是编程更加灵活、系统易于扩展。由于内部增加了实现虚函数调用的机制,因此要比静态绑定的函数调用速度慢一些。

6.1.2 基类指针指向派生类对象

下面来定义一个基类及其派生类,派生类重写了基类成员函数 Print(),实现了在基类和派生类中,对同一成员函数的调用所产生的不同效果。

【例 6.1】 函数重载在多态性中的应用。

```
/* 06_01.cpp */
#include <iostream>
using namespace std;
class Base                              //基类
{
public :
    void Print()
    {
        cout <<"Base Class Print."<< endl;
    }
} ;
class Derived: public Base              //公有派生类
{
public:
    void Print()
    {
        cout <<"Derived Class Print."<< endl;
    }
};
int main()
{
    Base b1, *pb;
    Derived d1;
    b1.Print();
    d1.Print();
    d1.Base::Print();
    pb = &b1;                           //基类指针指向基类对象 b1,调用 Print()成员函数
    pb->Print();
    pb = &d1;                           //希望调用派生类对象 d1 的 Print()成员函数
    pb->Print();
    system("pause");
```

```
    return 0;
}
```

程序的调试运行结果如图 6.1 所示。

图 6.1 例 6.1 的调试运行结果

在派生类中重写了成员函数 Print(),使得不同的对象对同一函数名的调用产生了不同的结果,这就是多态性的具体表现,不过却是编译时多态。在程序中可以看到,要想输出对应的字符串,必须明确地指出调用哪个对象的成员函数,即通过类的对象调用,或者通过加类名限定进行调用,如例 6.1 中的语句:

```
b1.Print();                //调用基类对象 b1 的 Print() 函数
d1.Print();                //调用派生类对象 d1 的 Print() 函数
d1.Base::Print() ;         //调用派生类对象 d1 中的继承基类的 Print()函数
```

这样调用成员函数的方法是显式调用,对于结构复杂的程序,每个对象都显式地写出要调用的成员函数是不实际的,往往需要通过对象指针或引用来实现对成员函数的调用。

从程序结果可以看出,在例 6.1 中定义了一个基类的指针 pb,当把这个指针指向派生类的对象时,希望调用派生类对象 d1 的 Print()函数,但却仍然调用了 d1 对象包含的基类成员函数 Print()。本程序希望运行结果为:

```
Base Class Print.
Sub Class Print.
Base Class Print.
Base Class Print.
Sub Class Print.
```

虽然基类指针 pb 可以指向其派生类对象 d1,但指针的属性并没有改变,系统认为它所指向的仍然是一个基类对象,于是就调用了派生类中继承自基类的成员函数 Print(),显然这种情况不是我们想要的结果,因为指针 pb 已经指向了对象 d1,就应当调用派生类的 Print()函数,但由于静态绑定的原因,编译器不知道基类指针所指向的对象重新定义了同名的 Print()函数,仍然把 d1 内部包含的基类对象和 Print()函数绑定在一起,就造成了以上的运行结果。

所以,尽管在派生类 Derived 中新定义了 Print ()函数,但是要想通过一个基类的指针达到调用这个函数的目的是不行的,要解决这个问题,必须通过动态绑定技术,使得程序在执行时确定所要调用的函数,要实现动态绑定,方法就是把在派生类中重写的函数声明为虚函数。

6.2 虚函数

6.2.1 虚函数的定义格式

虚函数必须存在于类的继承环境之中才有意义,声明虚函数的方法很简单,只要在基类的成员函数名前加关键字 virtual 即可,格式如下:

```
class 类名
{
…
virtual 类型 成员函数名(参数表);
…
};
```

当一个类的成员函数被声明为虚函数后，就可以在该类的派生类中定义与其基类虚函数原型完全相同的函数。当用基类指针指向这些派生类对象时，系统会自动用派生类中的同名函数来代替基类中的虚函数。也就是说，当用基类指针指向不同派生类对象时，系统会在程序运行中根据所指向对象的不同，自动选择适当的函数，从而实现运行时的多态性。这是通过虚函数实现动态绑定的一种典型方式。

在派生类中重新定义的虚函数必须与基类中的函数原型完全相同，包括函数名、返回类型、参数个数和参数类型的顺序。而不论派生类的相应成员函数前是否加上关键字virtual，都将其作为虚函数看待，如果函数原型不同，只是函数名相同，C++语言就将其看作一般的函数重载，而不是虚函数。

定义虚函数要注意以下问题：

(1) 虚函数必须声明为类的成员函数，全局函数及静态成员函数不能声明为虚函数；

(2) 虚函数与一般成员函数一样，可定义在类体内，也可以定义在类体外；

(3) 虚函数的声明只能出现在类函数声明语句中，而不能在成员函数实现的部分声明；

(4) 构造函数不能声明为虚函数；

(5) 析构函数可以是虚函数；

(6) 当一个基类中声明了虚函数，则虚函数特性会在其直接派生类和间接派生类中一直保持下去，并且其派生类不必再用 virtual 关键字声明。

【例 6.2】 虚函数的定义与应用(对例 6.1 的改进)。

```
/* 06_02.cpp */
#include < iostream >
using namespace std;
class Base                          //基类
{
public :
    virtual void Print()
    {  cout <<"Base Class Print."<< endl;  }
};
class Derived1: public Base         //公有派生类 1
{
public:
    void Print()
    {  cout <<" Derived1 Class Print."<< endl;  }
};
class Derived2: public Base         //公有派生类 2
{
public:
    void Print()
    {  cout <<" Derived2 Class Print."<< endl;  }
```

```
};
int main()                              //主函数
{
    Base b1, *pb;
    Derived1 d1;
    Derived2 d2;
    Base &rb1 = b1;                     //定义基类对象 b1 的引用 rb1
    pb = &b1;                           //基类指针指向基类对象 b1
    pb->Print();                        //用指针调用成员函数
    rb.Print();                         //用基类引用调用基类对象成员函数
    pb = &d1;                           //基类指针指向派生类 Derived1 的对象 d1
    pb->Print();                        //用基类指针 pb 调用派生类虚函数
    pb = &d2;                           //基类指针指向派生类 Derived2 的对象 d2
    pb->Print();                        //用基类指针 pb 调用派生类虚函数
    Base &rb2 = d1;                     //定义派生类对象 d1 的基类引用 rb2
    rb2.Print();                        //用基类引用 rb2 调用派生类对象 d1 的成员函数
    system("pause");
    return 0;
}
```

程序的调试运行结果如图 6.2 所示。

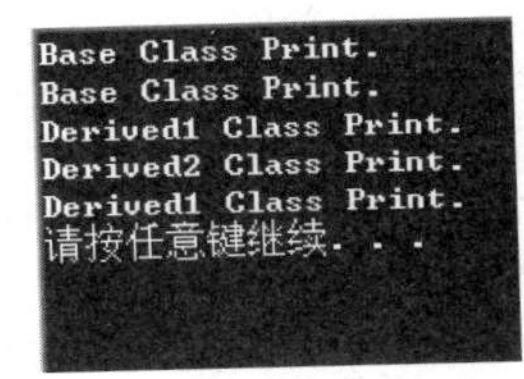

图 6.2 例 6.2 的调试运行结果

在以上程序中，当把基类的 Print()函数声明为虚函数后，只要定义一个基类的指针或引用，然后指向或引用派生类的对象，就会调用派生类的虚函数。例如程序中基类指针 pb 分别指向不同的对象，然后调用虚函数 Print()，就得到了不同的输出结果，可见，通过虚函数而实现了动态绑定的过程。

通过以上程序还能够看出，基类的虚函数提供了一个派生类都具有的相同操作界面，每个派生类对此函数实现不同，这样就可以用基类及基类指针构建程序框架，然后定义派生类再重写虚函数，利用继承的赋值兼容性原则，定义派生类对象再把其传递给程序框架，这样就可以很容易地实现程序的扩展，而又不必修改原来的程序框架。

派生类如果定义了一个函数与基类中的虚函数的名字相同但是形参列表不同，这仍然是合法的行为。编译器将认为新定义的这个函数与基类中原有的函数是相互独立的。这时，派生类的函数并没有覆盖基类中的原有函数。就实际的编程习惯而言，这种声明往往意味着发生了错误，因为我们可能原本希望派生类能覆盖基类中的虚函数，但是一不小心把形参列表弄错了。

要想调试并发现这样的错误显然非常困难。在 C++ 11 新标准中，我们可以使用 override 关键字来说明派生类中的虚函数。这么做的好处是使得程序员的意图更加清晰的同时，让编译器可以为我们发现一些错误。如果我们使用了 override 标记了某个函数，但该函数并没有覆盖已存在的虚函数，此时编译器将报错，如下所示：

```
class Base
{ public:
    virtual void F1(int);
    virtual void F2();
```

```
    void F3();
};
class Derived: public Base
{public:
    void F1(int) override;          //正确: F1 与基类的 F1 匹配
    void F2(int) override;          //错误: Base 中没有形如 F2(int)的函数
    void F3() override;             //错误: F3 不是虚函数
};
```

Derived 中的 F2()与 Base 中的 F2()声明不匹配,显然 Base 中定义的 F2()不接收任何参数而 Derived 的 F2()接收一个 int 型参数。因为这两个声明不匹配,所以 Derived 的 F2()不能覆盖 Base 的 F2(),它是一个新函数,仅仅是名字恰好与原来的函数一样而已。使用 override 是希望能覆盖基类中的虚函数而实际上并未做到,所以编译器会报错。

C++ 11 新标准还允许把某个函数指定为 final,如果已经把函数定义成 final 了,则之后任何尝试覆盖该函数的操作都将引发错误。如下所示:

```
class Base
{public:
    virtual void F1(int);
    virtual void F2() final;
};
class Derived: public Base
{public:
    void F1(int) override;          //正确: F1 与基类的 F1 匹配
    void F2(int) override;          //错误: Base 中已将 F2 声明成 final
};
```

说明符 override 和 final 并非关键字,而是具有特殊含义的标识符。这意味着编译器根据上下文确定它们是否有特殊含义。在其他上下文中,可将它们用作常规标识符,如变量名或枚举等,但不建议这样使用。

6.2.2 多继承与虚函数

前面的内容介绍了在一个基类中定义虚函数,然后定义派生类的使用情况,那么在 C++语言多继承机制当中,虚函数问题该如何处理呢?见例 6.3 中的程序。

【例 6.3】 多继承中虚函数的定义与应用。

```
/* 06_03.cpp */
#include <iostream>
using namespace std;
class Base1
{
public:
    virtual void TestA()
    {  cout <<"Base1 TestA()"<< endl;  }
};
class Base2
{
```

```
public:
    virtual void TestB()
    { cout <<"Base2 TestB()"<< endl;}
};
class Derived: public Base1, public Base2
{
public:
    void TestA()                        //重写基类 Base1 中的虚函数 TestA()
    {  cout <<"Derived TestA()"<< endl;  }
    void TestB()                        //重写基类 Base2 中的虚函数 TestB()
    {  cout <<"Derived TestB()"<< endl;  }
};
int main()
{
    Derived D;
    Base1 * pB1 = &D;
    Base2 * pB2 = &D;
    pB1 -> TestA();                     //调用类 Derived 的 TestA()函数
    pB2 -> TestB();                     //调用类 Derived 的 TestB()函数
    system("pause");
    return 0;
}
```

程序的调试运行结果如图 6.3 所示。

图 6.3　例 6.3 的调试运行结果

在以上程序中分别定义两个不同的基类 Base1、Base2，每个基类都定义了一个虚函数，其层次结构如图 6.4 所示。图中能看出这两个虚函数并不重名，并且在派生类 Derived 中分别重写了这两个虚函数，因此可以把派生类认为是由两部分具有独立虚函数机制的类族合并而成的，因此用两个基类分别定义指针，然后指向派生类对象并调用虚函数，就会得到两种不同的结果。

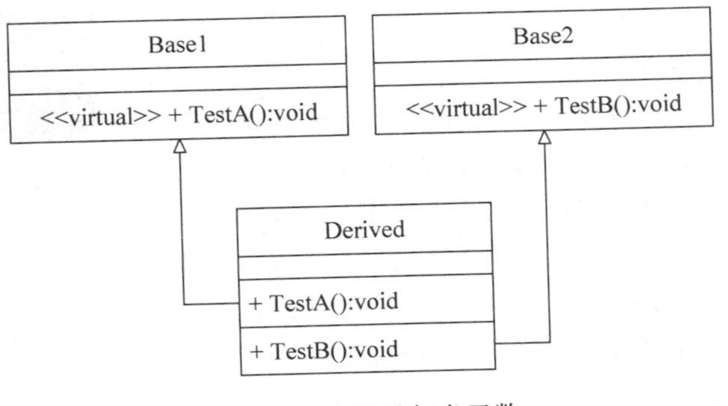

图 6.4　多继承与虚函数

可是，如果两个基类中有一个相同原型的虚函数，该如何处理呢？也许这种情况并不常见，可是这种情况却确实存在。比如说开发的时候使用的两个类库具有不同的来源，修改基类的虚函数是不可能的。怎样在派生类中重写这两个相同原型的虚函数呢？可参考例 6.4

中的程序。

【例 6.4】 多继承基类中有同名虚函数。

```
/* 06_04.cpp */
#include <iostream>
using namespace std;
class Base1                                    //第一个基类
{
public:
    virtual void Test()                        //定义虚函数 Test()
    {  cout <<"Base1 Test()"<< endl;  }
};
class Base2                                    //第二个基类
{
public:
    virtual void Test()                        //也定义了虚函数 Test()
    {  cout <<"Base2 Test()"<< endl;  }
};
class Derived: public Base1, public Base2      //定义派生类
{
public:
    void Test()                                //直接重写虚函数 Test()
    {  cout <<"Derived Test()"<< endl;  }
};
int main()
{
    Derived D;
    Base1 * pB1 = &D;
    Base2 * pB2 = &D;
    pB1 -> Test();                             //用基类指针 pB1 调用类 Derived 的 TestA()函数
    pB2 -> Test();                             //用基类指针 pB2 调用类 Derived 的 TestB()函数
    system("pause");
    return 0;
}
```

程序的调试运行结果如图 6.5 所示。

```
Derived Test()
Derived Test()
请按任意键继续. . .
```

图 6.5 例 6.4 的调试运行结果

如果按照例 6.4 的方式,在派生类中直接重写虚函数 Test(),则两个基类的 Test()虚函数都将被覆盖。通过两种基类的指针指向派生类对象并调用虚函数,就只能有一个 Test()函数可以调用,而不是像例 6.3 那样有不同的实现结果。

为了实现例 6.3 中的效果,在派生类 Derived 中重写不同基类中相同原型的虚函数 Test(),可以使用下面的方法,不要修改最初的两个基类,而是增加两个中间类,具体实现如例 6.5 所示。

【例 6.5】 多继承基类中有同名虚函数的解决方法。

```
/* 06_05.cpp */
#include <iostream>
using namespace std;
class Base1                         //第一个基类 Base1
```

```
{
public:
    virtual void Test(){}                  //虚函数声明,函数实现略
};
class Base2                                //第二个基类 Base2
{
public:
    virtual void Test(){}                  //虚函数声明,函数实现略
};
//定义针对 Base1 的中间类
class MiddleBase1 : public Base1
{
protected:
    virtual void Base1_Test() {}           //空的函数体,什么也不做,留在派生类中实现
    virtual void Test()                    //重写虚函数 Test()
    {   Base1_Test();   }
};
//定义针对 Base2 的中间类
class MiddleBase2: public Base2
{
private:
    virtual void Base2_Test(){}            //空的函数体,什么也不做,留在派生类中实现
    virtual void Test()                    //重写虚函数 Test()
    {   Base2_Test();   }
};
//定义最后的派生类,由两个中间类派生而来
class Derived: public MiddleBase1, public MiddleBase2
{
    public:                                //重写从中间类继承而来的虚函数
    //重写中间类的虚函数 Base1_Test(),实际上是重写了基类 Base1 的 Test()函数
    void Base1_Test ()
    {   cout <<"Derived TestA()"<< endl;   }
    //重写中间类的虚函数 Base1_Test(),实际上是重写了基类 Base2 的 Test()函数
    void Base2_Test ()
    {   cout <<"Derived TestB()"<< endl;   }
};
int main()                                 //主函数
{
    Derived d1;
    Base1 * pB1 = &d1;
    Base2 * pB2 = &d1;
    pB1 -> Test();                         //用基类指针 pB1 调用类 Derived 的 Derived_TestA()函数
    pB2 -> Test();                         //用基类指针 pB2 调用类 Derived 的 Derived_TestB()函数
    system("pause");
    return 0;
}
```

程序的调试运行结果如图 6.6 所示。

可见此时用基类 Base1 和 Base2 分别定义两个指针 pB1、pB2,均指向派生类对象 d1,调用虚函数 Test()后,分别执行了不同的分支。此处要注意两个中间类的特点,两个中间类

各自增加了一个虚函数,如 MiddleBase1 类增加了 Base1_Test()函数,并且 MiddleBase1 类重写了虚函数 Test(),在其中调用 Base1_Test()函数,但是 Base1_Test()函数什么也不做,这是什么用意呢?原来在最终的派生类 Derived 中要重写 Base1_Test()函数,但在 Derived 类中并不重写 Test()函数,因此可以看到 pB1 调用的 Test()函数实质是 MiddleBase1 类定义 Test()函数,而 Derived 类的 Base1_Test()函数就被间接调用了,如图 6.7 所示。

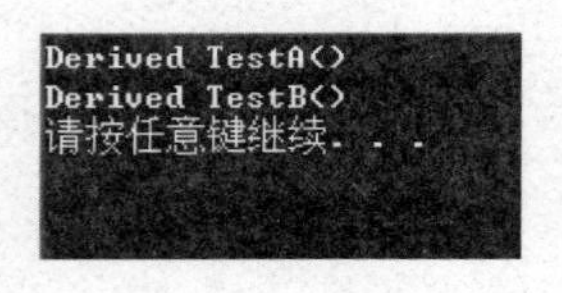

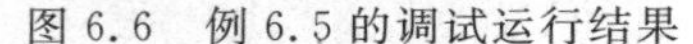

图 6.6　例 6.5 的调试运行结果

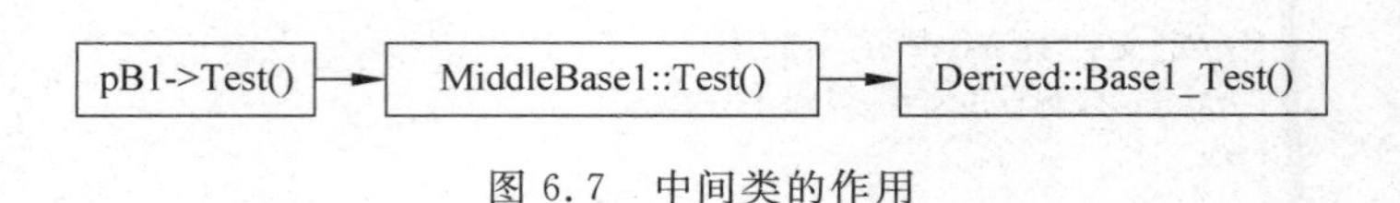

图 6.7　中间类的作用

6.2.3 虚析构函数

以前曾介绍过,析构函数的作用是在对象撤销之前做必要的"清理现场"的工作。当派生类的对象从内存中撤销时一般先调用派生类的析构函数,然后再调用基类的析构函数。但是,如果用 new 运算符动态生成一个派生类的堆对象,并让基类指针指向该派生类对象,当程序用 delete 运算符通过基类指针删除派生类对象时,会发生一种情况:系统会只执行基类的析构函数,而不执行派生类的析构函数。

【例 6.6】 基类中有非虚析构函数时的执行情况。

```
/* 06_06.cpp */
#include <iostream>
using namespace std;
class Base                          //定义基类 Base
{
public:
    Base()                          //Base 类构造函数
    {
        cout <<"Construct Base."<< endl;
    }
    ~Base()                         //Base 类析构函数
    {
        cout <<"Destruct Base."<< endl;
    }
};
class Derived: public Base          //定义公有派生类 Derived
{
public:
    Derived()                       //Derived 类构造函数
    {
        cout <<"Construct Derived."<< endl;
    }
    ~Derived()                      //Derived 类析构函数
    {
        cout <<" Destruct Derived."<< endl;
    }
```

```
};
int main()                          //主函数测试
{
    Base * pb;                      //定义基类指针
    pb = new Derived();             //基类指针指向新生成的派生类堆对象
    delete pb ;
    system("pause");
    return 1;
}
```

程序的调试运行结果如图 6.8 所示。

在程序的 main()函数中，pb 是基类的指针，指向了一个派生类 Derived 的堆对象。希望用 delete 释放 pb 所指向的空间。但运行结果为：

```
Destruct Base.
```

表示只执行了基类 Base 的析构函数，而没有执行派生类 Derived 的析构函数。如果希望执行派生类 Derived 的析构函数，则应将基类的析构函数声明为虚析构函数，例如：

```
virtual ~Base()                    //Base 类析构函数
{
    cout <<"Destruct Base."<< endl;
}
```

程序其他部分不改动，再运行程序，其调试运行结果如图 6.9 所示。

```
Construct Base.
Construct Derived.
Destruct Base.
请按任意键继续. . .
```

图 6.8　例 6.6 的调试运行结果

图 6.9　例 6.6 的调试运行结果

程序中先调用了派生类的析构函数，又调用了基类的析构函数。当基类的析构函数为虚函数时，不论指针指的是同一类族中的哪一个对象，系统都会采用动态关联，调用相应的析构函数，对该对象进行清理工作。

如果将基类的析构函数声明为虚函数，由该基类所派生的所有派生类的析构函数也都自动成为虚函数，即使派生类的析构函数与基类的析构函数名字不同。

我们最好把基类的析构函数声明为虚函数。这将使所有派生类的析构函数自动成为虚函数。这样，如果程序中显式地用了 delete 运算符准备删除一个对象，而 delete 运算符的操作对象用了指向派生类对象的基类指针，则系统会调用相应类的析构函数。

虚析构函数的概念和用法很简单，但它在面向对象程序设计中却是很重要的技巧。专业人员一般都习惯声明虚析构函数，即使基类并不需要析构函数，也显式地定义一个函数体为空的虚析构函数，以保证在撤销动态分配空间时能得到正确的处理。

构造函数不能声明为虚函数。这是因为在执行构造函数时类对象还未完成建立过程，当然谈不上函数与类对象的绑定。

6.3 纯虚函数和抽象类

6.3.1 纯虚函数

有时在基类中将某一成员函数声明为虚函数,并不是类本身的要求,而是考虑到派生类的需要,在基类中只定义一个函数名,具体功能留给派生类根据需要去实现。

在例 6.5 中,基类 Base1 和 Base2 中虚函数 Test( )的函数体为空,这样的函数体已经不重要。但是出于程序语法的考虑,在实现部分仍然要写出大括号。因此可以对这种虚函数只在基类中说明函数原型,用来定义继承体系中的统一接口形式,然后在派生类的虚函数中重新定义具体实现代码,而这种基类中的虚函数就是纯虚函数,其声明一般形式为:

```
virtual 函数类型  函数名(参数表) = 0 ;
```

关于纯虚函数,有以下问题需要说明:

(1) 纯虚函数没有函数体。

(2) 最后面的"= 0"并不表示函数返回值为 0,它只起形式上的作用,告诉编译系统"这是纯虚函数"。

(3) 这是一个声明语句,后面应有分号。

(4) 纯虚函数只有函数的名字而不具备函数的功能,不能被调用,它只是通知编译器在这时声明一个虚函数,留待派生类中定义。在派生类中对此函数提供定义后,它才能具备函数的功能,可以被调用。

如果在一个类中声明了纯虚函数,而在其派生类中没有对该函数定义,则该虚函数在派生类中仍然为纯虚函数。下面通过例 6.7 来分析纯虚函数的用法及所起的作用。

【例 6.7】 分析下列程序的输出结果。

```
/* 06_07.cpp */
#include <iostream>
using namespace std;
class Vehicle                                  //定义交通工具类
{
protected:
    int pos, speed;                            //定义成员变量的位置和速度
public:
    Vehicle(int ps = 0, int spd = 0)           //构造函数
    {   pos = ps ; speed = spd ;   }
    void SetSpeed(int spd)                     //设置速度值
    {   speed = spd ;   }
    void Show()                                //显示交通工具的位置
    {   cout <<"Position at "<< pos << endl;   }
    virtual void Run() = 0;                    //声明纯虚函数 Run()
};
class Car: public Vehicle                      //小汽车类
{
public:
```

```
    void Run()                        //重写虚函数 Run()
    {   pos += speed;   }             //位置变化
};
int main()                            //主函数
{
    Vehicle *pvh;
    Car     car;
    pvh = &car;                       //基类指针指向派生类对象
    pvh->SetSpeed(5);                 //调用基类的普通成员函数
    pvh->Show();                      //显示位置
    pvh->Run();                       //运行
    pvh->Show();
    pvh->Run();
    pvh->Show();
    system("pause");
    return 0;
}
```

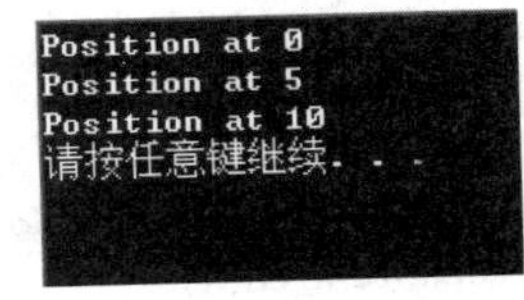

图 6.10　例 6.7 的调试运行结果

程序的调试运行结果如图 6.10 所示。

我们知道 Vehicle 交通工具是一个笼统的概念，它的运行“Run”功能也不是具体的，因此完全可以声明为纯虚函数。只有对于具体的交通工具类型，运行“Run”才有实际意义，在以上程序中定义了小汽车 Car 类，暂时假定它按某个速度做直线运动，所以它的运行 Run()函数就可简化为位置对速度的累加操作。

程序分析：该程序在基类 Vehicle 中定义了一个纯虚函数 Run()，其形式如下：

```
virtual void Run() = 0;
```

程序中用 Vehicle 类定义的指针指向了一个 Car 类的实例 car，然后就可以调用纯虚函数 Run()，从而实现动态绑定的效果。

6.3.2　抽象类

包含有纯虚函数的类是抽象类。由于抽象类常用作基类，通常称为抽象基类。抽象基类的主要作用是，通过它为一个类族建立一个公共的接口，使它们能够更有效地发挥多态特性。抽象基类声明了一族派生类的共同接口，而接口的具体实现代码，即纯虚函数的函数体，要由派生类自己定义。

抽象类派生出新的类之后，如果派生类给出所有纯虚函数的函数实现，这个派生类就可以定义自己的对象，因而不再是抽象类；反之，如果派生类没有给出全部纯虚函数的实现，这时的派生类仍然是一个抽象类。

抽象类不能实例化，即不能定义一个抽象类的对象，但是，可以声明一个抽象类的指针或引用。通过指针或引用，就可以指向并访问派生类对象。进而访问派生类的成员，这种访问是具有多态特征的。

【例 6.8】　设计一个抽象类 Shape，用来表示形状的抽象概念，并定义求面积 Area()和打印 Print()两个纯虚函数，然后设计圆类和矩形两个派生类，各自重写基类中的虚函数。

```
/* 06_08.cpp */
#include <iostream>
using namespace std;
class Shape
{
protected:
    double x,y;
public:
    Shape(double a,double b)                    //构造函数
    {   x = a; y = b;   }
    virtual double Area() = 0;                  //求面积函数,声明为虚函数
    virtual void Print() = 0;                   //打印输出形状信息,声明为纯虚函数
};
//定义圆派生类
class Circle : public Shape
{
private:
    double radius;                              //半径
public:
    Circle(double r = 0,double a = 0, double b = 0);
    double Area();
    void Print();
};
Circle::Circle(double r, double a, double b): Shape(a,b)
{   radius = r;   }
double Circle::Area()                           //实现求圆形面积
{   return 3.1416 * radius * radius;   }
void Circle::Print()                            //打印输出圆形信息
{
    cout <<"Circle Center = ("<< x <<","<< y <<"),Radius = "<< radius << endl;
}
//定义矩形派生类
class Rectangle: public Shape
{
private:
    double width,height;                        //矩形宽和高
public:
    Rectangle(double a = 0, double b = 0,double w = 0,double h = 0);
    double Area();
    void Print();
};
Rectangle::Rectangle(double a, double b,double w,double h) : Shape(a,b)
{   width = w; height = h;   }
double Rectangle::Area()                        //实现求矩形面积
{   return width * height;   }
void Rectangle::Print()                         //打印输出矩形信息
{   cout <<"Rectangle Position = ("<< x <<","<< y <<"),Size = ("
        << width <<","<< height <<")"<< endl;
}
int main()
{
```

```
    Shape *ps1, *ps2;                          //定义抽象类的指针变量
    //Shape s1(5,10);                          //如果不注释该语句,编译程序时将出错
    Circle c1(10, 30, 15);                     //圆对象
    Rectangle r1(20,20,100,40);                //矩形对象
    ps1 = &c1;
    ps2 = &r1;
    ps1->Print();                              //通过基类指针调用虚函数 Print()
    cout<<"Area = "<<ps1->Area()<<endl;        //通过基类指针调用虚函数 Area()
    ps2->Print ();
    cout<<"Area = "<<ps2->Area()<<endl;
    system("pasuse");
    return 0;
}
```

程序的调试运行结果如图 6.11 所示。

```
Circle Center=(30,15),Radius=10
Area=314.16
Rectangle Position=(20,20),Size=(100,40)
Area=4000
请按任意键继续. . .
```

图 6.11　例 6.8 的调试运行结果

在以上程序中,基类 Shape 由于包含了纯虚函数 Area()和 Print(),所以基类 Shape 是抽象类。程序中注释了用 Shape 类定义 s1 对象的语句,因为抽象类不能定义对象,它只能用来作为继承的基类,或者用来定义指针变量和引用。纯虚函数 Area()和 Print()的定义分别在派生类 Circle 和 Rectangle 类中进行了定义。主函数中声明了抽象类的指针,通过抽象类的指针指向派生类对象,在运行时调用派生类对象的虚函数,实现了运行时多态。

6.4　综合应用举例

本节以一个小型的汽车信息处理程序为例,说明虚函数、抽象类的应用。用一个 ASCII 文件存储不同类型的汽车信息,包括 Car(普通汽车)、Truck(卡车)和 Crane(吊车)三种类型,编写三个类实现这三种汽车类,并且设计虚函数 Input( )读入对应车型的有关信息,然后按照指定的格式输出到屏幕,文件名设为 autos. txt。文件内容以行为单位,其中的汽车信息如表 6.1 所示。

表 6.1　文件中的汽车信息

文件内容	说　明	文件内容	说　明
Car	汽车类型　普通汽车	Crane	汽车类型　吊车
Volkswagen	厂商	Ford	厂商
5	乘客人数	1	乘客人数
Truck	汽车类型　卡车	4	起重量吨数
GM	厂商	20	起升高度(米)
2	乘客人数	…	…
5	载重吨数		

读入以上文件实例内容后,将如下格式输出:

```
Style: Car
Manufacturer: Volkswagen
Passenger: 5

Style: Truck
Manufacturer: GM
Passenger: 2
Load: 5

Style: Crane
Manufacture: Ford
Passenger: 2
Load: 4
Height: 20
```

【例 6.9】 汽车信息处理程序。

```
/* 06_09.cpp */
#include <iostream>
#include <string>
using namespace std;
//定义汽车抽象基类
class Auto
{
protected:
    string  stypename;                            //类型名
    int     npassengers;                          //乘客数量
    string  smanufacturer;                        //厂商名称
public:
    Auto()                                        //构造函数
    {
        stypename = "Auto";
        npassengers = 0;
        smanufacturer = "no manufacturer";
    }
    virtual ~Auto() {}                            //虚析构函数
    //静态函数 TrimLine(),用于整理字符串,去掉串尾部换行字符
    static void TrimLine(char * sbuf)
    {
        while(sbuf!= '\0')
        {
            if( * sbuf == '\r'|| * sbuf == '\n')
            {
                * sbuf = '\0';
                break;
            }
            sbuf++;
        }
    }
```

```
    virtual bool Input(FILE * fp) = 0;           //纯虚函数 Input(),输入数据
    virtual void Show() = 0;                     //按照指定的格式输出车的信息
};
//普通汽车 Car 类
class Car:public Auto
{
public:
    Car()                                        //构造函数
    {   stypename = "Car";   }                   //车型名称为 Car
    //重写虚函数 Input()
    bool Input(FILE * fp)
    {
        char sbuf[100];
        fgets(sbuf,100,fp);                      //读入一行字符串(包括换行符)
        TrimLine(sbuf);                          //去掉换行符
        smanufacturer = sbuf;                    //生产厂商字符串
        fgets(sbuf,100,fp);                      //再读一行
        npassengers = atoi(sbuf);                //atoi()函数实现把字符串内容转换为整数
        return true;
    }
    //重写显示车信息的虚函数 Show()
    void Show()
    {
        cout <<"Style: "<< stypename << endl;
        cout <<"Manufacturer: "<< smanufacturer << endl;
        cout <<"Passenger: "<< npassengers << endl;
    }
};
//卡车 Truck 类,从 Car 类派生
class Truck:public Car
{
protected:
    float  fload;                                //载重量
public:
    Truck()                                      //卡车类构造函数
    {
        stypename = "Truck";                     //车型名称
        fload = 0;
    }
    //重写虚函数 Input()
    bool Input(FILE * fp)
    {
        char sbuf[100];
        Car::Input(fp);                          //调用基类的 Input()函数
        fgets(sbuf,100,fp);                      //读入一行数据,载重值
        fload = atof(sbuf);                      //atof()函数实现把字符串内容转换为浮点数
        return true;
    }
    //重写显示卡车信息的虚函数 Show()
    void Show()
    {
```

```
            Car::Show();                          //调用基类的输出函数 Show()
            cout <<"Load: "<< fload << endl;      //输出卡车的载重值
        }
};
//吊车 Crane 类,从 Car 类派生
class Crane:public Truck
{
protected:
    float  fheight;                               //吊车的举物高度
public:
    Crane()
    {
        stypename = "Crane";
        fheight = 0;
    }
    //重写虚函数 Input()
    bool Input(FILE * fp)
    {
        char sbuf[100];
        Truck::Input(fp);                         //调用基类的 Input()函数
        fgets(sbuf,100,fp);                       //读入一行数据,举物高度
        fheight = atof(sbuf);
        return true;
    }
    //重写显示吊车信息的虚函数 Show()
    void Show()
    {
        Truck::Show();                            //调用基类的输出函数 Show()
        cout <<"Height: "<< fheight << endl;      //输出吊车的举物高度
    }
};

//主函数
int main()
{
    FILE * stream;                                //定义文件指针
    stream = fopen("autos.txt","r");              //以只读方式打开数据文件 autos.txt
    if(stream == NULL)//打开文件失败
    {
        cout <<"Can't open the file."<< endl;
        return 0;
    }
    Auto * autos[3];                              //定义对象指针数组,包含三个指针变量元素
    char sbuf[100];                               //字符缓冲区
    int index = 0;                                //序号
    //循环处理每一组车型信息
    while(fgets(sbuf,100,stream)!= NULL && index < 3)//读入一行字符串
    {
        if(strncmp(sbuf,"Car",3) == 0)           //检查是否为 Car 类型
            autos[index] = new Car();             //是,动态生成 Car 对象
        else if(strncmp(sbuf,"Truck",5) == 0) //检查是否为 Truck 类型
```

```
            autos[index] = new Truck();        //是,动态生成 Truck 对象
        else if(strncmp(sbuf,"Crane",5) == 0) //检查是否为 Crane 类型
            autos[index] = new Crane();        //是,动态生成 Crane 对象
        else break;                            //其他非法信息
        autos[index] -> Input(stream);         //用基类指针调用 Input()虚函数
        index++;                               //序号递增
    }
    fclose(stream);                            //关闭文件
    for(int i = 0;i < index;i++)
    {
        autos[i] -> Show();                    //用基类指针调用 Show()虚函数
        cout << endl;
        delete autos[i];                       //删除对象
    }
    return 0;
}
```

上面的程序运行后,就会按照指定格式输出要求的结果。

程序分析:例 6.9 在基类 Auto 中把 Input()和 Show()设计为纯虚函数,在其派生类 Car、Truck 和 Crane 中都分别重写了这两个虚函数。

在主函数 main()中,首先打开了数据文件 autos.txt(注意该文件应当放在和源程序相同的目录里),然后设计了一个循环,循环中先读取一行字符串,认为是车类型字符串,然后生成一个这种车类型的堆对象,并且用一个基类的指针数组中的元素指向该对象,得益于动态绑定机制,然后调用该对象的 Input()虚函数,由于每个对象类型不同,因此各自的 Input()函数处理的数据格式不同,均根据需要再读取 2~4 行数据,用来设置对象的属性。循环结束后应该得到 3 个基类指针指向的派生类对象,再用一个循环分别调用每个对象的虚函数 Show(),实现信息输出,然后用 delete 删除该基类指针指向的派生类对象。

6.5 本章小结

多态性指的是不同的对象对于同样的消息会产生不同的行为,是对类的特定成员函数的再抽象。这里的消息是指对类的成员函数的调用,不同的行为是指不同的实现,也就是调用了不同的函数。

本章重点内容概括如下。

1. 多态的种类

C++支持的多态又可分为 4 类,重载多态、强制多态、包含多态和参数多态。前面两种统称为专用多态,而后面两种统称为通用多态。普通函数及类的成员函数的重载都属于重载多态。强制多态是通过语义操作把一个变元的类型加以变化,以符合一个函数或操作的要求。包含多态是研究类族中定义于不同类中的同名成员函数的多态行为,主要是通过虚函数来实现。参数多态是采用参数化模板,通过给出不同的类型参数,使得一个结构可以使用多种数据类型,C++提供的函数模板和类模板即为典型的参数多态。

2. 多态的实现

多态从系统实现的角度来看可分为两类,编译时多态和运行时多态。前者是在编译过程中确定了同名操作的具体操作对象,而后者则是在程序运行过程中才动态地确定操作所针对的具体对象,这种确定操作的具体对象的过程就是绑定。

3. 虚函数

虚函数是用 virtual 关键字声明的成员函数。析构函数可以声明为虚函数而构造函数不能声明为虚函数,静态成员函数不能声明为虚函数。根据赋值兼容规则,可以用基类类型的指针指向派生类对象,如果这个对象的成员函数是普通的成员函数,通过基类类型的指针访问到的只能是基类的同名成员。若将基类的同名成员函数设置为虚函数,使用基类类型指针就可以访问到该指针正在指向的派生类的同名函数。这样,通过基类类型的指针,就可以导致属于不同派生类的不同对象产生不同的行为,从而实现了运行过程的多态。

C++ 11 规定可以使用 override 和 final 管理虚函数。

4. 纯虚函数与抽象类

纯虚函数是指被标明为不具体实现的虚函数。纯虚函数的声明形式是在虚函数声明原型后跟"=0"即可,包含有纯虚函数的类就是抽象类。抽象类的作用是:在由该类派生出来的类体系中,它可对类体系中的任何一个子类提供一个统一的接口,即用相同的方法对该类体系中的任一子类实例进行各种操作,并可把接口和实现分开。由于抽象类只能用作其他类的基类,所以抽象类也称为抽象基类。对于抽象类的使用有以下几点规定:

(1) 不能建立抽象类的实例;

(2) 抽象类不能用参数类型、函数返回类型或显式类型转换;

(3) 可以声明抽象类的指针或引用,通过指针或引用指向派生类对象,而实现动态绑定。

习题

6-1 什么是多态性,多态性分几种?

6-2 什么是虚函数?什么是纯虚函数?它们之间有何区别?各自如何使用?

6-3 什么是抽象类?使用抽象类时要注意哪些问题?

6-4 写出程序的运行结果。

```
#include< iostream >
using namespace std;
class B
{
public:
    B(){  b=0;  }
    B(int i){  b=i;  }
    virtual void fun()
```

```
    {
        cout <<"b = "<< b << endl;
        cout <<"B::Fun();"<< endl;
    }
private:
    int b;
};
class D:public B
{
public:
    D(){   d = 0;   }
    D(int i,int j):B(i)
    {
        d = j;
    }
    void Fun()
    {
        cout <<"d = "<< d << endl;
        cout <<"D::Fun();"<< endl;
    }
private:
    int d;
};
void Test(B * pb)
{
    pb -> Fun();
}
int main()
{
    D d1(5,3);
    Test(&d1);
    return 0;
}
```

6-5　写出程序的运行结果，并思考如果用B类定义对象会有什么问题，为什么？

```
#include < iostream >
using namespace std;
class A
{
public:
    A(){   type = 'A';   }
    virtual void Print() = 0;
protected:
    char type;
};
class B: public A
{
public:
    B()
    {    type = 'B'; binfo = 1;   }
```

```
protected:
    int binfo;
};
class C: public B
{
public:
    C()
    {   type = 'C'; cinfo = 2;   }
    void Print()
    {   cout <<"C::print(),cinfo = "<< cinfo << endl;   }
protected:
    int cinfo;
};
class D: public A
{
public:
    D()
    {   type = 'D'; dinfo = 4;   }
    void Print()
    {   cout <<"D::print(),dinfo = "<< dinfo << endl;   }
protected:
    int dinfo;
};
int main()
{
    A * pa;
    B * pb;
    C c1;
    D d1;
    pa = &c1;
    pa -> Print();
    pb = &c1;
    pb -> Print();
    pa = &d1;
    pa -> Print();
    return 0;
}
```

6-6　编写一个哺乳动物类 Mammal，再由此派生狗类 Dog，在基类 Mammal 中定义虚函数 Speak()，在 Dog 类重写此虚函数，然后在主函数中定义 Dog 对象和一个 Mammal 基类指针，用此基类指针指向 Dog 对象，然后调用 Speak()函数，观察运行结果。

6-7　编写程序声明一个基类 BaseClass，从它派生出类 DeriveClass，在 BaseClass 中声明虚析构函数，在主函数中将一个动态分配的 DeriveClass 的对象地址赋给一个基类 BaseClass 的指针，然后通过指针释放对象空间，观察程序运行过程。

6-8　编写程序定义抽象类 Shape，由它派生出 5 个派生类 Circle(圆形)、Square (正方形)Rectangle (矩形)、Trapezoid(梯形)、Triangle(三角形)。用虚函数分别计算几种图形的面积，并求它们的和。要求：用基类指针数组，使它每一个元素指向一个派生类对象。

6-9　设计一个抽象类及其派生类，编程显示初中生、高中生和大学生的相关信息。

第7章 运算符重载

本章要点：

- 运算符重载的概念
- 运算符重载的规则
- 运算符重载为友元函数
- 运算符重载为成员函数
- 几种常用运算符的重载

重载是面向对象程序设计的基本特点之一，在这种机制下，同样的函数名或运算符可以实现不同的操作。在编译连接过程中，系统自动根据参数个数或参数类型等特征确定同名标识符调用的程序代码段。将系统预定义的运算符，用于用户自定义的数据类型，这就是运算符重载。C++语言的运算符重载机制使得用户可以在自定义类中以运算符函数的形式提供一些常见功能。只要在类中提供了运算符函数，就可以对类的对象采用该运算符实现操作，这样使得程序看起来更加专业和简洁。通过本章的学习，应加深理解运算符重载的语法规则，并熟练掌握常见运算符重载的方法，理解运算符重载的成员函数形式和友元函数形式。

7.1 运算符重载的概念

在C++中预定义的运算符只能操作基本的数据类型，在实际应用中，有些自定义的数据类型，如类和结构体，也需要有类似的运算操作。

【例7.1】 在下面的程序段定义了一个复数类，为了实现复数的加法，可以定义一个成员函数Add，调用它可以实现两个复数对象相加，并返回一个新的复数对象。

```
/* 07_01.cpp */
class Complex                                   //复数类
{
private:
    double image;
    double real;
public:
    Complex(double x = 0.0,double y = 0.0)      //构造函数
    {
```

```
        real = x;
        image = y;
    }
    Complex Add(const Complex &c)              //相加函数
    {
        Complex temp(real + c.real, image + c.image);
        return temp;
    }
};
```

接下来可以使用该类定义三个对象：

```
Complexa(5,7), b(10,8),c;
```

然后用下面的操作实现复数对象 a 加上 b，结果赋给对象 c：

```
c = a.Add(b);
```

虽然上述操作可以实现复数的加法操作，但是我们更希望能使用"＋"运算符，写出表达式：

```
c = a + b;
```

这种写法完全符合数学的习惯，比函数形式更直观、更容易让人理解，但是这样的语句在编译的时候却会出错，因为编译器不知道该如何完成这个加法。这时候就需要我们自己编写程序来说明"＋"在作用于 Complex 类对象时，该实现什么样的功能，这就是运算符重载出现的原因。运算符重载是对已有的运算符赋予新的含义，使同一个运算符作用于不同类型的数据时而实现不同的操作。

运算符重载的实质就是函数重载。在 C++语言中，所有系统预定义的运算符都是通过运算符函数来实现的。例如有两个 int 型变量 i、j，有如下表达式：

```
i + j
```

编译器在分析表达式时，自动把它解释成如下形式：

```
operator + (i,j)
```

其中，operator 是 C++语言的关键字，它与后面的"＋"共同组成了该运算符函数的函数名，标准 C++语言中已经为各种基本数据类型重载了运算符函数 operator ＋ ( )。这些重载形式可能包括：

```
operator + (int,int)
operator + (float,float)
operator + (double,double)
…
```

根据函数重载原则，系统会用 operator ＋(int,int)与表达式 operator ＋(i,j)进行匹配。

既然系统预定义的运算符是通过运算符函数调用来实现的，用户就可以像重载普通函数一样重载运算符函数。

7.2 运算符重载的规则

1. 运算符重载的格式

重载运算符函数的一般格式为：

```
T operator @(参数表)
{
    重载函数体
}
```

其中 T 为返回类型，operator 为关键字，@为运算符名称，参数表为参与运算的数据即操作数，可以是一个或两个，因此从所需操作数的数量上来区分，可分为单目运算符和双目运算符两种。

两个整数相加的运算符就是典型的双目运算符，其运算符函数就可以理解为如下的形式：

```
int operator + (int a,int b)
{
    return (a + b);                    //实现整数加法的基本操作,不要再解释为重载
}
```

一般在对类的对象进行操作的函数中，都要能访问类中的私有数据，所以，要么将这些函数定义成类的成员函数，要么将它定义成类的友元函数，运算符函数的重载也是如此。为区别这两种情况，将作为类成员的运算符函数称为成员运算符函数，将作为类的友元的运算符函数称为友元运算符函数，但对于同一个运算符，要么定义为类运算符，要么定义为友元运算符，不能两者都定义，不然会产生二义性，编译不能通过。对于复合类型的数据如类和结构体，运算符的重载形式通常可以定义友元函数和成员函数两种，这部分内容会在下面讨论。

运算符函数的参数建议都声明为引用型，可以最大程度地提高运行效率，如果不希望在函数内部对参数有所改动，可以在参数前加 const 关键字加以限定。

2. 运算符重载需要遵守的规则

C++语言中绝大多数的运算符都可以被重载，具体如表 7.1 所示。

表 7.1 C++语言允许重载的运算符

运算符类别	运 算 符
算术运算符	+、-、*、/、%
关系运算符	==、!=、<、>、<=、>=
逻辑运算符	&&、||、!
赋值运算符	=、+=、-=、*=、/=、%=、&=、|=、^=、<<=、>>=
位运算符	|、&、~、^、<<、>>
单目运算符	+、-、*、&
自增、自减运算符	++、--
动态内存操作运算符	new、delete、delete[]
其他运算符	()、[]

C++语言中有5个运算符不能重载,如表7.2所示。

表7.2 C++语言中不允许重载的运算符

成员访问运算符	成员指针运算符	域操作运算符	条件运算符	空间计算运算符
.	.*	::	?:	sizeof

另外,C++语言不允许定义新的运算符,只能对C++语言中的预定义运算符进行重载。例如标准输入输出对象cin和cout分别用到的运算符“<<”和“>>”,并不是新增加的运算符,而是分别重载了位运算的左移和右移两个运算符。运算符重载不能改变该运算符操作数(对象)的个数,也不能改变该运算符的优先级别和结合性。

运算符重载应该符合实际需要,重载的功能应该与运算符原有的功能相似,例如重载了加法运算符,而函数体的实际操作却是减法,这样的重载是不推荐的。

7.3 运算符重载为友元函数

作为友元运算符函数,首先要在相应的类中声明为该类的友元函数,声明的一般形式为:

```
friend 返回类型 operator @(参数表);
```

而函数的具体定义如下:

```
返回类型 operator @(参数表)
{
    //函数体
}
```

这里,返回类型可以是任意类型,但通常与它所操作的类的类型相同,参数的类型通常也与它所操作的类的类型相同,声明成友元的主要原因是要在运算符函数中直接访问类的私有成员,这样可以提高函数的执行效率。

在友元方式下,运算符函数参数个数与运算符所需的操作数个数相同,对于双目运算符重载函数,参数表中包含两个参数,其常用形式可表示为:

```
friend T operator@(T a, T b);
```

其中T表示类型名,@表示运算符,a表示左操作数,b表示右操作数,另外为了提高参数传递时的效率,参数通常被声明为引用类型。

例如对于两个Complex类的对象相加的函数:

```
Complex Add(Complex &a, Complex &b);
```

可用“+”,运算符重载如下:

```
Complex operator + (Complex &a, Complex &b);
```

这里用“operator +”替代了函数名Add,其余完全一样。在调用时,运算符函数与普通函数的区别是，对于普通函数，运算量作为参数出现在圆括号中；而对于运算符，运算量可出现在其左右两侧。例如：

```
Complex c3 = Add(c1,c2);                    //用普通函数
Complex c3 = c1 + c2;                       //用重载运算符" + "
```

编译器遇到语句 c3＝c1＋c2 时，会把它替换成 c3＝operator ＋(c1,c2)的完整形式，即与重载的运算符函数原型相匹配。

例 7.2 给出 Complex 类的定义及重载运算符函数“operator ＋”的定义，作为友元运算符函数，先要声明为类的友元，相关的代码如下。

【例 7.2】 Complex 类的友元运算符函教重载。

```
/* 07_02.cpp */
#include <iostream>
using namespace std;
class Complex                               //复数类
{
private:
    double image;
    double real;
public:
    Complex(double x = 0.0,double y = 0.0)     //构造函数
    {   real = x; image = y;   }
    void Print();
    //声明友元函数
    friend Complex operator  + (const Complex &c1,const Complex &c2);
};
void Complex::Print()
{
    cout << real <<"  +  "<< image <<"i"<< endl;//以复数格式输出
}
Complex operator  + ( const Complex &c1, const Complex &c2)   //定义友元运算符函数
{
    Complex temp(c1.real + c2.real,c1.image + c2.image);
    return temp;
}
int main()
{
    Complex c1(2,7),c2(4,2),c3;
    c3 = c1 + c2;                           //表达式的完整形式应该是 c3 = operator + (c1,c2)
    c3.Print();
    system("pause");                        //暂停运行界面
    return 0;
}
```

程序的调试运行结果如图 7.1 所示。

图 7.1 例 7.2 的调试运行结果

对于单目运算符，参数表中只包含一个参数，其常用形式可表示为：

```
T operator@(T a)
```

其中 T 表示类名,@表示运算符,a 表示操作数(对象)。

在例 7.3 中,将定义一个 Point 类,用来表示几何点的概念,并重载"-"和"!"两个单目运算符,要求"-"实现对象的成员变量在数值上求负取反,而"!"实现点对象是否为原点(0,0)的判断。

【例 7.3】 Point 类的友元实现单目运算符函数重载。

```
/* 07_03.cpp */
#include <iostream>
using namespace std;
class Point                                        //二维点类
{
private:
    int x,y;
public:
    Point(int i = 0, int j = 0)                    //构造函数
    {  x = i; y = j;  }
    void Show()                                    //显示点值,格式:(x,y)
    {  cout <<"("<< x <<","<< y <<")"<< endl ;  }
    friend Point operator - (const Point &p1);     //友元函数声明
    friend bool operator !(const Point &p1);       //友元函数声明
};

Point operator - (const Point &p1)                 //重载运算符 -,数值取反
{
    Point temp( - p1.x, - p1.y);
    return temp ;
}
bool operator !(const Point &p1)                   //重载运算符!,原点判断
{
    return (p1.x == 0 && p1.y == 0);               //x,y 都为零则返回 true,否则返回 false
}
int main()
{
    Point p1(20,40),p2;
    p1.Show();
    p2.Show();
    cout << !p1 << endl;                           //!p1 完整形式应该是 operator !(p1)
    cout << !p2 << endl;                           //!p2 完整形式应该是 operator !(p2)
    p2 = - p1;                                     // - p1 完整形式应该是 operator - (p1)
    p2.Show();
    cout << !p2 << endl;
    system("pause");                               //暂停运行界面
    return 0 ;
}
```

程序的调试运行结果如图 7.2 所示。

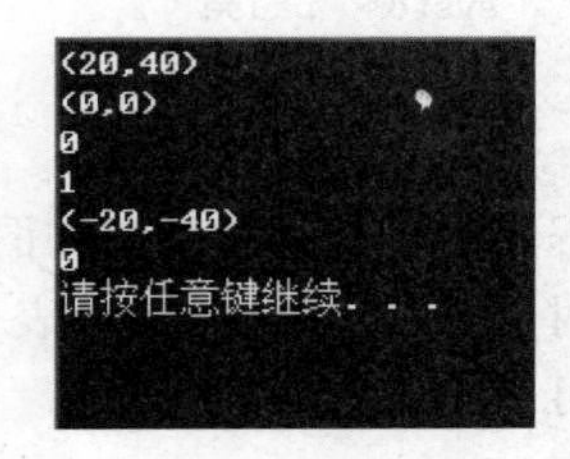

图 7.2 例 7.3 的调试运行结果

选择采用友元的方式的目的是希望尽量保持类的封装性,如果把类的私有成员全都改为 public 类型,友元就不需要了,完全可以采用全局函数形式实现,但是这样类的数据隐藏特性就无从谈起了。

将双目运算符重载为友元函数时,函数中的形参必

须是两个，不能省略，但并不要求类型一致。重载的运算符不满足交换率，例如希望将复数和一个整数相加，整数加到实部上，可以声明为：

```
friend Complex operator + (Complex &c, int &i)
```

在类外部定义的友元函数为：

```
Complex operator + (Complex &c, int i)
{   return Complex(c.real + i, c.image);   }
```

则有：

```
c3 = c1 + 5;                                //正确
c3 = 5 + c1;                                //错误，没有合适的匹配类型
```

若要解决此问题，就必须重载一次"+"运算符：

```
Complex operator + (int i, Complex &c)
{   return Complex(c.real + i, c.image);   }
```

这样 c3=c1+5；和 c3=5+c1；就都合法了，编译系统找到合适的重载函数来匹配这两个表达式。

7.4 运算符重载为成员函数

在例 7.2 的程序代码中，运算符"+"的重载函数被定义在 Complex 类之外，作为该类的友元函数，能访问类中的私有数据成员 real 和 image，但是这种友元函数与类配合的情况，降低了该类的独立性，破坏了该类的封装特性。

因此在一般情况下，应将类所涉及的所有操作都定义在类中，即应将类的运算符重载成类中的成员函数。因为是在类中定义的操作，操作的一方就是当前的对象，成员变量也可以自由访问，这样，如果是重载双目运算符，就只要设置一个参数作为右侧运算量，而左侧运算量就是该对象本身；如果是重载单目运算符，就不必另外设置参数，运算符的操作量就是对象本身。

下面仍以 Complex 类为例，以成员函数的方式重载减法"-"和相等比较运算"=="，以及求负取反符号"-"，说明成员运算符的重载。

【例 7.4】 Complex 类的成员运算符函教重载。

```
/* 07_04.cpp */
#include <iostream>
using namespace std;
class Complex                               //复数类
{
private:
    double real, image;
public:
    Complex(double x = 0.0, double y = 0.0)  //构造函数
    {   real  = x; image  = y;   }
    Complex operator - (const Complex &c);   //减法操作，双目运算符
```

```
    bool operator == (const Complex &c);               //关系判断相等,双目运算符
    Complex operator - ();                             //求负取反,单目运算符
    Complex &operator += (const Complex &c);           //累加操作,双目运算符
    void Print();
};
void Complex::Print()
{
    cout << real <<" + "<< image <<"i"<< endl;         //以复数格式输出
}
Complex Complex ::operator - (const Complex &c)        //减法
{
    Complex temp(real - c.real, image - c.image);
    return temp;
}
bool Complex ::operator == (const Complex &c)
{
    return (real == c.real && image == c.image);       //判断分量是否全相等
}
Complex Complex ::operator - ()
{
    return Complex( - real, - image);                  //返回一个无名对象
}
Complex &Complex ::operator += (const Complex &c)
{
    real += c.real;                                    //成员叠加
    image += c.image;
    return * this;                                     //返回对象本身的引用
}
int main()
{
    Complex c1(2,7),c2(4,2),c3;
    c3 = c1 - c2;                              //表达式的完整形式应该是 c3 = c1.operator - (c2)
    //c3 = c1.operator - (c2);                         //读者可去掉注释语句看看会有什么结果
    c3.Print();
    if(c3 == c1)cout <<"c3 equals to c1"<< endl;       //判断 c3 和 c1 是否相等
    else cout <<"c3 doesn't equale to c1"<< endl;
    c3 = - c2;                                         //把 c3 赋值为 c2 的求负取反值
    c3.Print();
    c3 += c2;
    c3.Print();
    system("pause");
    return 0;
}
```

程序的调试运行结果如图 7.3 所示。

```
-2+5i
c3 doesn't equals to c1
-4+-2i
0+0i
请按任意键继续. . .
```

图 7.3 例 7.4 的调试运行结果

在以上 main()函数中,编译器重新解释后,4 个运算符重载对应的完整形式分别是:

```
c1 - c2     等价于     c1.operator - (c2)
c3 == c1    等价于     c3.operator == (c1)
```

```
-c2      等价于   c2.operator-();
c3+=c2   等价于   c3.operator+=(c2);
```

由此可以看出，针对双目运算符被重载为类的成员函数，实质是运算符左侧的对象调用了自身的运算符函数，右侧的操作量作为运算符函数的参数，因此要求运算符左侧的操作量必须是类的对象。

7.5 几种常用运算符的重载

1. 自增运算符++和自减运算符--

自增和自减运算符都是单目运算符，自增运算符"++"分为前置和后置两种类型，它们作用和规则不一样，应该如何区分呢？

【例 7.5】 有一个 Point 类，包含二维几何点的 x 和 y 两个分量，定义两种自增运算符重载为成员形式。

```
/* 07_05.cpp */
#include <iostream>
using namespace std;
class Point                          //二维点类
{
private:
    int x,y;
public:
    Point(int i=0, int j=0)          //构造函数
    {  x=i; y=j;  }
    void Show()                      //显示点值,格式:(x,y)
    {  cout<<"("<<x<<","<<y<<")"<<endl ;  }
    Point operator ++();             //声明前置自增运算符"++"重载函数
    Point operator ++(int);          //声明后置自增运算符"++"重载函数
};
Point Point::operator ++()           //定义前置自增运算符"++"重载函数
{
    ++x;
    ++y;
    return *this;
}
Point Point::operator ++(int)        //定义后置自增运算符"++"重载函数
{
    Point ptold(x,y);
    x++;
    y++;
    return ptold;
}
int main()
{
    Point p1(20,40),p2;
    p1.Show();
```

```
    p2 = p1++;
    p1.Show();
    p2.Show();
    p2 = ++p1;
    p1.Show();
    p2.Show();
    system("pause");
    return 0;
}
```

程序的调试运行结果如图 7.4 所示。

运行结果说明：

```
(20,40)    ...    (p1 原值)
(21,41)    ...    (p1 执行自增操作后的值)
(20,40)    ...    (p2 保存 p1 执行自增操作前的值)
(22,42)    ...    (p1 再次执行自增操作后的值)
(22,42)    ...    (p2 保存了 p1 自增后的值)
```

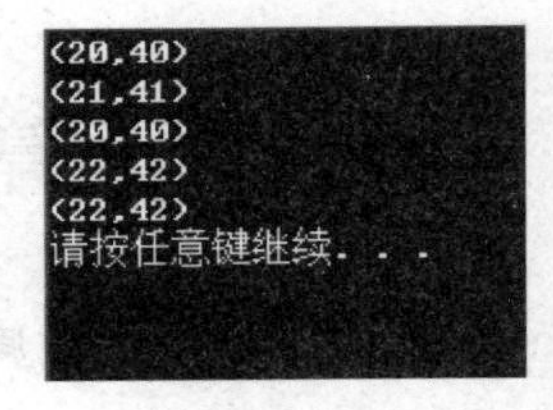

图 7.4　例 7.5 的调试运行结果

在上述程序中，重载后置“＋＋”运算符时，多了一个 int 型的参数，甚至没有定义具体的参数名，而此参数仅仅是为了区分前置和后置两种重载运算符函数，当使用后置“＋＋”时，编译系统自动加了一个 0 作为重载函数的实参。

```
++p1     ...    完整形式为 p1.operator()
p1++     ...    完整形式为 p1.operator(0)
```

因此编译器可以很容易地找到相匹配的重载函数，对于自减运算符“－－”，也是采用和运算符“＋＋”相同的方法实现的。

2. 赋值操作符＝

赋值运算符“＝”是双目运算符，重载运算符时需要注意：赋值运算符函数必须是类的成员函数，不允许重载为友元函数；赋值运算符函数不能被派生类继承。

如果不定义自己的赋值运算符函数，那么编译器会自动生成一个默认的赋值运算符函数。该函数把一个对象的成员内容逐个地拷贝给要赋值的对象的成员，可以使用默认的赋值运算符实现对象的赋值。例如：

```
Complex c1 (10,8), c2;
c2 = c1;
```

上面语句表示将 c1 的数据成员逐个赋给 c2 的对应数据成员，即：

```
C2.real  =  c1.real  = 10
C2.image =  c1.image = 8
```

对于某些类定义的对象，当使用默认的赋值运算符时，有时可能会出现程序不能正确运行的情况，例如类内使用了动态分配的内存，这时必须根据需要对赋值运算符进行重载。

【例 7.6】 默认的对象赋值运算符引起指针悬挂和内存重复释放的问题。

```
/* 07_06.cpp */
```

```
#include <iostream>
#include<cstring>
using namespace std;

class String
{
    char * sbuf;                    //字符指针变量,指向动态分配的内存,用来存储字符串
    int length;                     //字符串长度
public:
    String()
    {
        length = 0;
        sbuf = new char;            //默认只有一个字符,用来存放'\0'
        sbuf[0] = '\0';
    }
    String(char * s)                //用字符串常量来初始化
    {
        length = strlen(s);         //得到传入字符串长度
        sbuf = new char[length + 1]; //开辟和传入字符串等长的空间
        strcpy(sbuf, s);            //字符串复制
    }
    ~String()
    {
        delete[] sbuf;              //析构时释放指向的动态内存
    }
    void Show()
    {
        cout << sbuf << endl;
    }
};
int main()
{
    String s1("hello");
    String s2("world");
    s2 = s1;
    return 0;
}
```

该段程序编译时没有问题，但是运行后却产生了致命的错误，原因是语句 s2 =s1 使得 s2. sbuf 和 s1. sbuf 的值相同，即都指向同一块内存区，如图 7. 5 所示。

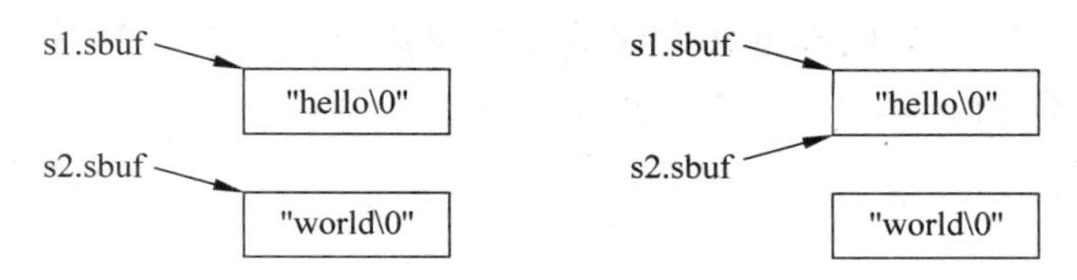

图 7. 5 默认的对象赋值运算符引起指针悬挂和内存重复释放问题

当 s1 和 s2 这两个对象生存期结束时，将调用两次析构函数，从而使这块内存被重复释放一次，而 s2. sbuf 原先指向的内存区却没有释放，没有指针指向该区域导致无法再用，这

就是指针悬挂问题。通过重载赋值运算符可以解决以上问题,主要方法是:

(1) 在赋值之前,先释放 s2. sbuf 原来指向的内存空间;

(2) 为 s2. sbuf 重新申请内存空间;

(3) 把 s1. sbuf 指向的源数据复制到 s2. sbuf 所指向的目的区域。

下面对 String 类进行改进,只要在例 7.6 的类中添加以下的成员运算符重载函数即可:

```
String &operator = (String &str )
{
    if(this == &str )return * this;  //地址相同,表明是同一个对象就退出
    delete[] sbuf;                   //释放原有空间
    length = str.length;
    sbuf = new char[length + 1];     //分配新的内存区域
    strcpy(sbuf,str.sbuf);           //复制字符串内容
    return * this;
}
```

然后使用如下的主函数进行测试:

```
int main()
{
    String s1("hello");
    String s2("world");
    s1.Show();
    s2.Show();
    s2 = s1;                          //调用赋值运算符函数
    s1.Show();
    s2.Show();
    system("pause");
    return 0;
}
```

程序的调试运行结果如图 7.6 所示,并且没有任何错误发生:

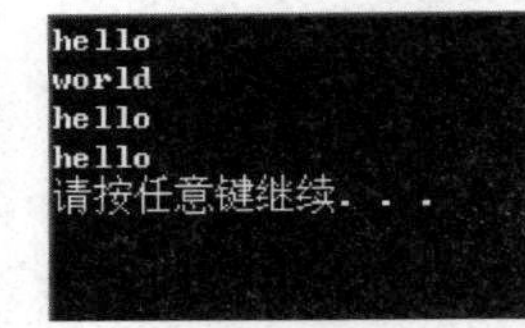

图 7.6 程序的调试运行结果

赋值运算符函数的返回类型不要使用 void 型,应该设成 String 引用型,这样有利于实现级联赋值操作。

3. 重载数组下标运算符"[ ]"

数组下标运算符"[]"只能被重载为成员运算符函数。在重载时,把"[]"看作双目运算符。成员运算符函数 operator[]( )的一般形式为:

```
返回类型 operator [] (int i)
{
    函数体
}
```

当某些类对象,其成员的数据之间具有一种线形的次序关系时,用类似于访问数组元素的下标操作来访问它的成员会更加自然。

【例 7.7】 为 String 类重载运算符“[]”,可以单独访问字符串中的字符。

```
/* 07_07.cpp */
#include<iostream>
#include<cstring>
#include<cstdlib>
using namespace std;
class String
{
    char * sbuf;                    //字符指针变量,指向动态分配的内存,用来存储字符串
    int length;                     //字符串长度
public:
    …                               //与例 7.6 相似的代码省略
    //重载数组下标访问运算符 []
    char & operator[](int i)
    {
        if(i<0||i>=length)          //对下标进行检查,超出范围则报错退出程序
        {
            cout<<"下标越界错误!"<<endl;
            exit(1);
        }
        return sbuf[i];
    }
};
int main()
{
    String s("abcdefg");
    cout<<s[0]<<endl;               //输出下标为 0 的元素
    s[2]='m';                       //修改下标为 2 的元素
    s.Show();
    system("pause");
    return 0;
}
```

程序的调试运行结果如图 7.7 所示。

注意:在类 String 中,成员运算符函数 operator [ ]( )的返回类型是对字符变量的引用,因此,“[]”可以用在赋值符号的左边,例 7.7 中即实现了对象成员 sbuf 的下标为 2 的元素的修改。

图 7.7 例 7.7 的调试运行结果

7.6 本章小结

本章深入讨论了 C++语言中运算符重载的重要机制。通过重载运算符,使得类的对象能够使用 C++语言中丰富的运算符集,扩展了类的功能,增加了程序的简洁性和可读性。

1. 运算符重载的语法

在重载运算符时不能创建 C++语言中没有的运算符。不能改变所重载运算符的性质,

例如,该运算符的优先级、结合性、操作数的个数以及语法结构。所重载运算符的操作数不能都是基本数据类型数据。重载运算符还应尊重对该运算符功能的习惯性认识。

C++语言中有 5 个运算符不能被重载:成员访问运算符“.”,指向成员的指针运算符“.*”,作用域解析运算符“::”,条件运算符“?:”,长度运算符“sizeof”。

2. 运算符重载的形式

每个运算符都依赖于对应运算符函数而实现。运算符函数既可以是类的友元函数,也可以是类成员函数。

以友元函数形式重载运算符时,一元运算符带一个参数对应于其操作数;二元运算符带两个参数,分别对应于左右操作数。以成员函数形式重载运算符时,一元运算符不能带有参数,此时其唯一的参数可以通过 this 指针访问得到;二元运算符只能带一个参数,且该参数对应于右操作数,左操作数通过 this 指针获得。

当左操作数是本类的对象时,既可以采用成员函数形式的运算符重载,也可以采用友元函数形式的运算符重载。为实现某些运算符的可交换性,当左操作数不是本类的对象时.要采用友元函数形式的运算符重载语法。有些运算符只能被重载为成员函数形式:赋值运算符“=”,复合赋值运算符“+=”“-=”,函数调用运算符“( )”,下标运算符“[ ]”,成员访问运算符“->”。

3. 常用运算符的重载

(1) 重载算术运算符可以实现类的基本算术运算。有时可以对算术运算符的功能进行扩展和引申,例如重载“+”可以实现对象的连接和合并,重载“-”,可以计算两个对象之间相对的差值,重载“+=”可以实现把右操作数合并到左操作数。

(2) 赋值运算符是经常被重载的运算符,它只能被重载为类的成员函数,带一个参数对应于右操作数,该函数的返回类型为类的引用,对应在函数定义时应返回 *this。

(3) 重载关系运算符,可以在类的对象之间进行大小比较和相等性比较。在重载关系运算符时,“<”运算符和“==”运算符是基础,其余 4 种运算符可以通过逻辑非运算及对表达式的等价变换来实现。

(4) 逻辑运算符中的“!”经常被重载用于判断对象是否为“空”。

(5) 自增“++”和自减“--”运算符常被重载用于对象的递增和递减。这两个运算符可以前置于操作数也可以后置于操作数。以前置增量运算符和后置增量运算符为例,两者在语法形式和计算过程上有着较大的不同。在运算符函数的语法形式上前置增量运算符返回引用,后置增量运算符返回值且带一个 int 类型的参数以区别于前置增量运算符。

(6) 对于对象中连续存储的数据内容,重载下标运算符可以实现对数据的随机访问,下标运算符“[ ]”只能被重载为成员形式。

(7) 在重载运算符时尽量重用已定义的运算符函数,既可以减少编码的工作量,也可以保证程序的一致性和可维护性。

在重载二元运算符时,有时右操作数不是本类的对象,要实现这种运算,有两个途径:一是重新定义右操作数为其他类型的运算符函数;二是只需要定义转换构造函数,通过它把右操作数隐式转换为本类的对象就能调用右操作数是本类对象的现有运算符函数了。

习题

7-1 定义一个二维向量类 Vector，有成员 x，y，重载运算符“+”和“+=”，另外还有带参数的构造函数和输出向量信息的成员函数，最后在主函数中对运算符进行测试。

7-2 完整定义复数类 Complex，在其中重载常见运算符，如“+”“-”“++”“--”“+=”，并且重载“==”和“!=”，使之能够比较两个复数。

7-3 定义日期类 Date，包括年、月、日三个成员变量，在其中重载运算符“+”“-”“++”“--”。

注意：需要考虑每个月不同天数及闰年问题。

7-4 完整定义字符串类 String，使用动态分配内存机制实现字符串存储，定义构造函数、析构函数，重载运算符“=”“+”“+=”实现两个字符串的赋值、连接等功能。

7-5 定义 3 * 3 矩阵类 Matrix，在其中重载运算符“+”“-”“*”实现矩阵的基本运算。

7-6 定义一元多项式类 Polynomial，用以表示形如 $y= a_{n-1}x^{n-1}+ a_{n-1}x^{n-1}+\cdots+a_0 x^0$ 的多项式，$a_0,\cdots,a_n$ 为系数，要求在构造多项式时可以设定 n 的大小，重载运算符“+”“-”实现两个多项式对象的基本运算。

第8章 模板

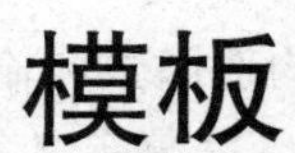

本章要点：

- 模板的概念
- 函数模板与模板函数
- 类模板与模板类

模板是C++语言最重要的特性之一，使用模板可以设计出与数据类型无关的程序框架，可以建立具有通用类型的类库和函数库。模板是C++语言软件重用机制的又一完美体现，引出了参数化多态性的概念，即把程序所处理的对象的类型参数化，使得一段程序可以用于多种不同类型的对象。

本章将介绍函数模板与模板函数、类模板与模板类的概念；通过使用模板可增加程序的通用性和可重用性，应掌握如何定义和使用函数模板和类模板，利用函数模板和类模板解决实际问题，使编制的程序更加精练。

8.1 模板的概念

前面我们已经学过函数的重载，对于 int 型和 float 型数据，必须定义两个单独的函数 Max( )，才能实现对两个数求最大值的功能。如下程序所示的函数 Max()，实现两个函数的主要操作都是一样的，唯一的差别是：一个函数处理 int 型数据，另一个函数处理 float 型数据。

```
int Max( int a, int b)                  //求两个 int 数的较大值
{
    return a > b?a:b;
}
float Max( float a, float b)            //求两个 float 数的较大值
{
    return a > b?a:b;
}
```

可以看出，求任何类型两个数的较大值，都有下列函数定义形式：

```
T Max( T a, T b)                        //求两个 T 类型数的较大值
{
    return a > b?a:b;
}
```

不同的T类型，可以写出不同的Max函数，这些函数都以重载函数的形式出现，随着所处理的数据类型的变更，就必须重复“复制”→“粘贴”→“修改类型”的操作，增加了编写程序的工作量，而这些函数的存在，也增加了维护代码的难度。

这种Max重载函数的统一特征是参数类型不同，函数体操作却完全相同。考虑这样两个问题：第一，能否避免函数重载时的重复工作？对于已知的数据类型char、short、int、float、double、long，能否有一个统一的Max函数可以自动适用不同的数据类型，这样就避免了Max函数体中的语句的重复书写。第二，这些重载函数对新的数据类型是否支持？希望Max函数是开放式的，可以处理未来即将出现的新的类型，例如前面内容曾经定义的Student类，能否用Max函数求出两个学生对象学号较大的那个呢？

要解决这两个问题，C++语言中的模板就可以做到。有了模板，重复的函数重载工作可以省略；良好的模板再结合运算符重载等其他机制，也能够适用于各种新定义的数据类型。

8.2 函数模板与模板函数

函数模板是函数的一种抽象形式。函数模板的定义形式为：

```
template <class T1,class T2,...>
返回类型 函数模板名(数据参数表)
{
    函数模板的函数体
}
```

其中template后面用尖括号中的内容class T1,class T2等是类型形参列表，T1,T2是抽象的类型名，用来描述函数模板的形式参数。模板形参可以是抽象的形式类型，可以是基本数据类型，也可以是类类型。每个模板形参都必须加上前缀class，并用逗号分隔，为了与类定义的关键字class区别，也可以用typename来替代。在数据参数表中以及函数模板的函数体中，通常用到类型参数表中给出的形式类型来定义变量。前面的Max函数因此可以写成如下形式：

```
template <typename T> T Max( T a, T b)//求两个T类型数的较大值
{
    return a>b?a:b;
}
```

其中函数模板名为Max，模板形参为抽象的类型T，函数模板的数据形参为a和b，函数模板的返回类型为T，函数模板的函数体为一对大括号中间的内容，由于没有具体的数据类型，函数体更像是一种算法，一种通用的代码。

模板并不是函数，它是以具体的类型为实参来生成函数体的一种程序框架，C++语言在编译函数模板时，不会产生任何执行代码。只有在用函数模板来定义具体函数时，才会生成执行代码，而使用函数模板则只需以函数模板名为函数名进行函数调用即可。

当编译器对程序代码进行预处理时，发现有一个函数模板名作为函数名进行调用时，将根据该函数的数据实参表中的对象或变量的类型，来与函数模板中对应的数据形参表相匹

配,然后生成一个函数。该函数的定义体与函数模板的函数体相同,但是数据类型则是以数据实参表的类型为依据,该函数称为模板函数。

【例 8.1】 编写求最大和求绝对值两个函数模板。

```
/* 08_01.cpp */
#include <iostream>
using namespace std;
template <typename T> T Max( T a, T b)    //求两个T类型数的较大值
{
    return a > b?a:b;
}
template <typename T> T Abs( T a)    //求T类型数的绝对值
{
    return a >= 0?a: - a;
}
int main()
{
    int ia = - 5, ib = 11, ic;
    float fa = 3.14f, fb = 7.2f, fc;
    ic = Max(ia, ib);
    cout <<"Max(ia, ib) = "<< ic << endl;
    ic = Abs(ia);
    cout <<"Abs(ia) = "<< ic << endl ;
    fc = Max(fa, fb);
    cout <<"Max(fa, fb) = "<< fc << endl ;
    fc = Abs(fa) ;
    cout <<"Abs(fa) = "<< fc << endl ;
    system("pause");
    return 0;
}
```

程序的调试运行结果如图 8.1 所示。

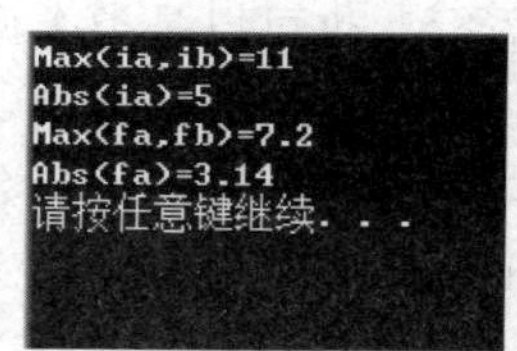

图 8.1 例 8.1 的调试运行结果

C++语言的编译器在扫描到 Max(ia,ib)时,因为是第一次发现 Max 函数调用,而 ia,ib 是整型,因此确定函数模板中的抽象类型 T 为 int,所以内部生成如下的模板函数:

```
template < int > int Max( int a, int b)
{
    return a > b?a:b;
}
```

而把此参数类型具体化产生新的模板函数的过程称为函数模板实例化。

如果在扫描的过程中再遇到实参同为整型的 Max 函数调用时,就可以直接用此模板函数来匹配。同样,当第一次扫描到 Max(fa,fb)调用时,fa,fb 同为 float 型,就会在内部生成 template< float >对应的模板函数实例。Abs 函数模板也用同样的方式处理。

针对已知的所有基本数据类型,例 7.1 中的 Max 函数模板都是适用的,但是对于某些

特别的类型，函数模板就不适用了，原因是 Max 函数内用到了关键性的表达式“a > b”，但并非所有的数据类型都支持“>”的比较运算，另外有些数据类型的“>”还要用到深层的含义，如对于两个字符串来说，“>”通常指的是两个字符串从头至尾逐字符地进行 ASCII 值的比较，因此我们可以定义如例 8.2 中的重载函数。

【例 8.2】 重载模板函数。

```
/* 08_02.cpp */
#include<iostream>
#include<cstring>
using namespace std;
template <typename T> T Max( T a, T b)          //求两个 T 类型数的较大值
{
    return a>b?a:b;
}
char *Max(char *pa,char *pb)
{
    return strcmp(pa,pb)>0?pa:pb;
}
int main()
{
    cout << Max(10,20)<< endl;
    cout << Max("Hello","Fellow")<< endl;
    system("pause");
    return 0;
}
```

程序的调试运行结果如图 8.2 所示。

图 8.2　例 8.2 的调试运行结果

如果在以上程序中没有定义 char *Max(char *pa, char *pb)函数，则当编译器遇到 Max("Hello","Fellow")时，会生成 template<char*>类型的模板函数实例，其函数体中的表达式 a > b 实际上就是两个指针变量值的比较，并不是两个字符串的比较，程序就不能得到正确结果。而当增加的函数 char *Max(char *pa,char *pb)其实是一个函数重载时，编译器对 Max("Hello","Fellow")调用会先用重载函数进行匹配，而不是产生新的模板函数。

对于曾经定义过的 Student 类，函数模板 Max 是否还适用呢？回答是肯定的，但是要对 Student 类作一定的改动。

【例 8.3】 模板函数与 Student 类的结合。

```
/* 08_03.cpp */
#include<iostream>
#include<string>
using namespace std;
template <typename T> T& Max(T &a, T &b)       //使用引用类型来传递对象
{
return a>b?a:b;
}
class Student
```

```
{
    int number;
    char name[20];
public:
    Student(int i,char * s)                  //构造学生对象
    {   number = i;
        strcpy(name,s);
    }
    bool operator >(Student &st)             //重载运算符">"
    {
        return number > st.number;           //返回成员 number 的比较结果
    }
    void Print()                             //输出结果
    {   cout <<"Number:"<< number << endl;
        cout <<"Name:"<< name << endl;
    }
};
int main()
{
    Student st1(12,"Li"),st2(13,"Zhang"),st3(0,"");
    st3 = Max(st1,st2);
    st3.Print();
    system("pause");
    return 0;
}
```

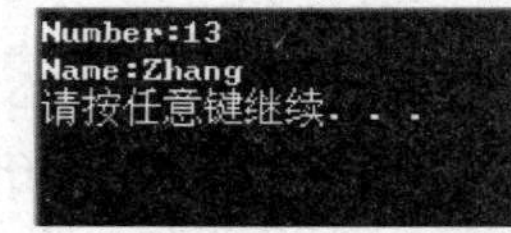

图 8.3　例 8.3 的调试运行结果

程序的调试运行结果如图 8.3 所示。

由此可以看出，Max 函数模板已经适用于 Student 类了，当编译器扫描到 Max(st1,st2)时，会在内部生成如下的模板函数：

```
template < Student > Student & Max(Student & a, Student & b)
{
    return a > b?a:b;
}
```

其中 a,b 已经变成了两个 Student 类的对象的比较操作，由于 Student 类重载了运算符“>”，因此关键性的表达式 a > b 被翻译成 a. operator >(b)，最终成为对象的成员变量 number 的数值比较，试想，如果 Student 类没有对“>”进行运算符重载，结果会怎么样呢？

8.3　类模板与模板类

类模板就是设计一种类的框架，可以适用于不同的数据类型，是类的抽象。利用类模板可以针对不同的数据类型定义出具有共性的一组类。与函数模板相似，通过使用类模板可使得所定义的类中的某些数据成员、某些成员函数的参数、某些成员函数的返回值都可以是任意类型的(包括基本类型和用户自定义类型)。也可以这样说，通过类模板可将程序所处理对象(数据)的类型参数化，从而使得同一段程序可用于处理多种不同类型的对象(数据)，

提高了程序的抽象层次与可重用性。

定义类模板的一般格式为：

```
template <类型形参列表> class 类模板名
{
    类模板体定义
};
```

其中类型形参列表与函数模板形式相同，如< typename T1, typename T2,…>。

【例 8.4】 定义类模板 SafeArray，用来表述安全数组的概念。

```
/* 08_04.cpp */
#include <iostream>
using namespace std;
template <typename T, int size> class SafeArray      //定义类模板
{
private:
    T ary[size];                                      //数组 ary 大小由模板参数 size 决定
public:
    SafeArray ()                                      //构造函数
    {
        for(int i = 0;i < size;i++)
            ary[i] = 0;                               //初值设为 0,对基本数据类型有效
    }
    T & operator[](int i)                             //重载运算符[]
    {
        if(i < 0||i >= size)                          //进行下标的安全检查,超出范围就退出程序
        {
            cout <<"Index out of bound!"<< endl;
            exit(0);
        }
        return ary[i];
    }
    void Print()                                      //输出数组元素
    {
        for(int i = 0;i < size;i++)cout << ary[i]<<" ";
        cout << endl;
    }
};
```

由例 8.4 可以总结出如下定义类模板时要注意的要点：

(1) 定义类模板使用关键字 template 开始。

(2) 定义类模板时的类型形参列表可以包含抽象的形式类型，也可以是基本数据类型，但至少有一个参数，当参数有多个时，需用逗号间隔。

(3) 类模板的成员函数可以放在类模板的定义体中，与普通成员函数定义方法一样，也可以放在类模板的外部定义，类模板的成员函数其实都是函数模板，其定义形式如下：

```
template <类型形参列表>
函数返回类型 类模板名<类型名表>::函数名(形参表)
{ 函数体 }
```

(4) 类模板本身不是具体的类,其中涉及的数据类型都是抽象的类型,要想使用类模板,必须先用实际的类型来取代抽象的类型,此过程将确定类模板的实例,即模板类,然后再用该类定义对象,其格式如下:

```
类模板名 <类型实参表列> 对象名;
```

【例 8.5】 重新定义类模板 SafeArray,并进行测试。

```
/* 08_05.cpp */
#include<iostream>
using namespace std;
template<typename T,int size>class SafeArray      //定义类模板
{
private:
    T ary[size];                                  //数组 ary 大小由模板参数 size 决定
public:
    SafeArray ();                                 //构造函数
    T & operator[](int i);                        //重载运算符[]
    void Print();                                 //输出数组元素
};
template<typename T,int size>
    SafeArray<T,size>::SafeArray ()               //构造函数
    {
        for(int i=0;i<size;i++)
            ary[i]=0;                             //初值设为 0,对基本数据类型有效
    }
template<typename T,int size>
    T& SafeArray<T,size>::operator[](int i)       //重载运算符[]
    {
        if(i<0||i>=size)                          //进行下标的安全检查,超出范围就退出程序
        {
            cout<<"Index out of bound"<<endl;
            exit(0);
        }
        return ary[i];
    }
template<typename T,int size>
    void SafeArray<T,size>:: Print()              //输出数组元素
    {
        for(int i=0;i<size;i++)cout<<ary[i]<<" ";
        cout<<endl;
    }
int main()
{
    SafeArray<int,5> ais;
    SafeArray<float,4> afs;
    ais[2]=10;                                    //修改了对象 ais 的第 2 个元素
    afs[3]=3.1f;                                  //修改了对象 afs 的第 3 个元素
    ais.Print();
    afs.Print ();
    system("pause');
```

```
    return 0;
}
```

程序的调试运行结果如图 8.4 所示。

图 8.4 例 8.5 的调试运行结果

在 main 函数中,语句"SafeArray < int,5 > ais;"包含两个步骤,首先用类型实参 int 和 5 来产生对于整型数的模板类,然后用该类定义对象 ais。在 SafeArray 类内部,标识符 size 已经成为一个符号常量。

由于类模板这种类型无关的特点,非常适合定义一些常用的数据结构,如堆栈、队列、链表等,把重点放在存储组织和算法的实现上,不用为每一种数据类型都定义相同的类。

【例 8.6】 定义堆栈类模板 Stack,实现堆栈基本操作,并测试。

```
/* 08_06.cpp */
#include < iostream >
using namespace std;
template < typename T > class Stack
{
private:
    T * pstk;                                   //堆栈数据存储区指针变量
    int capacity;                               //堆栈容量
    int top;                                    //栈顶指针计数器
public:
    Stack(int num);                             //构造函数
    bool Push(T &t);                            //入栈
    T * Pop();                                  //出栈
    ~Stack()                                    //析构函数,释放动态生成的存储空间
    {   delete[] pstk;   }
};
template < typename T >
    Stack < T >::Stack(int num)                 //构造函数
    {
        pstk = new T[num];                      //根据形参动态生成的存储空间
        size = num;
        top = 0;
    }
template < typename T >
    bool Stack < T >::Push(T &t)                //入栈操作
    {
        if(top >= size)                         //判断是否栈已满
        {   cout <<"Stack is full."<< endl;
            return false;                       //返回操作失败
        }
        pstk[top++] = t;                        //元素赋值,栈顶指针加 1
        return true;                            //返回成功
    }
template < typename T >
    T * Stack < T >::Pop()                      //出栈操作
    {
        if(top <= 0)                            //判断栈空
```

```
        {
            cout <<"Stack is empty."<< endl;
            return NULL;                        //返回空值表示栈空,操作失败
        }
        return &pstk[ -- top];                  //返回栈内元素地址,栈顶指针减 1
    }
int main()
{   int a = 10,b = 12, * pa = NULL;
    Stack < int > stk(20);                      //定义用来存储整型数的堆栈对象 stk,容量为 20
    stk.Push(a);cout << a << endl;
    stk.Push(b);cout << b << endl;
    pa = stk.Pop(); if(pa!= NULL)cout << * pa << endl;     //返回非空表示成功
    pa = stk.Pop(); if(pa!= NULL)cout << * pa << endl;
    pa = stk.Pop(); if(pa!= NULL)cout << * pa << endl;     //堆栈已空,显示错误信息
    system("pause");
    return 0;
}
```

程序的调试运行结果如图 8.5 所示。

本例中只测试了整型数,而用其他基本数据类型也完全可以,甚至 T 为已知类的名称也能得到存储对象的堆栈。在 Stack 类模板中对于 Pop 函数的处理有些特别,返回值选用了指针型数据,判断返回是否为空指针就能得知栈是否已经空了。

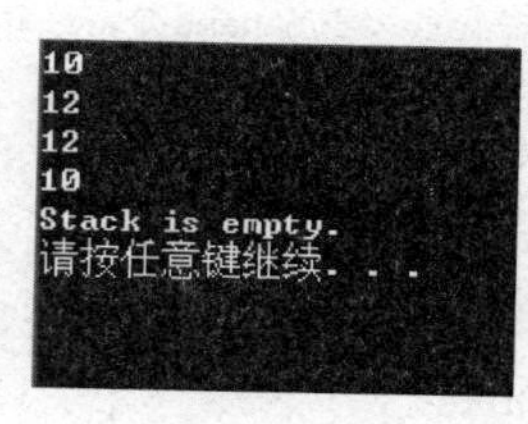

图 8.5　例 8.6 的调试运行结果

8.4　C++ 11 模板新增特性

为改善模板和标准模板库的可用性,C++ 11 做了多个改进;有些是库本身,有些与易用性相关。本书只介绍部分 C++ 11 模板新增功能。

1. decltype 在函数模板中的作用

在 C++ 11 标准之前,编写模板函数时,一个问题是并非总能知道应在声明中使用哪种类型。例如下面的模板定义:

```
template < typename T1,typename T2 >
void f(T1,x,T2 y)
{
    …
    ?type? xpy = x + y;
    …
}
```

xpy 应为什么类型呢?有可能是 T1、T2 或其他类型。另外,如果 T1 和 T2 是结构体或类,还需要重载运算符+,这导致问题更复杂,没有办法声明 xpy 的类型。

C++ 11 新增的关键字 decltype 提供了解决方案。在本书的 2.2.1 节中也对 decltype 关键字作了简单介绍,对于上面的模板函数可这样使用该关键字:

```
template<typename T1,typename T2>
void fun(T1,x,T2 y)
{
    …
    decltype(x+y) xpy=x+y;                    //xpy 的类型与(x+y)的类型一致
    …
}
```

关键字 decltype 使得函数模板被实例化时确定 xpy 的类型。

2. C++ 11 后置返回类型

在函数模板声明中，还有一个相关的问题是 decltype 本身无法解决的，请看下面这个不完整的函数模板：

```
template<typename T1,typename T2>
?type? g(T1,x,T2 y)
{
    …
    return x+y;
}
```

同样，无法预先知道将 x 和 y 相加得到的类型。好像可以将返回类型设计为 decltype(x+y)，但不幸的是，此时还未声明参数 x 和 y，它们不在作用域内（编译器看不到它们，也无法使用它们）。必须在声明参数后使用 decltype。为此，C++ 11 新增了一种声明和定义函数的语法。下面先用基本类型来说明这种语法的工作原理。对于下面的原型：

```
double h(int x,float y);
```

使用新增的语法可编写成：

```
auto h(int x,float y)->double;
```

将返回类型移到了参数声明后面。->double 被称为后置返回类型。其中 auto 是一个占位符，表示后置返回类型提供的类型，这是 C++ 11 给 auto 新增的一种角色。这种语法也可以用于函数定义。

通过结合使用这种语法和 decltype，便可给上面的函数模板指定返回类型：

```
template<typename T1,typename T2>
    auto g(T1,x,T2 y)->decltype(x+y)
{
    …
    return x+y;
}
```

decltype 在参数声明后面，因此 x 和 y 位于作用域内，可以使用它们。

C++ 11 还新增了模板类型别名、默认模板实参、控制实例化和可变参数模板等功能，详细说明请参阅 C++ 11 标准相关内容。

8.5 本章小结

使用模板可以设计出与数据类型无关的程序框架，可以建立具有通用类型的类库和函数库。模板体现了 C++软件重用机制的又一特点，是参数化多态性的表现，使得一段程序可以用于多种不同类型的对象。

本章介绍了函数模板与模板函数、类模板与模板类的概念；通过使用模板可增加程序的通用性和可重用性，应掌握如何定义和使用函数模板和类模板，利用函数模板和类模板解决实际问题，使编制的程序更加精练。

本章介绍了 C++ 11 模板的新增特性：decltype 在函数模板中的作用与 C++ 11 后置返回类型。

习题

8-1 改错题。

(1)

```
template (typename T) T fun( T a)
{
    /* 函数模板体 */
}
```

(2)

```
template <T> T test( T a)
{
    /* 函数模板体 */
}
```

(3)

```
template < typename T> class Array
{public:
    void fun();
};
template < typename T> void Array::fun() { /* … */ }
```

(4)

```
template < typename T> class Array
{ /* */ };
Array a1;
Array <T> a2;
Array < int > a3;
```

8-2 简述模板函数与函数模板的区别与联系。

8-3 简述模板与模板类的区别与联系。

8-4 已知如下主函数：

```
int main()
{
    cout << max(11,29,22)<< endl;
    cout << max(3.14f,28.3f,6.7f)<< endl;
    cout << max('c','b','a')<< endl;
    return 0;
}
```

根据程序定义一个求 3 个数中的最大值的函数模板 max。

8-5 编写程序，定义一个函数模板 sort_bubble，基于冒泡法，可以对 n 个数据的数组从大到小排列，数据类型可以是整型、单精度型、字符型。

8-6 编写程序，定义学生类 Student，包括数据成员学号和姓名，扩充例 8-5 中的程序，使函数模板 sort_bubble 支持学生类对象数组按序号排序。

8-7 编写程序，定义链表类模板，实现创建链表、插入元素、删除元素、连接 2 个链表、销毁链表等基本操作，支持系统预定义的各种数据类型。

8-8 编写程序，定义队列类模板，遵循“先进先出”数据操作原则，支持系统预定义的各种数据类型及自定义的类（如学生类）。

第9章 标准模板库(STL)

本章要点：

- STL 概述
- 容器
- 迭代器
- 算法与函数对象

在 C++语言中，库(library)表示的是一系列程序组件的集合，它的主要用途就是在不同的程序中被重复使用。在“数据结构”这门课程中(没有学过此课的读者请自学相关的知识)，涉及了许多与所操作数据类型无关的数据结构对象和算法，如果程序员在每次遇到和数据结构有关的问题时，都要为这些数据结构对象和算法从头设计程序，则会浪费大量的时间和精力，把这些程序组织成通用的程序库能被重复使用，是每个程序员的梦想。STL 标准模板库(Standard Template Library)正是解决这一个问题的有力工具，其主要思想是结合 C++语言的模板机制，设计出一系列针对数据结构中具体问题的类模板和函数模板，并不针对具体的数据类型，形成了具有优秀、高效编码的模板库，成为标准 C++语言体系的一部分。

通过本章的学习，应了解 STL 中所涉及的一些基本概念，理解和掌握其中 4 种主要组件的使用方法，包括容器、迭代器、算法和函数对象，本书不是一本重点讲解 STL 的书籍，如果读者希望深入了解 STL，可参考此方面的专业书籍和有关文档。

9.1 STL 概述

STL 是一个 C++语言的通用库，是美国加州的惠普实验室开发的一系列软件的统称，开发者主要是 Alexander Stepanov、Meng Lee、David R. Musser 三位。STL 中的代码主要采用类模板和函数模板的设计方式，极大地提高了编程效率。STL 倡导泛型编程，即以通用的方式来写数据结构和算法。

STL 主要由容器(containers)、迭代器(iterators)、算法(algorithms)、函数对象(function objects)、内存分配器(allocators)和适配器(adapter) 6 大部分组成，每一部分又由多个组件构成。这其中，容器用来表示各种数据结构对象，如 vector、list、deque、set、map 等，主要用于存放数据，每个容器表现为类模板；迭代器用来把容器和算法联系起来，是一种智能指针，通过运算符重载，一般化了 C++语言中指针的概念，在本章中将介绍迭代器的概念和使用方法，而读者在接触第 9.3 节迭代器的具体章节之前，会在第 9.2 节容器内容中看到迭代器的应用，而此时读者暂时把迭代器理解为指针即可；算法包括对数据集合的查找、排序、复制等操作，都以函数模板的形式出现；函数对象就是一个行为类似于函数的对象，重载了运算符函数 operator()；内存分配器主要用来为各种容器配置并管理内存空间，以类模板形式出现；适配器用来修饰接口，分为容器配接器、迭代器配接器和函数对象配接器等。

为了更好地理解和使用 STL，我们还需要了解以下几个概念。

1. namespace 命名空间

命名空间也叫名字空间，前面 2.1.2 节进行了简单介绍，它的本质就是在类的作用域之外定义更大的作用范畴，换句话说，就是为类定义容器，其作用是对类进行层次分类，可以避免不同模块内标识符同名冲突的问题。可以用如下方式定义命名空间：

```
namespace Math                                  //Math 命名空间
{
    class Matrix                                //矩阵类
    {
        关于 Matrix 类的定义
    };
    class Complex                               //复数类
    {
        关于 Complex 类的定义
    };
    const double PI = 3.1415926                 //常数 PI
    double Sin(double rad);                     //正弦函数声明
    其他的定义...
};
```

于是就得到了一个 Math 命名空间，而 Matrix 类、Complex 类、常量 PI、函数 sin()等都包含在其中，例如要想使用该命名空间中的 Complex 类，可以在类名字前加上命名空间名字和"::"，函数也是如此，如下语句用完整类名定义了一个对象并调用了空间内的函数：

```
Math::Complex  c1;                              //定义对象 c1
f1 = Math::Sin(Math::PI * 0.1);                 //调用函数 Sin 求值
```

为了避免每次定义都使用命名空间作前缀，还可以用 using 关键字来指定命名空间，如经过如下声明后：

```
using Math::Matrix;
```

在当前的程序范围内就可以直接引用标识符 Matrix 来定义一个新的对象：

```
Matrix  mat;
```

或者可以做如下声明：

```
using namespace Math;
```

这样，Math 命名空间内的所有标识符就可以在当前程序范围内直接使用了，不需要加任何前缀,但是要注意的是,不要和同作用域内的标识符发生同名冲突。

2. C++标准头文件

在本书前面内容的大部分例子程序中,都用到了 std 命名空间,一般的形式都是先用#include 指令包含一个头文件,然后使用 using namespace std;这样就可以在后面的程序中使用 std 命名空间所包含的标识符了。

需要说明的是,在新的 C++标准头库中,头文件不再使用扩展名,在这些头文件中声明了所有的标识符,例如< iostream >头文件包含的形式如下:

```
#include <iostream>
```

我们在 VS 2015 环境中打开 iosteam 这个头文件,可以看到如下内容:

```
…
_STD_BEGIN                                                  //宏定义等价于 "namespace std {"
#ifdef _M_CEE_PURE
__PURE_APPDOMAIN_GLOBAL extern istream cin, *_Ptr_cin;      //输入对象
__PURE_APPDOMAIN_GLOBAL extern ostream cout, *_Ptr_cout;    //输出对象
__PURE_APPDOMAIN_GLOBAL extern ostream cerr, *_Ptr_cerr;    //错误输出对象
__PURE_APPDOMAIN_GLOBAL extern ostream clog, *_Ptr_clog;    //日志输出对象
…
_STD_END                                                    //宏定义等价于 "}"
```

而关于_STD_BEGIN 和_STD_END 两个宏的具体定义如下:

```
#define _STD_BEGINnamespace std {
#define _STD_END  }
```

由此可以看出,cin、cout 等都是在 std 命名空间中已经定义并声明了的对象,本书中的大部分例程只要涉及数据的输出就会使用如下方式:

```
#include <iostream>
using namespace std;
```

这样可以把 cin、cout 等在 std 命名空间中声明的对象在当前的程序作用域自由使用。

C++标准头文件主要分为三类:

C 标准头文件,原来的< stdlib. h >、< math. h >、< string. h >等在用于 C++语言时,要把扩展名去掉,同时还在名称前加字母"c",如< cstdlib >、< cmath >、< cstring >等,这其实就是对于原来头文件的一个兼容形式。

C++语言标准头文件,< iostream >、< iomanip >、< limits >、< stdexecept >等,包含了一些 C++常用的类和对象的定义与声明。

STL 常用的组件头文件,包括容器、迭代器、算法、函数对象等,其中顺序容器类的头文件有< vector >、< list >、< deque >,关联容器有< set >、< map >,适配器容器有< stack >、< queue >、< string >等。算法位于< algorithm >中,通用的数值方法在< numeric >中,迭代器类在< iterator >中,函数对象在< functional >中。

9.2 容器

9.2.1 容器分类与共同操作

STL 容器可用来存放、容纳各种不同类型的数据，它们都是类模板。实例化为类型 T 的容器类能够存放 T 类型的对象。STL 提供 7 种容器：向量 vector、链表 list、双端队列 deque。集合 set、多重集合 multiset、映射 map、多重映射 multimap。

这些容器分为两种类型：顺序容器(sequence containers)，包括 vector，list，deque。关联容器(associative containers)，包括 set，multiset，map，multimap。

顺序容器以线性方式存储序列元素，并且这些序列元素有头有尾，依次存放。序列的"头"是序列的首元素；序列的"尾"是序列的末元素。对于这些元素的访问，总可以从首元素出发，逐个访问每个中间元素，然后到达最后一个元素。向量 vector、链表 list、双端队列 deque 都是典型的顺序容器。

顺序容器中元素可采用两种方式进行访问：顺序访问和随机访问。随机访问类似于对传统数组的访问，如对于向量 vector 和双端队列 deque，给定下标就可以直接找到对应的元素的引用；顺序访问则必须从首元素开始逐渐递增到目标元素，向量 vector 和双端队列 deque 也可以使用该种方式，而链表 list 只能使用该方式访问内部的元素。

关联容器中的元素没有严格的线性关系，所以其中的元素没有首元素和末元素的区别。对于关联容器中的元素一般采用索引方式进行访问。

所有顺序容器和关联容器都提供了共同的操作，有利于掌握容器规律及其具体应用。

1. 容器对象的构造和析构

所有容器类都提供了不带参数的默认构造函数，可用这种方式构造出空的容器对象，然后向容器内插入元素。所有容器类还提供了构造函数，利用一个给定的数据区间来构造容器。所有容器类还提供了一个拷贝构造函数能以现有容器对象为样本复制生成内容相同的另一个容器。所有容器都提供了一个析构函数来释放容器元素所占用的存储空间，如表 9.1 所示。

表 9.1 容器对象的构造和析构

语　句	说　明
Containers<T> c;	定义指定类型 T 的容器对象，利用默认构造函数
Containers<T> c(begin,begin+N);	利用一个给定的数据区间[beg,beg+N)来构造容器对象，注意：包含 beg 位置的元素，不包含 beg+N 位置的元素
Containers<T> c(c1);	拷贝构造对象
~Containers()	析构函数释放元素所占内存
c=c1;	对象复制
c. swap(c1);	实现两个容器对象内容的互换

注：Containers 是容器类，T 为指定的数据类型，c、c1 为容器对象。

2. 容器元素的访问

在前面内容中提到了迭代器的概念,所有的容器都要配合迭代器才能访问内部的元素,可以简单地把迭代器理解为智能指针,可以用迭代器对象指向容器内的元素,可以在迭代器对象前面加“*”运算符的方式访问所指向的元素,还可以用“++”和“--”运算符使智能指针指向相邻的元素。而所有容器都提供基于迭代器的访问函数,如表 9.2 所示。

表 9.2 容器元素的访问

迭代器有关的成员函数	说明
C<T>::iterator it	定义指定类型容器的迭代器对象
c.begin()	返回指向容器对象中首元素的迭代器
c.end()	返回指向容器对象中末元素后续位置的迭代器
c.rbegin()	返回指向容器对象中逆向首元素的迭代器
c.rend()	返回指向容器对象中逆向末元素的迭代器

注:其中 C 是容器类,T 为指定的数据类型,c 为一个容器对象。

3. 容器的维护与查询

所有容器都可以进行插入元素、删除元素、清空容器等操作,还可以查询容器的容量和大小,判断是否为空等,如表 9.3 所示。

表 9.3 容器的维护与查询

函数	说明
c.insert(pos,e)	在指定位置插入数据元素 e
c.erase(pos)	删除指定位置的元素
c.erase(begin,end)	删除区间[begin,end)中的元素
c.clear()	删除容器内所有的元素
c.max_size()	返回容器对象的容量
c.size()	返回容器对象当前所包含元素的数量
c.empty()	返回容器是否为空

注:c 为容器对象,pos、begin、end 均为迭代器。

【例 9.1】 容器的构造与操作。

```
/* 09_01.cpp */
#include <iostream>
#include <vector>
#include <list>
using namespace std;
int main()
{
    int a[5] = {3,8,2,7,1};
    vector<int> v1,v2(a,a+5);                    //定义 v1,v2 两个向量对象
    vector<int>::iterator itv;                   //定义向量迭代器
    v1.insert(v1.begin(),4);                     //把 4 插入向量 v1 首端
```

```
    v1.insert(v1.begin(),6);                //把 6 插入向量 v1 末端元素 4 之前
    v2.insert(v2.begin(),9);                //把 9 插入向量 v2 首端
    v2.insert(v2.end(),5);                  //把 5 插入向量 v2 末端
    list<int> l1(v2.begin(),v2.end());      //以向量 v2 的内容为数据范围
    list<int>::iterator itl;                //定义链表迭代器
    v2.erase(v2.begin());                   //删掉 v2 的首元素
    cout<<"v1: ";
    for(itv = v1.begin();itv!= v1.end();itv++)       //输出 v1 的所有元素
        cout<<*itv<<" ";
    cout<<endl<<"v2: ";
    for(itv = v2.begin();itv!= v2.end();itv++)       //输出 v2 的所有元素
        cout<<*itv<<" ";
    cout<<endl<<"l1: ";
    for(itl = l1.begin();itl!= l1.end();itl++)       //输出 l1 的所有元素
        cout<<*itl<<" ";
    cout<<endl;
    system("pause");
    return 0;
}
```

程序的运行结果如图 9.1 所示。

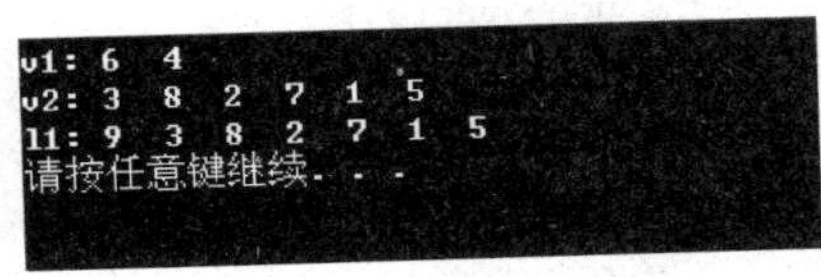

图 9.1 例 9.1 的调试运行结果

以上程序中,在最初定义向量 v1 为一个空的容器,v2 使用数组 a 作为初始数据范围,然后用 insert()成员函数对两个向量添加元素,利用 erase()成员函数删除了 v2 向量的首元素。在定义链表对象 l1 时,以向量 v2 的内容为数据范围构造了 l1 对象。无论是链表还是向量,程序中均采用迭代器指向容器的首元素,然后循环递推,通过"*迭代器对象"的方式实现了对各个元素的访问。

9.2.2 顺序容器

STL 的顺序容器主要包括向量 vector,链表 list 和双向队列 deque 及字符串类 string 等。

对于顺序容器,允许进行首、尾元素的访问,也可以在首、末插入和删除元素,其具体函数如表 9.4 所示。

表 9.4 容器首末元素的操作

函　数	说　明
c. front()	返回容器内的首元素的引用
c. back()	返回容器内的末元素的引用
c. push_back(elem)	向容器的末端插入(添加)元素 elem
c. pop_back()	删除末端的元素

注: c 为容器对象。

1. 向量容器 vector

向量 vector 是 STL 提供的最简单、最常用的顺序容器模板类,用于容纳不定长的线性

序列,允许对各元素进行随机访问,这一点与C语言的数组操作基本相同,但是向量vector的大小是灵活可变的,可以看作是一个动态数组,在运行时可以自由改变自身的大小以便容纳任何数目的元素。

向量vector提供了对序列元素的快速、随机访问,由于其本身的结构与设计特点,在其末端的插入和删除元素速度最快、效率最高。当然在序列中其他位置插入、删除也是完全可以的,但是这样效率会降低,因为vector对象必须要移动元素位置来容纳新的元素或者要收回被删除元素的空间。

前面的内容已经介绍了顺序容器的主要共性,向量vector除了支持这些共性以外,还有其本身的特征:新增构造函数vector(size_type n,const T& value=T()),用来初始化一个指定大小n的向量对象;随机元素访问,vector类重载了"[ ]"运算符,允许使用下标直接访问序列元素。

【例9.2】 向量容器的使用示例。

```
/* 09_02.cpp */
#include <iostream>
#include <vector>
using namespace std;
void print(vector<float> &vct)                          //输出向量的每一个元素
{
    size_t numelem = vct.size();
    for(size_t i = 0;i < numelem;i++) cout << vct[i]<<" ";
    cout << endl;
}
int main()
{
    vector<float> v1,v2;                                //定义了两个空的类型为 float 的向量对象
    v1.push_back(3.14f);                                //插入数据到向量 v1 中(末端)
    v1.push_back(21.7f);
    for(size_t i = 0;i < 3;i++)
        v2.push_back(2.6f * (i + 1));                   //循环实现插入 3 个数据到向量 v2 中
    cout <<"v1: ";
    print(v1);                                          //输出 v1 内容
    cout <<"v2: ";
    print(v2);                                          //输出 v2 内容
    cout <<"v2 after erase: ";
    v2.erase(v2.begin() + 1);                           //删除 v2 中下标为 1 的元素 (5.2)
    print(v2);                                          //输出 v2 内容
    v1.swap(v2);                                        //实现两个向量的内容互换
    cout <<"v1: ";
    print(v1);                                          //输出 v1 内容
    cout <<"v2: ";
    print(v2);                                          //输出 v2 内容
    system("pause");
    return 0;
}
```

```
v1:3.14 21.7
v2:2.6 5.2 7.8
v2 after erase:2.6 7.8
v1:2.6 7.8
v2:3.14 21.7
请按任意键继续. . .
```

图 9.2　例 9.2 的调试运行结果

程序的运行结果如图 9.2 所示。

程序中用到了 size_t 来声明循环变量，也是容器的 size()函数返回值类型，其实质就是一个无符号的整型。在向量容器中不仅可以容纳基本类型的数据，也可以容纳类的对象，如例 9.3 中将实现字符串对象的操作，成员函数 erase()实现了删除指定位置元素的功能。

【例 9.3】　向量容器存储字符串。

```
/* 09_03.cpp */
#include <iostream>
#include <vector>
#include <string>
using namespace std;
int main()
{
    vector<string> vs;                    //定义了空的类型为 string 的向量对象
    string s1 = "We ";
    vs.push_back(s1);                     //追加 s1 到向量 vs 中(末端)
    vs.push_back("like ");                //构造无名字符串对象追加到 vs 中
    vs.push_back("STL.");
    for(size_t i = 0;i < vs.size();i++)   //循环输出所有字符串对象
        cout << vs[i];
    cout << endl;
    system("pause");
    return 0;
}
```

```
We like STL.
happy day
请按任意键继续. . .
```

图 9.3　例 9.3 的调试运行结果

程序的调试运行结果如图 9.3 所示。

需要注意的是，在低版本的 VC++中编译此程序会有警告信息出现，但是运行结果正确，而如果用高版本的 VC++编译就不会有此类问题。在对容器对象进行插入和删除操作时，容器内部设有复杂的存储管理机制，能自动实现副本对象的构造与释放。用户完全可以用向量容器来存储自定义的数据类型的变量，如对象等。

C++ 11 新标准还提供了另外一种为 vector 对象的元素赋初值的方法，即列表初始化。用大括号括起来的 0 个或多个初始元素值被赋给 vector 对象：

```
vector<string> articles = {"a","an","the"};
```

注意圆括号与大括号的区别。

在某些情况下，初始化的值含义依赖于传递初始值时使用的是大括号还是圆括号。通过使用大括号或圆括号可以区分上述含义。

```
vector<int> v1(10);       //v1 有 10 个元素，每个的值都是默认值 0
vector<int> v2{10};       //v2 有 1 个元素，该元素的值是 10
vector<int> v3(10,1);     //v3 有 10 个元素，每个的值都是 1
vector<int> v4{10,1};     //v4 有 2 个元素，值分别是 10 和 1
```

```
vector<string> v5{"hi"};                    //列表初始化: v5 有一个元素
vector<string> v6{10,"hi"};                 //v6 有 10 个值为"hi"的元素
```

要想列表初始化 vector 对象,大括号中的值必须与元素类型相同。

2. 链表容器 list

链表容器其内部数据结构实质是一个双向链表,可以在任何一端操作,与向量 vector 不同的是,链表容器必须进行顺序访问,不能实现随机访问即不支持“[]”运算符,只能用对应迭代器操作元素。同样,除了前面的内容介绍的顺序容器的共性外,链表还有自身的特殊操作,表 9.5 列出了主要的操作。

表 9.5 list 容器的操作

函数调用	说明
l. push_front()	把数据插入到链表对象 l 的首端
l. splice(pos,a)	把链表对象 a 中的元素插入到当前链表中 pos 之前,并清空链表 a
l. splice(pos, a, posa)	把链表 a 中从位置 posa 后的元素转移到 l 的位置 pos 之前
l. splice(pos, a, abeg, aend)	把链表 a 中在区间[abeg,aend)内的元素转移到 l 的位置 pos 之前
l. unique()	删除链表中相邻的重复的元素
l. remove(x)	删除与 x 相等的元素
l. sort()	对链表排序
l. reverse()	逆转链表中元素的次序

注: l 为已经定义好的链表容器对象。

由于链表数据结构本身的特点,在容器内任何位置插入或删除元素都非常迅速,都是高效的,这是链表容器 list 与 vector 和 deque 在性能方面最显著的区别。

3. 双端队列容器 deque

与容器 vector 相似,容器 deque 也是一种动态数组的形式,是一种访问形式比较自由的双端队列,可以从队列的两端入队及出队(添加和删除),也可以使用运算符“[ ]”通过给定下标形式来访问队列中的元素,既可以顺序访问,也提供了随机访问的能力。由于本身内部结构的特点,在队列两端添加和删除元素时,速度最快,效率较高,而在中间插入数据时比较费时,因为必须移动其他元素来实现容器的扩张。

表 9.6 deque 容器的操作

函数调用	说明
d. push_front()	把数据插入到 deque 对象 d 的首端
d. pop_front()	删除首端元素,无返回值
d. push_back()	把数据插入到 deque 对象 d 的末端
d. pop_back()	删除末端元素,无返回值
d. operator[ ] (index)	使用运算符“[ ]”访问容器中的对象,index 为给定下标

【例 9.4】 双端队列容器 deque 的使用。

```
/* 09_04.cpp */
```

```
#include <iostream>
#include <deque>
using namespace std;
void print(deque < double > &deq)                    //输出队列中的每一个元素
{
    size_t numelem = deq.size();                     //队列内元素的数量
    for(size_t i = 0;i < numelem;i++) cout << deq[i]<<" ";
    cout << endl;
}
int main()
{
    deque < double > ds;                             //定义了空的类型为 double 的 deque 对象
    for(size_t i = 0;i < 5;i++)                      //循环在首端插入 5 个数据,并输出队列内容
    {
        ds.push_front(1.2 * i);                      //插入数据
        print(ds);
    }
    ds.pop_back();                                   //删除末端元素
    print(ds);                                       //输出队列内容
    system("pause");
    return 0;
}
```

程序的调试运行结果如图 9.4 所示。

由以上程序可以看出,在循环中队列对象的元素在不断增加且首端发生变化,执行 pop_back()后队列的末端被删除。

图 9.4 例 9.4 的调试运行结果

4. 字符串类 string

字符串类 string 也是一种典型的顺序容器类,主要用来容纳字符串,除了包含顺序容器的共有操作外,另外封装了一些关于字符串操作的工具函数,如查找匹配子串、得到子串、返回存储数据的缓冲区等。

9.2.3 关联容器

STL 中所谓关联式容器,就是把一个键值 key 与一个元素值 value 相联系,并以该键值 key 作为准则来执行查找、插入和删除等操作,关联式容器依据特定的排序准则,自动为其内部元素排序。排序准则以函数形式给出,用来比较元素的值,或是元素的键值,一般采用运算符“<”进行比较操作,不过也可以自定义比较函数,执行和系统默认不同的排序规则。

关联容器通常都是基于平衡二叉树实现的。在二叉树中,每个元素为一个节点,都有一个父节点和两个子节点:左子树中的所有元素值都比自身小,右子树中的所有元素值都比自身大。有较好的查找、插入、删除操作效率,又因为元素在二叉树中是自动排序的,因此一般不允许修改键值,只能删除旧键值然后插入新键值。

关联式容器的差别主要在于元素的类型以及处理重复元素时的方式。

关联式容器主要有以下几种。

(1) set：它的内部元素依据其值自动排序，每个元素只能出现一次。

(2) multiset：与 set 相同，它允许重复元素，即 multiset 可包括多个值相同的元素。

(3) map：它的元素都是由“键值/元素值”组合出现(key/value pairs)，每个元素有一个键值，是排序准则的依据。每一个键只能出现一次，不允许重复。map 可被视为关联式数组，也就是具有任意索引类型的数组，是哈希表数据结构的构造基础。

(4) multimap：与 map 相同，它允许重复元素，即 multimap 可以包含多个键值 key 相同的元素。multimap 可被当作字典使用。

其中 set/multiset 使用的键值和元素值都是同一元素，这是与 map/ multimap 的区别。

由于关联式容器比较复杂，本书不再作深入探讨，感兴趣的读者可以查阅相关书籍学习，在此仅举一个简单的例子说明该类容器的使用方法。

【例 9.5】 map 容器的使用。

```
/* 09_05.cpp */
#include <iostream>
#include <iomanip>
#include <string>
#include <map>
using namespace std;
int main()
{
    char *snames[3] = {"red","blue","green"};          //定义三个字符串作键值
    int colors[3] = {0xff0000,0x00ff00,0x0000ff};     //定义三个整数值
    map<string,int> m1;                                //定义一个 map 对象
    for(int i = 0;i<3;i++)                             //循环实现把三个"键值/元素"插入 m1
        m1[snames[i]] = colors[i];                     //注意用法: m1[键值] = 元素值
    cout<<" red color = ";                             //输出红色提示
    cout<<hex<<setw(6)<<setfill('0');                  //设置输出格式
    cout<<m1["red"]<<endl;                             //输出键值"red"对应的元素值
    cout<<"green color = ";                            //绿色
    cout<<hex<<setw(6)<<setfill('0');
    cout<<m1["green"]<<endl;                           //输出键值"green"对应的元素值
    cout<<" blue color = ";                            //蓝色
    cout<<hex<<setw(6)<<setfill('0');
    cout<<m1["blue"]<<endl;                            //输出键值"blue"对应的元素值
    system("pause");
    return 0;
}
```

程序的调试运行结果如图 9.5 所示。

```
red color=ff0000
green color=0000ff
blue color=00ff00
请按任意键继续. . .
```

图 9.5　例 9.5 的调试运行结果

本程序开始定义了一个 map 对象 m1，使用了类型参数< string,int >，因此可以知道其键值为字符串型，元素值为整型。然后用一个循环把三组“键值/元素值”关联数据插入容器对象 m1 中，再用字符串常量(如“red”)作为索引得到对应元素值，并用十六进制显示出来。在 Internet Explorer 浏览器解析 HTML 格式的文件时，会遇到许多用字符串名称表示的颜色，如 red、blue、pink、lime、purple 等，此时需要把这些字符串转换为系统的颜色整数值，本程序就可以实现这种转换。程序中还设

定了 cout 对象的输出格式,具体要求为十六进制、6 个字符宽、不满 6 个就用'0'字符来填充,相关内容将在第 10 章介绍。

9.3 迭代器

迭代器在 STL 体系中起着至关重要的作用。迭代器就是用面向对象技术封装的高级指针。它提供了灵活的访问形式,可以对不同的数据类型、不同的存储形式进行常用的访问操作,可以使用运算符函数"++"或"--",让迭代器前后移动,然后用"* 迭代器"的形式来访问迭代器所指向的数据。这种形式和传统的指针极为相似,因此比较容易掌握。

其实,指针和数组下标都可以理解为迭代器,用它们可以实现增减,可以指向容器内的元素,但它们仅仅是迭代器的雏形而已。而迭代器是个抽象的概念,它可以指向容器中的一个位置,用户不必关心这个位置的真正物理地址,无须关心其存储形式,只要通过迭代器就能访问这个位置的元素。

在前面的内容中介绍了 STL 的构成,STL 中包含了多种容器和算法,这些容器的内部构造和原理都是不同的,由"数据结构"课程的相关知识可以知道,一个算法(如排序算法)要和确定的数据结构配合才能工作,那么如何才能让不同的容器法适用于同一个算法呢? 迭代器就是为了解决这个问题而出现的,它是算法和容器间的"桥梁纽带"。在所有的容器内都定义了自己的迭代器类型,这些迭代器的基本结构都是一致的,而 STL 的算法又都是以迭代器表示的区间为操作对象,这样就可以定义迭代器对象,使其指向容器的一个区间,然后把迭代器传递给算法函数即可,此算法函数就可以根据迭代器访问容器中的元素,这样极大地增加了算法的灵活性。

9.3.1 迭代器的分类

STL 迭代器主要包括 5 种类型:输入迭代器(input iterator)、输出迭代器(output iterator)、前向迭代器(forward iterator)、双向迭代器(bidirectional iterator)和随机访问迭代器(random access iterator)。

(1) 输入迭代器:这种迭代器的层次较低,可以用来从序列中读取数据,但是不一定能够向其中写入数据。

(2) 输出迭代器:与输入迭代器类似,层次较低,允许向序列中写入数据,但是不一定能从其中读取数据。

(3) 前向迭代器:既是输入迭代器又是输出迭代器,因此它既支持数据读取,也支持数据写入,并且可以对序列进行单向的遍历。

(4) 双向迭代器:功能与前向迭代器相似,区别在于双向迭代器在两个方向上都可以对数据遍历,如链表容器 list 的迭代器就符合此种类型的基本特征。

(5) 随机访问迭代器:也是双向迭代器,它对迭代器提出了更高的要求,能够在序列中的任意两个位置之间进行跳转,例如向量 vector 中的迭代器就是此种类型。

STL 还为迭代器提供了 3 个辅助函数(模板):advance( )、distance( )和 iter_swap( )。

(1) advance()函数可以改变迭代器的位置,具体改变的幅度和方向由参数决定,本质

上是在函数内部对迭代器进行了若干次迭代,然后指向新的元素,其函数模板原型为:

```
template < typename _InIt,typename _Diff >
    void advance(_InIt &Where,_Diff offset);
```

(2) distance()函数可以计算两个迭代器之间的距离,其函数模板原型为:

```
template < typename _InIt >
    int distance(_InIt &from,_InIt &to);
```

(3) iter_swap()函数可以交换两个迭代器所指向的元素值,而且两个迭代器可以不必都指向同一个容器,但是要求定义的模板参数类型要相同,其函数模板原型为:

```
template < typename FwdIt1, typename FwdIt2 >
    void iter_swap(FwdIt1 &fi1, FwdIt2 &fi2);
```

【例 9.6】 用迭代器操作函数对 list 进行随机访问。

```
/* 09_06.cpp */
#include < iostream >
#include < list >
using namespace std;
int main()
{
    int ary[10] = {1,7,9,3,2,8,6,5,4,0};
    list < int > l1(ary,ary + 10);                //定义链表,数据用数组 ary 初始化
    list < int >::iterator iter;                  //定义一个迭代器
    iter = l1.begin();                            //迭代器指向 l1 首元素
    advance(iter,5);                              //向后移动 5 个元素
    cout << * iter <<" ";                         //输出
    iter = l1.end();                              //迭代器指向 l1 末端
    advance(iter, - 2);                           //向前移动 2 个元素
    cout << * iter << endl;                       //输出
    system("pause");
    return 0;
}
```

程序的调试运行结果如图 9.6 所示。

图 9.6 例 9.6 的调试运行结果

9.3.2 容器类迭代器的基本操作

STL 中的容器有很多种,不同容器定义的迭代器也不一样,但都提供一组相同的函数接口,以便访问迭代器所指位置中的数据,并驱动迭代器在有效区间上移动。一般编程最常用迭代器就是容器类迭代器,用容器提供的迭代器类型定义变量一般遵循如下格式:

```
容器类名称<数据类型实参>::iterator  迭代器对象;
```

其中容器类可以是 list、vector、deque、set、map 等，数据类型实参可以是任何数据类型，但是定义迭代器绝不是孤立的，其数据类型实参必须与迭代器要指向的容器元素类型相同。表 9.7 列出了容器类迭代器常用的操作和函数。

表 9.7　迭代器操作接口和函数

操作和函数调用	说　明
Container<T>::iterator it	定义容纳 T 类型数据容器的迭代器的方法
Container<T>::const_iterator it	定义容纳 T 类型数据容器的 const 迭代器的方法
c. begin()	返回容器对象 c 指向首元素的迭代器
c. end()	返回容器对象 c 指向末元素后一个位置的迭代器(不是末元素的位置)
it= c. begin ()	迭代器赋值
* it	返回迭代器所指位置中的数据，类似指针操作
++,--操作	前移/后移迭代器所指位置，包括 it++，++it，it--，--it
==	判断迭代器所指位置是否相同

注：Container 是容器类，c 为容器对象，it 为迭代器对象。

STL 容器提供两种迭代器：Container<T>::iterator 类型的迭代器允许读、写元素；Container<T>::const_iterator 类型定义的迭代器访问元素是只读的。

【例 9.7】　容器的迭代器常用操作。

```
/* 09_07.cpp */
#include <iostream>
#include <vector>
using namespace std;
int main()
{
    int a[5] = {1,3,5,7,9};
    vector<int> v1(a, a+5);                    //整型数向量
    vector<double> v2;                         //浮点数向量
    vector<int>::iterator it;                  //普通迭代器
    vector<int>::const_iterator cit;           //只读迭代器
    v2.push_back(3.14);
    //it = v2.begin();此语句出错,容器元素类型和迭代器指向类型不一致
    for (it = v1.begin(); it!= v1.end(); it++)
    (*it) += 20;                               //循环使 v1 中每个元素加 10
    for (cit = v1.begin(); cit!= v1.end(); cit++)
        cout << *cit <<" ";                    //利用只读迭代器输出元素值
    cout << endl;
    system("pause");
    return 0;
}
```

程序的调试运行结果如图 9.7 所示。

图 9.7　例 9.7 的调试运行结果

以上程序中定义了两个向量容器，一个容纳整型数，一个容纳浮点数，还有两个迭代器，一个是普通迭代器，可以对其指向的元素读写，另一个迭代器只能以只读方

式访问元素，不能修改。其中语句“it=v2.begin();”在编译时会产生错误，原因是 it 是一个指向容纳整型数容器内元素的迭代器，而 v2 则是一个容纳浮点数的容器，类型不同不能实现赋值操作。

9.4 算法与函数对象

算法在 STL 中就是一系列的函数模板。因此它们是通用的，可适用于不同类型的数据，STL 算法的操作对象以序列中(如图 9.8 所示)的元素为主，并以迭代器作为函数参数，这些迭代器参数必须指向容器中的元素，并且构成一个数据集合的区间，算法因此可以灵活地处理不同长度的数据集合。这样用户就可以在自己定义的数据结构上应用这些算法，仅要求这些自定义容器的迭代器类型满足算法要求。

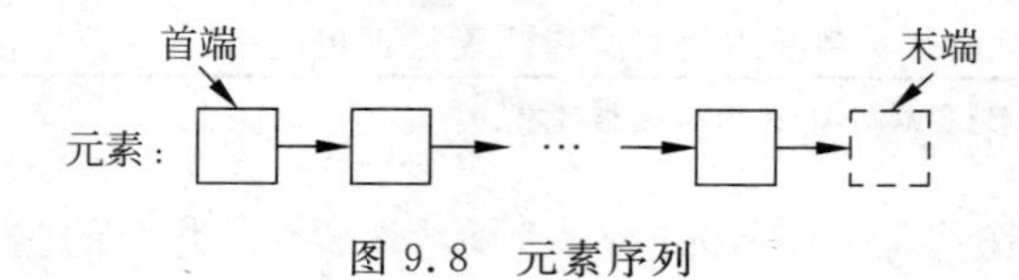

图 9.8 元素序列

STL 中的算法都是非常经典和正确的，都经过严格的数学推导，有相应的定理和公理可以证明，且都是经过长时间的实践考验，能够减轻程序员编程负担和提高编程效率的，是 STL 的技术精华之一，这些算法大部分都在头文件< algorithm >中定义，此头文件是 STL 家族中体积最大的一个，其中声明并定义了函数模板近百个，用户可以直接使用，也可以查看其源代码进行算法研究。

STL 的算法可以分成以下 4 大类：

(1) 不可变序列的算法，这类算法在对容器进行操作时不会改变容器的内容，这类算法比较典型的有查找 find()、计数 count()、比较 equal()等。

(2) 可变序列的算法，算法执行完毕后，序列中的元素的数值和数量会发生变化，如复制 copy()、反转 reverse()、填充 fill()等。

(3) 排序相关的算法，这类算法的主要特点是对序列的内容进行不同方式的排序，包括合并算法、二分查找算法以及有序列的集合操作算法等，典型的是 sort()函数。

(4) 通用数值算法，主要是对序列内容进行数值计算，如累加 accumulate()，邻接与求差 adjacent_difference()、求绝对值等。

9.4.1 算法的使用形式

由迭代器的知识可以知道，所有的迭代器都会提供最基本的共性操作，那就是迭代器可以指向序列中的元素，迭代器对象本身可以递推指向下一个元素。所以任何算法的语法都必须满足最低层次迭代器的要求，参看如下的 copy( )函数模板的原型：

```
template < typename InputIterator, typename OutputIterator >
OutputIterator copy(InputIterator beg, InputIterator end, OutputIterator output);
```

在以上的函数原型中隐含着如下信息：

(1) 其中定义 InputIterator 抽象类型代表输入型迭代器，OutputIterator 代表输出型迭代器，满足了最低层次的迭代器的要求。

(2) 操作对象定义在一个序列区间内，由 InputIterator 定义的 beg 和 end 就代表了这样的操作区间[beg,end)。

可以采用例 9.8 中的方法来使用 copy 函数：

【例 9.8】 copy 函数的使用。

```
/* 09_08.cpp */
#include <iostream>
#include <vector>
#include <iterator>
using namespace std;
int main()
{
    int a[5] = {1,3,5,7,9};
    vector<int> v1(a, a+5);                        //整型向量,利用数组初始化
    ostream_iterator<int> output(cout, " ");       //定义输出流迭代器
    copy(v1.begin(),v1.end(),output);              //把 v1 内容复制给输出流迭代器
    system("pause");
    return 0;
}
```

程序的调试运行结果如图 9.9 所示。

图 9.9　例 9.8 的调试运行结果

在以上程序中，用 ostream_iterator<int>类型定义了一个迭代器对象 output，其构造函数第一个参数是标准输出流对象，第二个参数是控制输出格式的间隔字符串，copy 函数就实现了把 v1 中的所有元素都送给 output 迭代器，由该迭代器内部的运行机制，再把所有元素顺序地输出到屏幕上，可以看出 STL 算法是极其灵活的。

在 STL 算法中，有些算法函数可以使用默认的规则。而对于某些特殊的要求，则需要给算法函数一个特殊的规则，而这种特殊的规则就需要用函数对象来实现(函数对象在后面的章节中会介绍)，下面通过实例看一下 sort 函数的两种使用形式。

【例 9.9】 用 sort 算法函数进行排序。

```
/* 09_09.cpp */
#include <algorithm>
#include <iostream>
#include <vector>
#include <functional>
#include <iterator>
using namespace std;
int main()
{
    int ary[7] = {1,7,3,4,6,5,9};
    vector<int> v1(ary, ary+7);                    //整型向量
    ostream_iterator<int> output(cout, " ");       //输出流迭代器
    cout<<"Original data: ";
    copy(v1.begin(),v1.end(),output);
```

```
    cout << endl <<"Sort ascending: ";
    sort(v1.begin(),v1.end());                    //用默认规则排序(升序)
    copy(v1.begin(),v1.end(),output);
    cout << endl <<"Sort descending: ";
    sort(v1.begin(),v1.end(),greater < int >());  //给定降序规则
    copy(v1.begin(),v1.end(),output);
    cout << endl;
    system("pause");
    return 0;
}
```

程序的调试运行结果如图 9.10 所示。

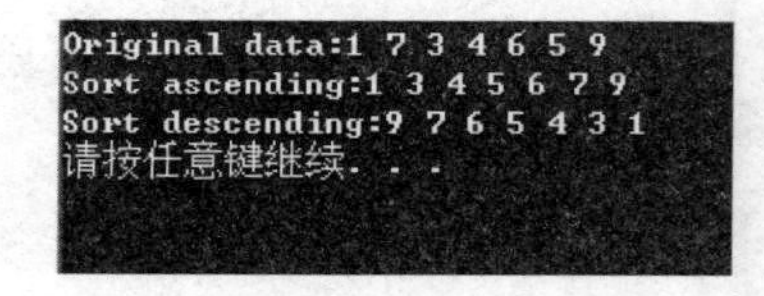

图 9.10　例 9.9 的调试运行结果

sort( )函数的默认排序规则就是利用运算符“<”进行比较,即队列中前面的元素要小于后面的元素,使队列呈升序排序。程序中还使用了 greater < int >()函数对象作为降序的规则,sort( )函数调用后就得到了降序结果。

9.4.2　常用算法举例

1. 不变序列算法

典型的不变序列算法如表 9.8 所示。

表 9.8　典型的不变序列算法

算　法	说　明
for_each	对序列中每一个元素执行某种操作(操作以函数对象在参数中给出)
find	在序列中查找给定值出现的位置
find_if	在序列中按某种条件查找给定值出现的位置
count	对序列中等于给定值的元素计数
max_element	求出序列中最大值的位置
min_element	求出序列中最小值的位置

【例 9.10】　常用不变序列算法函数的应用。

```
/* 09_10.cpp */
#include <algorithm>
#include <iostream>
#include <vector>
#include <functional>
using namespace std;
int main()
{
    int ary[] = {12,34,23,87,10,44,67};
    int num = sizeof(ary1)/sizeof(int);
    vector < int > v1(ary1,ary1 + num);
    vector < int >::iterator it;
    int key = 44;
    //调用 count 算法函数,计算向量 v1 中与 key 相等元素的个数
```

```
    size_t cnt = count(v1.begin(),v1.end(),key);
    cout << key <<" presents "<<(int)cnt <<" times"<< endl;
    //调用 find 算法函数,返回向量 v1 中首个与 key 相同的元素出现的位置
    it = find(v1.begin(),v1.end(),key);
    if(it == v1.end())                            //等于末端就说明没找到
        cout <<"not found."<< endl;
    else
        cout <<"found it "<< key << endl;}
    //调用 element 算法函数,返回向量 v1 中的最大值的位置
    it = max_element(v1.begin(),v1.end());
    cout <<"the max is "<< * it;
    system("pause");
    return 0;
}
```

```
44 presents 1 times
found it 44
the max is 87请按任意键继续. . .
```

图 9.11 例 9.10 的调试运行结果

程序的调试运行结果如图 9.11 所示。

2. 可变序列算法

可变序列算法可以修改容器内的元素,此类算法包括的典型算法如表 9.9 所示。

表 9.9 典型可变序列算法

算 法	说 明
copy	复制序列区间内的所有元素到指定目标处
fill	用某一数值填充序列区间内的所有元素
unique	查找并删除序列区间连续相等的元素
remove	删除序列区间内所有等于给定值的元素
replace	替换某类元素
reverse	反转序列区间所有元素的顺序
swap	交换元素

【例 9.11】 常用可变序列算法函数的应用。

```
/* 09_11.cpp */
#include <algorithm>
#include <iostream>
#include <vector>
#include <functional>
#include <iterator>
using namespace std;
int main()
{
    const int N = 7;
    int ary1[N] = {1,6,3,4,6,5,9};
    vector < int > v1(ary1, ary1 + N);          //整型向量
    vector < int > v2(N);                       //整型向量,初始化大小为 N
    vector < int >::iterator it;                //整型向量迭代器
    ostream_iterator < int > output(cout, " "); //输出流迭代器

    fill(v2.begin(),v2.end(),10);               //填充算法,使 v2 中所有元素等于 10
```

```
    cout <<"original v1: ";
    copy(v1.begin(),v1.end(),output);                //输出 v1 所有元素值
    cout << endl <<"original v2: ";
    copy(v2.begin(),v2.end(),output);                //输出 v2 所有元素值
    cout << endl;

    cout <<"v1 after reverse(): ";
    reverse(v1.begin(),v1.end());                    //反转 v1 区间内所有元素的顺序
    copy(v1.begin(),v1.end(),output);                //输出
    cout << endl;

    cout <<"v1 after remove(): ";
    it = remove(v1.begin(),v1.end(),6);              //删除 v1 的元素 6
    v1.erase(it,v1.end());
    copy(v1.begin(),v1.end(),output);                //输出 v1
    cout << endl;

    swap(v1,v2);                                     //交换 v1,v2 两个容器的内容
    cout <<"v1 after swap(): ";
    copy(v1.begin(),v1.end(),output);                //输出 v1 所有元素值
    cout << endl <<"v2 after swap(): ";
    copy(v2.begin(),v2.end(),output);                //输出 v2 所有元素值
    cout << endl;
    system("pause");
    return 0;
}
```

程序的调试运行结果如图 9.12 所示。

```
original v1:1 6 3 4 6 5 9
original v2:10 10 10 10 10 10 10
v1 after reverse():9 5 6 4 3 6 1
v1 after remove():9 5 4 3 1
v1 after swap():10 10 10 10 10 10 10
v2 after swap():9 5 4 3 1
请按任意键继续. . .
```

图 9.12　例 9.11 的调试运行结果

在程序中,需要注意 remove 算法,它返回了一个迭代器 it,指示出新序列的结束位置,但并没有修改原容器的大小以及 end()的结果。从逻辑角度看,区间[it,end()]里面的元素已经没有意义了。所以这些元素不应该属于该容器了,但 remove 并没有把它们删除。因此本程序由使用了向量 v1 提供的删除函数,把 it 开始到结尾的元素真正删除。

3. 序列排序算法

此类算法实现序列的排序、合并、查找等功能,表 9.10 中列出了部分典型算法。

表 9.10　典型序列排序算法

算　法	说　明
sort	对给定区间的序列排序
stable_sort	对给定区间的序列排序并保持等值元素的相对位置
partial_sort	对给定区间的序列进行局部排序
nth_element	对给定区间的序列排序,使第 n 个元素前的元素小于它,之后的元素大于等于它
merge	合并两个区间
binary_search	按二分法查找元素

【例 9.12】 常用排序算法函数的应用。

```
/* 09_12.cpp */
#include<algorithm>
#include<iostream>
#include<iterator>
#include<vector>
#include<functional>
using namespace std;
int main()
{
    int ary1[] = { 1, 6, 3, 4, 8, 30, 5, 22, 17 };      //第 1 组数据
    int ary2[] = { 89, 12, 44, 2, 19, 22 };              //第 2 组数据
    int num1 = sizeof(ary1) / sizeof(int);               //元素数目
    int num2 = sizeof(ary2) / sizeof(int);               //元素数目
    ostream_iterator<int> output(cout, " ");             //输出流迭代器
    vector<int> v1(ary1, ary1 + num1);                   //用第 1 组数初始化向量 v1
    vector<int> v2(ary2, ary2 + num2);                   //用第 2 组数初始化向量 v2
    vector<int> v3( 5 + num2);                           //初始化 v3,设定大小

    copy(v1.begin(), v1.end(), output);                  //输出 v1 各元素值
    cout << endl;
    sort(v2.begin(), v2.end());                          //对 v2 中的元素按升序排列
    copy(v2.begin(), v2.end(), output);                  //输出
    cout << endl;

    //对向量 v1 的前 5 个最小值进行排序,后面的不排序
    partial_sort(v1.begin(), v1.begin() + 5, v1.end());
    copy(v1.begin(), v1.end(), output);                  //输出
    cout << endl;
    //把 v1 的前 5 个元素和 v2 合并,结果放到 v3 中,且进行排序
    merge(v1.begin(), v1.begin() + 5, v2.begin(), v2.end(), v3.begin());
    copy(v3.begin(), v3.end(), output);                  //输出 v3
    cout << endl;
    system("pause");
}
```

程序的调试运行结果如图 9.13 所示。

```
1 6 3 4 8 30 5 22 17
2 12 19 22 44 89
1 3 4 5 6 30 8 22 17
1 2 3 4 5 6 12 19 22 44 89
请按任意键继续. . .
```

图 9.13 例 9.12 的调试运行结果

4. 数值算法

此类算法实现序列的排序、合并、查找等功能,表 9.11 中列出了部分典型算法。

表 9.11 典型序列排序算法

算 法	说 明
accumulate	计算序列中所有元素的累加和
partical_sum	用序列中元素从前到后的迭代和产生一个新的序列
adjacent_diffence	计算序列中相邻元素的差,保存到另一个序列中
inner_product	计算内积,即两个序列对应位置的元素相乘然后整体求和,推荐使用等长度的两个序列

【例 9.13】 常用数值算法应用。

```
/* 09_13.cpp */
#include <iostream>
#include <vector>
#include <numeric>
#include <iterator>
using namespace std;
int main()
{
    const int N = 6;
    int ary1[N] = {1,2,3,4,5,6};                    //定义第 1 组数
    int ary2[N] = {3,5,7,2,6,9};                    //定义第 2 组数
    vector<int> v1(ary1,ary1 + N);                  //构造向量 v1
    vector<int> v2(ary2,ary2 + N);                  //构造向量 v2
    vector<int> v3(N);                              //指定大小构造向量 v3,元素值全为 0
    ostream_iterator<int> output(cout, " ");        //输出流迭代器
    //输出 v1 元素累加和
    cout << accumulate(v1.begin(),v1.end(),0);
    cout << endl;
    //计算序列中元素的部分和,v3[i] = v1[0] + v1[1] + ... + v1[i-1]
    partial_sum(v1.begin(),v1.end(),v3.begin());
    copy(v3.begin(),v3.end(),output);
    cout << endl;
    //计算序列中相邻元素的差值,注意 v2 的第一个元素先放入 v3 中
    adjacent_difference(v2.begin(),v2.end(),v3.begin());
    copy(v3.begin(),v3.end(),output);
    cout << endl;
    //计算两个序列的内积(向量内积)
    cout << inner_product(v1.begin(),v1.end(),v2.begin(),0);
    cout << endl;
    system("pause");
    return 0;
}
```

```
21
1 3 6 10 15 21
3 2 2 -5 4 3
126
请按任意键继续. . .
```

图 9.14 例 9.13 的调试运行结果

程序的调试运行结果如图 9.14 所示。

其中算法函数 partial_sum()使用了 v1、v3 两个向量,其工作原理等价为以下语句:

```
v3[0] = v1[0];
```

```
v3[i] = v3[i - 1] + v1[i];                    //( 1 < i < N )
```

9.4.3 函数对象

前面的内容中提到,有的 STL 算法函数可以使用默认的规则,也可以使用特殊的规则,而这种特殊的规则就需要用函数对象来实现。

定义了一个特殊的类,重载了具有 public 访问权限的运算符"()",这个类的对象就可称为函数对象。在 C++语言中,普通函数和函数对象都可以作为算法的参数。

例 9.14 使用普通函数作为算法 for_each 的参数,把序列中的元素逐个传给 power 函数,并调用该函数。

【例 9.14】 用普通函数作为算法的参数。

```
/* 09_14.cpp */
#include <iostream>
#include <algorithm>
#include <vector>
using namespace std;
int power(int x)                              //定义 power 函数,实现求平方并输出值
{
    int pr = x * x;
    cout << pr << " ";
    return pr;
}
int main()
{
    int ary[5] = { 1, 3, 5, 2, 7 };
    vector< int > v1(ary, ary + 5);           //构造向量 v1
    for_each(v1.begin(), v1.end(), power);    //调用算法,逐次执行 power()
    cout << endl;
    system("pause");
    return 0;
}
```

```
1 9 25 4 49
请按任意键继续. . .
```

图 9.15 例 9.14 的调试运行结果

程序的调试运行结果如图 9.15 所示。

用普通函数可以实现简单的功能,但是针对特别的要求就必须使用函数对象,如在前面的内容中曾经定义过学生 Student 类,要实现多个学生对象按学号排列,该如何实现呢? 在例 9.15 中程序可以满足这种需求。

【例 9.15】 函数对象实现学生对象的排序。

```
/* 09_15.cpp */
#include <iostream>
#include <algorithm>
#include <vector>
#include <string>
using namespace std;
class Student                                 //学生类
```

```
{
public:
    int number;                                     //学号
    string name;                                    //姓名
    Student(int i,string s)                         //构造函数
    {   number = i;name = s; }
    void Print()                                    //输出数据
    {   cout << number <<","<< name << endl; }
};
struct numbercmp                                    //定义 numbercmp 类
{
    bool operator()(Student &st1,Student &st2)      //重载运算符"()"
        {return st1.number < st2.number;}           //比较学号
};
int main()
{
    //定义三个学生对象,学号没有按升序设置
    Student st1(1003,"wang"),st2(1001,"li"),st3(1002,"zhao");
    vector < Student > v1;                          //定义向量 v1
    v1.push_back(st1);                              //把 st1,st2,st3 顺序插入向量中
    v1.push_back(st2);
    v1.push_back(st3);
    //使用函数对象 numbercmp()作为规则进行排序
    sort(v1.begin(),v1.end(),numbercmp());
    //输出每个学生信息(已经按升序排好)
    for(int i = 0;i < 3;i++) v1[i].Print();
    system("pause");
    return 0;
}
```

程序的调试运行结果如图 9.16 所示。

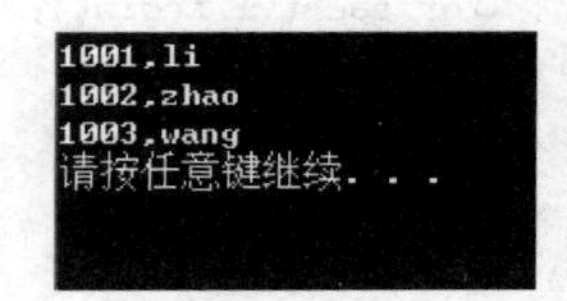

图 9.16 例 9.15 的调试运行结果

在程序中定义了 Student 类,为了方便访问,数据成员被设成公有类型,而 numbercmp 类利用 struct 关键字定义的原因是,用 struct 定义的类其成员默认都是 public 类型。读者也可以把 struct 换成 class,但还需要再把运算符函数 operator()设成公有类型。

另外,除了使用自定义函数和自定义的函数对象外,在 STL 中也定义了许多标准的函数对象,分为算术运算、关系运算、逻辑运算三大类,而这些标准函数对象都定义在头文件 <functional>中,若要使用这些函数对象就必须包含此头文件。

9.5 STL 和 C++ 11

C++ 11 对 STL 做了大量修改,本书只对新增的内容做一总结。

C++ 11 给 STL 新增了多个元素。首先,新增了多个容器;其次,给旧容器新增了多项功能;最后,在算法系列中新增了一些模板函数。

新增的容器

C++ 11 新增了如下容器：array、forward_list、unordered_st 以及无序关联容器 unordered_multiset、unordered_map 和 unordered_multimap。

与内置数组相比，array 是一种更安全、更容易使用的数组类型。array 容器一旦声明，其长度就是固定的。因此，array 不支持添加和删除以及改变容器大小的操作。它使用静态内存，而不是动态分配的内存。提供它旨在替代数组；array 受到的限制比 vector 多，但效率更高。

容器 list 是一种双向链表，除两端的节点外，每个节点都链接到它前面和后面的节点。forward_list 是一种单向链表，除最后一个节点外，每个节点都链接到下一个节点。相对于 list，它更紧凑，但受到的限制更多。

与 set 和其他关联容器一样，无序关联容器能够使用键快速检索数据，差别在于关联容器使用的底层数据结构为树，而无序关联容器使用的是哈希表。

C++ 11 对容器类的方法做了三项主要修改：

首先，新增的右值引用使得能够给容器提供移动语义。因此，STL 现在给容器提供了移动构造函数和移动赋值运算符，这些方法将右值引用作为参数。

其次，由于新增加了模板类 initilizer_list，因此新增了将 initilizer_list 作为参数的构造函数和赋值运算符。这使得可以编写类似于下面的代码：

```
vector<int> vi{100,99,97,98};
vi = {96,99,94,95,102};
```

最后，新增的可变参数模板和函数参数包可以提供就地创建方法。就地创建旨在提高效率。更多的详细内容可参阅 C++标准。

9.6　本章小结

本章主要讨论了 C++标准模板库(STL)中常用的四大组件：容器、迭代器、算法和函数对象。其中常用的顺序容器 vector、list、deque 是重点；对迭代器的理解是应用 STL 的关键和难点，对比指针的概念会更加容易理解迭代器的概念；STL 提供的算法集合强大而且丰富，这些算法都具有非常高的通用性和运行效率，在实践中要加强对各类算法的理解和应用；另外函数对象常用作算法的参数，表示执行操作的方式。

1. 容器

STL 容器都是类模板，通用性好且效率高。主要用于数据存储和组织，通常把 STL 容器分为顺序容器和关联容器两大类型。顺序容器包括 vector、list、deque、string，这些容器以线性序列存放元素，从序列起点出发，能够逐个元素访问，直到终点；关联容器包括 set、multiset、map、multimap，这些容器中的元素多以索引方式相互关联。

学习容器类型应重点掌握它们的共有操作，很多操作都具有统一的接口和构成形式，例如顺序容器都提供了访问首尾元素数据的方法，不同的容器在实现插入操作和去除操作时，参数构成大多也是相似的,掌握这些规律后,基本掌握了所有容器的常用操作。

2. 迭代器

迭代器是 STL 的重要组成部分,就是用面向对象技术封装的高级指针。通过迭代器,也可以如同指针一样对各种类型数据、各种存储形式的数据进行存取操作,不同类型的迭代器的操作接口都是一样的。可以使用运算符函数"++"或"--",让迭代器前后移动,然后用"*迭代器"的形式来访问迭代器所指向的数据;迭代器作为算法和容器之间的"桥梁纽带",把算法和容器等 STL 组件密切地联系在一起。

3. 算法和函数对象

算法也是 STL 的重要组成部分,都以函数模板形式实现,通用性较好且运行效率高,都是优秀的代码。算法的操作对象主要是以迭代器形式表示的区间,能够更灵活地处理不同存储形式、不同范围的数据。STL 算法分为不变序列算法、可变序列算法、序列排序算法及数值算法等。

函数对象就是定义了一个特殊的类,重载了具有 public 访问权限的运算符"()"。普通函数和函数对象都可以作为算法的参数。

习题

9-1 指出下面程序中存在的错误。

(1)

```
#include <list>
using namespace std;
int main()
{   list t;
    t.push_back(5);
}
```

(2)

```
#include <vector.h>
using namespace std;
int main()
{   vector <float> v1;
    v1.push_back(3.14f);
}
```

(3)

```
#include <vector>
#include <iostream>
int main()
{   char ss[5] = {"GOOD"};
    vector <char> v1(ss,ss+5);
```

```
    cout << ss[2]<< endl;
}
```

(4) 下面程序的意图是实现数列从大到小排列。

```
#include <iostream>
#include <vector>
#include <algorithm>
using namespace std;
class mygreater                                    //定义函数对象
{
    bool operator()(int a,int b)
        {return a > b;}
};
int main()
{
    int a[5] = {1,5,2,7,3};
    vector<int> v1(a, a + 5);
    sort(v1.begin(),v1.end(),mygreater());
    for(int i = 0;i < 5;i++) cout << v1[i]<<" ";
}
```

9-2 简述 STL 中迭代器与 C++语言指针的区别与联系。

9-3 顺序容器包括哪三种？它们各以什么数据结构为基础？各有哪些特点？

9-4 什么是函数对象？它用在什么地方？

9-5 编写程序，对于链表 list 对象 t 中的数据，利用 sort 算法实现排序，然后输出。

9-6 编写程序，对于向量 vector 对象 v 中的数据，利用 sort 算法实现排序，然后输出。

9-7 编写程序，利用链表 list 容器来容纳学生 Student 类对象，并采用函数对象实现学生对象的按序号排序，然后输出学生信息。

第10章 C++的输入和输出

本章要点：

- C++语言的流类库
- 预定义类型的输入与输出
- 文件的输入与输出

本章首先全面介绍C++语言为输入输出提供的流类、相应的流类库以及库中常用函数的功能与用法；其次介绍在输入输出处理时，C++语言提供的两种格式控制方法；最后，对C++语言中的文本文件、二进制文件操作做较为详细的介绍。

在程序设计中，数据输入输出(I/O)操作是必不可少的，C++的数据输入输出操作是通过I/O流库来实现的。

C++语言支持两个完备的I/O系统：一个是从C语言继承而来的系统，另一个是C++语言定义的面向对象的I/O系统。

从C语言继承下来的I/O系统是一个使用灵活、功能强大的系统，但该系统不支持用户自定义的类型，scanf()、printf()函数只能识别系统预定义的数据类型，而没有办法对定义的类型进行扩充。

C++语言的类机制允许它建立一个可扩展的输入输出系统，它可以通过修改和扩展来加入用户自定义类型及相应操作。

C++语言的流类比C语言的输入输出函数具有更大的优越性。首先它是类型安全的，可以防止用户输出数据与类型不一致的错误。另外，C++语言中可以重载运算符“>>”和“<<”，使之能识别用户自定义的类型，并且像预定义类型一样有效方便。C++语言输入输出的书写形式也很简单、清晰，这使程序代码具有更好的可读性。虽然在C++语言中也可以使用C语言的输入输出库函数，但是最好用C++语言的方式来进行输入输出，以便发挥其优势。

10.1 C++语言的流类库及其基本结构

1. C++语言的流概述

在C++语言中，输入输出流被定义为类，称为流类。I/O系统仍然是以字节流的形式实现的，流(stream)实际上就是一个字节序列，流总是与某一设备相联系的，它既可以从输入设备(如键盘、磁盘等)流向计算机内存,也可以从计算机内存流向输出设备(如显示器、打印机、磁盘等)。输入输出的字节可以是 ASCII 字符、内部格式的原始数据、图形图像、数字音频/视频等。

流具有方向性:与输入设备(如键盘)相联系的流称为输入流;与输出设备(如屏幕)相联系的流称为输出流;与输入输出设备(如磁盘)相联系的流称为输入输出流。

C++语言中包含几个预定义的流对象,它们是标准输入流(对象)cin、标准输出流(对象)cout、非缓冲型的标准出错流(对象)cerr 和缓冲型的标准出错流(对象)clog。这 4 个流对象所关联的具体设备为:

cin　与标准输入设备相关联。

cout　与标准输出设备相关联。

cerr　与标准错误输出设备相关联(非缓冲方式)。

clog　与标准错误输出设备相关联(缓冲方式)。

在缺省情况下,指定的标准输出设备是屏幕,标准输入设备是键盘。在任何情况下,指定的标准错误输出设备总是屏幕。

cin 与 cout 的使用方法在前面的章节中我们已经作了介绍。cerr 和 clog 均用于输出出错信息。cerr 和 clog 之间的区别是:cerr 没有被缓冲,因而发送给它的任何内容都立即输出;相反,clog 被缓冲,只有当缓冲区满时才进行输出,也可以通过刷新流的方式强迫刷新缓冲区。

在 C++语言中,基本的 I/O 流类库如图 10.1 所示。

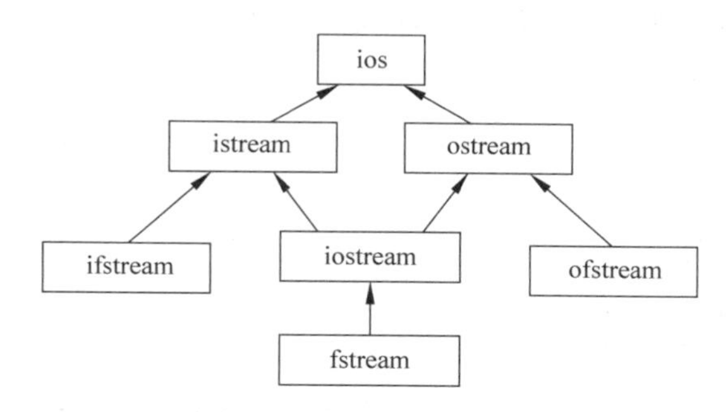

图 10.1　基本的 I/O 流类库

ios 是抽象类,作为流类库中的一个基类,可以派生出许多类,istream 和 ostream 是 ios 类的两个直接派生类,即输入流类 istream 和输出流类 ostream。前者支持输入,提供各种输入方式和提取操作(从缓冲区取字符);后者支持输出,提供各种输出方式和插入操作(向缓冲区存字符)。输入输出流类 iostream 是通用的 I/O 流类,是通过多重继承从输入流类 istream 和输出流类 ostream 派生而来的。

fstream 类用来对文件进行操作,其头文件是 fsream。文件的打开和关闭是通过使用 fstream 的成员函数 open 和 close 来实现的。fstream 类和标准输入流类 istream、标准输出流类 ostream 一起构成了 C++语言实现流操作的最基本的类,而且它们有一个共同的基类 ios。

表 10.1 是关于常用的流类库的说明,以及在编程中需要包含到程序中的头文件。

表 10.1 常用的流类库文件说明

类　名	说　明	编程中需要包含的头文件
ios	流基类,是抽象类	iostream
istream	通用输入流类和其他输入流类的基类	iostream
ifstream	输入文件流类	fstream
ostream	通用输出流类和其他输出流类的基类	iostream
ofstream	输出文件流类	fstream
iostream	通用 I/O 流类和其他 I/O 流的基类	iostream
ftream	I/O 文件流类	fstream

10.2 预定义类型的输入输出

预定义类型的输入输出是指预定义类型数据对于标准输入输出设备(包括键盘、屏幕和打印机等)的输入输出,它是其他输入输出的基础。这种输入输出又可分为无格式输入输出和格式化输入输出。

10.2.1 无格式输入输出

无格式输入输出基于 C++类库的输入输出需使用两个流对象 cin 和 cout,还要用与之相配套的两个输入输出运算符“>>”和“<<”,即输入流对象 cin 和输出流对象 cout 对运算符“>>”和“<<”的重载函数的调用。

```
cin>>变量;                                    //输入
cout<<常量或变量;                              //输出
```

它们可分别被解释为:

```
cin.operator>>(变量);
cout. operator<<(常量或变量);
```

即输入流对象 cin 和输出流对象 cout 对运算符“>>”和“<<”的重载函数的调用。

10.2.2 格式化输入输出

在很多情况下,对计算机的输入输出格式需要进行控制。在 C++语言中,仍然可以用 C 语言中的 printf()和 scanf()函数进行格式化。除此之外,C++语言提供了两种格式的控制方法:一种是使用 ios 类中的有关格式控制的成员函数进行格式控制;另一种是使用称为操作符的特殊类型函数进行格式控制。下面介绍这两种格式控制的方法。

1. 用 ios 类的成员函数进行格式控制

ios 类中有几个成员函数可以用来对输入输出进行格式控制。格式控制主要是通过对状态标识字的操作来完成的。

在 ios 类中,定义了几个用于控制 I/O 格式的成员函数,如表 10.2 所示。

表 10.2 控制输入输出格式的成员函数

函数原型	功能
long ios::setf(long flags);	设置状态标识 flags
long ios::unsetf(long flags);	清除状态标识，并返回前状态标识
long ios::flags();	测试状态标识
long ios:: flags(long flags);	设置标识 flags，并返回前状态标识
int ios:: width();	返回当前的宽度设置值
int ios::width(int w);	设置域宽 w，返回以前的设置
int ios::precision(int p);	设置小数位数 p，返回以前的小数位数
char ios::fill();	返回当前的填充字符
char ios::fill(char ch);	设置填充字符 ch，返回当前的填充字符

下面分别介绍这些成员函数的使用方法。

(1) 设置状态标识：将某一状态标识位置“1”，可使用 setf()函数，其一般格式为：

```
long ios: : setf(long flags)
```

使用时，其一般的调用格式为：

```
流对象.setf(ios::状态标志);
```

例如：

```
istream isobj;
ostream osobj;
isobj.setf(ios::skipws);                    //跳过输入中的空白
osobj.setj(ios::left);                      //设置输出左对齐
```

在此，isobj 为类 istream 的流对象，osobj 为类 ostream 的流对象。实际上，在编程中用得最多的是 cin.setf(…)cout.setf(…)。

【例 10.1】 设置状态标识函数的使用。

```
/* 10_01.cpp */
#include <iostream>
using namespace std;
int main()
{
    cout.setf(ios::showpos|ios::scientific);
    cout << 567 <<" "<< 567.89 << endl;
    system("pause");
    return 0;
}
```

设置 showpos 使得每个正数前添加“+”号，设置 scientific 使浮点数按科学记数法(指数形式)进行显示。

程序的调试运行结果如图 10.2 所示。

图 10.2 例 10.1 的调试运行结果

要设置多项标识时，中间用或运算符“|”分隔，例如：

```
cout.setf(ios::showpos|ios::dec|ios::cientific);
```

(2) 清除状态标识：是将某一状态标识位置“0”,可使用 unsef()函数,它的一般格式为：

```
long ios::unsef(long flags)
```

使用时的调用格式与 setf()相同。

(3) 取状态标识：取一个状态标识,可使用 flags()函数。flags()函数有不带参数与带参数两种形式,其一般格式为：

```
long ios::flags();
long ios::flags(long flag);
```

前者用于返回当前的状态标识字(即 x_flags 的值)；后者将状态标识字设置为 flag,并返回设置前的状态标识字。flags()函数与 setf()函数的差别在于：setf()函数是在原有的基础上追加设定,而 flags()函数是用新设定覆盖以前的状态标识字。

(4) 设置域宽：域宽主要用来控制输出,在 ios 类中域宽存放在数据成员 int x_width 中。设置域宽的成员函数有两个,其一般格式为：

```
int ios::width();
int ios::width(int w);
```

前者用来返回当前的域宽值；后者用来设置域宽,并返回原来的域宽。

注意：所设置的域宽仅对下一个流输出操作有效,当一次输出操作完成之后,域宽又恢复为 0。

(5) 填充字符：填充字符的作用是,当输出值不满域宽时用填充字符来填充,缺省情况下填充字符为空格。所以在使用填充字符函数时,必须与 width()函数相配合,否则就没有意义。在 ios 类中用数据成员 x_fill 来存放填充的字符。填充字符的成员函数有两个,其一般形式为：

```
char ios:: fill();
char ios:: fill(char ch);
```

前者用来返回数据填充字符,后者用 ch 重新设置填充字符,并返回设置前的填充字符。

(6) 设置显示的精度：在 ios 类中用数据成员 int x_precision 来存放浮点数的输出显示精度。设置显示的精度的成员函数的一般格式为：

```
int ios:: precision(int p);
```

此函数用来重新设置浮点数所需小数的位数,并返回设置前的小数点后的位数。

例 10.2 来说明以上这些函数的作用。

【例 10.2】 成员函数进行格式控制。

```
/* 10_02.cpp */
# include<iostream>
using namespace std;
int main()
```

```
{
    cout <<"x_width = "<< cout.width()<< endl;
    cout <<"x_fill = "<< cout.fill ()<< endl;
    cout <<"x_precision = "<< cout.precision()<< endl;
    cout << 123 <<"  "<< 123.45678 << endl;
    cout <<"________________________________\n";
    cout <<" ***  x_width = 10,x_fill = , x_precision = 4  *** \n";
    cout.width(10);
    cout.precision(4);
    cout << 123 <<"  "<< 123.45678 <<"  "<< 234.567 << endl;
    cout <<"x_width = "<< cout.width()<< endl;
    cout <<"x_fill = "<< cout.fill ()<< endl;
    cout <<"x_precision = "<< cout.precision()<< endl;
    cout <<"________________________________\n";
    cout <<" ***  x_width = 10,x_fill = &, x_precision = 4  *** \n";
    cout.fill('&');
    cout.width(10);
    cout << 123 <<"  "<< 123.45678 << endl;
    cout.setf(ios::left);
    cout.width(10);
    cout << 123 <<"    "<< 123.45678 << endl;
    cout <<"x_width = "<< cout.width()<< endl;
    cout <<"x_fill = "<< cout.fill ()<< endl;
    cout <<"x_precision = "<< cout.precision()<< endl;
    system("pause");
    return 0;
}
```

程序的调试运行结果如图 10.3 所示。

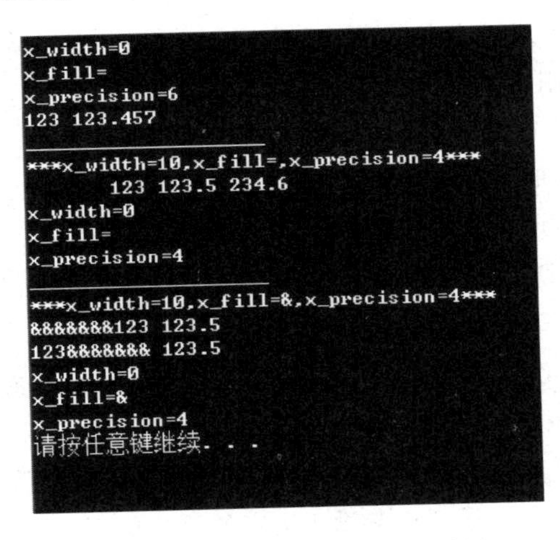

图 10.3 例 10.2 的调试运行结果

分析以上程序和运行结果,可以看出:

(1) 在缺省情况下,x_width 取值为 0,这个 0 意味着一个特殊的意义——无域宽,即数据按自身的宽度打印，x_fill 取值为空格，x_precision 取值为 6，浮点数输出精度的默认值是 6，例如，数 123.45678 显示为 123.457。

(2) 当用 width( )函数设置了域宽后，只对紧跟着它的第一个输出有影响，当第一个输出完成后，x_width 立即自动置为 0。而调用 precision( )函数和 fill( )函数，设置了 x_fill 和 x_precision 后，在程序中一直有效，除非它们被重新设置。

(3) 当设置了 x_precision 后，若实际输出数值的精度与其不一致，最终的输出结果为：当实际输出的小数位数大于 x_precision，则以 x_precision 的位数按四舍五入输出；当实际输出的小数位数小于 x_precision，则按实际的小数位数输出。

例如本例中当 x_precision 设置为 4 时，123.45678 被四舍五入为 123.5 输出，234.567 被四舍五入为 234.6 输出。

(4) 当显示数据所需的宽度比使用 ios::width( )设置的宽度小时，空余的位置用填充字符来填充，缺省情况下的填充字符是空格。填充字符的填充位置由 ios::left 和 ios::right 规定，若设置 ios::left，则字符填充在数据右边(输出数据左对齐)；若设置 ios::right (缺省设置)，则字符填充在数据左边(输出数据右对齐)。

2. 使用预定义的操作符进行 I/O 格式控制

使用 ios 类中的成员函数进行 I/O 格式控制时，每个函数的调用需要写一条语句，而且不能将它们直接嵌入到 I/O 语句中去，显然使用起来不太方便。C++语言提供了另一种进行 I/O 格式控制的方法，这一方法使用了一种称为操作符的特殊函数。在很多情况下，使用操作符(操作符函数)进行格式化控制比用 ios 类中的成员函数要方便。

所有不带形参的操作符都定义在头文件 iostream.h 中，而带形参的操作符则定义在头文件 iomanip.h 中，因而使用相应的操作符就必须包含相应的头文件。许多操作符的功能类似于上面介绍的 ios 类成员函数的功能。C++提供的预定操作符如下。

(1) dec：以十进制形式输入或输出整型数。

(2) hex：以十六进制形式输入或输出整型数。

(3) oct：以八进制形式输入或输出整型数。

(4) ws：用于在输入时跳过前导的空白符，可用于输入。

(5) endl：插入一个换行符并刷新输出流，仅用于输出。

(6) ends：插入一个空字符'\0'，通常用来结束一个字符串，仅用于输出。

(7) flush：刷新一个输出流，仅用于输出。

(8) setbase(int n)：设置转换基数为 n(n 的取值为 0、8、10 或 16)，n 的缺省值为 0，即表示采用十进制，仅用于输出。

(9) resetiosflags(long f)：关闭由参数 f 指定的格式标识，可用于输入或输出。

(10) setiosflags(long f)：设置由参数 f 指定的格式标识，可用于输入或输出。

(11) setfill(int ch)：设置 ch 为填充字符，缺省时为空格，可用于输入或输出。

(12) setprecision(int n)：设置小数部分的位数，可用于输入或输出。

(13) setw(int n)：设置域宽为 n，可用于输入或输出。

操作符 setiosflags()和 resetiosflags 中所用的格式标识如表 10.3 所示。

表 10.3 操作符 setiosflags 中所用的格式标识

格式标识名	含 义
ios::left	输出数据按域宽左对齐输出
ios::right	输出数据按域宽右对齐输出
ios::scientific	使用科学记数法表示浮点数
ios::fixed	使用定点形式表示浮点数
ios::dec	转换基数为十进制形式
ios::hex	转换基数为十六进制形式
ios::oct	转换基数为八进制形式
ios::uppercase	十六进制形式和科学记数法输出时，表示数值的字符一律为大写
ios::showbase	输出带有一个表示制式的字符(如"X"表示十六进制，"O"表示八进制)
ios::showpos	在正数前添加一个"+"号
ios::showpoint	浮点输出时必须带有一个小数点

在进行输入输出时，操作符被嵌入到输入或输出链中，用来控制输入输出的格式，而不是执行输入或输出操作。

下面通过一个例子来介绍操作符的使用。

【例 10.3】 操作符的使用。

```
/* 10_03.cpp */
#include <iostream>
#include <iomanip.h>
using namespace std;
int main()
{
  cout << setw(10)<< 123 << 567 << endl;
  cout << 123 << setiosflags(ios::scientific)<< setw(20)
      << 123.456789 << endl;
  cout << 123 << setw(10)<< hex << 123 << endl;
  cout << 123 << setw(10)<< oct << 123 << endl;
  cout << 123 << setw(10)<< dec << 123 << endl;
  cout << resetiosflags(ios::scientific)<< setprecision(4)
      << 123.456789 << endl;
  cout << setiosflags(ios::left)<< setfill('#')<< setw(8)
      << 123 << endl;
  cout << resetiosflags(ios::left)<< setfill('$')<< setw(8)
      << 456 << endl;
  system("pause");
  return 0;
}
```

程序的调试运行结果如图 10.4 所示。

```
         123567
123          1.234568e+002
123            7b
7b          173
173          123
123.5
123#####
$$$$$456
请按任意键继续. . .
```

图 10.4　例 10.3 的调试运行结果

10.3　用户自定义类型的输入输出

前面介绍了系统预定义类型的输入或输出。对于用户自定义的类类型数据(即对象)的输入或输出,在 C++语言中可以通过重载运算符“>>”和“<<”来实现。

关于在类中如何以友元函数形式重载输入流运算符“>>”和输出流运算符“<<”的内容,在 7.4 节中已经详细讲解过,在此再通过例 10.4 加以巩固。

【例 10.4】 类中重载输入流运算符“>> ”和输出流运算符“<<”示例。

```
/* 10_04.cpp */
#include <iostream>
using namespace std;
class Sample
{    int x,y;
public:
     Sample(int m = 0,int n = 0): x(m),y(n) { }
     friend ostream & operator << (ostream & stream, const Sample &s);
     friend istream & operator >> ( istream & stream, Sample &s);
};
ostream & operator <<(ostream & stream , const Sample &s)
{stream <<"x = "<< s.x <<",y = "<< s.y << endl;
     return stream;
}
istream & operator >>(istream & stream, Sample &s)
{    cout <<"Input x & y"<< endl;
     cout <<"x:"; stream >> s.x;
     cout <<"y:"; stream >> s.y;
     return stream;
}
int main()
{    Sample a(1,2),b,c;                              //定义 3 个对象
     cout <<"a object is:\n";
     cout << a;                                      //相当于 operator <<(cout,a);
     cin >> b >> c;
             //相当于 operator(operator >>(cin,b),c)
     cout <<"b and c objects are:\n";
     cout << b << c;
             //相当于 operator(operator <<(cout,b),c)
```

```
    system("pause");
    return 0;
}
```

程序的调试运行结果如图 10.5 所示。

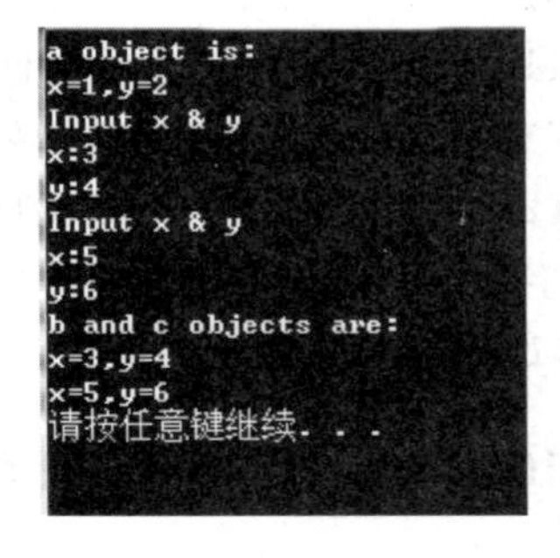

图 10.5　例 10.4 的调试运行结果

分析如下：

(1)这两个函数的返回值一定是引用返回，如果是值返回，则不能实现连续输入输出，只能每次输入输出一个对象，这与运算符作用于标准类型的用法不一致。

(2)在输出流运算符的重载中，第 2 个参数一般为本类对象的常引用，这是为了从语法上保证输出过程中不能改变被输出实际参数对象的值。

(3)在输入流运算符的重载中，第 2 个参数为本类对象的引用，而不能是常引用，因为通过该函数读入的值要通过引用参数使对应实际参数对象获得值。

10.4 文件的输入输出

文件是具有相同类型的数据的任意序列，一般指放在外部介质上的数据的集合。

C++语言把文件看作字符(字节)序列，即由一个一个字符(字节)的数据顺序组成的。根据文件中数据的存放形式，文件分为 ASCII 文件和二进制文件两种。

(1) ASCII 文件又称文本文件，它的每一个字节存放一个 ASCII 代码，代表一个字符。其优点是可直接按字符形式输出文件的内容，也可用一般的字处理软件直接打开并查看文件的内容，缺点是占存储空间较多。

(2) 二进制文件将数据用二进制形式存放在文件中，并保持了数据在内存中存放的原有格式。其优点是存储效率高，无须进行存储形式的转换，但不能直接按字符形式输出。

无论是文本文件还是二进制文件都需要用“文件指针”来操纵，此处的“文件指针”是指表示读写文件的文件位置指示器。一个文件指针总是和一个文件相关联，当文件每一次打开时，文件指针都指向文件的开始，随着对文件进行操作，文件指针不断地在文件中移动，并一直指向最新处理的字符(字节)位置。

在使用文件时需要开辟一个缓冲区。从内存向磁盘文件输出数据时，必须先送到内存中的缓冲区，装满缓冲区后，一起送到磁盘上。如果从磁盘向内存读入数据，则一次从磁盘文件将一批数据输入到内存缓冲区(充满缓冲区)，然后再从缓冲区逐个地把数据送到程序数据区(或赋给程序变量)。

C++语言中进行文件操作的一般步骤如下。

(1) 为要进行操作的文件定义一个流。

(2) 建立(或打开)文件。如果文件不存在，则建立该文件；如果磁盘上已存在该文件，则打开它。

(3) 进行读写操作。在建立(或打开)的文件上执行所要求的输入输出操作。一般来说，在主存与外设的数据传输中，由主存到外设叫做输出或写，而由外设到主存叫做输入或读。

(4) 关闭文件。当不需要进行其他输入输出操作时,应把已打开的文件关闭。

对文件的读写操作有以下两种方式:

(1) 顺序文件操作。从文件的第一个字符(字节)开始顺序地处理到文件的最后一个字符(字节)。只能从文件的开始处依次顺序读写文件内容,而不能任意读写文件内容。

(2) 随机文件操作。在文件中通过C++语言相关的函数移动文件指针,并指向所要处理的字符(字节)。可以在文件中来回移动文件指针和非顺序地读写文件内容。能快速地检索、修改和删除文件中的信息。

10.4.1 通过 FILE 结构进行文件操作

C++保留了 ANSI C 对文件的处理方式,程序对每个文件都使用一个单独的 FILE 结构来处理。

每个被使用的文件都在内存中开辟一个区,用来存放文件的有关信息(如文件的名字、文件状态、文件当前位置等)。这些信息保存在一个类型为 FILE 的结构体变量中。

该结构体类型 FILE 是由系统定义的。

在 stdio.h 文件中对 FILE 结构体类型是这样定义的:

```
typedef struct
{    int _fd;                                   //文件号
     int _cleft;                                //缓冲区中剩余的字符
     int _mode;                                 //文件操作模式
     char * _nextc;                             //下一个字符位置
     char * _buff;                              //文件缓冲区位置
} FILE;
```

用结构体类型 FILE 可以定义文件型指针变量,例如:

```
FILE * fp;
```

fp 是一个指向 FILE 类型结构体的指针变量。可以使 fp 指向某一个文件的结构体变量,从而通过该结构体变量中的文件信息能够访问该文件。通过文件指针变量能够找到与它相关的文件。

如果有 n 个文件,一般应设 n 个指针变量(指向 FILE 类型的指针变量),使它们分别指向 n 个文件以实现对文件的访问。

对文件读写之前应该“打开”该文件,在使用结束之后应“关闭”该文件。

1. 打开文件

用 stdio.h 文件中定义的 fopen()函数可以实现文件的建立和打开操作。C++语言将 stdio.h 改为 cstdio.h。

fopen 函数的调用方式通常为:

```
FILE * fp;
fp = fopen(文件名,文件的使用方式);
```

例如：

```
FILE *fp;
fp = fopen("abc.txt","r");
```

表示要打开名字为 abc.txt 的文件，文件的使用方式为“读入”，fopen 函数带回指向 abc.txt 文件的指针并赋给 fp，这样 fp 就和文件 abc.txt 相联系了，或者说 fp 指向 abc.txt 文件。

在打开一个文件时，通知给编译系统以下 3 个信息：

(1) 需要打开的文件名，也就是准备访问的文件的名字。

(2) 使用文件的方式(“读”还是“写”等)，文件的使用方式如表 10.4 所示。

(3) 让哪一个指针变量指向被打开的文件。

表 10.4 文件的使用方式

文件的使用方式	含 义	文件的使用方式	含 义
“r”(只读)	为输入打开一个文本文件	“r+”(读写)	为读写打开一个文本文件
“w”(只写)	为输出打开一个文本文件	“w+”(读写)	为读写建立一个新的文本文件
“a”(追加)	向文本文件尾增加数据	“a+”(读写)	为读写打开一个文本文件
“rb”(只读)	为输入打开一个二进制文件	“rb+”(读写)	为读写打开一个二进制文件
“wb”(只写)	为输出打开一个二进制文件	“wb+”(读写)	为读写建立一个新的二进制文件
“ab”(追加)	向二进制文件尾增加数据	“ab+”(读写)	为读写打开一个二进制文件

说明：

(1) 用“r”方式打开的文件只能用于向计算机输入而不能用作向该文件输出数据，而且该文件应该已经存在，不能用“r”方式打开一个并不存在的文件，否则会出错。

(2) 用“w”方式打开的文件只能用于向该文件写数据，而不能用来向计算机输入。

如果原来不存在该文件，则在打开时新建立一个以指定的名字命名的文件。

如果原来已存在一个以该文件名命名的文件，则在打开时将该文件删去，然后重新建立一个新文件。

(3) 如果希望向文件末尾添加新的数据(不希望删除原有数据)，则应该用“a”方式打开。但此时该文件必须已存在，否则将得到出错信息。打开时，位置指针移到文件末尾。

(4) 用“r+”“w+”“a+”方式打开的文件既可以用来输入数据，也可以用来输出数据。

① 用“r+”方式时该文件应该已经存在。

② 用“w+”方式则新建立一个文件，先向此文件写数据，然后可以读此文件中的数据。

③ 用“a+”方式打开的文件，原来的文件不被删去，位置指针移到文件末尾，可以添加，也可以读。

(5) 如果不能实现“打开”的任务，fopen 函数将会带回一个出错信息。出错的原因可能是：

① 用“r”方式打开一个并不存在的文件；

② 磁盘出故障；

③ 磁盘已满无法建立新文件等。

此时，fopen 函数将带回一个空指针值 NULL。

我们常用下面的方法打开一个文件：

```
if ((fp = fopen("file","w")) == NULL)
    cout <<"cannot open this file.\n"<< endl;
```

2. 关闭文件

在使用完一个文件后应该关闭它,以防止文件再被误用。"关闭"就是使文件指针变量不指向该文件,此后不能再通过该指针对原来与其相联系的文件进行读写操作。除非再次打开,使该指针变量重新指向该文件。

用 fclose 函数可以实现文件的关闭操作。Fclose 函数调用的一般形式为:

```
fclose(文件指针);
```

fclose 函数也带回一个值,当顺利执行了关闭操作,则返回值为 0;否则返回 EOF(即-1)。

3. 文件的读写

文件的读操作是指从磁盘文件向程序读入数据的过程,因此该文件必须以读或读写的方式打开。每次调用完相应的读函数,文件的指针都将自动移动到下一次读写的位置上。文件的写操作是指将程序中的数据写到磁盘文件中,因此该文件必须以写或读写的方式打开。每次调用完相应的写函数,文件的指针都将自动移动到下一次读写的位置上。

(1)顺序文件操作。

① fgetc 和 fputc 函数。

fgetc 函数的功能是从指定的文件读入一个字符,该文件必须是以读或读写方式打开的。例如:

```
ch = fgetc(fp);
```

其中,fp 为文件型指针变量,ch 为字符变量。fgetc 函数带回一个字符赋给 ch。

如果在执行 fgetc 函数读字符时遇到文件结束符,函数返回一个文件结束标识 EOF(即-1)。EOF 是在 cstdio.h 文件中定义的符号常量,值为-1。

如果想从一个磁盘文件顺序读入字符并在屏幕上显示出来,可以用以下程序段来实现。

```
ch = fgetc(fp);
while(ch!= EOF)
{
    putchar(ch);
    ch = fgetc(fp);
}
```

fputc 函数的功能是把一个字符写到磁盘文件中。

```
fputc(ch,fp);
```

fputc 函数如果输出成功,则返回值就是输出的字符;如果输出失败,则返回一个 EOF(即-1)。

② fgets 和 fputs 函数。

fgets 函数的功能是从指定文件读入一个字符串,例如:

```
fgets(str,n,fp);
```

其中，n为要求得到的字符，放到字符数组str中，如果在读入过程中遇到换行符或EOF，读入结束。

fgets函数的返回值为str的首地址。

fputs函数的功能是向指定的文件输出一个字符串，例如：

```
fputs("Olympic",fp);
```

把字符串“Olympic”输出到fp指向的文件。

fgets和fputs函数以指定的文件为读写对象。

③ fscanf和fprintf函数。

fscanf函数、fprintf函数与scanf函数、printf函数的作用相仿，但scanf函数和printf函数的读写对象是终端(屏幕)，而fscanf函数和fprintf函数的读写是磁盘文件。它们的一般调用形式为：

```
fprintf(文件指针,格式字符串,输出表列);
fscanf(文件指针,格式字符串,输入表列);
```

例如：

```
fprintf(fp, "%d, %f",i,t);
```

该语句的作用是将整型变量i和实型变量t的值按%d和%f的格式输出到fp指向的文件中。

(2)随机文件操作。

① fread和fwrite函数。

fwrite函数的功能是用来读写一个数据块，一般调用形式为：

```
fread(buffer,size,count,fp);
fwrite(buffer,size,count,fp);
```

其中，buffer是一个指针，是读入或输出数据的地址。size是要读写的字节数。count是要进行读写多少个size字节的数据项。fp为文件型指针。

例如：

```
fread(f,4,2,fp);
```

其中，f为一个实型数组名，一个实型变量占4个字节。这个函数从fp所指向的文件读入两次(每次4个字节)数据，存储到数组f中。

② 文件定位函数。

文件的随机读写就是可以将文件指针直接定位在所要求读写的位置上，而不必从文件头开始直到要求的位置再进行读写。为此C++语言提供了文件定位函数rewind函数、fseek函数和ftell函数。

rewind函数的功能是使位置指针重新返回到文件的开头。该函数没有返回值。其调用形式为：

```
rewind(文件指针);
```

fseek 函数的功能是将文件指针移动到指定的位置，其调用形式为：

```
fseek(文件指针,偏移量,起始点)
```

其中，“偏移量”指以“起始点”为基点，向前移动的字节数。

“起始点”可以是文件开始、文件当前位置和文件末尾 3 种，如表 10.5 所示。

表 10.5 “起始点”的符号常量和数字表示

起 始 点	符 号 常 量	数 字 表 示
文件开始	SEEK_SET	0
文件当前位置	SEEK_CUR	1
文件末尾	SEEK_END	2

例如：

```
fseek(fp,100,0);                    //将位置指针移到离文件头 100 个字节处
fseek(fp,50,1);                     //将位置指针移到离当前位置 50 个字节处
fseek(fp,-10,2);                    //将位置指针从文件末尾处后退 10 个字节
```

③ ftell 函数。

ftell 函数的功能是返回文件指针的当前读写位置，这个位置是用相对于文件起始位置的字节偏移量来表示的，其调用形式为：

```
ftell(文件指针);
```

当函数成功调用后，则返回文件的当前读写位置，否则返回－1。

10.4.2 通过文件流进行文件操作

1. 文件的打开

在 C++ 语言中，打开一个文件，就是将这个文件与一个流建立关联；关闭一个文件，就是取消这种关联。

C++语言有 3 种类型的文件流：输入文件流 ifstream、输出文件流 ofstream 和输入输出文件流 fstream。这些文件流都定义在 fstream.h 文件中或名字空间 std 的文件 fstream 中。

要执行文件的输入输出，一般步骤如下。

(1) 在程序中包含头文件 fstream.h 或名字空间 std 的文件 fsteam。

(2) 建立流。建立流的过程就是定义流类的对象，例如：

```
ifstream in;
ofstream out;
fstream both;
```

分别定义了输入流对象 in；输出流对象 out，输入输出流对象 both。

(3) 使用 open()函数打开文件，也就是使某一文件与上面的某一流相联系。open()函数是上述 3 个流类的成员函数，其原型是在 fstream.h 中定义的，原型为：

```
void open(const unsigned char *, int mode, int access = filebuf::openprot);
```

其中第一个参数是用来传递文件名的；第二个参数 mode 的值决定文件将如何被打开，它必须取下面的值中的一个：

```
ios::app                          //使输出追加到文件尾部
ios::ate                          //查找文件尾
ios::in                           //打开一个文件进行读操作
ios::nocreate                     //文件不存在时，导致打开失败
ios::noreplace                    //若文件存在，导致打开失败
ios::out                          //打开一个文件进行写操作
ios::trunk                        //若文件存在，则原同名文件被删除
ios::binary                       //文件以二进制方式打开，缺省时为文本文件
```

下面对这些值作进一步的说明：

① 如果希望向文件尾部添加数据，则应当用“ios::app”方式打开文件，但此时文件必须存在。打开时，文件位置指针移到文件尾部。用这种方式打开的文件只能用于输出。

② 用“ios::ate”方式打开一个已存在的文件时，文件位置指针自动移到文件的尾部。

③ 用“ios::in”方式打开的文件只能用于输入数据，而且该文件必须已经存在。如果用类 ifstream 来产生一个流，则隐含为输入流，不必再说明使用方式。用“ios::out”方式打开文件，表示可以向该文件输出数据。如果用类 ofstream 来产生一个流，则隐含为输出流，不必再说明使用方式。

④ 通常当用 open()函数打开文件时，如果文件存在，则打开该文件，否则建立该文件。但当用“ios::nocreate”方式打开文件时，表示不建立新文件，在这种情况下，如果要打开的文件不存在，则函数 open()调用失败。相反，如果使用“ios::noreplace”方式打开文件，则表示不修改原来文件，而是要建立新文件。因此，如果文件已经存在，则 open()函数调用失败。

⑤ 当使用“ios::trunc”方式打开文件时，如果文件已存在，则清除该文件的内容，文件长度被压缩为 0。实际上，如果指定“ios::out”方式，且未指定“ios::ate”方式或“ios::app”方式，则隐含为“ios::trunc”方式。

⑥ 如果使用“ios::binary”方式，则以二进制方式打开文件，缺省时，所有的文件以文本方式打开。在用文本文件向计算机输入时，把回车和换行两个字符转换为一个换行符，而在输出时把换行符转换为回车和换行两个字符。对于二进制文件则不进行这种转换，在内存中的数据形式与输出到外部文件中的数据形式完全一致，一一对应。

access 的值决定文件的访问方式。文件的访问方式指的是文件类别。它们是：

- 0——普通文件。
- 1——只读文件。
- 2——隐含文件。
- 4——系统文件。
- 8——备份文件。

access 的缺省值是 filebuf::openprot(其中 filebuf 是流类的父类)。

了解了文件的使用方式后，可以通过以下步骤打开文件：

① 定义一个流类的对象，例如：

```
ofstream out;
```

定义了类 ofstream 的对象 out,它是一个输出流。

② 使用 open()函数打开文件,也就是使某一文件与上面定义的流相联系。例如:

```
out.open("test",ios::out,0);
```

将打开一个普通的输出文件 test。

以上是打开文件的一般操作步骤。实际上由于文件的 mode 参数(使用方式)和 access 参数(访问方式)都有缺省值,对于类 ifstream,mode 的缺省值为 ios::in,access 的缺省值为 0(普通文件);而对于类 ofstream,mode 的缺省值为 ios::out,access 的缺省值也为 0。因此,上述语句通常可写成:

```
out.open("test");
```

当一个文件需要用两种或多种方式打开时,可以用“或”操作符(即“|”)把几种方式连接在一起。例如,为了打开一个能用于输入和输出的流,必须把使用方式设置为 ios::in 和 ios::out(对于这种情况,不能提供 mode 的缺省值),打开方法如下:

```
fstream mystream;
mystream.open("test",ios::in|ios::out);
```

虽然用 open()函数打开文件是完全正确的,但是在大多数情况下不必如此。因为类 ifstream、ofstream 与 fstream 都能自动打开文件的构造函数,这些构造函数的参数及缺省值与 open()函数的完全不同。因此,在实际编程时,打开一个文件的最常见的形式为:

```
ofstream out("test");
```

它相当于语句:

```
ofstream out;
out.open("test");
```

只有在打开文件后,才能对文件进行读写操作。如果由于某些原因,open()失败,流对象的值将为 0。因此,在使用文件之前,必须进行检测,以确认打开一个文件是否成功。可以使用类似下面的方法进行检测:

```
if(!mystream)
{
    cout <<"Cannot open file!\n";
    //错误处理代码
}
```

2. 文件的关闭

在使用完一个文件后,应该把它关闭。所谓关闭,实际上就是使打开的文件与流“脱钩”。关闭文件可使用 close()函数完成,close()函数也是流类中的成员函数,它不带参数,不返回值。例如:

```
out.close();
```

将关闭与流 out 相连接的文件。

在进行文件操作时，应养成将已完成操作的文件关闭的习惯。如果不关闭文件，则有可能丢失数据。

3. 文件的读写

在含有文件操作的程序中，必须包含头文件 fstream，即必须有如下的编译预处理命令：

```
#include <fstream>
using namespace std;
```

当文件打开以后，即文件与流建立了联系后，就可以进行读写操作了。

(1) 文本文件的读写。

一旦文件打开了，从文件中读取文本数据与向文件中写入文本数据都十分容易，只需使用运算符“<<”与“>>”就可以了，只是必须要用与文件相连接的流代替 cin 和 cout。

【例 10.5】 把一个整数、一个浮点数和一个字符串写到磁盘文件 file 中。

```
/* 10_05.cpp */
#include <iostream>
#include <fstream>
using namespace std;
int main()
{
    ofstream out;
    out.open("c:\\file.txt",ios::out);        //以写方式打开文件 file.txt
    if(!out)
    {   cout <<"Can't open file!"<< endl;;
        return 0;
    }
    out << 10 << endl;
    out << 20.15 << endl;
    out <<"Hello!"<< endl;
    out.close();                              //关闭文件
    return 0;
}
```

程序运行后，屏幕上不显示任何信息，因为输出的内容存入文件 file 中。打开文件 file，可以看到该文件的内容如下：

```
10
20.15
Hello!
```

【例 10.6】 从例 10.5 建立的 file 文件中读取相应的内容并将其显示到屏幕中。

```
/* 10_06.cpp */
#include <iostream>
#include <fstream>
using namespace std;
int main()
{
    ifstream in;
```

```
    in.open("c:\\file.txt",ios::in);          //以写方式打开文件 file.txt
    if(!in)
    {   cout<<"Can't open file!"<<endl;;
        return -1;
    }

    char s[30];
    while (!in.eof())
    {  in.getline(s,sizeof(s));
       cout<<s<<endl;
    }
    in.close();                                //关闭文件
    return 0;
}
```

程序的运行结果如图 10.6 所示。

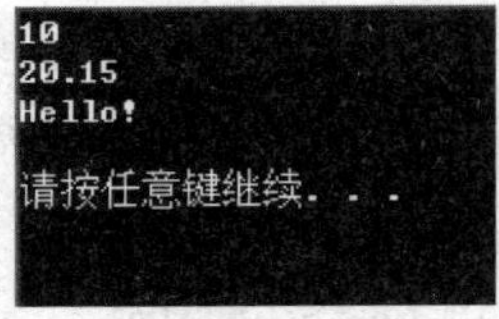

图 10.6 例 10.6 的调试运行结果

(2)二进制文件的读写。

任何文件,无论它是包含格式化的文本还是包含原始数据,都能以文本方式或二进制方式打开。文本文件是字符流,而二进制文件是字节流。

在缺省情况下,文件用文本方式打开。也就是说,在输入时,回车和换行两个字符要转换为字符“\n”。在输出时,字符“\n”转换为回车和换行两个字符。这些转换在二进制方式下是不能进行的。这是文本方式和二进制方式主要的区别。

对二进制文件进行读写有两种方式,其中一种是使用 get()和 put();另一种是使用 read()和 write()。这 4 个函数也可以用于文本文件的读写。在此主要介绍对二进制文件的读写。除字符转换方面略有差别外,文本文件的处理过程与二进制文件的处理过程基本相同。

① 用 get()函数和 put()函数读写二进制文件。

get()是输入流类 istream 中定义的成员函数,它可以从与流对象连接的文件中读出数据,每次读出一个字节(字符)。put()是输出流类 ostream 中的成员函数,它可以向与流对象连接的文件中写入数据,每次写入一个字节(字符)。

get()函数有许多格式,其中最常用的版本原型如下:

```
istream& get(char& ch);
```

get()函数从相关流中只读一个字节,并把该值放入 ch 中并返回该流,当到达文件尾时,使该流的值为 0。

put()函数的原型如下:

```
ostream& put(char ch);
```

put()函数将 ch 写入流中并返回该流。

【例 10.7】 将 a~z 这 26 个英文字母写入文件,而后从该文件中读出并显示出来。

```
/* 10_07.cpp */
#include <iostream>
```

```
#include<fstream>
using namespace std;
void TestWrite()
{
  ofstream fs("d:\\test.dat");
  int i;
  char c = 'a';
  for(i = 0;i<26;i++)
  {
    fs.put(c);
    c++;
  }
}
void TestRead()
{
  ifstream fs("d:\\test.dat");
  char c;
  while(fs.get(c))
    cout << c;
}
int main()
{
  TestWrite();
  TestRead();
  return 0;
}
```

当遇到文件结束符时，与之相连的流的值将变为0。因此，当到达文件尾时，流的值将变为0，这可使循环停止。

② 用read()函数和write()函数读写二进制文件。

有时需要读写一组数据(如一个结构变量的值)，为此C++语言提供了两个函数read()和write()，用来读写一个数据块，其原型如下：

```
istream &read(unsigned char * buf, int num);
ostream &write(const unsigned char * buf, int num);
```

read()是类istream中的成员函数，其功能为：从相应的流中读取num个字节(字符)，并把它们放入指针buf所指的缓冲区中。该函数有两个参数，其中第一个参数buf是一个指针，它指向要读入数据的存放地址(起始地址)；第二个参数num是一个整数值，它是要读入的数据的字节(字符)数。其调用格式为：

```
read(缓冲区首址,读入的字节数);
```

“缓冲区首址”的数据类型为unsigned char *，当输入其他类型数据时，必须进行类型转换。例如：

```
int array[ ] = {50,60,70};
read((unsigned char *)&array,sizeof(array));
```

定义了一个整型数组array，为了读入它的全部数据，必须在read()函数中给出它的首地址，并把它转换为 unsigned char * 类型。由 sizeof()函数确定要读入的字节数。

write()是流类 ostream 的成员函数,该函数可以从 buf 所指的缓冲区把 num 个字节写到相应的流上。参数的含义及调用注意事项与 read()函数类似。

如果在 num 个字节(字符)被读出之前就到达了文件尾,read()只是停止执行,此时缓冲区包含所有可能的字符,我们可以用另一个成员函数 gcount()统计出有多少字符被读出。

gcount()的原型如下:

```
int gcount();
```

它返回所读取的字节数。

【例 10.8】 用 write()函数向文件 file 中写入整数与双精度数。

```
/* 10_08.cpp */
#include <iostream>
#include <fstream>
#include <string>
using namespace std;
int main()
{
  ofstream out("file");
  if (!out)
  {
    cout <<"Can't open output file"<< endl;
    return -1;
  }
  int i = 12342;
  double num = 200.15;
  out.write((char *)&i,sizeof(int));
  out.write((char *)&num,sizeof(double));
  out.close();
  return 0;
}
```

程序执行后,屏幕上不显示任何信息,但程序已将整数 12342 与双精度数 200.15 以二进制形式写入文件 file 中。用例 10.9 中的程序可以读取文件 file 中的数据,并在屏幕上显示出来,以验证例 10.8 的操作。

【例 10.9】 用 read()函数读取例 10.8 中程序所建立的文件 file 中的数据。

```
/* 10_09.cpp */
#include <iostream>
#include <fstream>
#include <string>
using namespace std;
int main()
{
  ifstream in("file");
  if(!in)
  {
```

```
        cout <<"Can't open input file"<< endl;
        return -1;
    }
    int i;
    double num;
        in.read((char * )&i, sizeof(int));
        in.read((char * )&num, sizeof(double));
    cout << i << num;
    in.close();                                    //关闭文件
    system("pause");
    return 0;
}
```

程序的调试运行结果如图 10.7 所示。

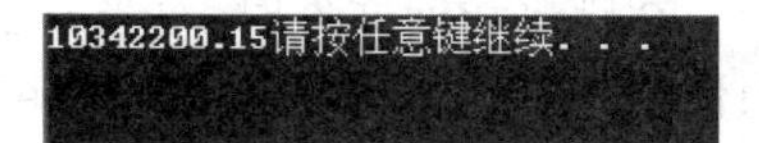

图 10.7 例 10.9 的调试运行结果

如果想将整个结构类型写入文件，使用 read/write 方式是非常合适的。如：

```
struct atype
{
    …
}
struct atype a;
ofstream ofs;
ifstream ofs;
…
ofs.write((const char * )&a,sizeof(struct atype));
…
ifs.read((const char * )&a,sizeof(struct atype));
```

这里只用了两条语句就实现了整个结构的读写，如果使用 get/put 方式就比较复杂。

③ 检测文件结束。

在文件结束的地方有一个标识位，记为 EOF(文件结束符也占一个字节，其值为－1)。采用文件流方式读取文件时，使用成员函数 eof()，可以检测到这个结束符。如果该函数的返回值非 0，表示到达文件尾。为 0 表示未到达文件尾。该函数的原型是：

```
int eof();
```

函数 eof()的用法示例如下：

```
ifstream ifs;
    …
if (!ifs.eof())                               //尚未到达文件尾
…
```

还有以下一个检测方法，就是检查该流对象是否为 0，为 0 表示文件结束：

```
ifstream ifs;
…
if (!ifs)                                     //尚未到达文件尾
…
```

4. 文件的随机读写

前面介绍的文件操作都是按一定顺序进行读写的,因此称为顺序文件。对于顺序文件而言,只能按实际排列的顺序,一个一个地访问文件中的各个元素。为了增加对文件访问的灵活性,C++语言在类 istream 及类 ostream 中定义了几个与随机移动文件指针有关的成员函数,可以在输入输出流内随机移动文件指针,从而可以对文件的数据进行随机读写。

C++语言为流的随机访问提供了支持,它是通过一种叫作文件指针的方式提供的。在C++语言的 I/O 系统中有个文件指针,它有两个名字。其中一个名字叫 get 指针,用于指出下一次输入操作的位置;另一个名字叫做 put 指针,用于指出下一次输出操作的位置。

在顺序访问文件时,每当发生一次输入或输出操作后,文件指针将会自动地连续增加。而使用 seekg()和 seekp()函数可以使用非连续的方式访问文件。函数的形式如下:

put 指针:

```
ostream& seekp(streampos pos);
ostream& seekp(streamoff  off,ios::seek_dir dir);
```

get 指针:

```
ostream& seekg(streampos pos);
ostream& seekg(streamoff  off,ios::seek_dir dir);
```

在函数的参数中,类型 streampos 和 streamoff 等效于 long 类型,它们分别限定了文件位置以及读写操作的相对偏移的范围。参数 dir 表示文件指针的起始位置,off 表示相对于这个起始位置的位移量。

dir 的取值有以下 3 种情况。

(1) ios::beg 从文件头开始,把文件指针移动由 off 指定的距离。

(2) ios::cur 从当前位置开始,把文件指针移动由 off 指定的距离。

(3) ios::end 从文件尾开始,把文件指针移动由 off 指定的距离。

当 dir 为 ios::beg 时,off 的值为正数;当 dir 为 ios::end 时,off 的值为负数;而当 dir 为 ios::cur 时,off 的值可以为正数,也可以为负数。Off 的值为正数时从前向后移动文件指针,为负数时从后向前移动文件指针。

函数 seekg()用于输入文件,将相应文件的读指针从 dir 说明的位置移动 off 字节;函数 seekp()用于输出文件,将相应文件的写指针从 dir 说明的位置移动 off 字节。

【例 10.10】 将文件 file 中第 5 个字符修改成 Y。

```
/* 10_10.cpp */
#include <iostream>
#include <fstream>
using namespace std;
int main()
{
  fstream fs;
  fs.open("d:\\file",ios::in|ios::out);     //以读写方式打开文件
  if(fs.fail())
    cout <<"open file errer!";
```

```
    else
    {
      fs.seekp(4, ios::beg);                    //设置写指针
      fs.put('Y');
      char contents[10];
      fs.seekg(0, ios::beg);                    //设置读指针
      fs.get(contents,10);
      cout << contents;
    }
  }
```

加入执行前 file 文件的内容是"abcdefghij"，程序执行后 file 文件的内容是"abcdYfghij"。

语句"fs.seekp(4, ios::beg);"设置写指针为相对文件开始处偏移 4 个字节，即第 5 个字节的位置。然后修改文件在该字节处的内容，接着该文件的读指针设置到文件的起始处，读出文件的内容将之显示出来。

10.5 本章小结

C++语言提供了一个用于输入输出(I/O)操作的类体系，这个类体系不但提供了对预定义数据类型进行输入输出操作的功能，而且还提供了对自定义数据类型进行输入输出操作的功能。

1. C++流类库

C++语言流类库是用继承方法建立起来的一个输入输出类库。ios 类为输入输出操作在用户一方的接口。输入流类 istream 和输出流类 ostream 是 ios 类的两个直接派生类。

2. 数据的输入与输出

预定义类型的输入输出可分为无格式输入输出和格式化输入输出。

在 C++语言中，除了仍然可以使用 C 语言中的 printf()和 scanf()函数进行格式控制外，还提供了两种进行格式控制的方法：一种是使用 ios 类中有关格式控制的成员函数进行格式控制；另一种是使用称为操作符的函数进行格式控制。

对于用户自定义的类类型数据(即对象)的输入或输出，在 C++语言中可以通过重载运算符">>"和"<<"来实现。

3. 文件的输入与输出

C++语言有 3 种类型的文件流：输入文件流 ifstream、输出文件流 ofstream 和输入输出文件流 fstream。这些文件流都定义在 fstream 文件中。

要执行文件的输入输出操作，一般步骤如下：

(1) 在程序中包含头文件 fstream。

(2) 建立流，建立流的过程就是定义流类的对象。

(3) 使用 open()函数打开文件,也就是使某一文件与一个流建立关联。

(4) 进行读写操作,在建立(或打开)的文件上执行所要求的输入或输出操作。

(5) 在使用完一个文件后,使用 close()函数把它关闭。所谓关闭,实际上就是使打开的文件与流"脱钩"。

习题

10-1 单项选择题。

(1) cin 是 I/O 流库预定义的( )。

A. 类　　B. 对象　　C. 包含文件　　D. 常量

(2) 用 ofstream 类的对象打开的文件,其默认的打开方式为( )。

A. ios::in　　B. ios::out

C. ios::in|ios::out　　D. 没有默认

(3) 有如下程序:

```
#include <iostream>
using namespace std;
int main()
{
    cout.fill('*');
    cout.width(6);
    cout.fill('#');
    cout << 123 << endl;
    return 0;
}
```

执行后的输出结果是( )。

A. ###123　　B. 123###　　C. ***123　　D. 123***

(4) seekg 函数中 dir 的取值有( )种。

A. 1　　B. 2　　C. 3　　D. 4

(5) 使用"myFile. open("Sales. dat", ios::app);"语句打开文件 Sales. dat 后,则( )。

A. 该文件只能用于输出

B. 该文件只能用于输入

C. 该文件既可以用于输出,也可以用于输入

D. 若该文件存在,则清除该文件的内容

10-2 编写程序,将 abc. txt 的内容复制到 xyz. txt 文件中。

10-3 编写程序,将一个整数文件中的数据乘以 10 以后写到另一个文件中。

10-4 编写程序,将另外一个文件的内容连接到本文件的末尾。

Visual C++环境下 Windows程序开发概述

第11章 Windows编程初步

本章要点：

- 简单的 Windows 程序框架
- 自定义类和 Windows 程序框架结合

在编写 Windows 应用程序时，可采用两种方法，一是使用 Windows SDK（Software Development Kit，即 Windows 软件开发工具包）调用 Windows API（Application Programming Interface，即 Windows 应用程序接口）函数来进行，由于现在 Visual C++提供的 SDK 是 Win32 版本，因此也把用 Windows SDK 开发的程序叫作 Win32 程序；二是使用 Visual C++提供的 MFC（Microsoft Foundation Class，微软基础类库）来进行。第一种方法的特点是可以使应用程序更精练，运行效率更高，编写程序时有较大的自由度，但难度较大；而第二种方法的特点是采用 MFC 提供的类库编写程序，这些类中已经封装了大部分的 Windows API 函数，还提供了编写不同程序类型的模板和框架，所以编写程序比较容易，而且还允许直接调用 Windows API 函数来实现一些特殊的功能。

本章主要介绍 Win32 要求理解和掌握 Windows 程序的编程机制，了解消息的发送和接收的基本过程和机制；掌握利用 C++自定义的类和 Windows 程序框架相结合的基本方法。另外，在编制本章的程序时，本书均采用 Visual C++2015 集成开发环境编译运行。

11.1 一个最简单的 Windows 程序

在前面的内容中的各个例题程序中可以看到，编写一个能够独立运行的 C++程序必须要有一个 main()函数，这是典型的命令行程序或称控制台程序(Console Application)，而 main()函数就是程序的入口，在其中可以调用函数，可以直接或间接地调用类的对象的成员函数，改变各种对象的数据和状态，从而实现程序预先设计的功能逻辑。一个基本的 Windows 程序也是类似的，它的程序入口是 WinMain( )函数，下面是一个最简单的 Windows 程序。

【例 11.1】 最简单的 Windows 程序。

```
/* 11_01.cpp */
#include <windows.h>                                //Windows 所提供的功能的声明文件(必须包含)
int APIENTRY WinMain(HINSTANCE hInstance,           //本程序实例的句柄
                     HINSTANCE hPrevInstance,       //上一个程序实例的句柄
                     LPSTR     lpCmdLine,           //命令行参数字符串
```

```
                    int         nCmdShow)            //主窗口显示方式
{
    //这里添加代码
    MessageBox(NULL, "Hello World", "Hi", MB_OK | MB_ICONINFORMATION);
    return 0;
}
```

这看起来和 main( )函数有些相似,可以看到 WinMain()也有命令行参数。但它们的本质又明显不同:命令行程序是基于一个类似 DOS 系统命令行窗口的,基本的输入输出都必须在此窗口上。Windows 程序必须包含 windows.h 头文件,才能引入 Windows 操作系统提供的各种功能,Windows 程序一般是一个可视化的窗口程序,通过操作系统发送的消息来处理用户输入的数据,然后通过在窗口上绘制或者把数据发给窗口上的组件来显示数据。以上程序中还提到了一个概念"句柄",简而言之,句柄就是一个标识符,用来区别同类对象或者资源的唯一标志,可以认为它是个无符号整数或者一个指针均可。

11.2 简单 Windows 程序的生成步骤

那么,类似例 11.1 这样的程序应该如何编辑、生成、运行呢?可以遵循如下步骤。

(1) 启动 Visual Studio 2015,选择菜单"文件"|"新建"|"项目"弹出如图 11.1 所示的界面,选择其中的 Visual C++Win32 模板中的 Win32 项目,在下面的"位置"文本框中输入(或通过浏览按钮选择)一个存放程序的路径,然后在"名称"栏中输入"EX11_1",再单击"确定"按钮就可以了。

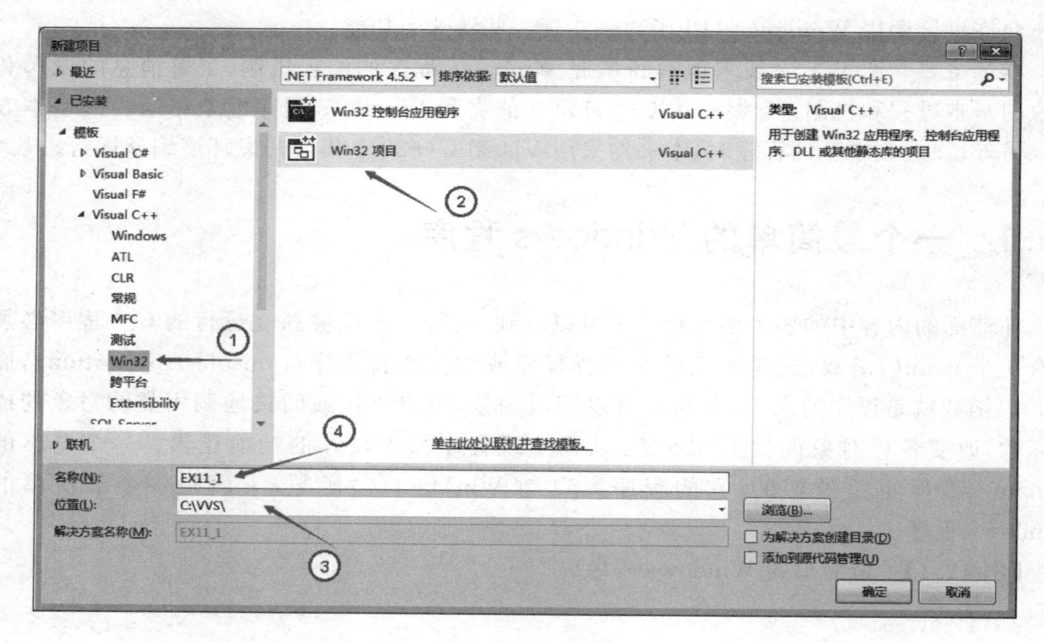

图 11.1 创建 Win32 应用程序新项目

(2) 接下来出现"欢迎使用 Win32 应用程序向导"界面,如图 11.2 所示,这个界面提示用户这是一个 Win32 的应用程序,单击"下一步"按钮来进一步修改程序的其他设置。

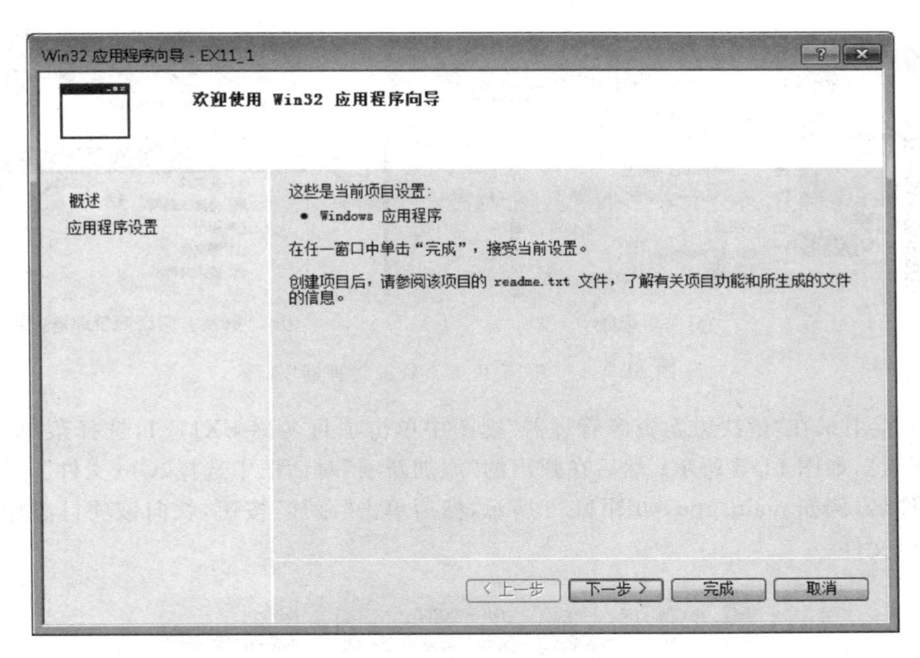

图 11.2 Win32 应用程序向导第一步

(3) 进入“应用程序设置”界面，如图 11.3 所示，界面中应用程序类型为“Windows 应用程序”，附加选项要选中“空项目”，然后单击“完成”按钮。

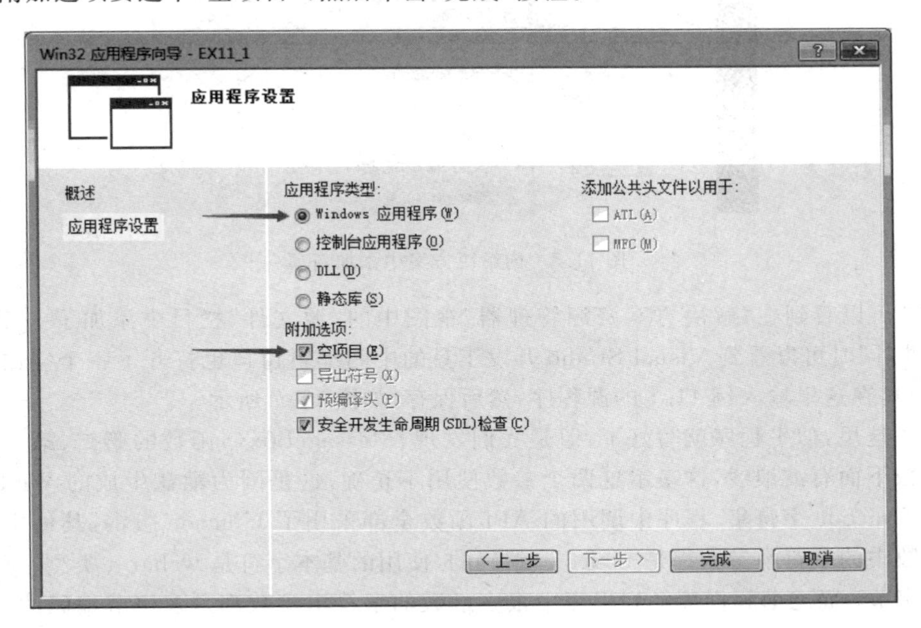

图 11.3 创建 Win32 应用程序向导第二步

(4) 一个空的 Win32 项目就创建好了，接下来需要向其中添加代码文件，选择菜单“视图”|“解决方案资源管理器”，如图 11.4 左侧部分，然后在主窗口中就可以看到“解决方案资源管理器”视图，如图 11.4 中的右侧部分。

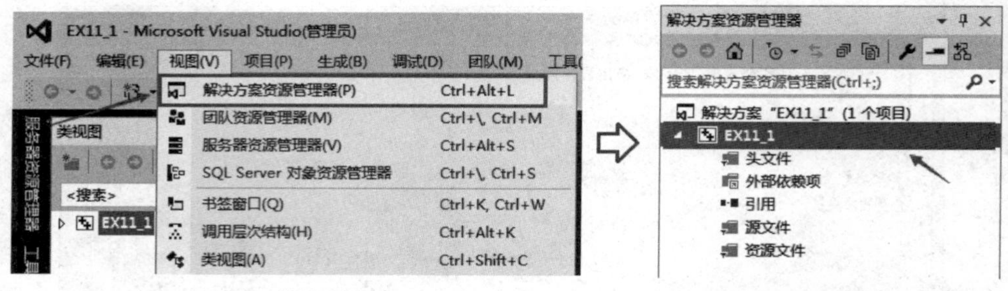

(a) 菜单选择　　　　(b) "解决方案资源管理器" 视图

图 11.4　打开"解决方案资源管理器"视图

(5) 接下来在"解决方案资源管理器"视图中单击项目名称 EX11_1,选择菜单"项目"|"添加新项",如图 11.5 所示;然后在弹出的"添加新项"对话框中选择"C++文件",并且输入一个文件名,例如 main.cpp,如图 11.6 所示,然后单击"添加"按钮,就向该项目添加了一个空的代码文件。

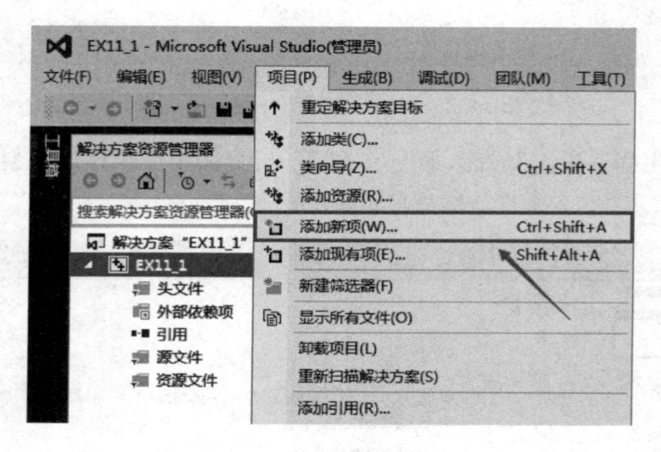

图 11.5　向解决方案中添加新项

(6) 可以看到在"解决方案资源管理器"视图中的"源文件"栏目中添加了一个 main.cpp 文件,同时可以看到 Visual Studio 开发工具的中间编辑窗口也打开了一个空白的文件编辑窗口,在这里输入例 11.1 的源程序,然后保存,如图 11.7 所示。

到了这里,似乎程序就写好了,但是我们发现,MessageBox()函数的第二、第三两个字符串参数下面有波浪线,这表示这两个参数使用不正确,这是因为默认生成的 Win32 项目采用了 Unicode 字符集,程序中调用的 API 函数全部采用了 Unicode 版本,其最主要的特点是函数中的字符串参数都是 Unicode 编码的,使用的基本字符是 wchar_t 类型,每个字符占用 2 字节;而之前我们接触到程序中很多函数的字符串参数都是多字节编码的(字符集的问题比较复杂,感兴趣的读者可以查询相关的资料),字符串中的基本字符是 char 类型,每个字符仅占 1 字节。图 11.7 程序中的 MessageBox()函数是 Unicode 版本,其字符串类型的参数应该是 wchar_t * 类型的指针而不是 char * 类型的指针,要解决这个问题有两种方法:

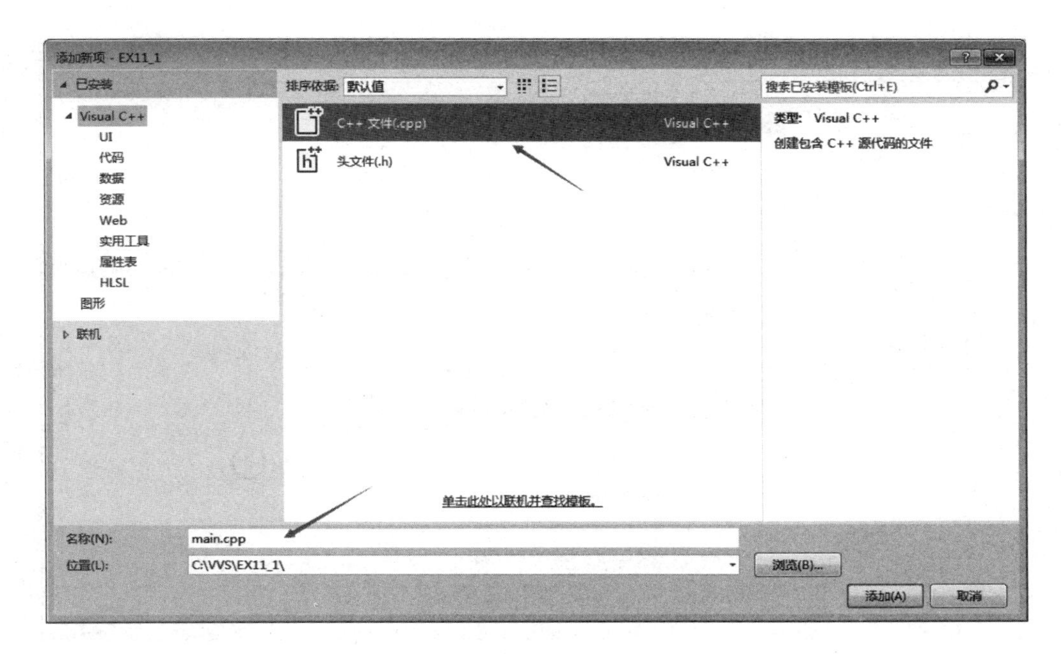

图 11.6　添加 main. cpp 文件

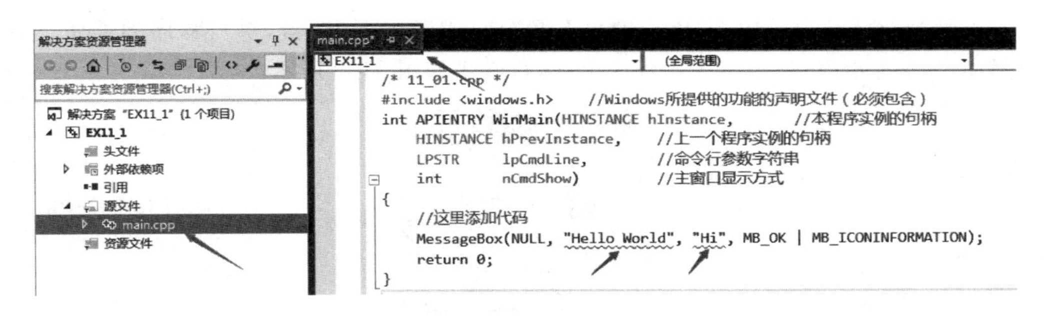

图 11.7　编辑 main. cpp 程序

方法一：把函数的字符串参数前加上大写字母 L，换成如下形式：

```
MessageBox(NULL, L"Hello World", L"Hi", MB_OK|MB_ICONINFORMATION);
```

这样，编译器把字符串常量当做 wchar_t * 的类型来处理，否则当做 char 类型处理。

方法二：把项目的字符集改成多字节字符集，具体方法是，在“解决方案资源管理器”视图中右击项目名 EX11_1，在接下来弹出的菜单中选择“属性”，然后弹出如图 11.8 所示的界面，首先，要把界面左上角的配置选择为“所有配置”，然后将右侧列表中的字符集选为“使用多字节字符集”，修改完毕后，单击“确定”按钮保存退出。接着不需要修改 main. cpp 中的源程序，直接生成程序即可。

需要注意的是，字符集换成了“多字节字符集”的项目所生成的可执行程序，最好运行在中文的 Windows 操作系统中，在英文版的 Windows 系统下，程序中的汉字将变成乱码，而如果采用了方法一，则不会出现这种情况。

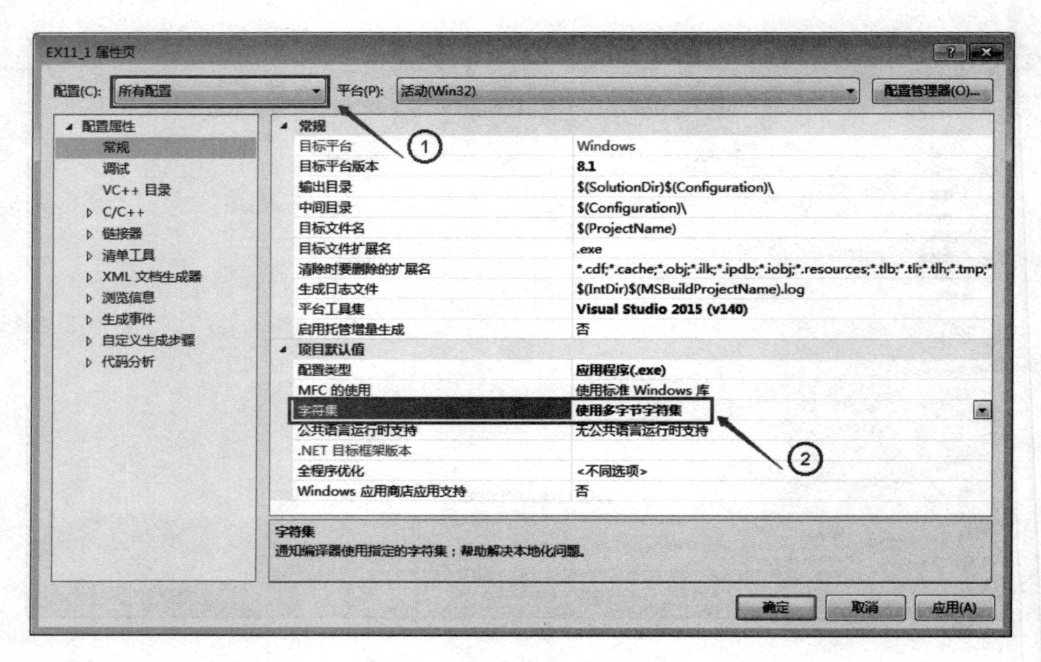

图 11.8　修改项目的配置

(7) 选择“生成”菜单中的“生成解决方案”项，或者按下 F7 键，进行程序的编译、连接，此过程如果没有错误，就可以运行程序了，运行效果如图 11.9 所示。

图 11.9　程序最终运行效果

11.3　Windows 基本程序框架

11.2 节中介绍的 Windows 程序，只显示了一个简单的消息对话框，要创建一个带有主窗口的 Windows 程序，必须要按照 Windows 程序的基本框架的要求来做，此框架包括如下几个方面：

(1) 对程序的初始化，如载入程序所需要的某些资源。

(2) 注册窗口类，目的是向 Windows 系统登记本应用程序要创建窗口的基本信息，主要包括窗口的基本风格，窗口的消息处理函数名，窗口的图标、光标、背景颜色、菜单名字和窗口类的名字等。

(3) 创建窗口，主要根据相应的窗口类，调用 API 函数创建窗口及显示窗口。

(4) 消息循环,创建窗口成功后,应用程序就进入消息循环,不停地重复"得到消息、翻译消息、处理消息"这一过程,直到得到了"退出"消息,程序结束。

读者可以打开本书附带的项目源码 EX11_3,就可以看到本节内容中提到的具体程序。另外,读者也可以采用第 11.2 节中的步骤,利用 Visual Studio 来生成一个 Win32 项目的基本程序框架,但是要注意的是,到了如图 11.3 中的第(2)步时,要确保附加项目中的"空项目"不被选中,如图 11.10 所示。这些步骤完成后,会得到与后面内容类似的程序。

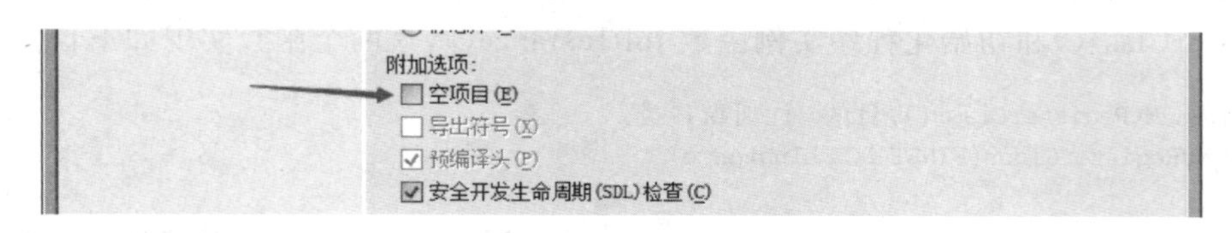

图 11.10 "空项目"不被选中

Windows 应用程序执行流程如图 11.11 所示。

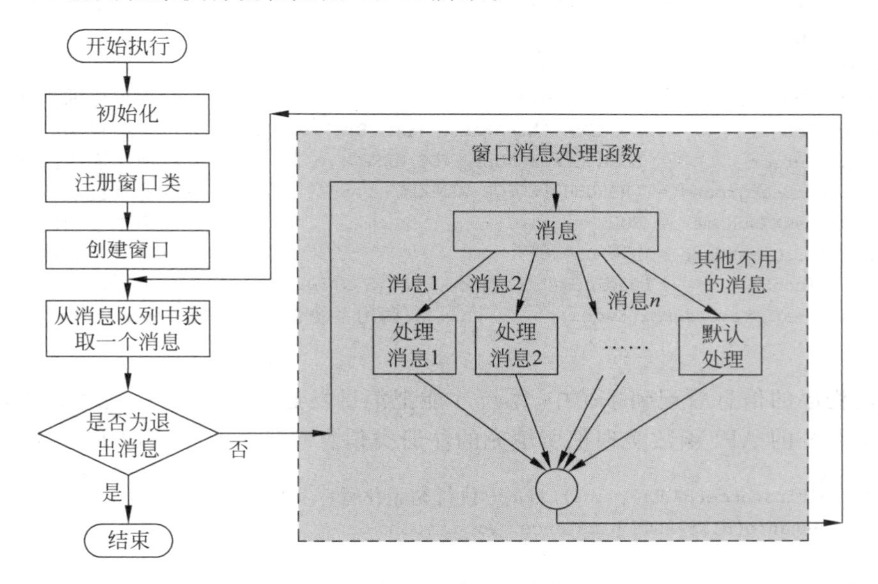

图 11.11 Windows 应用程序执行流程

要构造一个 Windows 程序基本框架,就必须按照图 11.11 给出的流程来完成各部分功能,现暂时把程序命名为"wintest",则主函数可写成如下形式:

```
int APIENTRY WinMain(   HINSTANCE hInstance,HINSTANCE hPrevInstance,
                        LPTSTR    lpCmdLine,int nCmdShow)
{
    //初始化部分
    MSG msg;                                    //消息结构变量
    //调用注册窗口类函数
    MyRegisterClass(hInstance);
    //执行初始化程序实例函数,把 WinMain 的 2 个参数传递过去
    if (!InitInstance (hInstance, nCmdShow)) return FALSE;
    //消息循环
    while (GetMessage(&msg, NULL, 0, 0))        //得到队列中的一条消息
```

```
    {
        TranslateMessage(&msg);                        //翻译虚键信息
        DispatchMessage(&msg);                         //分派消息
    }
    return (int)msg.wParam;
}
```

消息循环部分将在11.4节介绍。程序中调用了两个自定义的函数,注册窗口类函数MyRegisterClass()和初始化程序实例函数InitInstance(),这两个函数实现如下:

```
//函数: MyRegisterClass(),目的: 注册窗口类
ATOM MyRegisterClass(HINSTANCE hInstance)
{
    WNDCLASSEX wcex;                          //定义窗口类结构体变量,下面填充变量的成员数据
    wcex.cbSize = sizeof(WNDCLASSEX);
    wcex.style          = CS_HREDRAW | CS_VREDRAW;                    //窗口风格
    wcex.lpfnWndProc    = (WNDPROC)WndProc;                           //窗口消息处理函数名
    wcex.cbClsExtra     = 0;
    wcex.cbWndExtra     = 0;
    wcex.hInstance      = hInstance;                                  //本程序的句柄
    wcex.hIcon          = LoadIcon(hInstance,(LPCTSTR)IDI_BIG);       //大图标 ID
    wcex.hCursor        = LoadCursor(NULL, IDC_ARROW);                //使用箭头光标
    wcex.hbrBackground = (HBRUSH)(COLOR_WINDOW + 1);                  //背景色
    wcex.lpszMenuName  = NULL;                                        //菜单(没有)
    wcex.lpszClassName = L"wintest";                                  //窗口类名称
    wcex.hIconSm        = LoadIcon(hInstance,(LPCTSTR)IDI_SMALL);     //小图标 ID
    return RegisterClassEx(&wcex);            //调用系统 API 函数把程序信息登记到系统中
}
```

只有把程序的信息登记到系统中,系统才能把消息发送给应用程序,注意以上函数最后调用了一个系统的API函数实现把所填充的注册类信息登记到系统资源中。

```
//函数: InitInstance(HANDLE, int),目的: 执行初始化程序实例函数
BOOL InitInstance(HINSTANCE hInstance, int nCmdShow)
{
    HWND hWnd;                                   //窗口句柄
    //生成窗口,CreateWindow()为系统 API 函数
    hWnd = CreateWindow(L"wintest", L"wintest", WS_OVERLAPPEDWINDOW,
        CW_USEDEFAULT, 0, CW_USEDEFAULT, 0, NULL, NULL, hInstance, NULL);
    if (!hWnd) return FALSE;                     //失败,则返回假值
    ShowWindow(hWnd, nCmdShow);                  //显示该窗口
    UpdateWindow(hWnd);                          //刷新窗口显示
    return TRUE;                                 //成功,返回真值
}
```

可以看到,函数中调用了一个最重要的API函数CreateWindow(),其主要作用是用来生成窗口,通过给定不同的参数,就可以得到不同样式、位置、大小的窗口,其原型如下:

```
HWND CreateWindow(
    LPCTSTR lpClassName,                         //窗口类名,在此例中为"wintest"
    LPCTSTR lpWindowName,                        //窗口标题,在此例中也为"wintest"
```

```
    DWORD dwStyle,                //窗口风格,可以是一系列预定义选项常数的组合
    int x,                        //窗口左上角 x 坐标
    int y,                        //窗口左上角 y 坐标
    int nWidth,                   //窗口宽度
    int nHeight,                  //窗口高度
    HWND hWndParent,              //父窗口的句柄
    HMENU hMenu,                  //使用的菜单句柄
    HINSTANCE hInstance,          //程序的实例句柄
    LPVOID lpParam                //指向应用程序数据区的指针
);
```

其中窗口类名必须与注册窗口类函数 MyRegisterClass()中的窗口类名相同。函数调用如果成功就返回所创建新窗口的句柄,失败则返回一个 NULL 值。

一个窗口可以拥有别的窗口,或被别的窗口所拥有,被拥有的窗口称为子窗口,拥有者称为父窗口。如果 CreateWindow()函数中的参数父窗口句柄为 NULL,则生成的窗口就没有父窗口(或者可以认为其父窗口是操作系统的桌面)。

ShowWindow()这个 API 函数也很常用,它可以实现窗口的显示或隐藏,也可设定窗口的显示方式,如下的方法就能实现窗口的最大化显示:

```
ShowWindow(hwnd,SW_SHOWMAXIMIZED);
```

11.4 Windows 程序消息处理过程

简单地说,消息就是操作系统通知应用程序某个事件已经发生的一种方式。Windows 是一个多任务的操作系统,允许多个应用程序同时运行。例如,用户在用 Word 软件书写文档的同时,还可以用媒体播放程序播放背景音乐。Windows 操作系统时刻监视着用户的操作和系统的状态变化,把这些操作和变化作为事件存入系统的消息队列中,并分析这些事件与哪一个应用程序有关,再把这些事件以消息的形式发送给该应用程序,将其存放到该应用程序的消息队列中。应用程序有消息循环在时刻等待消息的到来,一旦发现它的消息队列中有未处理的消息,就从中取出并进行分析,然后,应用程序将根据消息所包含的内容采取适当的动作来处理该消息作为响应。图 11.12 可以说明此机制。

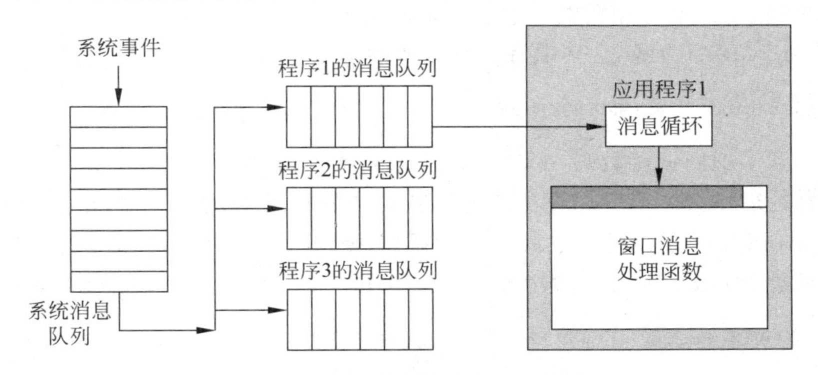

图 11.12 应用程序消息投递模式

例如在运行某个程序时,如果用户在窗口上某个位置按下了鼠标左键,这个动作将被Windows所捕获并放进系统消息队列,Windows经过分析后就给该应用程序发送一个名叫WM_LBUTTONDOWN的消息,该消息中包含了"用户按下鼠标左键,具体的位置坐标参数是多少"等信息,应用程序经过分析得知这一消息的内容后,就采取相应的动作来响应它,这个过程就是消息处理过程。

一个消息是由一个消息名称和两个参数组成的,消息名称就是一个无符号整型(UINT)常数,而两个参数分别用WPARAM(无符号整型)和LPARAM(长整型)定义。如前面提到的WM_LBUTTONDOWN就代表鼠标左键按下消息,而LPARAM的高字HIWORD(LPARAM)表示Y坐标,低字LOWORD(LPARAM)代表X坐标。

在头文件winuser.h中可以找到所有预定义的消息常量,多达数百种,主要分三大类。

(1) 标准Windows消息,此类消息用WM_前缀,后面是具体名称,如WM_KEYDOWN,WM_CHAR,WM_MOUSEMOVE,WM_PAINT,WM_TIMER等。

(2) 控件消息,控件是一种小型窗口,隶属于其他的窗口(父窗口),常见的按钮、列表框、编辑框、滚动条等都是控件,能够接受操作并向父窗体发送消息。

(3) 命令消息,主要指用户界面元素发送的WM_COMMAND消息,用户界面元素主要指菜单、工具条、快捷键等,与控件消息有一定的共同点,但比控件的使用范围更广,它可以被更多的对象接收和处理。

除了以上系统预定义的消息外,用户也可以定义自己的消息名称,可以利用自定义消息来发送通知和传送数据,还可以通过API函数来发送消息。

Windows系统消息种类数量众多,但是对于一般的应用程序来说,只有其中的一部分是有意义的,因此在编程时只需处理感兴趣的消息,其他无关的消息只需要交给Windows作默认的处理即可。

从某种角度看,Windows应用程序实际上是由一系列的消息处理代码来实现的。这和传统的过程式编程方法很不一样,编程者只能够预测用户所利用应用程序用户界面对象所进行的操作以及为这些操作编写处理代码,却不可预测这些操作在什么时候发生或是以什么顺序来发生,也就是说我们不可能知道什么消息会在什么时候以什么顺序来临。

Windows应用程序在处理消息时使用了一种叫作回调函数(Callback Function)的特殊函数(实质就是函数指针)。回调函数由应用程序定义,但是,在应用程序中并没有直接调用回调函数的代码,当某个事件发生或消息到来时就被系统自动调用,请注意,在11.3节中定义的MyRegisterClass( )函数,其中有一条重要的语句是:

```
wcex.lpfnWndProc     = (WNDPROC)WndProc;//窗口消息处理函数名
```

这样就达到了把回调函数名WndProc登记到系统内部的目的,而WndProc( )函数就是窗口的消息处理函数。当应用程序的消息队列中有待处理的消息时,消息循环中负责分派消息的DispatchMessage ()函数就会自动调用WndProc()函数,同时消息名称和消息参数也会作为函数WndProc()的参数传递过去,以下为定义窗口消息处理函数的一般形式:

```
LRESULT CALLBACK WndProc(  HWND hWnd,     //接收消息的窗口句柄
                            UINT msg,      //消息名称
                            WPARAM wP,     //参数 1
                            LPARAM lP)     //参数 2
```

```
{
    PAINTSTRUCT ps;                          //在 WM_PAINT 中使用的结构体
    HDC hdc;                                 //设备环境句柄
    switch(msg)                              //用 switch 分支将各种消息分开处理
    {
    case WM_LBUTTONDOWN:                     //鼠标左键按下的消息处理,此处弹出一个对话框
        MessageBox(hWnd,L"Hello","OK",MB_OK);
        break;
    case WM_PAINT:
        //窗口需要重绘时的处理代码
        Break;
    case WM_DESTROY:                         //窗口销毁时发送退出命令(消息)
        PostQuitMessage(0);
        break;
    default:                                 //其他消息让系统默认处理
        return DefWindowProc(hWnd, msg, wP, lP);
    }
    return 0;
}
```

在 WndProc 函数中,添加了一个对 WM_LBUTTONDOWN 消息处理的分支程序,程序运行后,显示一个空白的窗口,当在窗口上的某个位置按下鼠标左键时,系统就会发送 WM_LBUTTONDOWN 消息给 WndProc 函数,接着进入该分支,弹出一个显示 Hello 信息的简单对话框。

11.5 Windows 常用数据类型和句柄

在 Windows 编程规则中出现了一些数据类型,如 BOOL、HINSTANCE、COLORREF 等,其实它们并不是新增加的数据类型,而是利用 typedef 为 Windows 程序中一些常用基本类型定义的别名,具体见表 11.1。

表 11.1 Windows 编程常用的数据类型

数据类型	对应的基本类型	说明
ATOM	unsigned short	原子类型(typedef WORD ATOM)
BOOL	int	布尔型
BYTE	unsigned char	字节型(8 位)
UINT	unsigned int	无符号整型 32 位
LONG	long	长整型
WORD	unsigned short	字型(16 位无符号短整型)
DWORD	unsigned long	双字,32 位无符号数
COLORREF	unsigned long	颜色值类型(R,G,B,A)32 位无符号长整型
HANDLE	void *	句柄类型,为定义型 32 位指针
LPARAM	long	消息参数,32 位值
LPCSTR	const char *	指向字符串的常量指针
LPSTR	char *	字符指针变量,字符串指针
LRESULT	long	窗口过程返回值类型 32 位长整型
WPARAM	unsigned int	消息参数类型,32 位无符号数

"句柄"这个术语也是 Windows 编程中经常用到的,是用来标识被应用程序所建立的或使用的对象,本质上是一种指针,则常用句柄类型如表 11.2 所示。

表 11.2 Windows 编程常用的句柄类型

句柄类型	说明	句柄类型	说明
HBITMAP	位图对象句柄	HINSTANCE	应用程序实例句柄
HBRUSH	画刷对象句柄	HMENU	菜单句柄
HCURSOR	光标资源句柄	HMODULE	程序模块句柄
HDC	设备环境句柄	HPALETTE	调色板句柄
HFONT	字体对象句柄	HPEN	画笔对象句柄
HICON	图标资源句柄	HWND	窗口句柄

另外,Windows 的 GDI 绘图功能需要一些必要的几何数据结构,如表 11.3 所示。

表 11.3 GDI 几何数据类型

数据类型	数据成员	说明
POINT	x,y	二维点结构体,成员 x,y 代表横纵坐标
RECT	left,top,right,bottom	矩形结构体,定义了一个矩形的左上角和右下角点的坐标
SIZE	cx,cy	大小范围结构体,定义了一个矩形的宽和高

11.6 Windows 程序实现绘图功能

我们在 11.4 节中介绍了 Windows 程序的消息处理函数 WndProc,当窗口的客户区需要刷新显示时,系统就会把 WM_PAINT 消息传给这个函数,就会执行对应的 WM_PAINT 消息的处理分支,具体程序如下所示:

```
PAINTSTRUCT ps;                          //在 WM_PAINT 中使用的结构体
HDC hdc;                                 //设备环境句柄
switch (msg)
{
    case WM_PAINT:
        hdc = BeginPaint(hWnd, &ps);
        //这里书写绘图代码
        EndPaint(hWnd, &ps);
        break;
}
```

在这里,需要事先定义一个设备环境句柄 HDC hdc,然后在 WM_PAINT 分支中,通过 BeginPaint( )函数获得当前窗口的设备环境并存储在句柄 hdc 中,实际上可以把设备环境简单理解为画布即可,通过这个画布就可以实现图形设备接口(GDI)的有关操作,主要是各种绘图功能。

1. 坐标系统

在绘图之前,先来了解一下 Windows 系统窗口的坐标系统,如图 11.13 所示。

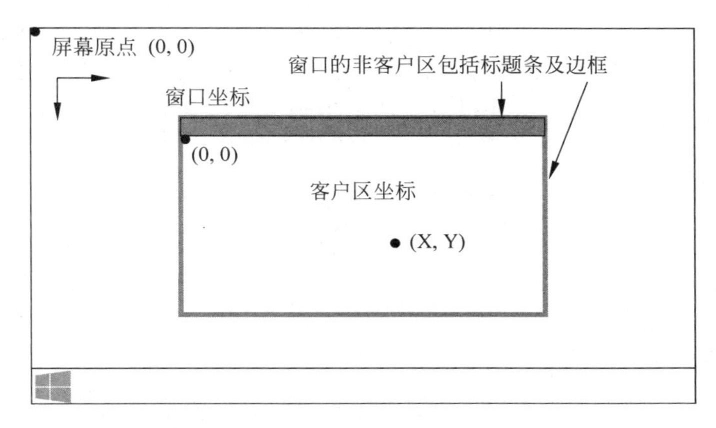

图 11.13 Windows 系统的坐标

屏幕(Screen)的坐标原点在左上方,向右为 X 正方向,向下为 Y 正方向,取值范围与桌面屏幕的分辨率有关,例如分辨率为 1600×900 的屏幕,则屏幕坐标的 X 取值范围为[0,1599],Y 坐标为[0,899]。

每一个窗口都有两套坐标系统,窗口坐标和客户区(Client)坐标,窗口坐标使用屏幕坐标,相对于屏幕左上角(0,0)开始计算;在 MM_TEXT 映射模式下,客户区坐标是相对于该窗口客户区的左上角(0,0)开始计算的,客户区也是通常用于绘图、展示、交互的主要区域,可以使用 GetClientRect( )函数获得客户区的矩形尺寸信息,在后面的内容中会有对此函数的具体使用实例;一个窗口除了客户区以外的区域(包括标题条、边框等),即为非客户区。

有时候,需要将屏幕坐标和窗口的客户区坐标进行相互转换,这时,可以使用 Windows 系统的 API 函数 ScreenToClient()和 ClientToScreen( )来实现,读者可以查阅有关资料学习具体的用法,本书对此不再赘述。

2. 绘制点和颜色

Windows 系统中使用 GDI 绘制点非常简单,每一个点就是一个像素(Pixel),使用 API 函数 SetPixel()可以实现在屏幕上绘制一个彩色的点,其函数原型如下:

```
void SetPixel(  HDC hdc,                  //图形设备环境句柄(画布)
                  int x,                  //点横坐标 x
                  int y,                  //点纵坐标 y
                  COLORREF color);        //点颜色
```

在表 11.1 中已经介绍了 COLORREF 类型,可以用来表示颜色,COLORREF 本质上是一个无符号长整型数,共 4 字节,基于三原色的混合原理,其中的 3 字节可以表示红、绿、蓝三个颜色分量,每个字节为 8 位二进制数,取值范围为 0~255,则 3 字节能够表达 2^{24} 种颜色,即 24 位 RGB 彩色模式,如图 11.14 所示。

	第4字节	第3字节	第2字节	第1字节	
MSB	0	Blue	Green	Red	LSB

图 11.14 COLORREF 颜色编码

图 11.14 中可以看到，除了 RGB 三种颜色外，还有个第 4 字节没有使用，通常用 0 表示，红、绿、蓝三种颜色共同构成了 24 位彩色模式。在 Windows 系统中有一个宏 RGB(r,g,b)，只要填写三个颜色分量值，就可以方便地得到一个混合后的颜色值，例如：

```
COLORREF color;
color = RGB(0,0,0);                    //黑色
color = RGB(255,0,0);                  //红色
color = RGB(0,255,0);                  //绿色
color = RGB(0,0,255);                  //蓝色
color = RGB(128,128,128);              //深灰色
color = RGB(255,255,255);              //白色
```

请读者自行测试其他的颜色值，注意：每个颜色分量的取值范围都是 0～255，取值越大，颜色越鲜明；另外 RGB(r,g,b)并不是一个函数，它是一个宏定义，在 Windows 的系统头文件 wingdi.h 中，可以看到其定义如下：

```
#define RGB(r,g,b) ((COLORREF)(((BYTE)(r)|((WORD)((BYTE)(g))<<8))|(((DWORD)(BYTE)(b))<<
16)))
```

可以看出，其目的就是把蓝色分量 b 二进制位左移 16 位、绿色分量 g 二进制位左移 8 位、红色分量 r 保持不变，再把三个值进行二进制"或"操作，相当于数值相加，最后的结果值强制转换为 COLORREF 类型，即 32 位无符号整型。下面的程序可以测试颜色和画点的功能。

```
case WM_PAINT:
    hdc = BeginPaint(hWnd, &ps);
    SetPixel(hdc,100,100,RGB(255,0,0));//在(100,100)位置画一个红色点
    for(int i = 0;i < 256;i++)          //二重循环绘制一个颜色渐变填充的矩形
    {
        for(int j = 0;j < 256;j++)
            SetPixel(hdc,40 + i,140 + j,RGB(0,i,j));
    }
    EndPaint(hWnd, &ps);
    break;
```

读者在做这个实验时，请认真观察行和列上像素点颜色的变化规律。

顺便提一下，系统 API 函数中还有一个 GetPixel()函数，与 SetPixel()函数功能相反，它可以实现从指定坐标位置上获得像素的颜色，其函数原型如下：

```
COLORREF GetPixel(  HDC hdc,          //图形设备句柄(画布)
                    int x,            //点横坐标 x
                    int y);           //点纵坐标 y
```

请读者自行测试该函数，思考一下，该函数能够应用在什么方面？

3. 画线和画笔

在 GDI 中实现直线的绘制也比较简单，需要用到两个函数：MoveToEx()、LineTo()。MoveToEx()函数实现将画笔起点移动到指定坐标，函数的原型如下：

```
BOOL MoveToEx(   HDC hdc,                //图形设备句柄(画布)
                 int x,                  //点横坐标 x
                 int y,                  //点纵坐标 y
                 LPPOINT lppt);          //指针变量,返回移动前的坐标位置
```

要说明的是第 4 个参数 LPPOINT lppt,LPPOINT 其实就是结构体 POINT 类型(见表 11.3)的指针,调用的时候可以利用实参传入一个 POINT 类型变量的地址,则该函数调用结束后,可以返回此前画笔的位置坐标,如果不需要返回之前的地址,则传递 NULL 即可。

对于 MoveToEx()函数,可以理解为把画笔从原来的位置上抬笔,然后移动到新的位置后落笔,准备开始绘画,这意味着前一次绘画的结束,新的绘画过程的开始。LineTo( )函数则实现画笔从当前位置画线到给定位置,其函数原型如下:

```
BOOL LineTo(   HDC hdc,                  //图形设备句柄(画布)
               int x,                    //点横坐标 x
               int y);                   //点纵坐标 y
```

MoveToEx()和 LineTo()函数总是配合起来使用,下面的程序可以测试画线的功能:

```
case WM_PAINT:
    hdc = BeginPaint(hWnd, &ps);
    MoveToEx(hdc,20,20,NULL);            //绘制一条(20,20)~(340,20)的直线
    LineTo(hdc,340,20);
    MoveToEx(hdc,20,40,NULL);            //绘制一个三角形,从第一个顶点(20,40)开始
    LineTo(hdc,220,40);                  //画线到第二个顶点是(220,40)
    LineTo(hdc,120,160);                 //画线到第三个顶点是(120,160)
    LineTo(hdc,20,40);                   //画线返回到第一个顶点(20,40)

    for(int i = 0;i<7;i++)               //循环绘制 7 条直线,注意其 x,y 坐标的变化
    {
        MoveToEx(hdc,240 - i * 10,40 + i * 20,NULL); //左侧顶点
        LineTo(hdc,320 + i * 10,40 + i * 20);        //右侧顶点
    }
    EndPaint(hWnd, &ps);
    break;
```

其中绘制三角形时,首先将画笔移到第一个点,然后连续画线三次,完成一个三角形;另外,程序还利用循环绘制了 7 条直线,每条直线的左侧顶点的 x 坐标每次递减 10 像素,右侧顶点 x 坐标每次递增 10 像素,两个顶点的 y 坐标每次递增 20 像素,程序运行结果如图 11.15 所示。

在图 11.15 中有一个问题,就是画的线条都是黑色的,并且只有一个像素宽,要想定制线条的颜色、线型、线宽,则需要使用画笔对象,在 GDI 中利用 HPEN 句柄来存储画笔对象,利用 CreatePen( )函数生成画笔,其函数原型为:

```
HPEN  CreatePen(    int iStyle,          //类型
                    int cWidth,          //线宽,像素为单位
                    COLORREF color);     //颜色
```

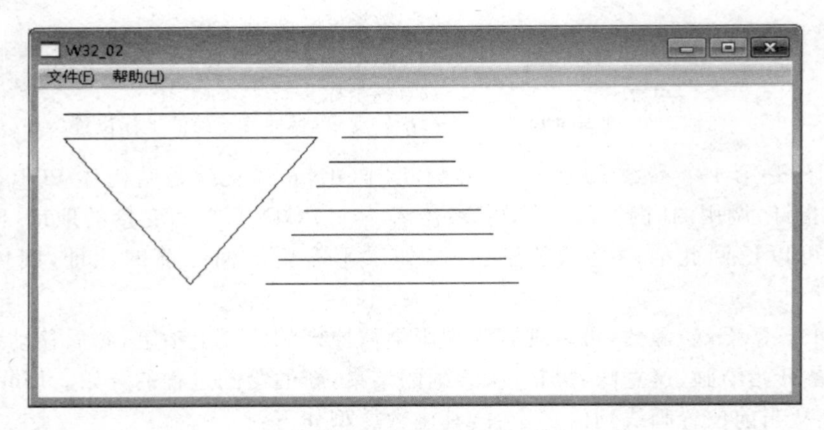

图 11.15 画线程序运行结果

该函数有三个参数,第一个参数表示线的类型,iStyle 的取值如表 11.4 所示,第二个参数是线的宽度,第三个参数是线的颜色。

表 11.4 画笔的基本风格参数

参数值	说明
PS_SOLID	实线画笔
PS_DASH	虚线画笔,该值只有当画笔宽度小于 1 设备单位或更小时才有效
PS_DOT	点线画笔,该值只有当画笔宽度小于 1 设备单位或更小时才有效
PS_DASHDOT	点画线画笔,该值只有当画笔宽度小于 1 设备单位或更小时才有效
PS_DASHDOTDOT	双点线画笔,该值只有当画笔宽度小于 1 设备单位或更小时才有效
PS_NULL	看不见的画笔
PS_INSIDEFRAME	创建一个内框线画笔,该画笔可以在 Windows GDI 输出函数定义的矩形边界所生成的封闭状的边框内绘制直线

通过修改函数的参数,就可以实现更多的线型效果,下面的程序创建了三种不同画笔,并且先后选择设备环境,实现画线的测试。

```
case WM_PAINT:
    hdc = BeginPaint(hWnd, &ps);
    {
        HPEN hp1,hp2,hp3,hpenold;                        //定义画笔句柄
        //下面利用 CreatePen()函数创建 3 种不同画笔
        hp1 = CreatePen(PS_SOLID,5,RGB(255,0,0));        //红色、实线、5 个像素宽
        hp2 = CreatePen(PS_DOT,1,RGB(0,0,255));          //蓝色、虚线、1 个像素宽
        hp3 = CreatePen(PS_DASHDOTDOT,1,RGB(0,128,0));   //深绿色、双点画线

        //利用 SelectObject()函数使当前设备环境选择新的画笔,并且返回旧的画笔
        hpenold = (HPEN)SelectObject(hdc,hp1);           //选择画笔 hp1
        MoveToEx(hdc,20,20,NULL);                   //绘制一条(20,20)～(340,20)的直线
        LineTo(hdc,340,20);
        SelectObject(hdc,hp2);                      //使当前设备环境选择画笔 hp2
        MoveToEx(hdc,20,60,NULL);                   //绘制一条(20,60)～(340,60)的直线
        LineTo(hdc,340,60);
```

```
        SelectObject(hdc,hp3);                    //使当前设备环境选择画笔 hp3
        MoveToEx(hdc,20,100,NULL);                //绘制一条(20,100)～(340,100)的直线
        LineTo(hdc,340,100);

        SelectObject(hdc, hpenold);               //最后使当前设备环境选回旧的画笔 hpenold

        DeleteObject(hp1);                        //删除前面创建的画笔 hp1
        DeleteObject(hp2);                        //删除前面创建的画笔 hp2
        DeleteObject(hp3);                        //删除前面创建的画笔 hp3
    }
    EndPaint(hWnd, &ps);
    break;
```

程序运行结果如图 11.16 所示。

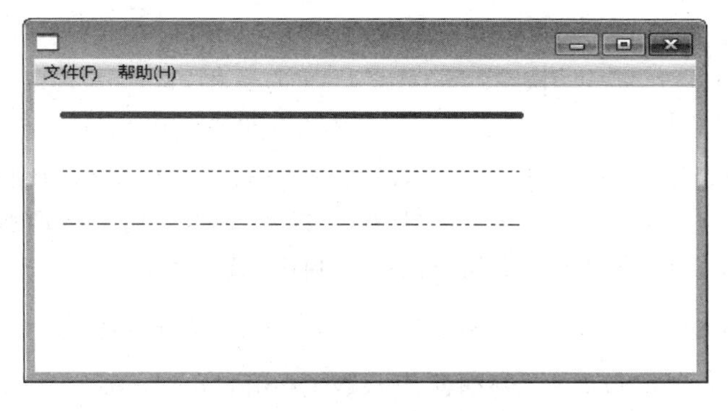

图 11.16　画线程序运行结果

画笔是一种 GDI 对象，在程序中可以看到有一个 SelectObject()函数，该函数可以为当前设备环境(画布)选择一个要使用的 GDI 对象，GDI 对象一共有 5 种，包括画笔、画刷、字体、位图和区域，当设备环境选择一种新的 GDI 对象时，会替换出原有相同类型对象的句柄，但是要注意的是，到最后，GDI 对象使用完毕，应该让设备环境把旧的 GDI 对象选择回去。上面程序中，利用 SelectObject()函数选择了第一个画笔，返回了设备环境中旧的画笔对象句柄：hpenold =(HPEN)SelectObject(hdc,hp1)；不过该返回值是 HGDIOBJ 类型的，需要强制转换为 HPEN 类型才能赋值给 hpenod 变量。同理，如果 SelectObject()选择的是其他 GDI 对象，如画刷对象，则函数将返回一个画刷对象句柄。

4. 矩形和画刷

要实现矩形的绘制，可以有多种办法，如：①用前面的画线方法绘制；②采用 Rectangle()函数绘制；③采用 FillRect()函数填充一个矩形；④其他的方法。本书中仅介绍前三种。

(1) 用画线方法绘制。这种方法很好理解，也容易实现，原理如图 11.17 所示，就是绘制 4 条线段。假设矩形的宽度为 W，高度为 H，利用前面提到的 MoveToEx()函数先把起点定位到 a(x,y)，然后用 LineTo()函数先后连接 b、c、d、a 四个点，即实现了矩形的绘制。

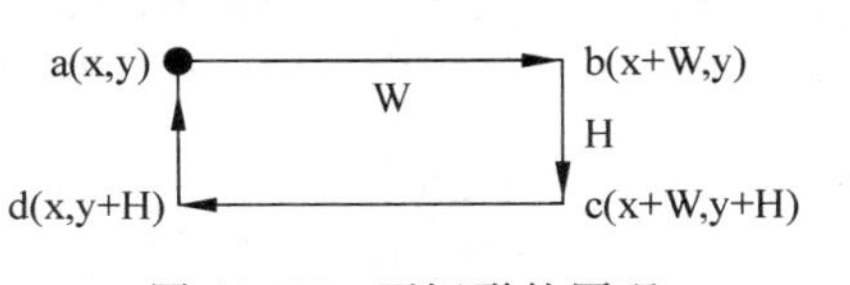

图 11.17　画矩形的原理

可以看出,这里 b、c、d 的坐标均可用 a 点坐标分量分别与 W、H 进行相加获得,另外,矩形的中间部分是没有填充效果的。

(2) 采用 Rectangle()函数绘制,该函数的原型如下:

```
BOOL Rectangle(  HDC hdc,                          //图形设备句柄
                 int left,                         //矩形左上角的横坐标
                 int top,                          //矩形左上角的纵坐标
                 int right,                        //矩形右下角的横坐标
                 int bottom);                      //矩形右下角的纵坐标
```

其中参数主要是给出矩形左上角、右下角两个点的坐标,类似于图 11.17 中的 a、c 两点。该函数将绘制一个矩形的边框,中间的区域可以填充一定的颜色或者图案。边框的样式由设备环境当前选择的画笔对象决定,填充的效果则取决于设备环境所选择的画刷对象。

(3) 采用 FillRect()函数绘制,该函数的原型如下:

```
int FillRect(  HDC hDC,                            //图形设备句柄
               CONST RECT * lprc,                  //矩形区域
               HBRUSH hbr);                        //填充画刷的句柄
```

函数所需要的矩形区域用 RECT 类型的指针给出,填充效果用画刷对象来决定。

画刷也是一种主要的 GDI 对象,用 HBRUSH 类型的句柄来指向画刷对象,可以使用 CreateSolidBrush()函数来创建一个简单的颜色画刷,其原型如下:

```
HBRUSH CreateSolidBrush( COLORREF color );          //参数为画刷颜色
```

创建画刷的方法还有很多种,例如使用函数 CreateHatchBrush()、CreatePatternBrush()、CreateBrushIndirect()、GetStockObject()等都能创建或得到不同的画刷对象。

下面的程序绘制了几个矩形,实现创建画刷及不同绘制矩形方法的测试。

```
case WM_PAINT:
    hdc = BeginPaint(hWnd, &ps);
    {
        HPEN hp1,hp2,hpenold;                               //定义画笔句柄
        HBRUSH hbr1,hbr2,hbrold;                            //定义画刷句柄
        int x,y,W,H;                                        //坐标与宽度、高度
        RECT rect;                                          //矩形
        W = 200;                                            //宽度
        H = 60;                                             //高度
        //利用 CreatePen()函数创建 2 个画笔
        hp1 = CreatePen(PS_SOLID,3,RGB(255,0,0));           //红色、实线、3 像素宽
        hp2 = CreatePen(PS_SOLID,2,RGB(200,200,200));       //灰色、实线、2 像素宽
        //下面利用 CreateSolidBrush()函数创建画刷
        hbr1 = CreateSolidBrush(RGB(0,255,0));              //绿色画刷

        //利用设备环境中默认的画笔绘制两条直线
        MoveToEx(hdc,0,70,NULL);
        LineTo(hdc,600,70);
        MoveToEx(hdc,0,170,NULL);
        LineTo(hdc,600,170);
```

```
        //利用 SelectObject()函数使当前设备环境选择新的画笔,并且返回旧的画笔
        hpenold = (HPEN)SelectObject(hdc,hp1);          //选择画笔 hp1

        //绘制四条红色线段连接的简单矩形
        x = 40;                                         //第 1 个矩形左上角 x 坐标
        y = 40;                                         //第 1 个矩形左上角 y 坐标
        MoveToEx(hdc,x,y,NULL);                         //画笔移动到起点准备
        LineTo(hdc,x + W,y);                            //画线到右上角
        LineTo(hdc,x + W,y + H);                        //画线到右下角
        LineTo(hdc,x,y + H);                            //画线到左下角
        LineTo(hdc,x,y);                                //画线返回到左上角起点

        //利用 Rectangle 函数画一个红色边框,中间绿色填充的矩形
        x = 300;                                        //第 2 个矩形左上角 x 坐标
        y = 40;                                         //第 2 个矩形左上角 y 坐标
        SelectObject(hdc,hp2);                          //选择画笔 hp2
        //利用 SelectObject()函数使当前设备环境选择新的画刷,并且返回旧的画刷
        hbrold = (HBRUSH)SelectObject(hdc,hbr1);        //选择画刷 hbr1
        Rectangle(hdc,x,y,x + W,y + H);                 //绘制矩形

        //利用 Rectangle 函数画一个灰色边框,中间透明的矩形
        x = 40;                                         //第 3 个矩形左上角 x 坐标
        y = 140;                                        //第 3 个矩形左上角 y 坐标
        hbr2 = (HBRUSH) GetStockObject(NULL_BRUSH);     //得到系统空画刷 hbr2
        SelectObject(hdc,hbr2);                         //选择空画刷 hbr2
        Rectangle(hdc,x,y,x + W,y + H);                 //绘制矩形

        //利用 FillRect()填充一个绿色矩形
        rect.left = 300;                                //矩形左上角 x 坐标
        rect.top = 140;                                 //矩形左上角 y 坐标
        rect.right = rect.left + W;                     //矩形右下角 x 坐标
        rect.bottom = rect.top + H;                     //矩形右下角 y 坐标
        FillRect(hdc,&rect,hbr1);                       //选择绿色画刷 hbr1,填充矩形 rect

        SelectObject(hdc, hpenold);             //最后使当前设备环境选回旧的画笔 hpenold
        SelectObject(hdc, hbrold);              //最后使当前设备环境选回旧的画刷 hbrold

        DeleteObject(hp1);                              //删除前面创建的画笔 hp1
        DeleteObject(hp2);                              //删除前面创建的画笔 hp2
        DeleteObject(hbr1);                             //删除前面创建的画刷 hbr1
    }
    EndPaint(hWnd, &ps);
    break;
```

程序运行结果如图 11.18 所示(不包括数字),说明:程序中首先创建了两个画笔和一个画刷,然后利用默认的画笔画了两条直线作为参照背景,接着利用前面介绍的方法绘制了 4 个矩形,在图 11.18 中已经用数字标出,请读者调试并运行这个程序观察这些矩形与背景的覆盖情况。要注意的是,Rectangle()函数绘制的矩形,其边框和中间区域的颜色填充需要用到不同的 GDI 对象,另外,第 3 个矩形用到了一个空画刷,它是通过调用

GetStockObject()函数获得的,该函数可以通过给定不同的参数而得到 Windows 系统内建的 GDI 对象,程序中的实参 NULL_BRUSH 是一个常数,它代表空心画刷,读者可以查找相关的资料了解还有哪些常数可以用于 GetStockObject()函数。程序最后,把旧的画笔、画刷又选回设备环境,然后分别删除了之前创建的画笔和画刷。

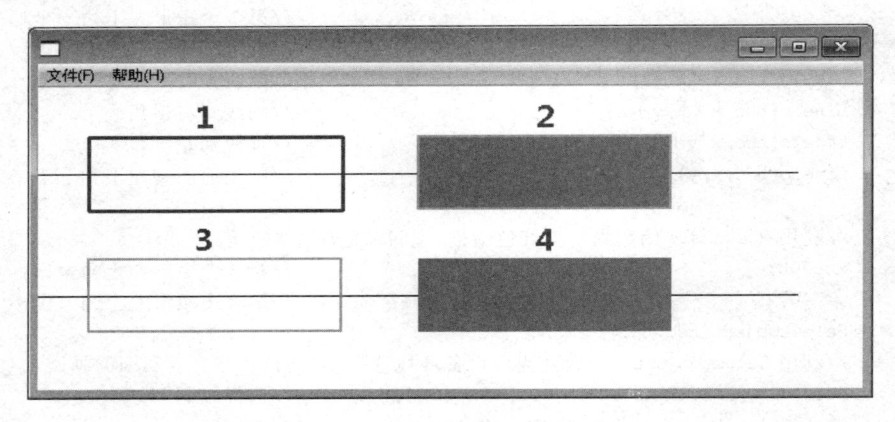

图 11.18 画矩形的效果

5. 文字输出和字体

利用 GDI 系统的 API 函数中的两个函数可以实现文字的绘制,TextOut( )和 DrawText( ),其中 TextOut( )函数功能比较简单,可以实现在指定位置上用当前选择的字体、背景颜色和正文颜色书写一个字符串。其原型如下:

```
BOOL TextOut(   HDC hdc,                        //设备环境句柄
                int x,                          //字符串的指定位置 x 坐标
                int y,                          //字符串的指定位置 y 坐标
                LPCTSTR lpString,               //指向字符串的指针
                int nCount                      //字符串中字符的个数
         );
```

当函数调用成功时返回一个非零的值,调用失败时,返回值为 0。对于此函数,只要给出设备环境句柄、位置坐标、字符串(即字符指针)及字符串长度,就可以实现文字的输出。使用这个函数的好处是它很方便和直接,它在固定的起点输出文字,可以精确地定位,但是它不能处理文字换行。

另外一个高级一些的文字绘制函数是 DrawText( ),它能实现在一个指定的矩形范围内,用指定的格式输出文字,比如格式对齐(居左、居中、居右),还可以换行。其原型如下:

```
int DrawText(   HDC   hDC,                      //设备环境句柄
                LPCTSTR lpString,               //指向字符串的指针
                int   nCount,                   //字符串中字符的个数
                LPRECT lpRect,                  //指向包含字符串的矩形结构体的指针
                UINT   uFormat                  //指定格式化文字的方法
       );
```

其中如果参数 nCount 是-1,则字符串 lpString 必须是以'\0'结束的,DrawText 会自

动计算字符数；另外，参数 uFormat 可以有多种取值(读者可以查阅相关手册，了解和实验其相关的使用方法)，常用的有三种取值，它们可以通过位操作符“|”进行组合。

DT_SINGLELINE：单行显示文本，回车和换行符都不断行。

DT_CENTER：指定文本水平居中显示。

DT_VCENTER：指定文本垂直居中显示。该标记只在单行文本输出时有效，所以它必须与 DT_SINGLELINE 结合使用。

要说明的是，还有一个参数 DT_CALCRECT，这个参数比较特殊，使用它之后，DrawText( )函数不是绘制文字，而是计算出输出文本的尺寸，然后把结果存储在 lpRect 指向的矩形参数里。如果输出文本有多行，DrawText( )函数使用 lpRect 定义的矩形的宽度，并扩展矩形的底部以容纳输出文本的最后一行。如果输出文本只有一行，则 DrawText( )函数改变矩形的右边界，以容纳下正文行的最后一个字符。

下面的程序绘制了几个矩形，实现创建画刷及不同绘制矩形方法的测试，请读者注意 DrawText( )函数的 uFormat 函数参数。

```
case WM_PAINT:
    hdc = BeginPaint(hWnd, &ps);
    {
        TCHAR strHello[] = {L"Hello World!"};
        RECT rect;
        ::GetClientRect(hWnd,&rect);            //得到窗口客户区矩形信息
        //下面利用 TextOut()函数在左下方输出文字"Hello World!"
        ::TextOut(hdc,20,rect.bottom - 40,strHello,_tcslen(strHello));
        //下面利用 DrawText()函数在左上角输出文字
        ::DrawText(hdc,L"在窗口左上方的文字." , -1, &rect,
                                DT_LEFT|DT_TOP|DT_SINGLELINE);
        //下面利用 DrawText()函数在窗口中间输出文字
        ::DrawText(hdc,L"在窗口正中间的文字.", -1,&rect,
                                DT_CENTER|DT_VCENTER|DT_SINGLELINE);
        //下面利用 DrawText()函数在窗口右下方输出文字
        ::DrawText(hdc,L"在窗口右下方的文字.", -1,&rect,
                                DT_RIGHT|DT_BOTTOM|DT_SINGLELINE);
        //下面利用 DrawText()函数在窗口右上角输出多行文字
        ::DrawText(hdc,L"白日依山尽,\n黄河入海流.", -1,&rect,
                                DT_RIGHT|DT_TOP);
    }
    EndPaint(hWnd, &ps);
    break;
```

程序运行效果如图 11.19 所示。

在图 11.19 中可以看出，所有的文字都是相同的字体，感觉单调且不美观，那是因为使用了当前的图形设备环境中的默认字体，要想改变字体就必须利用 API 函数来生成不同的字体。字体也是一种主要的 GDI 对象，用 HFONT 类型的句柄来指向字体对象，可以使用 CreateFont( )函数创建一种字体对象，其函数原型如下：

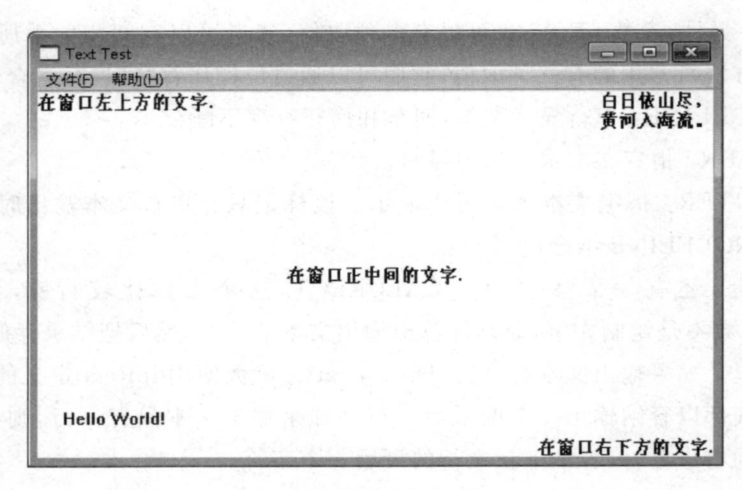

图 11.19 文字绘制效果

```
HFONT CreateFont(
    int nHeight,                    //字体高度
    int nWidth,                     //平均字体宽度,默认为 0
    int nEscapement,                //字体显示的角度,默认为 0
    int nOrientation,               //字体基线的角度,默认为 0
    int fnWeight,                   //字体的粗细
    DWORD fdwItalic,                //斜体字属性开关,可以选择 1 和 0,默认为 0
    DWORD fdwUnderline,             //下画线属性开关,可以选择 1 和 0,默认为 0
    DWORD fdwStrikeOut,             //带删除线的属性开关,可以选择 1 和 0,默认为 0
    DWORD fdwCharSet,               //所需的字符集
    DWORD fdwOutputPrecision,       //输出的精度,默认为 0
    DWORD fdwClipPrecision,         //剪裁的精度,默认为 0
    DWORD fdwQuality,               //逻辑字体与输出设备的实际字体之间的精度,默认为 0
    DWORD fdwPitchAndFamily,        //字体间距和字体集,默认为 0
    LPCTSTR lpszFace                //字体名称
);
```

该函数使用的参数较多,但是比较重要的有以下几个:

- nHeight,字体高度的逻辑值,实际代表字体的大小,通常可以用如下方法计算:

  ```
  nHeight = - MulDiv(PointSize, GetDeviceCaps(hdc, LOGPIXELSY), 72);
  ```

  其中 PointSize 代表字体的磅值,用户可以使用不同的字体大小进行测试。
- nWidth,字体的平均宽度,可以选择 0,也可以输入其他数值调节字体的宽度。
- fnWeight,字体的粗细,取值为 0～1000,400 代表正常值,700 代表粗体字。
- fdCharSet,所需的字符集,可选的参数也很多,通常选择 DEFAULT_CHARSET 即可。
- lpszFace,字体名称字符串,用户可以选择系统支持的字体名称,如"宋体"。

其他的参数其实也有很多选择,在这里就不做过多阐述,读者可以学习相关资料,改变参数进行测试,如果没有太高的要求,则选择默认值即可。在 Windows 系统中用一个结构体 LOGFONT 来表示字体的各种信息,结构体的成员恰好与 CreateFont 函数的各个参数相对应，因此，还有一个 API 函数 CreateFontIndirect( )可以利用一个 LOGFONT 结构体类型的参数来生成一种字体，原理与 CreateFont( )相同，请读者自行实验。

下面的程序绘制了 3 行不同的文字，请读者注意生成字体函数的参数变化，另外还有文字的颜色设置：

```
case WM_PAINT:
    hdc = BeginPaint(hWnd, &ps);
    {
        RECT rect;
        int nheight = 0;
        HFONT hfont,hftold;                //字体对象句柄
        TCHAR strs1[] = {L"第一个字符串,宋体,16 磅"};
        TCHAR strs2[] = {L"第二个字符串,幼圆,粗斜体下画线 24 磅"};
        TCHAR strs3[] = {L"第三个字符串,微软雅黑,粗体 36 磅"};

        ::GetClientRect(hWnd,&rect);       //得到窗口客户区矩形大小
        ::SetBkMode(hdc,TRANSPARENT);      //设置文字背景为透明模式
        //计算得到 16 磅字体的逻辑高
        nheight = - MulDiv(16, GetDeviceCaps(hdc, LOGPIXELSY), 72);
        //生成该字体:宋体,16 磅
        hfont = CreateFont(nheight,0,0,0,400,
                        0,0,0,DEFAULT_CHARSET,0,0,0,0,L"宋体");
        //将新字体选入当前设备环境,并返回旧的字体句柄,存储在 hftold 中
        hftold = (HFONT)SelectObject(hdc,hfont);
        ::SetTextColor(hdc,RGB(255,0,0)); //设置文字颜色为红色
        //在(20,20)位置输出第一行文字
        ::TextOut(hdc,20,20,strs1,_tcslen(strs1));

        //计算得到磅字体的逻辑高
        nheight = - MulDiv(24, GetDeviceCaps(hdc, LOGPIXELSY), 72);
        //生成该字体: 幼圆,粗斜体、下画线 24 磅
        hfont = CreateFont(nheight,0,0,0,700,
                        1,1,0,DEFAULT_CHARSET,0,0,0,0,L"幼圆");
        ::SelectObject(hdc,hfont);         //将新字体选入当前设备环境
        ::SetTextColor(hdc,RGB(0,0,255)); //设置文字颜色为蓝色
        //在(20,60)位置输出第二行文字
        ::TextOut(hdc,20,60,strs2,_tcslen(strs2));

        //计算得到该字体的逻辑高
        nheight = - MulDiv(36, GetDeviceCaps(hdc, LOGPIXELSY), 72);
        //生成该字体: 微软雅黑,粗体 24 磅
        hfont = CreateFont(nheight,0,0,0,700,
                        0,0,0,DEFAULT_CHARSET,0,0,0,0,L"微软雅黑");
        ::SelectObject(hdc,hfont);         //将新字体选入当前设备环境
        ::SetTextColor(hdc,RGB(0,0,0));    //设置文字颜色为黑色
        //在(20,60)位置输出第三行文字
        ::TextOut(hdc,20,120,strs3,_tcslen(strs3));

        //最后为设备环境选回旧的字体
        SelectObject(hdc,hftold);
```

```
    }
    EndPaint(hWnd, &ps);
break;
```

程序运行结果详见图 11.20。

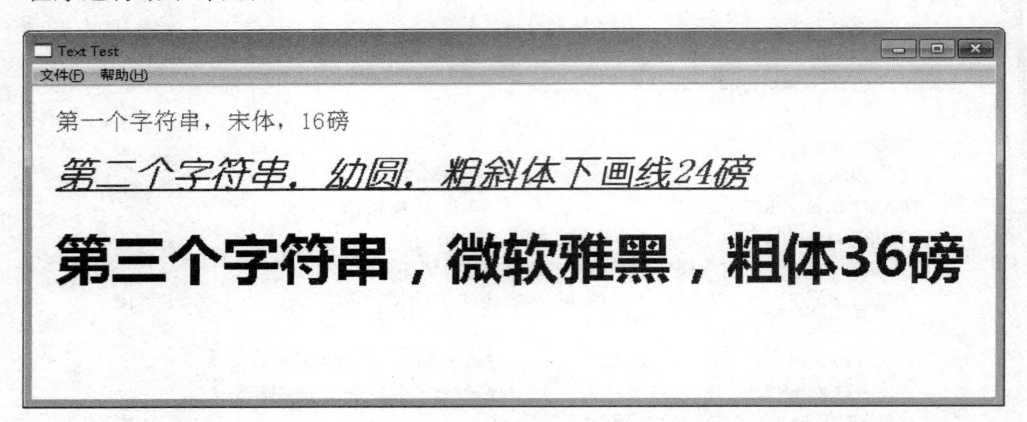

图 11.20 带有不同字体的文字绘制效果

注意，以上程序段中，在绘制文字之前调用了 SetBkMode( )函数，把文字背景设置成透明，读者可以实验在有颜色的区域上绘制文字，就会发现这个函数的用途。另外，程序中还是使用了 SetTextColor( )函数来设置文字颜色，读者可以更换成其他颜色观察输出效果。

6. 绘制圆

Windows 的 API 函数中并没有专门的画圆函数，而是提供了一个绘制椭圆的函数 Ellipse()，该函数的原型如下：

```
BOOL Ellipse(  HDC hdc,                     //图形设备句柄
               int left,                    //外接矩形左上角的横坐标
               int top,                     //外接矩形左上角的纵坐标
               int right,                   //外接矩形右下角的横坐标
               int bottom);                 //外接矩形右下角的纵坐标
```

其中参数主要是给出椭圆外接矩形的左上角、右下角两个点的坐标，与 Rectangle()函数参数相同，用法也相似。该函数将绘制一个椭圆，中间的区域可以填充一定的颜色或者图案，椭圆线条的样式由设备环境当前选择的画笔对象决定，填充的效果则取决于设备环境所选择的画刷对象。如果外接矩形的宽和高不同，则 Ellipse()函数将画出椭圆，如果宽和高相同，则 Ellipse( )函数将画出圆形。

下面的程序绘制了 4 个不同半径的圆，并且创建了一种交叉网格的画刷，对圆的内部进行了填充。

```
case WM_PAINT:
    hdc = BeginPaint(hWnd, &ps);
    {
        HPEN hp1,hpenold;                   //定义画笔句柄
        HBRUSH hbr1,hbrold;                 //定义画刷句柄
        int cx,cy,R;                        //圆中心坐标与半径
```

```
        int x,y;                                //圆上的点坐标

        //创建画笔
        hp1 = CreatePen(PS_SOLID,3,RGB(255,0,0));          //红色、实线、3像素宽
        //下面利用CreateHatchBrush()函数创建一种图案画刷
        hbr1 = CreateHatchBrush(HS_DIAGCROSS,RGB(0,200,0)); //网状、绿色画刷
        //使当前设备环境选择新的画笔,并且返回旧的画笔
        hpenold = (HPEN)SelectObject(hdc,hp1);             //选择画笔hp1

        cx = 100;                               //第1个圆中心x坐标初值
        cy = 100;                               //第1个圆中心y坐标初值
        R = 80;                                 //第1个圆半径初值
        //使当前设备环境选择新的画刷,并且返回旧的画刷
        hbrold = (HBRUSH)SelectObject(hdc,hbr1);  //选择画刷hbr1
        for(int i = 0;i < 4;i++)
        {
            Ellipse(hdc,cx - R,cy - R,cx + R,cy + R);       //绘制圆
            cx += R * 2;                        //圆中心坐标右移
            R -= 20;                            //半径递减
        }

        SelectObject(hdc, hpenold);             //最后使当前设备环境选回旧的画笔hpenold
        SelectObject(hdc, hbrold);              //最后使当前设备环境选回旧的画刷hbrold

        DeleteObject(hp1);                      //删除前面创建的画笔hp1
        DeleteObject(hbr1);                     //删除前面创建的画刷hbr1
    }
    EndPaint(hWnd, &ps);
    break;
```

程序运行结果如图11.21所示,程序的画圆语句以(cx,cy)为中心。

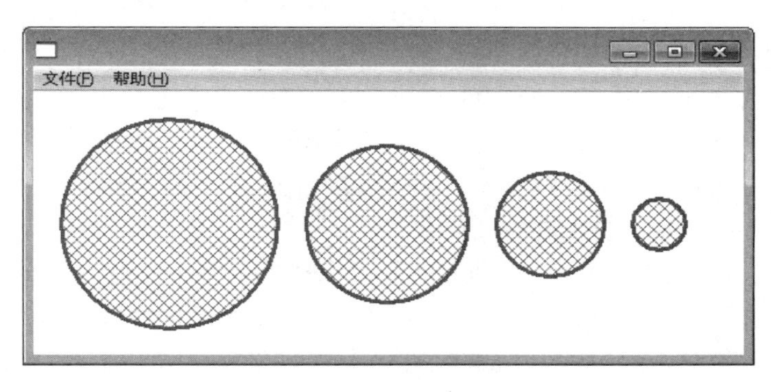

图11.21 画圆的效果

11.7 把类与对象引入到Windows程序中

在本章之前的内容中,我们学习了类和对象的设计及使用方法,现在我们来把面向对象的思想和Windows程序框架结合起来。下面以一个具体小球游戏实例来介绍具体的方法。

(1) 功能需求:能够在窗口中绘制一些有立体感的矩形方块,位置、尺寸、颜色可以自

由设定；绘制一个小球，位置、半径、颜色均可以修改；窗口初始大小为900×550像素；通过单击小球后，小球开始运动，碰到窗口边界发生反弹，碰到任意方块，则方块消失，小球继续运动，直到所有方块都消失，屏幕显示“Game Over!”。

(2) 基本设计思想：首先建立一个Win32程序框架，然后设计方块类Box，再加入小球类Ball，然后用这两个类定义对象，在程序中使用；程序应该有一种连续的驱动机制，可以改变小球的状态，进行小球和方块的碰撞检测，然后不断地更新画面。

通过分析可以发现，Box类和Ball类的部分属性是相同的，如位置坐标、颜色，还有实现某些功能的成员函数，如移动、绘制等。因此可以利用继承机制，先抽象出一个公共基类DrawObject类，包含这些相同的成员，然后再把Box类和Ball类设计成派生类，只需要添加每个类特有的属性，再重写一些功能函数即可。部分函数还可以写成虚函数，如绘制功能，因为方块和小球的画法是不同的，具体类应该用相适应的方法来实现。

另外，还有一点很重要，那就是绘制图形的代码，在11.6节的内容中介绍了各种绘图函数、GDI对象和相关的方法，读者可能会有这样的感觉，就是这些绘图语句使用起来比较繁琐，不够方便，很多语句会大块地重复使用，造成代码量的增加。因此，为了提高代码的重用性和可读性，可以把这些绘图功能封装起来，形成一个绘图引擎类Graphic，能够实现创建画笔、画刷、字体等GDI对象，能够用指定的线宽和颜色绘制直线、矩形、圆形等图元，能够用指定的字体绘制文字，这样在实现Box类和Ball类的绘制时，就可以调用Graphic图形引擎的绘图功能，可以极大地提高编程效率。

本程序的几个主要类的UML图形表示如图11.22所示，其中DrawObject作为基类，Box类和Ball类作为派生类，Graphic类实现了一个绘图引擎的简单功能，Box类和Ball类对于Graphic类而言是依赖关系。

从图11.22中可以看出，DrawObject类作为图形对象基类，包括了绘制一个图形所必备的属性，而派生类由于各自的特性不同，所以增加了各自的属性。

Box类，增加了矩形方块所需的宽度m_cx和高度m_cy，还有m_ok，用来表示方块是否可见；定义了构造和析构函数，Init()函数用来初始化方块对象的位置和宽高数据，重写的Draw()函数实现矩形的绘制，GetRect()可以获得方块的矩形几何信息，IsOK()和SetOK()分别用来获取和设置方块的可见状态。

Ball类，增加了半径m_radius、运动方向m_Xdir和m_Ydir、速度m_speed、运动边界矩形m_rect，还有用于擦除动画的属性：旧的位置m_ptold和窗口背景色m_clrBack。需要定义构造函数和析构函数，Init()函数用来初始化小球对象的位置和半径，重写的Draw()函数实现小球的绘制，Run()函数实现了小球运动状态的改变，包括对于边界的碰撞反弹，Go()函数实现为运动方向赋值，即启动小球运动，CrossARect()函数实现了小球和一个矩形区域的碰撞检测，用来判断是否撞击一个方块对象，SetBound()用来设置边界矩形，BounceY()实现Y方向的反转。

Graphic类，该类设计得比较复杂，其中重要的属性有：设备环境句柄m_hDC，当前的画笔、画刷、字体的句柄，保存原来设备环境中旧的画笔、画刷、字体的句柄，文字的颜色值；主要的成员函数有：生成及选择画笔、画刷、字体，绘制直线，绘制及填充矩形，绘制与填充圆形，绘制字符串文字，设置文字颜色，获取当前的画笔、画刷、字体对象句柄等。在这里就

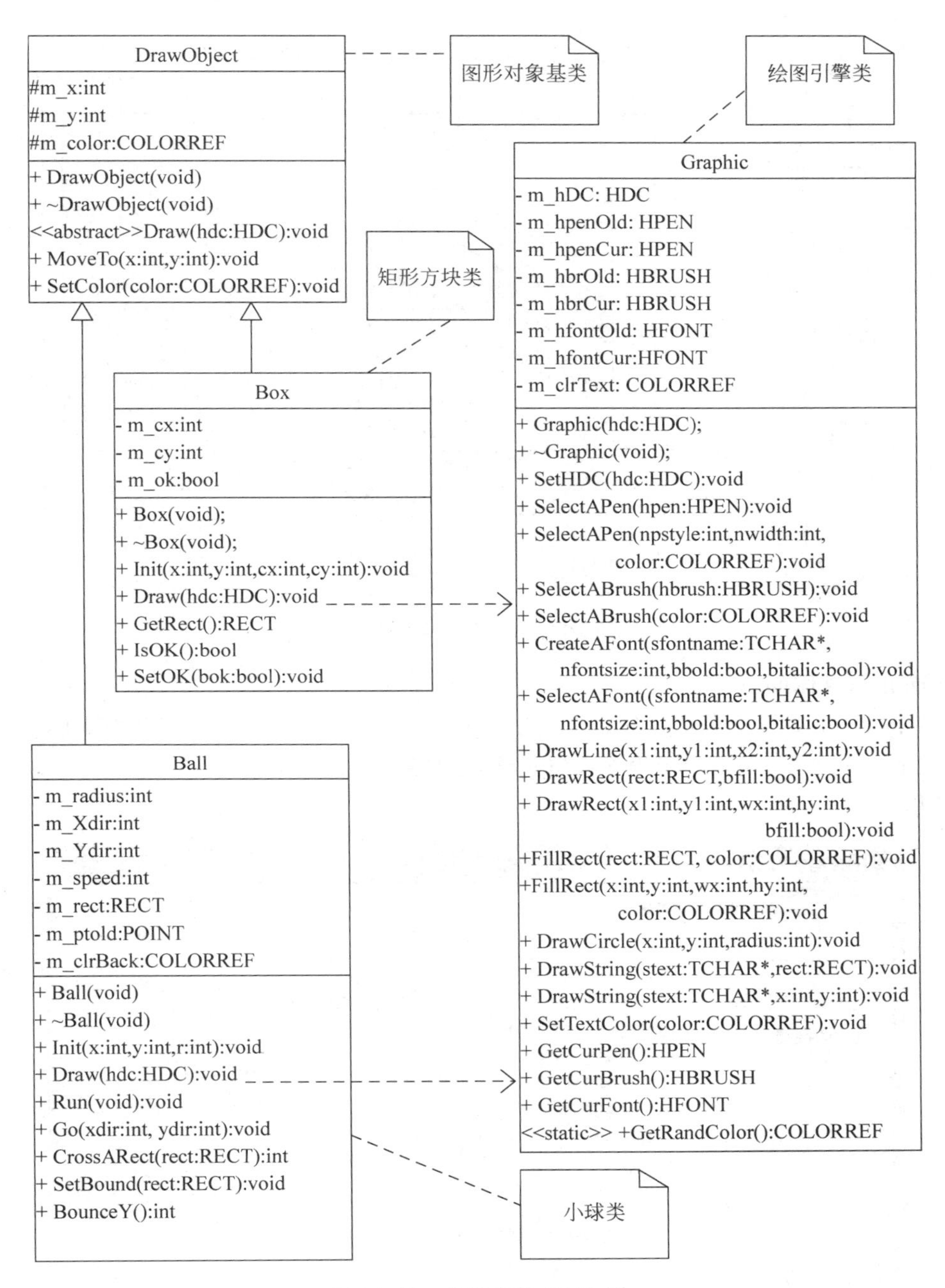

图 11.22 主要类的 UML 图

不详细介绍了，读者可以阅读后面的具体程序来了解相应的功能。

在 Windows 编程方法中，可以使用定时器来实现一种连续的驱动机制，即首先利用 API 函数 SetTimer( )开启一个定时器，为其设置定时的间隔，然后在窗口消息处理函数 WndProc( )中处理对应的定时器消息。针对本节开始时的功能分析，在这个定时器程序分支中，可以更新小球的状态，再对小球和各个方块进行碰撞测试，然后刷新显示，即重新绘制各种图形对象。于是，结合 Windows 程序编程框架，可以得到如图 11.23 所示的程序流程图。

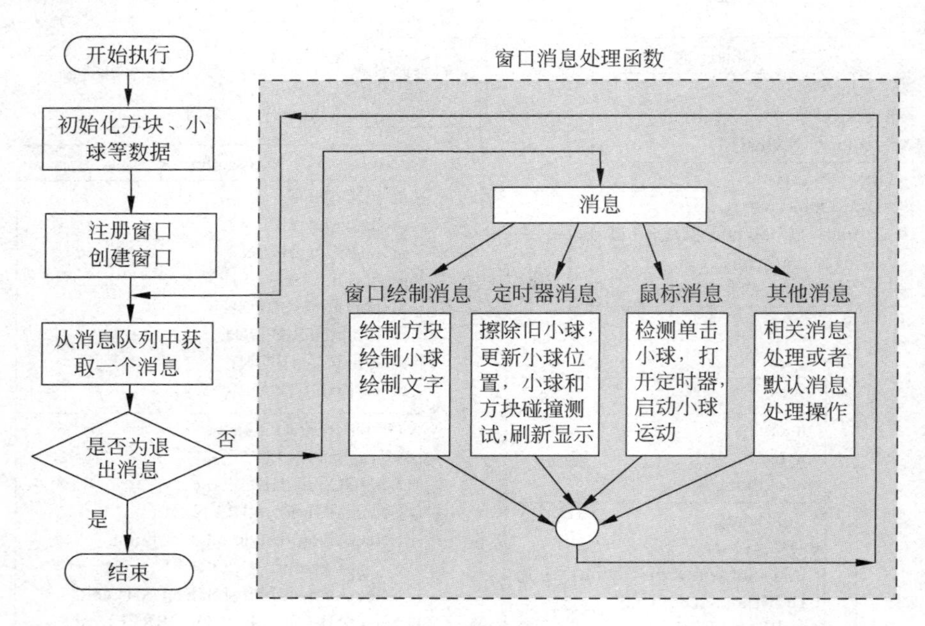

图 11.23 程序执行流程

下面介绍具体的方法。

(1) 按照 11.2 节中介绍的先新建一个 Win32 项目，项目名称可以输入"EX11_6"，确定后，跳过下一个页面，来到应用程序设置页面，保持默认设置，如图 11.24 所示，然后单击"完成"按钮。

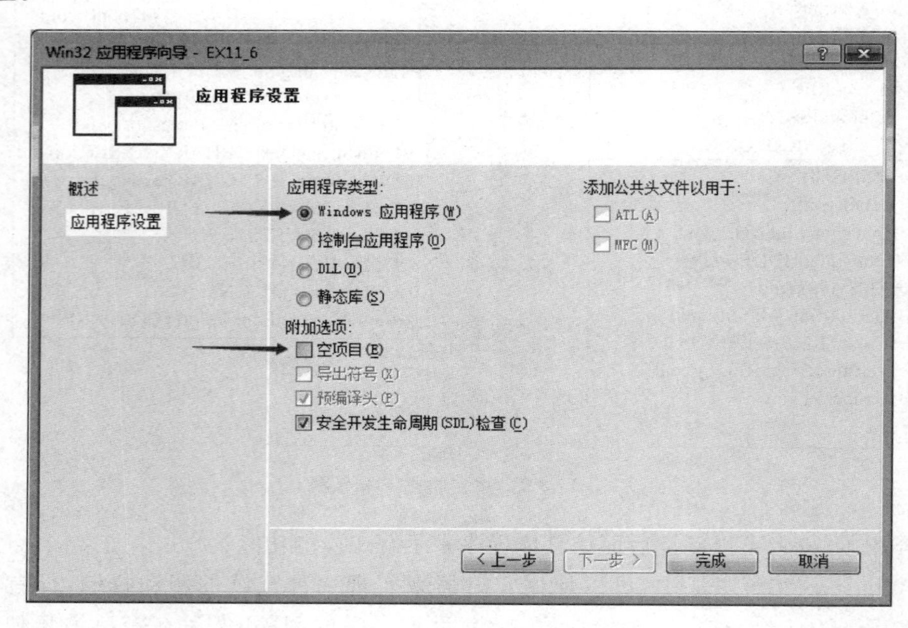

图 11.24 Win32 应用程序向导

(2) 项目建好后出现如图 11.25 所示的界面，在左侧工作区中先选择"类视图"，如果看不到类视图选项，则可以通过选择菜单"视图"|"类视图"打开，此时可以看到项目中没有任

何一个类。选择菜单“项目”|“添加类”，在出现的窗口中选择C++类，再单击“添加”按钮，就会出现如图11.26所示的界面，在“类名”文本框中输入Graphic，同时注意到该类将被分成两个文件存储，一个Graphic.h头文件，一个Graphic.cpp实现文件，然后选择窗口上的“完成”按钮，于是一个简单的Graphic类就被添加到项目中，Graphic.h和Graphic.cpp两个文件也被Visual Studio打开，可以选择一个进行代码编辑。

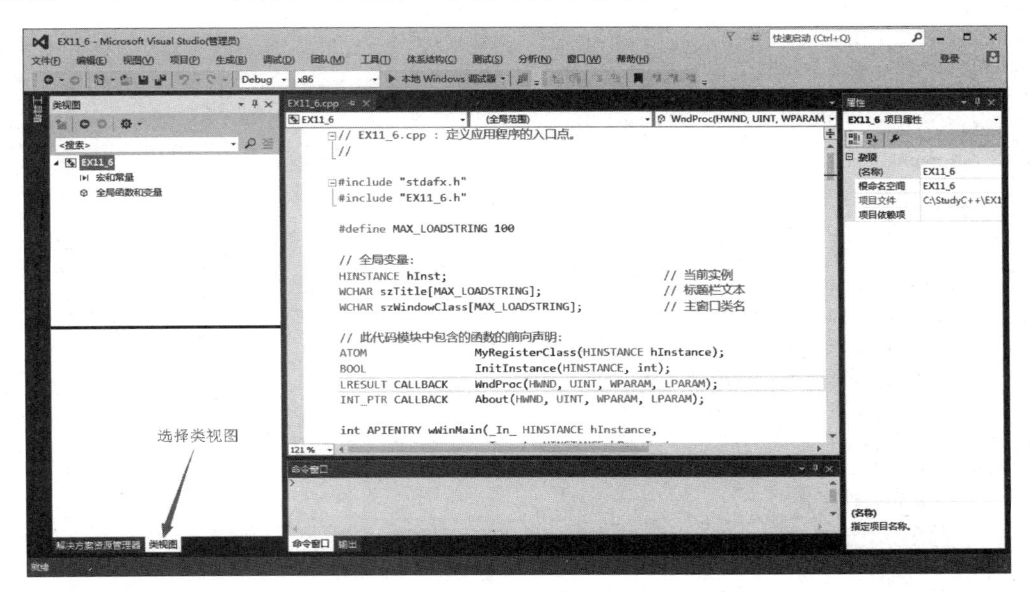

图11.25 EX11_6项目界面

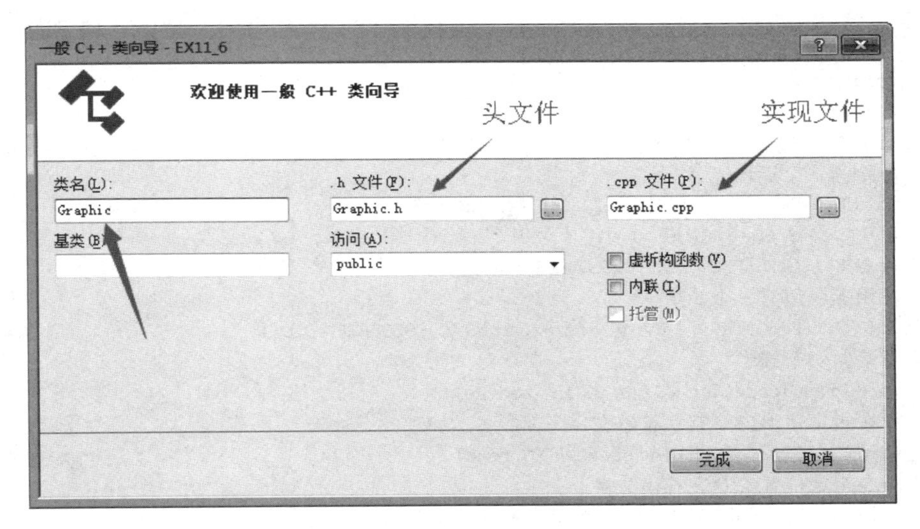

图11.26 新建Graphic类

(3) 替换Graphic类内容，下面是头文件Graphic.h的内容：

```
#pragma once
//图形引擎类
class Graphic
```

```
{
private:
    HDC m_hDC;                                          //设备环境句柄
    HPEN m_hpenOld;                                     //旧的画笔
    HPEN m_hpenCur;                                     //当前画笔
    HBRUSH m_hbrOld;                                    //旧的画刷
    HBRUSH m_hbrCur;                                    //当前画刷
    HFONT m_hfontOld;                                   //旧的字体
    HFONT m_hfontCur;                                   //当前的字体
    COLORREF m_clrText;                                 //文本的颜色
public:
    Graphic(HDC hdc = NULL);                            //构造函数
    ~Graphic(void);                                     //析构函数
public:
    //※ 生成并选择一种画笔
    void SelectAPen(HPEN hpen);
    //生成并选择一种画笔
    void SelectAPen(int npstyle, int nwidth, COLORREF color);
    //※ 生成并选择一种画刷
    void SelectABrush(HBRUSH hbrush);
    //生成并选择一种画刷
    void SelectABrush(COLORREF color);
    //生成一种字体
    HFONT CreateAFont(TCHAR * sfontname, int nfontsize,
                                    bool bbold = false, bool bitalic = false);
    //※ 生成并选择一种字体
    void SelectAFont(TCHAR * sfontname, int nfontsize,
                                    bool bbold = false, bool bitalic = false);
    //采用当前画笔,绘制一条直线
    void DrawLine(int x1, int y1, int x2, int y2);
    //绘制一个矩形
    void DrawRect(RECT rect);
    //绘制一个矩形
    void DrawRect(int x1, int y1, int wx, int hy);
    //用颜色填充一个矩形
    void FillRect(RECT rect, COLORREF color);
    //用颜色填充一个矩形
    void FillRect(int x, int y, int wx, int hy, COLORREF color);
    //绘制一个圆形
    void DrawCircle(int x, int y, int radius);
    //在指定矩形内绘制字符串文字
    void DrawString(TCHAR * stext, RECT rect);
    //在指定位置绘制字符串文字
    void DrawString(TCHAR * stext, int x, int y);
public:
    //设置文本颜色属性
    void SetTextColor(COLORREF color)
    { m_clrText = color;}
    //返回当前画笔
    HPEN GetCurPen(){return m_hpenCur;}
    //返回当前画刷
```

```
    HBRUSH GetCurBrush(){return m_hbrCur;}
    //返回当前字体
    HFONT GetCurFont(){return m_hfontCur;}
    //得到一种随机颜色,静态成员函数
    static COLORREF GetRandColor()
    { return RGB(rand() % 256,rand() % 256,rand() % 256);}
};
```

下面是 Graphic 类的实现文件 Graphic.cpp 的内容：

```
#include "StdAfx.h"
#include "Graphic.h"
//构造函数
Graphic::Graphic(HDC hdc)
{
    m_hDC = hdc;                                                  //设备环境句柄
    m_hpenOld = NULL;                                             //旧的画笔
    m_hpenCur = NULL;                                             //当前画笔
    m_hbrOld = NULL;                                              //旧的画刷
    m_hbrCur = NULL;                                              //当前画刷
    m_hfontOld = NULL;                                            //旧的字体
    m_hfontCur = NULL;                                            //当前字体
    m_clrText = 0;                                                //文字颜色
}
//析构函数
Graphic::~Graphic(void)
{
    if(m_hpenOld!= NULL) ::SelectObject(m_hDC,m_hpenOld);        //选回旧的画笔
    if(m_hpenCur!= NULL) ::DeleteObject(m_hpenCur);              //删除当前画笔对象
    if(m_hbrOld!= NULL) ::SelectObject(m_hDC,m_hbrOld);          //选回旧的画刷
    if(m_hbrCur!= NULL) ::DeleteObject(m_hbrCur);                //删除当前画刷对象
    if(m_hfontOld!= NULL) ::SelectObject(m_hDC,m_hfontOld);//选回旧的字体
    if(m_hfontCur!= NULL) ::DeleteObject(m_hfontCur);            //删除当前字体对象
}
//※ 选择一种画笔,参数: 画笔对象句柄
void Graphic::SelectAPen(HPEN hpen)
{   HPEN hpold;
    hpold = (HPEN)::SelectObject(m_hDC,hpen);                    //选择画笔
    if(m_hpenOld == NULL) m_hpenOld = hpold;                     //首次调用则保留旧的画笔
    if(m_hpenCur!= NULL) ::DeleteObject(m_hpenCur);              //非首次调用则删除当前画笔
    m_hpenCur = hpen;                                            //保存当前画笔
}
//生成并选择一种画笔,参数: 类型,线宽,颜色
void Graphic::SelectAPen( int npstyle, int nwidth, COLORREF color)
{   HPEN hpen = ::CreatePen(npstyle,nwidth,color);               //调用 API 函数生成画笔
    SelectAPen(hpen);                                            //调用另一个重载函数
}
//※选择一种画刷,参数: 画刷对象句柄
void Graphic::SelectABrush(HBRUSH hbrush)
{   HBRUSH hbrold;
    hbrold = (HBRUSH)::SelectObject(m_hDC,hbrush);               //选择画刷
```

```
        if(m_hbrOld == NULL) m_hbrOld = hbrold;                 //首次调用则保留旧的画刷
        if(m_hbrCur!= NULL) ::DeleteObject(m_hbrCur);           //非首次调用,则删除当前画刷
        m_hbrCur = hbrush;                                      //保存当前画刷
    }
    //生成并选择一种画刷,参数: 填充的颜色
    void Graphic::SelectABrush(COLORREF color)
    {   HBRUSH hbr = ::CreateSolidBrush(color);                 //调用 API 函数生成画刷
        SelectABrush(hbr);                                      //调用另一个重载函数
    }
    //使用当前画笔,绘制一条直线,参数: 两点的坐标
    void Graphic::DrawLine(int x1, int y1, int x2, int y2)
    {   ::MoveToEx(m_hDC,x1,y1,NULL);                           //直线的起点
        ::LineTo(m_hDC,x2,y2);                                  //直线的终点
    }
    //绘制一个矩形,参数: 矩形数据结构
    void Graphic::DrawRect(RECT rect)
    {   ::Rectangle(m_hDC,rect.left,rect.top,rect.right,rect.bottom);
    }
    //绘制一个矩形,参数: 矩形左上角坐标,矩形宽度和高度
    void Graphic::DrawRect(int x1, int y1, int wx, int hy)
    {   RECT rc = {x1,y1,x1 + wx,y1 + hy};
        DrawRect(rc);
    }
    //用颜色填充一个矩形,参数: 矩形数据结构,填充的颜色
    void Graphic::FillRect(RECT rect, COLORREF color)
    {   //利用 API 函数实现矩形填充
        HBRUSH hbr = ::CreateSolidBrush(color);
        ::FillRect(m_hDC,&rect,hbr);
        ::DeleteObject(hbr);
    }
    //用颜色填充一个矩形,参数: 矩形左上角坐标,矩形宽度和高度,填充的颜色
    void Graphic::FillRect(int x, int y, int wx, int hy, COLORREF color)
    {   RECT rect = {x,y,x + wx,y + hy};
        //调用重载函数实现矩形填充
        FillRect(rect,color);
    }
    //绘制一个圆形,参数: 圆中心点坐标,半径
    void Graphic::DrawCircle(int x, int y, int radius)
    {   //调用 API 函数绘制圆
        ::Ellipse(m_hDC,x - radius,y - radius,x + radius,y + radius);
    }
    //生成一种字体,参数: 字体名、字号、是否粗体、是否斜体
    HFONT Graphic::CreateAFont(TCHAR * sfontname,int nfontsize,bool bbold,bool bitalic)
    {   int nWeight = bbold?700:400;
        DWORD dwItalic = bitalic?1:0;
        HFONT hfont;
        hfont = ::CreateFont(
            - ::MulDiv(nfontsize, GetDeviceCaps(m_hDC, LOGPIXELSY), 72),//字体高度
            0,                              //平均字体宽度,默认为 0
            0,                              //字体显示的角度,默认为 0
            0,                              //字体基线的角度,默认为 0
```

```
        nWeight,                    //字体的粗细
        dwItalic,                   //斜体字属性开关,可以选择 1 和 0,默认为 0
        0,                          //下画线属性开关,可以选择 1 和 0,默认为 0
        0,                          //带删除线的属性开关,可以选择 1 和 0,默认为 0
        DEFAULT_CHARSET,            //所需的字符集,默认为 DEFAULT_CHARSET
        0,                          //输出的精度,默认为 0
        0,                          //剪裁的精度,默认为 0
        0,                          //逻辑字体与输出设备的实际字体之间的精度,默认为 0
        0,                          //字体间距和字体集,默认为 0
        sfontname                   //字体名称
    );
    return hfont;
}
//※生成并选择一种字体,参数: 字体名、字号、是否粗体、是否斜体
void Graphic::SelectAFont(TCHAR * sfontname, int nfontsize, bool bbold, bool bitalic)
{   HFONT hfont, hfold;
    hfont = CreateAFont(sfontname, nfontsize, bbold, bitalic);    //生成字体
    hfold = (HFONT)::SelectObject(m_hDC, hfont);                  //选中字体
    if(m_hfontOld == NULL) m_hfontOld = hfold;                    //首次调用则保留旧的字体
    if(m_hfontCur!= NULL) ::DeleteObject(m_hfontCur);             //非首次调用则删除当前字体
    m_hfontCur = hfont;                                           //保存当前字体
}
//在指定矩形内绘制字符串文字,参数: 字符串,矩形数据结构
void Graphic::DrawString(TCHAR * stext, RECT rect)
{   ::SetTextColor(m_hDC, m_clrText);                             //设置文字颜色
    ::SetBkMode(m_hDC, TRANSPARENT);                              //设置文本背景模式为透明
    ::DrawText(m_hDC, stext, -1, &rect, DT_CENTER|DT_VCENTER|DT_SINGLELINE);
}
//在指定位置绘制字符串文字,参数: 字符串,矩形数据结构
void Graphic::DrawString(TCHAR * stext, int x, int y)
{
    ::SetTextColor(m_hDC, m_clrText);                             //设置文字颜色
    ::SetBkMode(m_hDC, TRANSPARENT);                              //设置文本背景模式为透明
    ::TextOut(m_hDC, x, y, stext, int(_tcslen(stext)));
}
```

虽然以上 Graphic 类的实现代码较长,但通过仔细观察不难发现,每一个成员函数的实现其实并不复杂,仅是对基本的绘图 API 函数和 GDI 对象的封装,特别的设计是三个带有※的函数,都是把新的 GDI 对象句柄选入设备环境,如果是首次调用所在的函数,则保留旧的 GDI 对象句柄,以备析构函数调用时把旧的 GDI 对象句柄选回设备环境,另外还会判断是否已经选择了 GDI 对象,如果有选过,则删除之前创建的 GDI 对象。所以请读者仔细观察构造函数和析构函数里面的语句,会发现这些画笔、画刷、字体的句柄成员的初值为 NULL,实质上是一种逻辑判断的标识。

(4) 按照步骤(3)的方法,新建一个 DrawObject 类,但是由于该类代码较少,且是抽象类,就可以把类的成员函数都设计成内联形式,所以在生成类的时候按照如图 11.27 所示的方式设置,然后单击“完成”按钮。

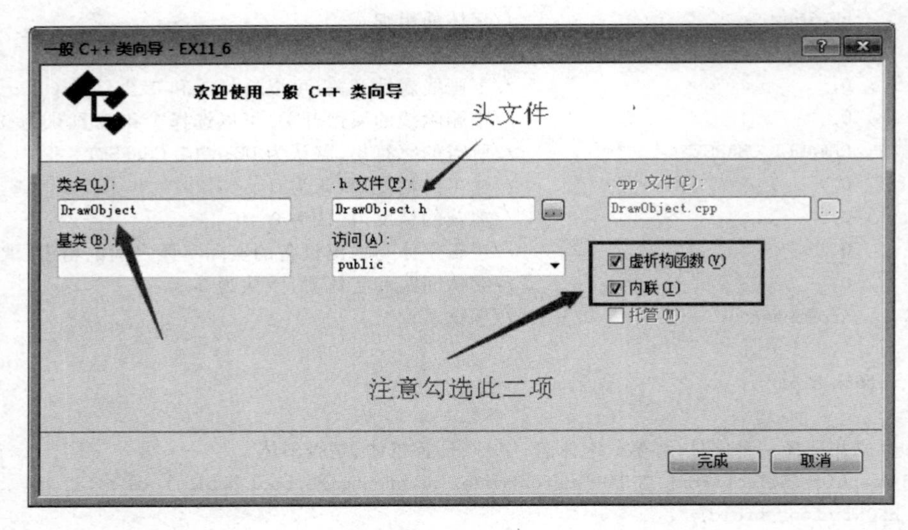

图 11.27　生成 DrawObject 类

完成以上操作后，就会只有一个 DrawObject.h 头文件被添加到项目中，里面有一个的 DrawObject 类的简单定义代码，接下来用以下程序替换。

```
#pragma once
//图形对象基类
class DrawObject
{protected:
    int m_x;                                    //图形对象的位置 X 坐标
    int m_y;                                    //图形对象的位置 Y 坐标
    COLORREF m_color;                           //图形颜色
public:
    //构造函数
    DrawObject(void)
    {   //坐标赋初值为(0,0)
        m_x = 0; m_y = 0;
        m_color = RGB(0,0,0);                   //颜色默认为黑色
    }
    //析构函数
    virtual ~DrawObject(void){ }
    //绘制函数，纯虚函数
    virtual void Draw(HDC hdc) = 0;
    //移动到指定坐标
    void MoveTo(int x, int y)
    {   m_x = x;
        m_y = y;
    }
    //设置颜色
    void SetColor(COLORREF color)
    { m_color = color;}
};
```

(5) 按照步骤(3)的方法，新建一个 Box 类，这个类比较完整，是 DrawObject 的派生类，除了需要输入 Box 类名称之外，还需要输入基类的名称，如图 11.28 所示，最后单击“完成”

按钮，就会为项目添加 Box.h 和 Box.cpp 两个程序文件。

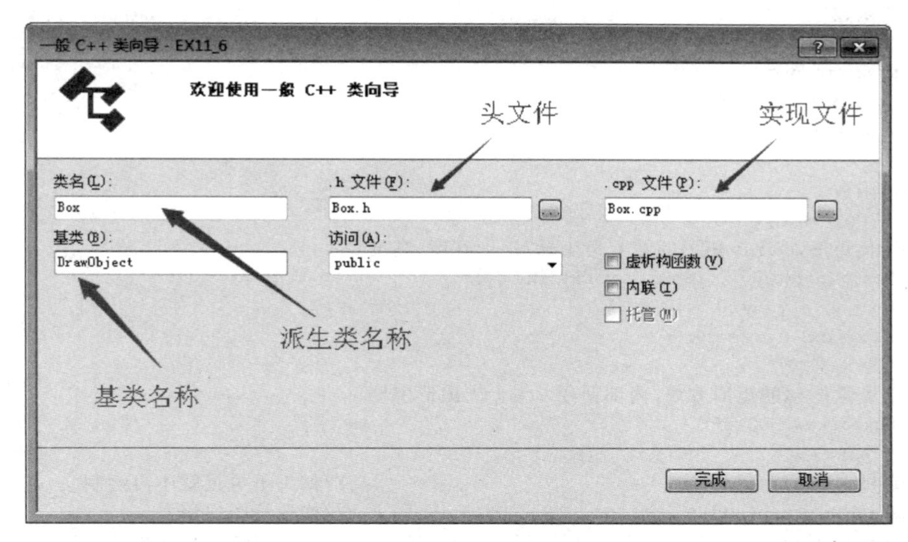

图 11.28 添加矩形方块 Box 类

Box 类的实现比较简单，就是存储矩形的属性，然后用图形引擎画出一个矩形，在上下边分别用不同颜色绘制边框，就模拟出立体感。

下面是头文件 Box.h 的内容：

```
#pragma once
#include "DrawObject.h"
//矩形方块类
class Box: public DrawObject
{protected:
    int m_cx;                                   //宽度
    int m_cy;                                   //高度
    bool m_ok;                                  //有效状态,游戏中代表方块是否可见
public:
    Box(void);                                  //构造函数
    ~Box(void);                                 //析构函数
    //初始化
    void Init(int x, int y, int cx, int cy);
    //绘制
    void Draw(HDC hdc);
    //返回矩形的几何信息
    RECT GetRect()
    {   RECT rect = {m_x,m_y,m_x + m_cx,m_y + m_cy};
        return rect;
    }
    bool IsOK(){ return m_ok;}                  //返回是否可见状态
    void SetOK(bool bok){ m_ok = bok;}          //设置可见状态
};
```

下面是 Box.cpp 的内容：

```
#include "StdAfx.h"
#include "Box.h"
```

```
#include "Graphic.h"
//构造函数
Box::Box(void)
{    m_cx = m_cy = 10;
     m_color = RGB(255,0,0);
     m_ok = true;
}
//析构函数
Box::~Box(void){ }
//初始化矩形,参数:矩形的左上角坐标,矩形宽度、高度
void Box::Init(int x, int y, int cx, int cy)
{    m_x = x; m_y = y;
     m_cx = cx; m_cy = cy;
}
//绘制有立体感的矩形方块,内部使用 Graphic 图形引擎
void Box::Draw(HDC hdc)
{
     if(!m_ok) return;                                   //如果不可见就不再绘制
     Graphic graph(hdc);                                 //构造绘图引擎
     graph.SelectAPen(PS_SOLID,2,RGB(220,220,220));      //生成并选择亮灰色的画笔
     graph.SelectABrush(m_color);                        //选择指定颜色填充画刷
     graph.DrawRect(m_x,m_y,m_cx,m_cy);                  //用选择的画笔和颜色绘制并填充矩形
     //生成并选择深灰色的画笔
     graph.SelectAPen(PS_SOLID,2,RGB(128,128,128));
     //在矩形右边框绘制深灰色的线条,模拟立体感
     graph.DrawLine(  m_x + m_cx - 2,m_y, m_x + m_cx - 2, m_y + m_cy - 2);
     //在矩形下边框绘制深灰色的线条,模拟立体感
     graph.DrawLine(  m_x + m_cx - 2,m_y + m_cy - 2,m_x, m_y + m_cy - 2);
}
```

(6) 按照与步骤(5)相同的方法,新建一个 Ball 类,它也是 DrawObject 的派生类,输入 Ball 类名称和基类的名称,如图 11.29 所示,最后单击“完成”按钮,就会为项目添加 Ball.h 和 Ball.cpp 两个程序文件。

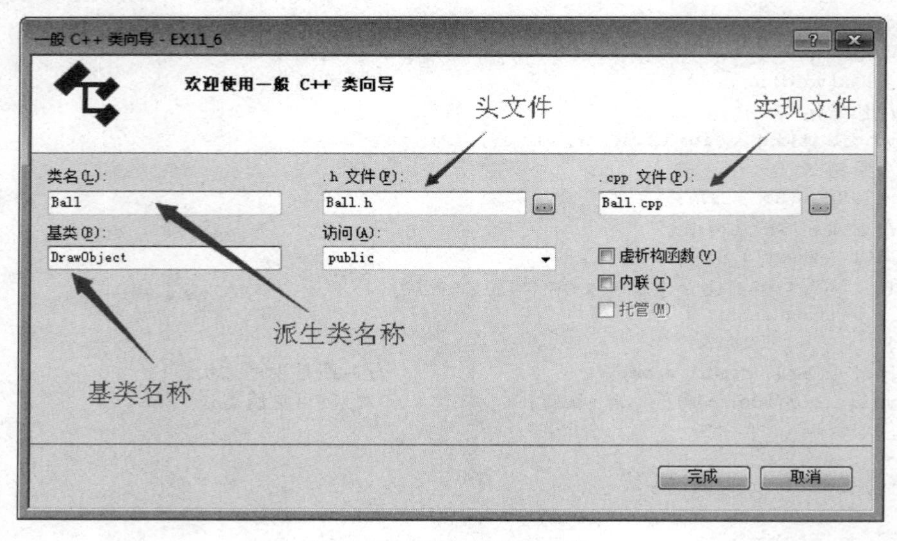

图 11.29 添加小球 Ball 类

如图 11.30 所示，小球要实现运动，主要通过对其位置坐标的 X、Y 分量改变相同的位移来实现，X、Y 各有正反两个方向，则小球就有 4 个运动方向：左上、右上、右下、左下，小球移动到新的位置绘图之前，必须擦除旧的位置上的小球，这样只要用一个与背景色相同颜色的矩形覆盖旧的小球即可（图中灰色矩形表示，真实情况下，背景是白色则矩形也是白色的）；与边界的碰撞检测，在当前位置基础上，计算出沿着当前运动方向运动到下一位置的临时位置，然后测试在该位置时小球是否和边界碰撞，如果有碰撞，则在当前位置的小球改变方向，再计算新的位置，所谓的碰撞条件就是指圆心到对应边界的距离小于半径，边界一共有 4 个，如果碰到上、下边界则 Y 反向，如果是左、右边界，则 X 反向，这样就会实现反弹效果。

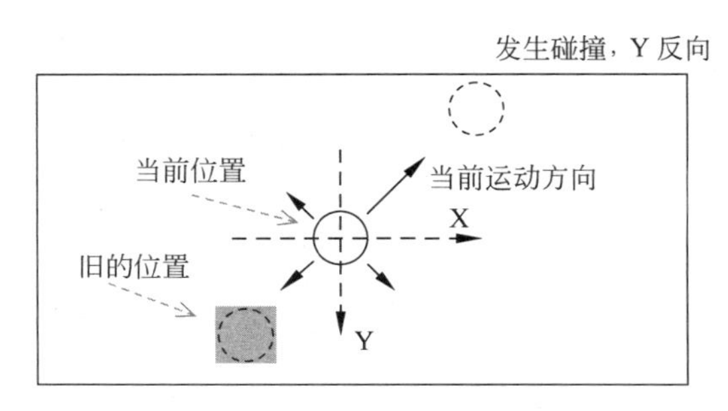

图 11.30　小球运动原理

下面是头文件 Ball.h 的内容：

```
#pragma once
#include "drawobject.h"
//小球类
class Ball : public DrawObject
{private:
    int m_radius;                                   //半径
    int m_Xdir;                                     //X 方向
    int m_Ydir;                                     //Y 方向
    int m_speed;                                    //速度
    RECT m_rect;                                    //边界矩形
    POINT m_ptold;                                  //旧的位置(用于动画擦除)
    COLORREF m_clrBack;                             //背景色(用于动画擦除)
public:
    Ball(void);                                     //构造函数
    ~Ball(void);                                    //析构函数
    void Init(int x, int y, int r);                 //初始化
    void Draw(HDC hdc);                             //绘制
    void Run(void);                                 //运行
    void Go(int xdir, int ydir);                    //出发
    int CrossARect(RECT rect);                      //检查是否和一个矩形相交
    bool IsTouchMe(int x,int y);                    //是否被单击
public:
    void SetBound(RECT rect){ m_rect = rect;}       //设置运动边界
    int BounceY(){ return (m_Ydir = - m_Ydir);}     //Y 方向反弹
};
```

下面是实现文件 Ball.cpp 的内容：

```
#include "StdAfx.h"
#include "Ball.h"
#include "Graphic.h"
//构造函数
Ball::Ball(void)
{
    Init(0,0,1);
    m_speed = 3;
    m_clrBack = RGB(255,255,255);
}
//析构函数
Ball::~Ball(void){ }
//初始化
void Ball::Init(int x, int y, int r)
{   m_x = x;
    m_y = y;
    m_radius = r;
    m_Xdir = m_Ydir = 0;                              //X、Y 方向初值都为 0,小球不动
    m_ptold.x = x;
    m_ptold.y = y;
}
//绘制
void Ball::Draw(HDC hdc)
{   Graphic graph(hdc);                               //生成图形引擎对象
    //计算得到小球的包围矩形
    RECT rect = { m_ptold.x - m_radius,m_ptold.y - m_radius,
                  m_ptold.x + m_radius,m_ptold.y + m_radius};
    //用背景色填充矩形,即擦除了旧位置上的小球
    graph.FillRect(rect,m_clrBack);
    //生成灰色画笔,用来绘制小球轮廓
    graph.SelectAPen(PS_SOLID,1,RGB(120,120,120));
    //生成填充的画刷
    graph.SelectABrush(m_color);
    //绘制小球
    graph.DrawCircle(m_x,m_y,m_radius);
    //再用白色绘制一个白色小圆,模拟反光点,使其有立体感
    graph.SelectAPen(PS_SOLID,0,RGB(255,255,255));
    graph.SelectABrush(RGB(255,255,255));
    graph.DrawCircle(m_x - m_radius/2,m_y - m_radius/2,2);
}
//运行
void Ball::Run(void)
{   int xt,yt;                                        //小球临时位置变量
    xt = m_x;                                         //复制 X 坐标
    yt = m_y;                                         //复制 Y 坐标
    xt += m_Xdir * m_speed;                           //按照 X 方向运动,得到新的 X 临时坐标
    yt += m_Ydir * m_speed;                           //按照 Y 方向运动,得到新的 Y 临时坐标
    //用临时坐标检测是否碰撞到边界,是就反弹,如果没有反弹就继续沿着当前方向前进
    if(xt >= m_rect.right - m_radius + 2)m_Xdir = -1; //碰到右边界
```

```
    if(xt <= m_rect.left + m_radius - 2)m_Xdir = 1;      //碰到左边界
    if(yt <= m_rect.top + m_radius - 2)m_Ydir = 1;       //碰到上边界
    if(yt >= m_rect.bottom - m_radius + 2)m_Ydir = -1; //碰到下边界
    //保存旧的小球位置
    m_ptold.x = m_x;
    m_ptold.y = m_y;
    //按照方向计算新的小球位置
    m_x += m_Xdir * m_speed;
    m_y += m_Ydir * m_speed;
}
//出发,给 X,Y 方向的初始值,如果不为 0 小球开始运动
void Ball::Go(int xdir, int ydir)
{   m_Xdir = xdir;
    m_Ydir = ydir;
}
//不严格地检查圆(包围矩形)是否和一个矩形相交
int Ball::CrossARect(RECT rect)
{   //先判断 X 是否在外面
    if(m_x - m_radius > rect.right)return 0;
    if(m_x + m_radius < rect.left) return 0;
    //再判断 Y
    if(m_y - m_radius > rect.bottom)return 0;
    if(m_y + m_radius < rect.top )return 0;
    //其他情况认为和矩形相交
    return 1;
}
//检查是否被单击,即计算点到圆心距离是否小于半径
bool Ball::IsTouchMe(int x,int y)
{
    int dx = x - m_x;
    int dy = y - m_y;
    return (dx * dx + dy * dy)<= (m_radius * m_radius); //为了提高效率没有开根号
}
```

到此,图 11.22 中所涉及的几个类就设计完成了,下面就可以把这些类的对象引入到 Windows 程序框架中。

(7) 在解决方案管理器视图中,找到源文件 EX11_6.cpp,打开并进行编辑,在文件开始部分插入如下灰色背景的语句,实现类的头文件包含和定义对象,数据和对象都声明成全局类型,目的是为了能在不同的函数内操作访问。

```
//EX11_6.cpp : 定义应用程序的入口点
#include "stdafx.h"
#include "EX11_6.h"

#include "box.h"                                    //包含矩形方块类头文件
#include "ball.h"                                   //包含小球类头文件
#include "graphic.h"                                //包含图形引擎类头文件

const  int BOX_NUM = 20;                            //矩形方块的数量
Ball     g_ball;                                    //小球对象
```

```
Box     g_boxes[BOX_NUM];                          //20 个方块对象
int     g_nHits = 0;                               //小球击中的方块数量,初值为 0

#define MAX_LOADSTRING 100
...
```

(8) 在 WinMain 主函数中加入这些对象的初始化代码,在文件开始部分插入如下灰色背景的语句,程序中用到了随机数,目的是使程序的运行增加不确定性。

```
int APIENTRY wWinMain(_In_ HINSTANCE hInstance,
                 _In_opt_ HINSTANCE hPrevInstance,
                 _In_ LPWSTR lpCmdLine,
                 _In_ int nCmdShow)
{
    UNREFERENCED_PARAMETER(hPrevInstance);
    UNREFERENCED_PARAMETER(lpCmdLine);
    //TODO: 在此放置代码
    int index = 0;
    //初始化随机种子,GetTickCount()函数可以得到系统启动后所经过的毫秒数
    srand(GetTickCount());
    for (int i = 0; i<5; i++)                    //5 列
    {
        for (int j = 0; j<4; j++)                //每列 4 个
        {
            index = i * 4 + j;                   //把行、列号转换为数组下标
            g_boxes[index].Init(80 + i * 160,//X 坐标从 80 起,间隔 160
                        //Y 坐标从 40 起,间隔 100,并且加上 20、40、60 中的随机数
                        40 + j * 100 + 20 * (rand() % 4),
                        80, 30);       //矩形宽 80,高 30
            g_boxes[index].SetColor(Graphic::GetRandColor());  //得到随机颜色
        }
    }
    //初始化小球位置(20,200),半径为 11 像素,红色
    g_ball.Init(20, 200, 11);
    g_ball.SetColor(RGB(255, 0, 0));
//初始化全局字符串
...
```

(9) 找到 InitInstance ()函数,改变 API 函数 CreateWindow ()的参数,修改窗口的位置为(100,100),尺寸为(900,550)。

```
BOOL InitInstance(HINSTANCE hInstance, int nCmdShow)
{
   hInst = hInstance;                          //将实例句柄存储在全局变量中
   HWND hWnd = CreateWindow(szWindowClass, szTitle, WS_OVERLAPPEDWINDOW,
    100, 100, 900, 550, NULL, NULL, hInstance, NULL);
```

(10) 找到消息处理函数 WndProc (),将其中的 WM_PAINT 消息分支替换为下面的

程序，再把 WM_LBUTTONDOWN 分支和 WM_TIMER 分支也加入到程序中。

```
case WM_PAINT:                                     //窗口重绘消息分支
    {
        RECT rect;
        PAINTSTRUCT ps;
        HDC hdc = BeginPaint(hWnd, &ps);

        ::GetClientRect(hWnd,&rect);               //得到窗口客户区的矩形信息
        for(int i=0;i<BOX_NUM;i++)g_boxes[i].Draw(hdc);    //绘制每一个方块
        g_ball.Draw(hdc);                          //绘制小球
        Graphic g(hdc);                            //生成图形引擎对象
        if(g_nHits==BOX_NUM)//如果所有方块都击中了,就显示"Game Over!"
        {   //用浅灰色,在窗口中间绘制文字"Game Over!",形成阴影效果
            g.SelectAFont(L"Arial Black",37,true,true);
            g.SetTextColor(RGB(220,220,220));
            g.DrawString(L"Game Over!",rect);
            //再用红色绘制文字"Game Over!"
            g.SelectAFont(L"Arial Black",36,true,true);
            g.SetTextColor(RGB(255,0,0));
            g.DrawString(L"Game Over!",rect);
        }
        else
        {   //否则用黑色绘制文字"Hits=?"表示击中方块的数量
            TCHAR sinfo[40];
            _stprintf_s(sinfo, L"Hits=%d", g_nHits); //得到动态变化的字符串
            g.SelectAFont(L"Arial Black",16,true);
            g.DrawString(sinfo,20,rect.bottom-30); //窗口左下方
        }
        EndPaint(hWnd, &ps);
    }
    break;
case WM_LBUTTONDOWN:                               //鼠标左键按下消息分支,启动小球运行
    if (g_ball.IsTouchMe(LOWORD(lParam), HIWORD(lParam)))//是否单击了小球
    {   //单击了小球
        g_ball.Go(1,(rand()%2 ==0?-1:1));          //X正向,Y方向随机发射(上下)
        SetTimer(hWnd, 1, 10, NULL);               //启动定时器,10ms一次发送定时器消息
    }
    break;
case WM_TIMER:                                     //定时器消息分支
    {   int i=0;
        RECT rect;
        ::GetClientRect(hWnd,&rect);               //得到窗口客户区的矩形信息
        g_ball.SetBound(rect);                     //设置小球的运动边界
        g_ball.Run();                              //小球运动
        for(i=0;i<BOX_NUM;i++)
        {   //下面检查每个方块是否和小球发生碰撞(交叠)
            if( g_boxes[i].IsOK()                  //如果小球可见就再判断是否和小球碰撞
              && g_ball.CrossARect(g_boxes[i].GetRect()))
```

```
            {
                g_nHits++;                              //击中数加 1
                g_boxes[i].SetOK(false);                //小球状态设置为无效(隐藏)
                g_ball.BounceY();                       //Y 方向反弹,仅考虑了 Y 方向
                InvalidateRect(hWnd,&rect,TRUE);        //刷新客户区重新绘制
                break;                                  //结束循环
            }
        }
        //没有击中方块,仅刷新小球
        if(i>=BOX_NUM) InvalidateRect(hWnd,&rect,FALSE);
    }
    break;
...
```

至此,本程序就已经完全写好了,请读者认真阅读各部分程序,结合图 11.23 的程序流程来体会各部分代码的执行顺序和作用,程序经过编译运行后,效果如图 11.31 所示,一开始小球停在窗口左侧的中间,如果单击小球,小球对象被赋予方向值,然后打开定时器,接下来系统每 10ms 向本程序发送一次 WM_TIMER 消息,WndProc()函数被调用来处理该消息,也就进入了定时器分支,小球对象就被驱动地运动起来,整个程序就开始了动态的刷新过程。

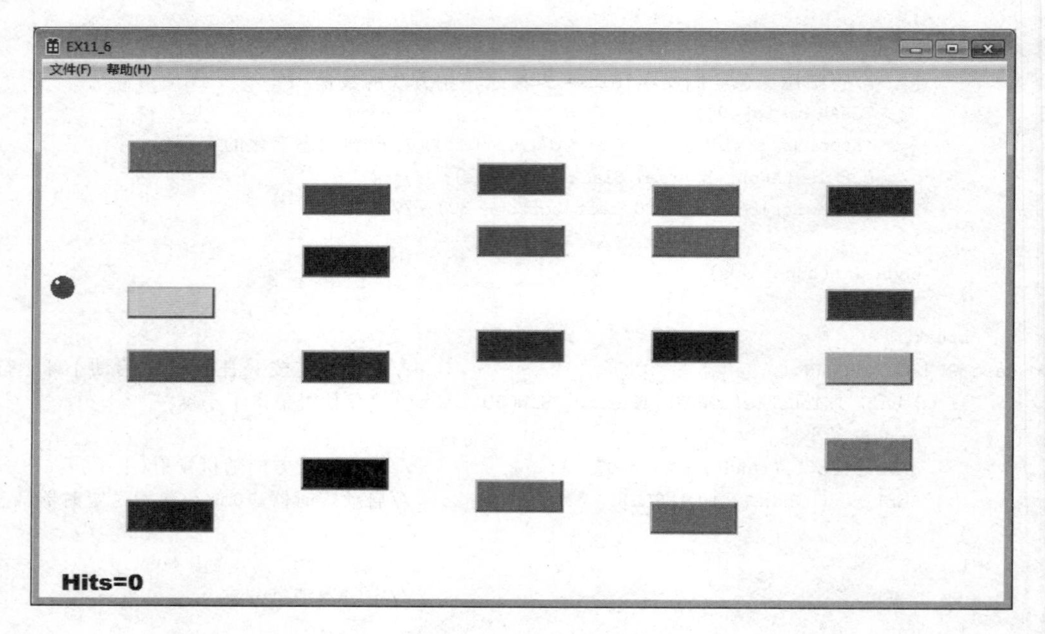

图 11.31 程序运行效果

本程序中设计的图形引擎 Graphic 类只封装了一些基本绘图功能,但也能够体会到它使绘图变得更加方便,代码更加简洁,有精力的读者可以在本程序基础上继续改进,可以开发一些比较经典的小游戏如打砖块(Fight Bricks)、俄罗斯方块游戏等。

11.8 本章小结

1. Windows 编程机制

读者可以了解到 Win32 程序的基本框架和 Windows 操作系统消息处理方法的基本原理，了解 API 函数的使用方法，可以学习到 Windows 编程中常用的数据类型，掌握其用 typedef 定义别名的实质，同时还介绍了常用的句柄类型。

2. Windows 程序实现绘图功能

介绍了在消息响应函数 WndProc 中的 WM_PAINT 消息分支里加入绘图代码的方法，具体包括绘制点、直线、矩形、文字、圆的方法，同时介绍了相关的几种 GDI 对象：画笔、画刷、字体的生成和使用方法。

3. 引入类与对象

把面向对象的思想和 Windows 程序框架结合起来，以一个小球撞击砖块的小游戏为具体实例介绍定义相关的各种类与对象的方法，首先设计了图形引擎 Graphic 类，封装了前面内容中介绍的各种绘图工具和方法；然后设计了绘图对象基类 DrawObject，以及其两个派生类：方块 Box 类和小球 Ball 类，利用 Graphic 类的对象实现图形绘制；最终在 Windows 程序框架中加入各种类的对象，并在消息响应函数中实现了小游戏的基本运行逻辑。

习题

11.1 一个 Windows 窗口程序框架都有哪些部分构成？

11.2 什么是 Windows 消息，消息的构成是怎样的？

11.3 利用 Windows 基本绘图函数，用 40 像素×30 像素大小的矩形填满整个窗口客户区，要求矩形的边框风格和颜色可以设定，矩形的填充颜色也可以设定。

11.4 利用 11.7 节中的 Graphic 类，绘制一个中国象棋的棋盘。

11.5 参考 11.7 节内容，设计实现经典“打砖块”小游戏，试着加入声音、动画等效果。

第12章 MFC库和应用程序框架

本章要点：

- MFC程序框架介绍
- MFC中常用的类
- 窗口消息映射与处理函数
- 对话框及常用控件的编程方法
- 文档和视图类程序

MFC是Microsoft Foundation Classes library的缩写（微软基础类库），目前的最新版本是MFC 9.0。MFC包含了用来开发C++程序和Windows程序的基础类，MFC中提供了大量的工具类，可以提高程序员的编程效率，如简单数据类、文件服务类、集合类、Internet工具类等。更重要的是，MFC提供了一系列Windows应用程序框架，定义了应用程序的结构，实现了应用程序的公共部分，包括窗口、消息映射机制、对话框、绘图设备、绘图对象、标准Windows控件等元素，封装了大部分的Windows API函数，降低了编程难度，提高了应用程序的开发速度和质量。

从类的层次角度看，MFC的类还可以分成两大类：CObject的派生类和非CObject派生类。CObject派生类都具有CObject类的特性，如可以序列化、运行时类信息访问机制、对象诊断输出、与集合类结合使用等，相关的派生类有应用程序体系结构类、窗口类、异常类、文件类、图形界面对象类、数据库支持类、集合类等；而非CObject派生类都是比较常用的工具类，主要有Internet工具类、简单数据类、辅助支持类、OLE类等。

Visual Studio 2015（简称VS 2015）提供了多种类型的应用程序框架，可以使用应用程序向导建立单文档界面（SDI）程序、多文档界面（MDI）程序和基于对话框的程序。VS 2015开发环境中提供了类向导工具，可以管理维护应用程序的结构、管理消息映射、添加删除对话框类的成员变量等功能，而且其大部分功能通过属性窗口也能完成。

12.1 MFC中的常用类

MFC类库中提供了一系列用于描述Windows应用程序中常见的对象的类，下面简单对其中一些常用的类进行介绍。

1. CWnd（窗口类）

CWnd类是其他窗口类的基类，封装了一般窗口的基本功能，这些功能包括一般的消息处理、键盘鼠标输入消息处理、窗口大小和位置管理、菜单管理、消息管理、坐标系管理、滚动条管理、剪切板管理、窗口状态管理等。在 CWnd 类中，很多功能都声明为虚函数，用于派生类对基本功能的修改和扩展。常见的派生类有：框架窗口类 CFrameWnd、视图类 CView、对话框类 CDialog、控件类如 CButton 和 CEdit 等。

2. CString(字符串类)

封装了字符串操作的大部分功能，使用起来非常方便，类似于标准 C++ 库中的 string 类，可以用如下的方法定义并使用 CString 类：

```
CString s1("Hello "),s2;          //定义两个字符串对象 s1,s2;
s2.Format("C++ %d.",100);         //s2 按格式生成字符串(类似于 printf 函数)
s1 += s2;                         //把 s2 连接到 s1 后面, s1 的内容变为: Hello C++100
```

3. CFile(文件类)

该类封装了文件操作的基本功能，适合于文件的二进制读写，如下代码实现文件读操作：

```
CFile file;                                      //建立文件对象
char *pbuf = NULL;                               //定义数据缓冲区指针
UINT ulen = 0;                                   //定义变量存储读取的内容字节数
if(file.open("C:\\test.txt",CFile::modeRead))    //用读方式打开文件
{   //打开文件成功
    ulen = file.GetLength();                     //得到文件长度
    pbuf = new char[ulen];                       //定义一个动态缓冲区,与文件长度相同
    file.Read(buf,ulen);                         //把文件内容读入数据缓冲区
    file.Close();                                //关闭文件
}
```

4. CArchive(存档类)

可以看作一个高级的文件类，对基本数据类型和自定义类的对象都能面向文件进行输入和输出操作，该类内部使用了 CFile 对象实现文件的读写，对各种基本数据类型重载了“<<”和“>>”运算符，能够读写字符串，还能利用 CObject 类具有序列化能力的特点，实现 CObject 派生类对象的文件 I/O。

5. CPont,CSize,CRect (点、大小、矩形类)

派生自结构体 POINT、SIZE 和 RECT，用来表示二维点、尺寸大小、矩形等几何概念，常用于绘图操作或窗口有关操作所使用的数据，如：

```
CPoint  pt(10,40);                 //定义一个坐标 X,Y 分别为 10,40 的点
CSize  sz1(400,300);               //定义一个宽 400,高 300 的尺寸
CRect  rect(10,10,200,100);        //定义左上角坐标为(10,10),右下角为(200,100)的矩形
```

6. 集合类

这是一个类族,与STL中的容器类型相似,包括序列类,如CArray、CObArray等;列表类,如CList、CObList、CPtrList等;映射类,如CMap、CMapWordToPtr等。一般这些类要与CObject的派生类对象结合才能使用。

MFC类库中有很多实用的类,在此不再列举,希望读者可以查阅MFC的参考手册或者MSDN帮助文档来了解这些类的名称、使用方法及适用范围。

12.2 MFC的应用程序框架

目前在计算机软件领域,已经有很多的程序框架被开发出来,有的用于编写单机程序、有的适合网络应用、有的针对游戏编程等。

MFC的应用程序框架就是在C++类库的基础上建立起来的,它定义了程序的结构。MFC提供的应用程序框架有很多种,如单文档程序、多文档程序、基于对话框的程序、MFC动态链接库程序、ActiveX控件程序等,可以利用VC++提供的程序向导工具,不用输入任何代码,就可以生成一个所需程序类型的基本结构,而这种结构往往封装了大量的实现代码,隐藏了很多无须程序员了解的细节。如果没有这样的程序框架,就只能利用Windows API进行Win32编程,则要求程序员有丰富的知识经验和程序调试能力,这对于C++的初学者来说是不现实的。

MFC程序框架充分利用了C++中虚函数与多态的功能特性,先定义好了一些功能强大的基类,然后用这些类的对象指针构建程序框架,在这些类中声明了许多有用的虚函数,在框架中的关键位置利用对象指针调用这些虚函数。编程者所要做的就是继承这些基类,在派生类添加新的代码,根据需要重写基类提供的虚函数,接着把应用程序框架中的基类指针替换成派生类指针即可。

程序员首先需要简单了解MFC程序框架的构成,然后就可以针对具体任务编写相应的程序了,程序员可以用MFC类库中提供的大量的类来定义对象,也可以自定义类,还能以类库中的某些类为基类来派生新类,重载或扩充基类的功能。当用户框架中设计了另外针对某些MFC类库中没有的功能,也可以使用第三方的类库。

下面就以单文档程序(SDI)为例,来说明如何建立应用程序框架。

(1) 启动Visual Studio工具,选择菜单"文件"|"新建"|"项目",打开"新建项目"对话框,如图12.1所示,选择Visual C++|MFC|MFC应用程序,在"名称"中输入项目名"EX12_2",把"位置"定位于"C:\StudyC++\ "文件夹(已建好)中,单击"确定"按钮。

(2) 接下来弹出"欢迎使用MFC应用程序向导"界面(图12.2),能看到当前项目的默认设置,单击"下一步"按钮继续。

(3) 在"应用程序类型"界面中,选择"单个文档"类型。项目类型选择"MFC标准",其他使用默认值即可,如图12.3所示,单击"下一步"按钮继续。

(4) 接下来出现"复合文档支持"界面,所谓复合文档支持,主要是在Windows环境下实现不同应用程序之间共享数据的一种机制。用户可以选择是否在程序中加入复合文档支持。在此使用默认值"无"即可,如图12.4所示,单击"下一步"按钮。

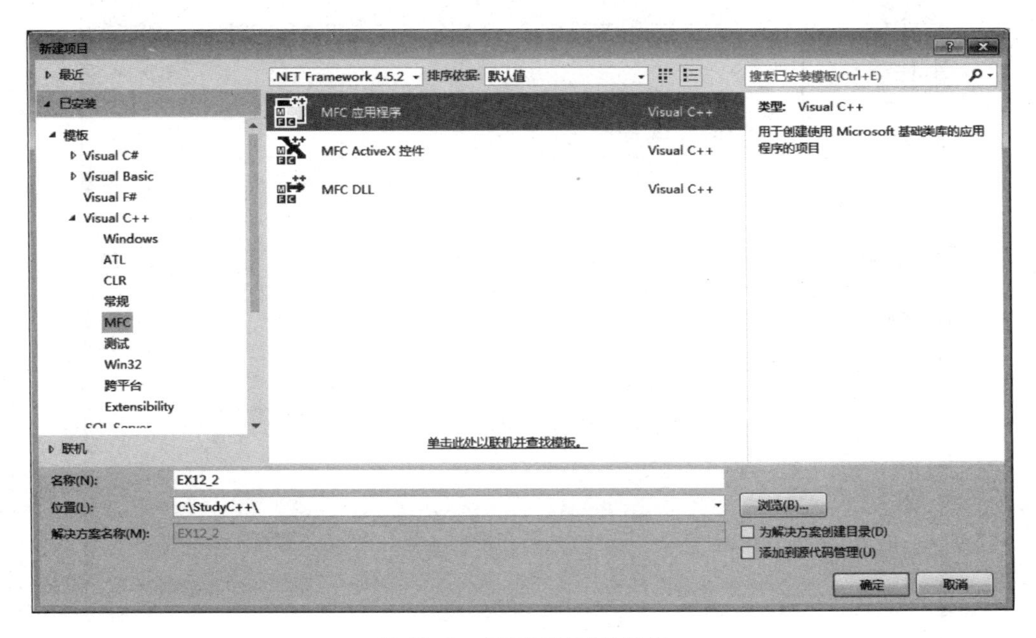

图 12.1　“新建项目”对话框

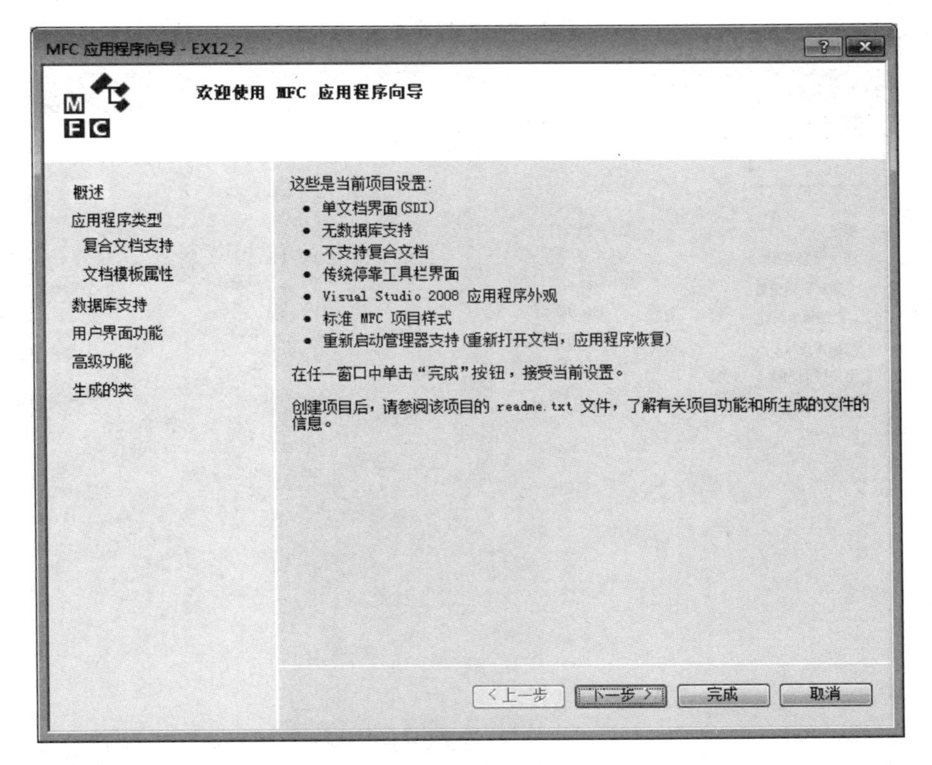

图 12.2　欢迎界面

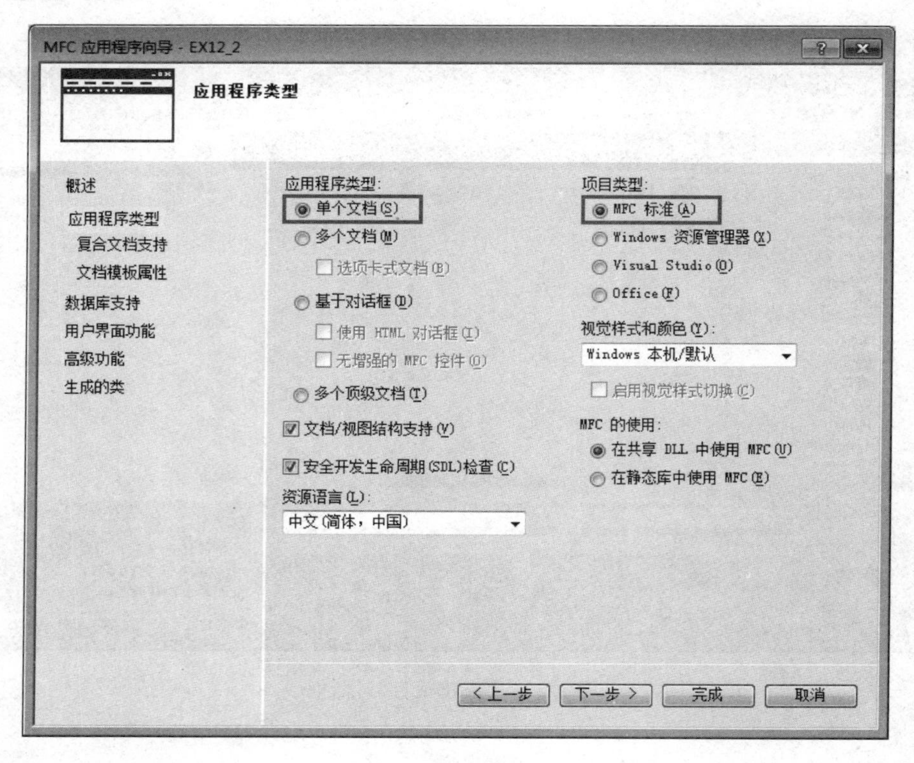

图 12.3 “应用程序类型”界面

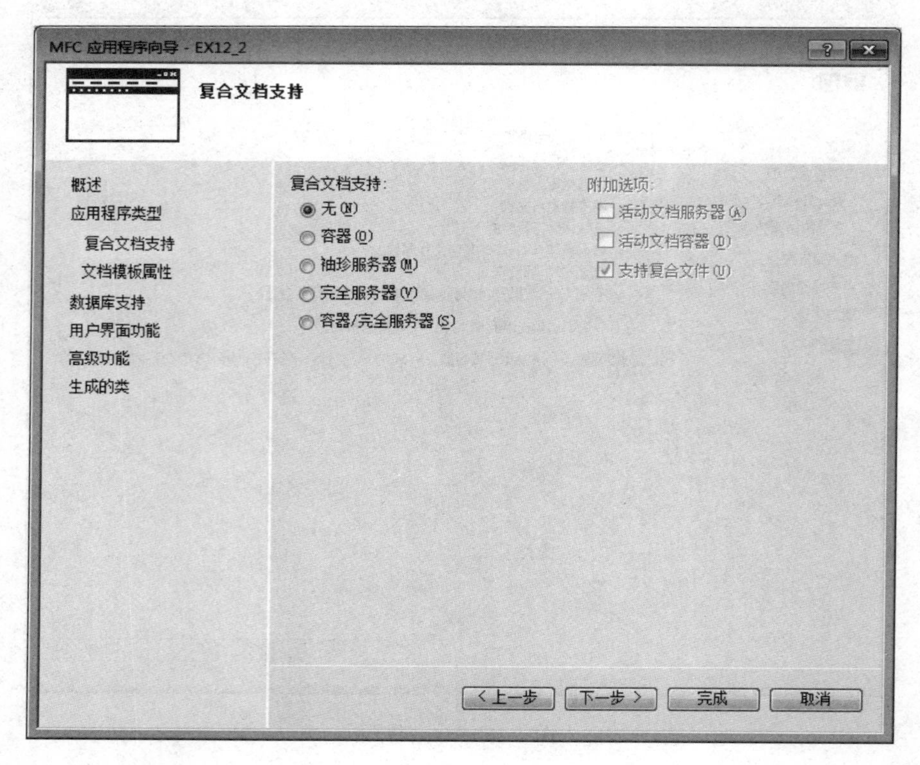

图 12.4 “复合文档支持”界面

(5) 接下来出现“文档模板属性”界面，在这里可以设置应用程序关联文件的扩展名，使用户可以在资源管理器中双击文件名就能运行程序并打开文件，用户还可以设置应用程序主窗口的标题，在“主框架标题”下的文本框中输入“第一个 MFC 程序”，其他的保持默认，如图 12.5 所示，然后单击“下一步”按钮。

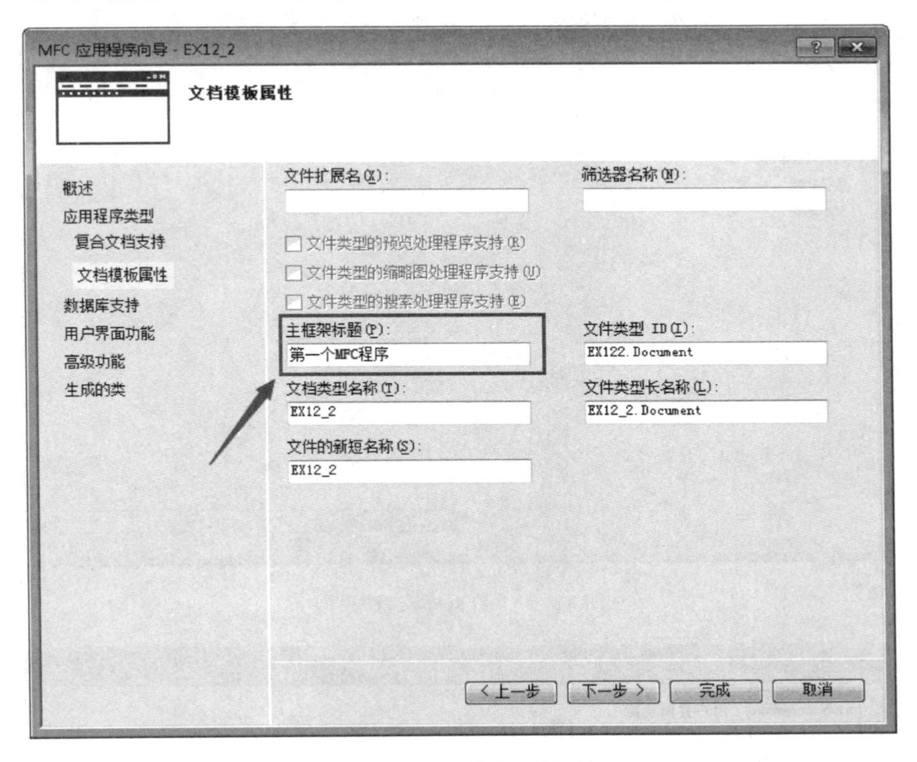

图 12.5 “文档模板属性”界面

(6) 来到“数据库支持”界面，用户可以选择程序中是否要加入数据库支持，在此使用默认值“无”，单击“下一步”按钮，如图 12.6 所示。

(7) 在“用户界面功能”界面中用户可以选择应用程序的一些特性来改变界面样式，在此使用默认值，单击“下一步”按钮，如图 12.7 所示。

(8) 如图 12.8 所示，可以选择为应用程序加入一些高级的功能，在此使用默认值，单击“下一步”按钮。

(9) 在此界面中，用户可以对生成的类名、基类名、头文件名以及源文件名进行修改。在此使用默认值，单击“完成”按钮，如图 12.9 所示，至此完成了创建一个基本应用程序框架的过程。

单击“生成”菜单，在出现的下拉菜单中单击“生成解决方案”菜单项，Visual C++将会对该程序进行编译、链接，生成 EX12_2.exe 程序，然后在“调试”菜单中选择“开始调试”运行该程序，会出现如图 12.10 所示的效果。

虽然没有添加任何代码，此程序也什么都不能做，但它已经具备了常见程序外观，如标题栏、菜单栏、工具栏、状态栏和视图区，程序的框架已经构建起来了。

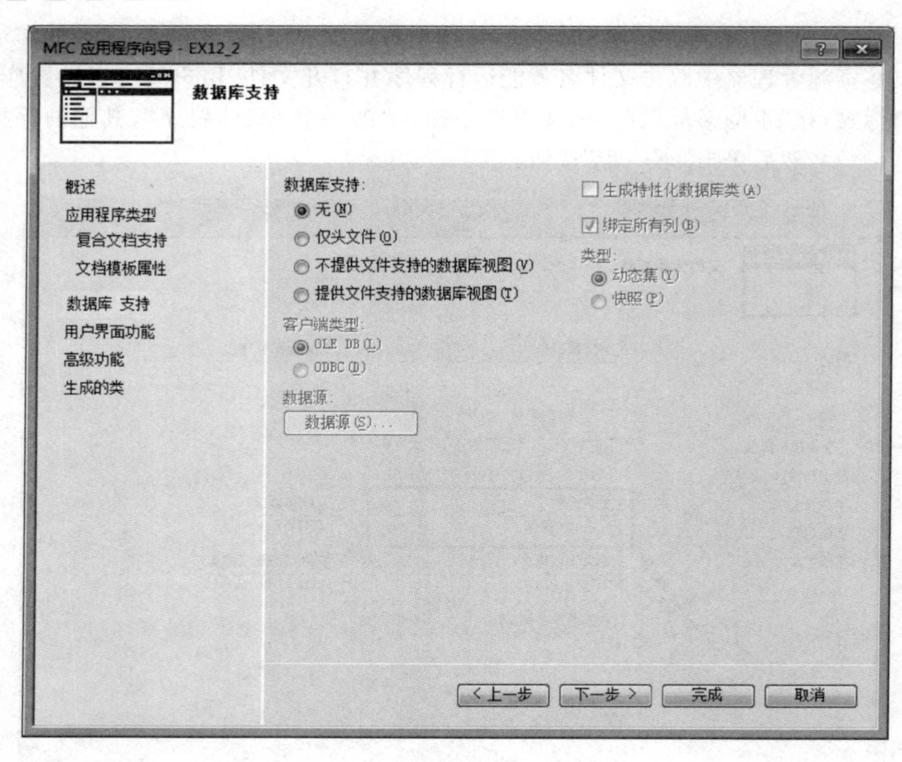

图 12.6 “数据库支持”界面

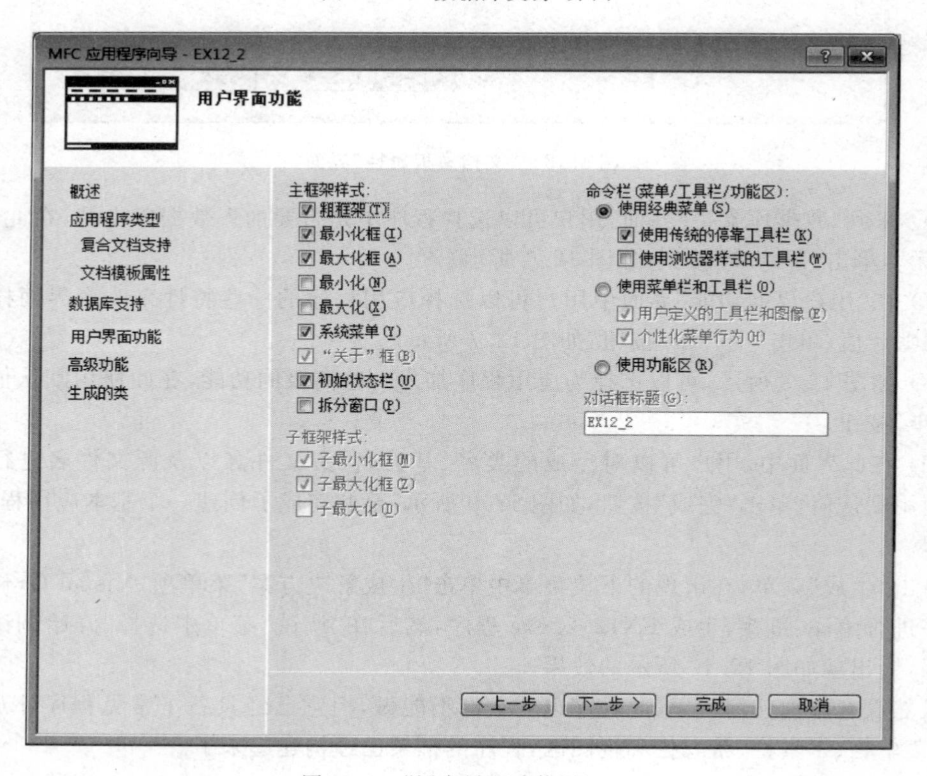

图 12.7 “用户界面功能”界面

MFC 应用程序向导 - EX12_2
高级功能
概述
应用程序类型
复合文档支持
文档模板属性
数据库支持
用户界面功能
高级功能
生成的类
高级功能:
打印和打印预览(P)
自动化(U)
ActiveX 控件(R)
MAPI (消息处理 API)(I)
Windows 套接字(W)
Active Accessibility(A)
公共控件清单(M)
支持重新启动管理器(G)
重新打开以前打开的文档(Y)
支持应用程序恢复(V)
高级框架窗格:
资源管理器停靠窗格(D)
输出停靠窗格(O)
属性停靠窗格(S)
导航窗格(T)
标题栏(B)
高级帧菜单项显示/激活窗格(F)
最近文件列表上的文件数(N):
4
< 上一步
下一步 >
完成
取消

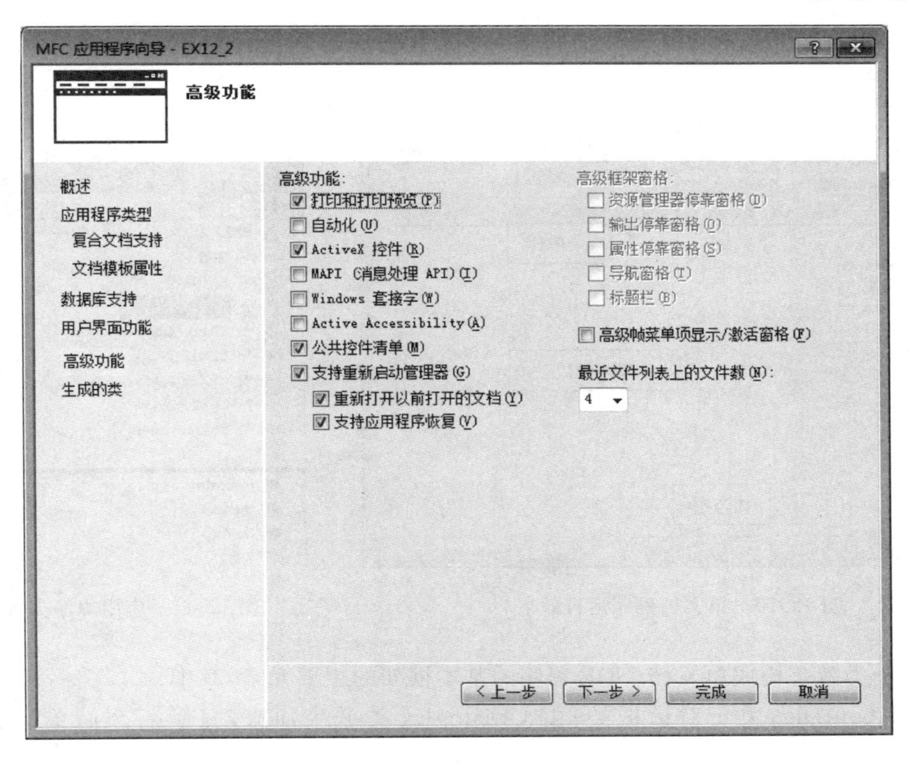

图 12.8 “高级功能”界面

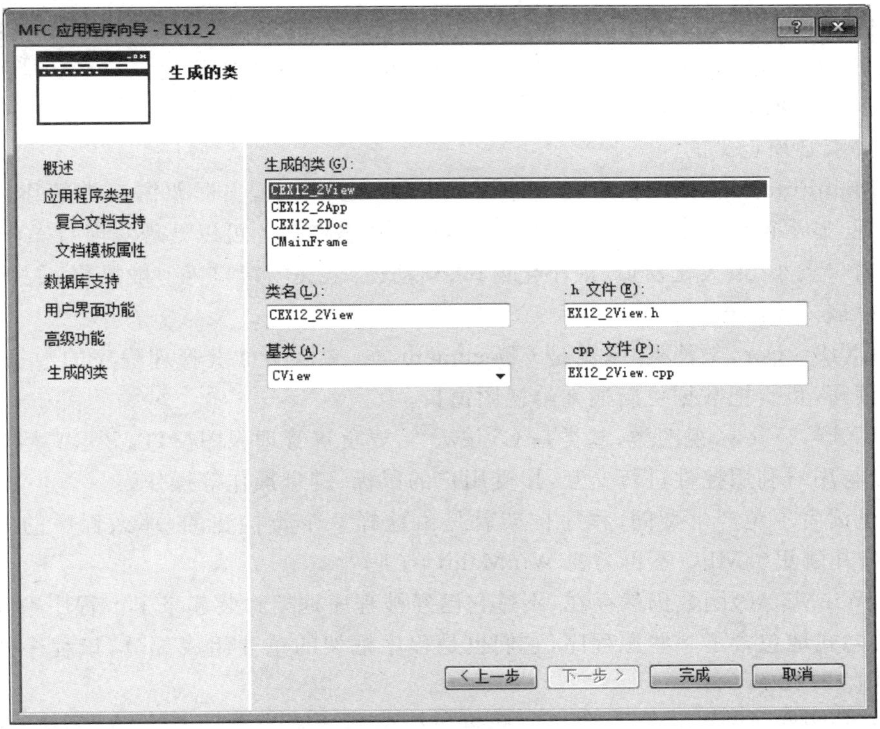

MFC 应用程序向导 - EX12_2
生成的类
概述
应用程序类型
复合文档支持
文档模板属性
数据库支持
用户界面功能
高级功能
生成的类
生成的类(G):
CEX12_2View
CEX12_2App
CEX12_2Doc
CMainFrame
类名(L):
CEX12_2View
.h 文件(E):
EX12_2View.h
基类(A):
CView
.cpp 文件(P):
EX12_2View.cpp
< 上一步
下一步 >
完成
取消

图 12.9 “生成的类”界面

在 Visual Studio 环境中打开类视图,可以看到应用程序向导已经生成了 5 个类,如图 12.11 所示。

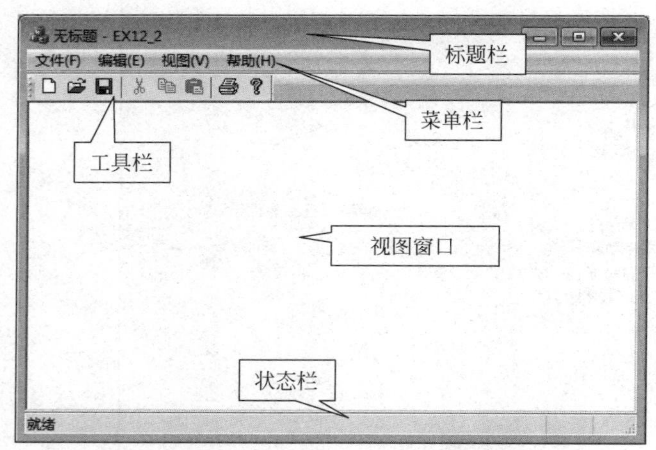

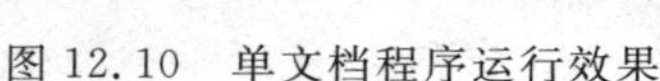
图 12.10　单文档程序运行效果

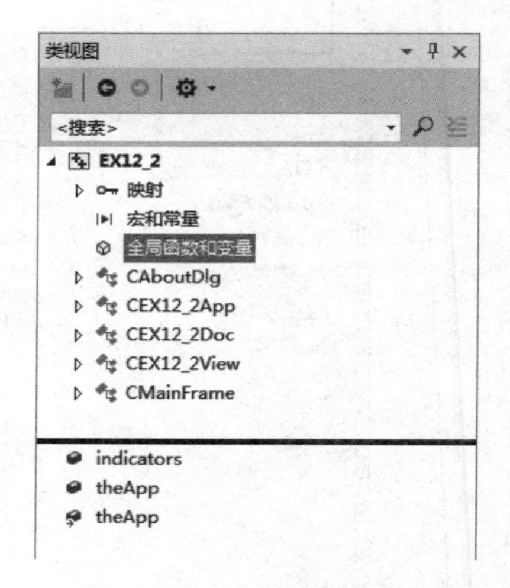

图 12.11　应用程序类视图

这 5 个类就是构成单文档(SDI)程序的基本框架的主要元素,其中:

① CAboutDlg,关于对话框类,由 CDialogEx 类派生而来,显示一个简单的关于对话框。

② CEX12_2App,应用程序类,在头文件 ex12_2.h 和实现文件 ex12_2.cpp 中对此有完整定义,基类是 CWinApp 类。应用程序类负责管理程序的整体,完成应用程序的初始化工作,当程序退出时完成清除工作。在图 12.11 中,单击"全局函数和变量"标签,能看到下面的成员列表中显示有一个全局变量 theApp,就是 CEX12_2App 类的对象,它是 MFC 应用程序框架要求必须定义的。

③ CMainFrame,主框架窗口类,由 CFrameWnd 类派生,主框架窗口类的作用是管理程序的外观,显示窗口的标题栏、菜单栏、工具栏和状态栏等。可以处理对窗口操作的消息,例如改变窗口大小、最大化窗口、最小化窗口、移动窗口、关闭窗口等一般操作。主框架窗口内部还可以嵌入视图窗口。

④ CEX12_2Doc,文档类,基类是 CDocument 类,文档类负责管理程序的数据,实现磁盘文件的读写,负责把数据更新通知给视图窗口。

⑤ CEX12_2View,视图类,基类是 CView 类,要负责管理视图窗口,显示文档对象内的数据,负责与用户利用控件进行交互,接受用户的鼠标、键盘操作等操作。

在这里读者不免产生疑问,程序框架就是由这样 5 个类构建的,那么程序的入口函数 WinMain()在哪里? MFC 不再需要 WinMain()了吗?

其实,WinMain()函数仍然存在,不过它已经被程序框架封装起来了。程序中除了 5 个类之外,还隐式地包含了一些源程序,它们也是程序框架的重要组成部分,该程序框架的启动过程如图 12.12 所示。

WinMain()和 AfxWinMain ()等一些重要代码虽然不能直接看到,当程序在编译、连接时,它们的实现程序就被自动地加入到用户生成的程序框架中了。

图 12.12　MFC 程序框架的启动过程

12.3　窗口消息映射与处理函数

在前面的内容中，我们已经简单地介绍了 Windows 系统的消息机制，而在 MFC 程序中主要使用消息映射来实现消息的响应与处理，所谓消息映射就是指把消息或者命令与相应的消息响应函数相关联的机制，当应用程序收到某种消息时就会调用这样的函数，因而实现预定的功能。在 MFC 中，CCmdTarget 类是消息映射体系的核心基类，它封装了消息分派、消息传送等机制，许多类都是 CCmdTarget 类的派生类，如 CWnd、CWinApp、CView、CFrameWnd、CDocument 等，因此这些类都支持消息映射，而其中 CWnd 类中预定义了大部分的窗口消息处理函数，并且定义成虚函数的形式，用户只需遵循消息映射的规则，重写这些虚函数就能扩展新的功能。

如何在应用程序中添加消息映射呢？首先选择一个 CCmdTarget 类的派生类，然后为这个类添加消息处理成员函数。添加消息处理函数与类的一般成员函数不同，一般成员函数通常包括两部分：函数的声明部分和函数的实现部分，声明部分在类体内部以函数原型的方式给出，通常放到. H 头文件中，实现部分以函数体形式在类外定义，一般在. CPP 文件中。消息处理函数有着与上述两部分类似的定义，但又不完全相同，除此之外增加了消息映射部分，此部分以一种特殊的宏定义代码方式存在。

在 Visual Studio 环境中，有三种方法可以给程序添加消息映射代码：①使用类向导工具来进行消息管理，如添加、删除消息或命令的响应函数；②用属性窗口的消息列表来管理；③由程序员手工添加如前所述的三部分消息映射代码来实现消息处理。

类向导工具的功能非常强大，必须先新建或者打开一个 MFC 类型的应用程序(例如在上一节中建立的 EX12_2 项目)，才能启动类向导工具，可以在“项目”菜单中选择“类向导”菜单项，或者使用快捷键 Ctrl+Shift+X 也可以打开，执行以上操作后，可以看到弹出的“欢迎使用类向导”对话框，对话框中共有 5 个选项卡，默认显示出第一个“命令”选项卡，对应于命令类消息映射相关的管理，如图 12.13 所示。

图 12.13 中还可以看到，另外还有 4 个选项卡，分别是：

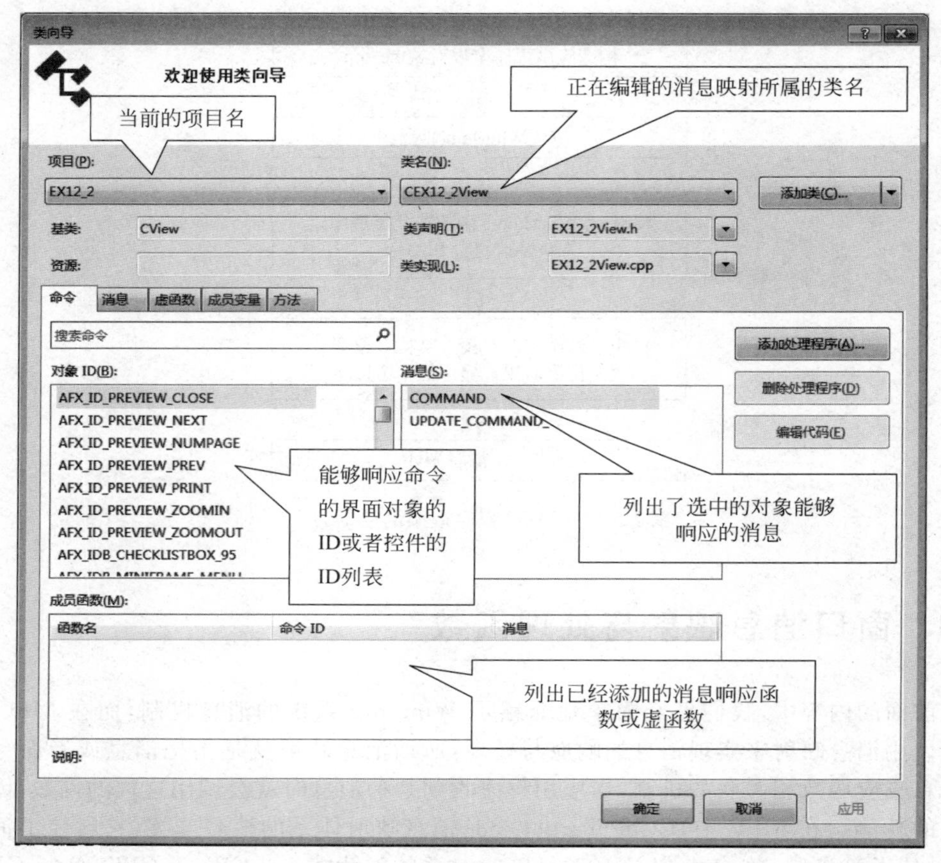

图 12.13 “类向导”对话框

“消息”选项卡,用于管理窗口类的标准 Windows 消息。

“虚函数”选项卡,用于列出基类中的虚函数和管理派生类已经重写的虚函数。

“成员变量”选项卡,用于管理对话框中的控件所对应的成员变量。

“方法”选项卡,用于管理选中类的成员函数。

结合上一节中建立的 EX12_2 项目,下面介绍利用类向导在程序中添加单击窗口的消息处理函数,运行后弹出一个简单的消息对话框的基本方法。

(1) 运行 Visual Studio 程序,打开 EX12_2 项目,再打开类向导,会显示如图 12.13 所示的对话框。

(2) 在“类名”的组合框中选择视图类 CEX12_2View,下面的选项卡要选择“消息”卡片,就可以看到 CEX12_2View 类对象能够响应的窗口消息列表,如图 12.14 所示。

(3) 可以看到在“消息”列表中的消息非常多,都是以“WM_”开头的符号常量,在 11 章中介绍过,这些都是标准的 Windows 消息,现在,在“消息”列表中选择鼠标左键按下消息 WM_LBUTTONDOWN。

(4)可以看到右侧的“添加处理函数”按钮由原来的禁用状态变为可用状态,单击此按钮,或者双击列表中的 WM_ LBUTTONDOWN 消息,会看到中间的“现有处理程序”列表中就添加了一行,函数名称为 OnLButtonDown,消息为 WM_ LBUTTONDOWN,这意味着当窗口接收到鼠标左键按下消息时,就会调用成员函数 OnLButtonDown()。

(5) 单击"确定"按钮,即完成消息响应函数的添加过程。

下面查看一下究竟类向导工具为应用程序的源代码作了哪些修改。

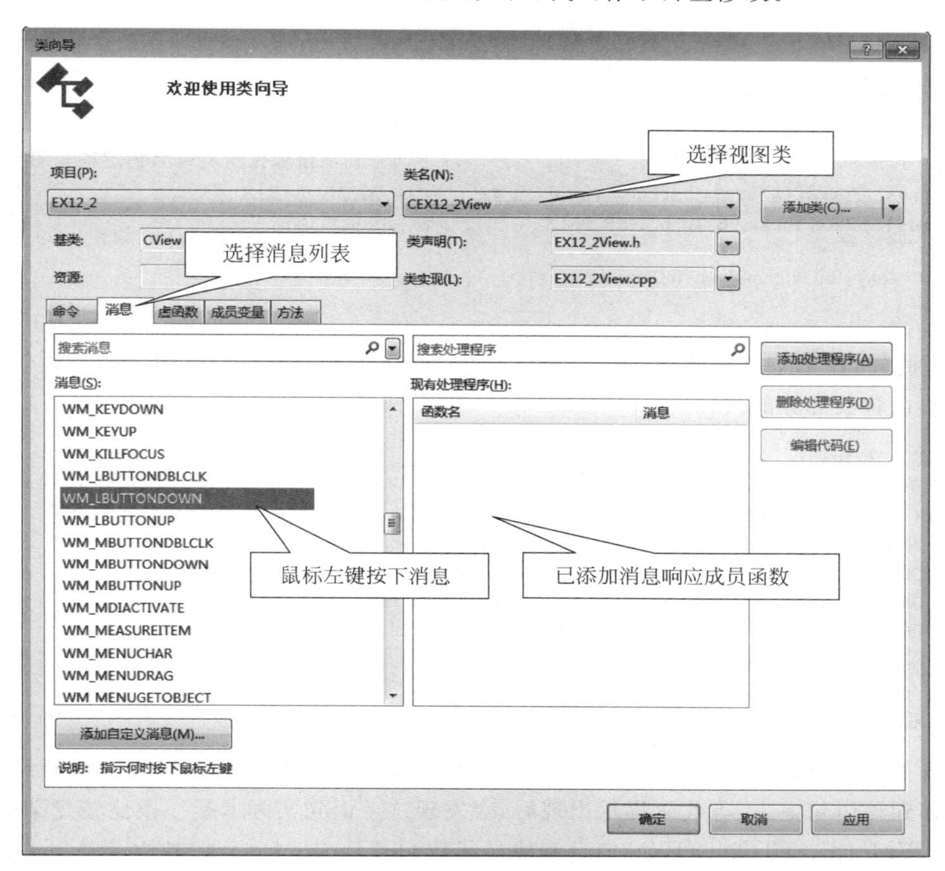

图 12.14 用类向导添加鼠标双击消息处理函数

(1) 在视图类 CEX12_2View 的类体中增加鼠标左键按下消息响应函数 OnLButtonDown( )的函数原型,打开头文件 EX12_2View.h,可以看到灰色背景为新增的代码:

```
//……省略上面的代码……
//生成的消息映射函数
protected:
    DECLARE_MESSAGE_MAP()
public:
    afx_msg void OnLButtonDown(UINT nFlags, CPoint point);
};
#ifndef _DEBUG                                    //EX12_2View.cpp 中的调试版本
inline CEX12_2Doc * CEX12_2View::GetDocument() const
   { return reinterpret_cast<CEX12_2Doc *>(m_pDocument); }
#endif
```

(2) 在 EX12_2View.cpp 中可以看到增加了 OnLButtonDown( )函数体的实现语句,

然后请读者添加如下灰色背景部分的代码,用来弹出一个表示鼠标位置的消息对话框:

```
//CEX12_2View 消息处理程序
void CEX12_2View::OnLButtonDown(UINT nFlags, CPoint point)
{
    //TODO: 在此添加消息处理程序代码和/或调用默认值
    CString stext;                              //定义一个字符串对象
                                                //下面语句把鼠标位置转化为指定格式的字符串
    stext.Format(L"Press button at( %d, %d)", point.x, point.y);
    MessageBox(stext, L"Info", MB_OK);          //显示信息对话框

    CView::OnLButtonDown(nFlags, point);
}
```

(3) 此外,在 EX12_2View.cpp 实现文件中,关键在于增加了消息映射的宏语句,具体为下面灰色背景部分的代码:

```
//CEX12_2View
IMPLEMENT_DYNCREATE(CEX12_2View, CView)
BEGIN_MESSAGE_MAP(CEX12_2View, CView)
    //标准打印命令
    ON_COMMAND(ID_FILE_PRINT, &CView::OnFilePrint)
    ON_COMMAND(ID_FILE_PRINT_DIRECT, &CView::OnFilePrint)
    ON_COMMAND(ID_FILE_PRINT_PREVIEW, &CView::OnFilePrintPreview)
    ON_WM_LBUTTONDOWN()

END_MESSAGE_MAP()
```

读者如果好奇代码 ON_WM_LBUTTONDOWN()究竟做了什么,可以在编程环境中,把鼠标移到该语句上方,等代码提示出现后,会发现这条语句实际上是一条比较复杂的宏定义,代表 WM_LBUTTONDOWN 消息和成员函数 OnLButtonDown()建立了映射关系。

代码添加完成后,单击"生成"菜单,在出现的下拉菜单中单击"生成解决方案"菜单项,编译、连接完成后生成 EX12_2.exe 程序,然后在"调试"菜单中选择"开始调试"运行该程序,在程序的视图区中某处按下鼠标左键,就会出现如图 12.15 所示的结果。

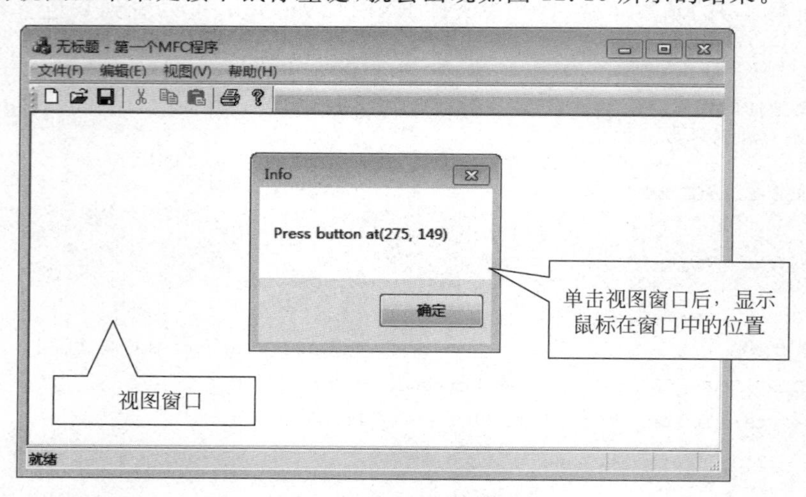

图 12.15　程序运行结果

12.4 对话框及常用控件

在 Windows 应用程序中，经常可以看到各种对话框(Dialog)程序，可以说对话框是图形用户界面程序中最重要的元素之一，其本质就是一种窗口，是应用程序与用户交互的重要手段。用于把信息显示给用户，或让用户输入数据或者进行选择。

在对话框中主要通过各种控件来和用户进行交互，常用的控件有按钮、列表框、编辑框、组合框、滚动条等。前面内容提到过，控件是一种特殊类型的子窗口，隶属于其父窗口，能够接受操作并向父窗体发送消息。

12.4.1 对话框的构成和分类

在 MFC 的编程习惯中，对话框主要由对话框资源和对话框类两部分构成。

对话框资源，用来描述对话框的大小、风格、字体等特性，以及对话框中控件的类型、属性和布局，通过使用 Visual C++中提供的资源编辑器，就能够实现对话框的交互式编辑操作。

对话框类，对话框资源所提供的仅是框架、外观，单纯的对话框资源毫无生气，无法实现数据的交互，所以必须创建与其对应的对话框类，对话框类通常都是从 CDialog 类派生来的，当应用程序运行时，对话框类的对象和对话框资源紧密地结合起来，类中定义的变量和控件的数据相对应，控件的动作也可以触发对话框类中的消息映射函数。

这两部分的关系就如同一台电子仪器的面板和内部电路一样，如图 12.16 所示，对话框资源只是仪器的面板，控件就是面板上的零件，对话框类就是内部的电路，电路负责数据的存储和计算，而面板负责显示和输入，面板和电路通过接口线路进行信号传递，而对话框程序则通过 CDialog 类的数据交换机制实现对话框资源和对话框对象进行数据传递。

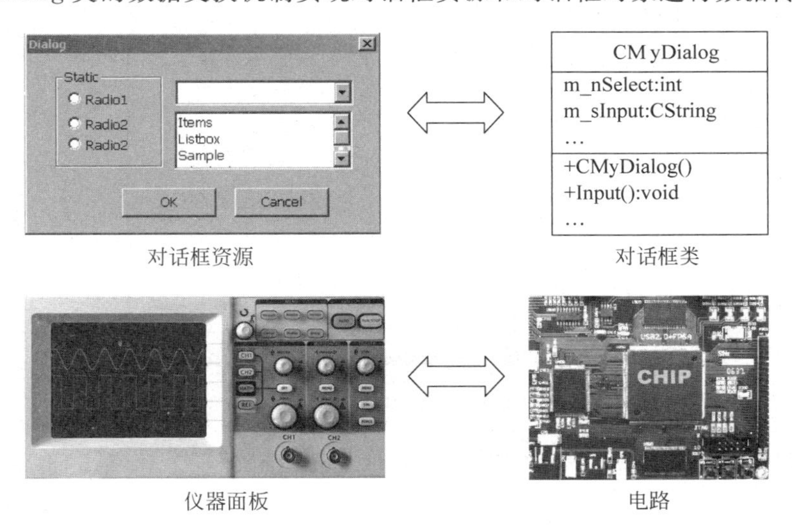

图 12.16 对话框资源和对话框类关系图

对话框有两种类型，模式对话框和非模式对话框。模式对话框的特点是，当对话框弹出后，其所在的应用程序的操作只能在该对话框上进行，无法再控制父窗口的界面元素，直到该对话框被关闭或退出,才能继续在父窗口上操作。常见的此类对话框有“打开文件”对话框,“打印”对话框等。

非模式对话框也比较常用,其特点是当对话框弹出后,将一直保留在屏幕上,但不影响本应用程序其他窗口的运行,用户可以继续在对话框的父窗口或其他窗口中操作;当需要使用对话框时,只需单击对话框区域就可以在其界面上操作。Windows 系统中记事本程序的查找和替换对话框,就是典型的非模式对话框。

12.4.2 创建对话框程序

本节将通过建立一个计算器模式对话框程序来讲解创建对话框的方法和步骤。

1. 建立应用程序框架

12.2 节中介绍的步骤,利用应用程序向导建立一个名为 EX12_3 的单文档项目。

2. 创建对话框资源

在打开的项目中,首先选择菜单“视图”|“其他窗口”|“资源视图”来打开资源视图,然后按如下步骤创建一个计算器对话框资源。

(1) 选择菜单“编辑”|“添加资源”,或者在打开的资源视图中的任何一个标签上右击弹出菜单,在其中选择“添加资源”菜单项,系统将弹出“添加资源”对话框。

(2) 在对话框中选择 Dialog 选项,如图 12.17 所示,然后单击“新建”按钮,或双击 Dialog 标签,这时将打开对话框资源编辑器,在对话框资源编辑器中显示了一个只有“确定”按钮和“取消”按钮的简单对话框面板,如图 12.18 所示。

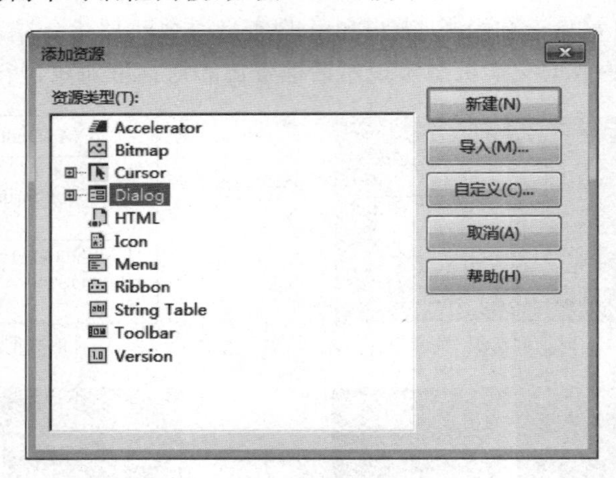

图 12.17 “添加资源”对话框

选择菜单“视图”|“工具箱”打开工具箱视图,工具箱中有多个控件图标,用户可以单击其中一个使按钮选中,然后在简单对话框面板的空白处单击或者拖动出一个矩形,就会在对话框上添加一个对应类型的控件。

(3) 第(2)步添加的简单对话框的属性都是默认生成的,可以在“属性”窗口中修改对话框或者控件的属性。一般来说,属性窗口都停靠在右侧,如果看不到属性窗口,可以选择菜单项“视图”|“属性窗口”,或者用快捷键 Alt+Enter 来打开,具体如图 12.19 所示。

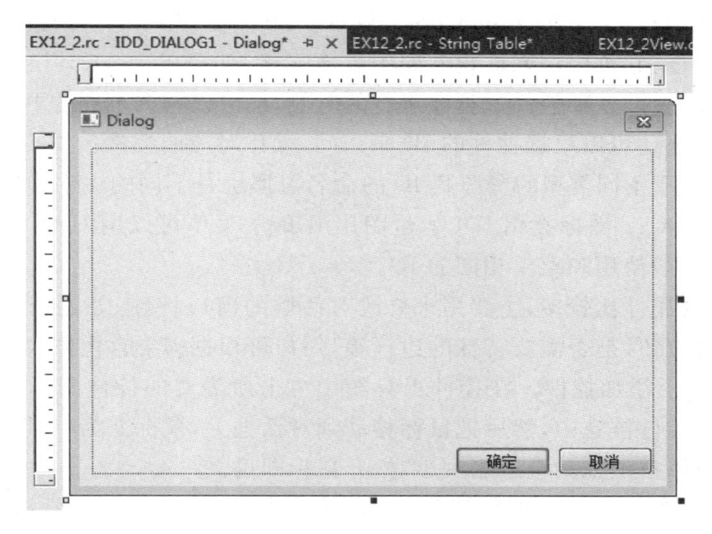

图 12.18 对话框编辑器和简单对话框面板

(a) 按字母排序　　　　(b) 按分类排序

图 12.19 属性窗口

属性窗口内的内容有两种排序显示方式：按字母排序和按分类排序，通过属性窗口上方的按钮可以切换，如图 12.19(a)和图 12.19(b)所示。可以设置对话框的行为、外观、位置、字体及杂项等，其中有几个主要的属性。

- ID，资源标识符，用于区分不同的对话框资源，是对话框类和资源关联的标识。
- Caption，标题，显示在对话框标题栏上的字符串内容，本实例可以改为“计算器”。
- Font，字体，对话框及控件默认使用的字体，不同的字体影响对话框的实际尺寸。
- XPos、YPos，位置坐标值，如果不为 0 就可以设定对话框的左上角在父窗口上的位置，如果全为 0，则对话框居中显示。
- Menu，菜单，可以设置对话框所需要的菜单资源 ID。

其中最重要的是 ID 值，用户可以根据需要修改此标识符，本例是为了建一个计算器对话框,就可以把该 ID 改为 IDD_CALCULATOR。ID 值在 Visual C++程序中的意义非常重要,通常用大写字母,它可以用来标识不同的界面元素,如菜单项、工具栏按钮,也用来标识对话框或窗口上放置的各种控件。程序运行的时候,就可以根据不同的 ID 为各种界面元素进行消息映射,程序还可以根据控件的 ID 来访问、操作对应的控件。

在 VC++中,对于不同类型的资源其 ID 的命名习惯也是不同的:对话框的前缀是 IDD_;控件类的前缀是 IDC_;图标类用 IDI_;位图用 IDB_;菜单可以用 IDM_或者直接用 ID_;工具栏上的按钮一般使用和菜单相同的 ID。

对话框的外观属性比较多,主要用来修改对话框的窗口特性,如是否需要标题条,是否要最大化、最小化按钮,是否需要特殊的边框等,用户可根据需要自由修改。

(4) 在对话框上添加控件。在控件工具箱中单击所需要的控件图标,此时控件的背景变蓝,表示此类型控件被选中,然后把鼠标移动到对话框上,鼠标变为“十”字光标,可以直接单击,也可以在对话框上拖动至适当大小,松开鼠标即可。

计算器的界面布局可以按如图 12.20 所示的方式设计:在控件工具箱中选择控件并添加到对话框上,然后选择每一个控件,属性窗口的内容也同步变成所选控件的属性,像修改对话框属性一样来设置控件的 ID、Caption 等属性。

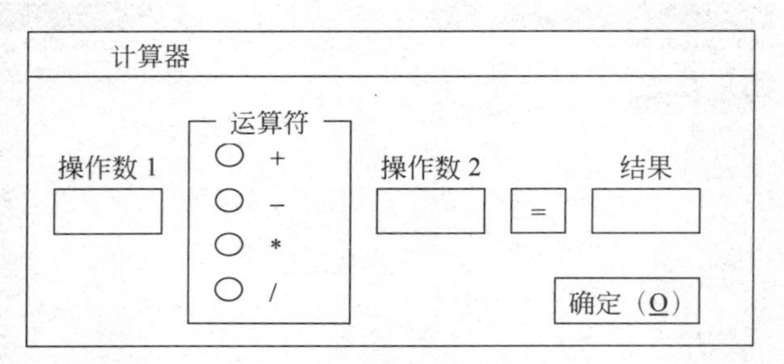

图 12.20 计算器对话框的布局

在图 12.20 中,操作数 1、操作数 2 以及结果都用 Edit Box(文本框)控件,运算符用到 4 个 Radio Button(单选按钮)控件,“=”和“确定”都是 Button(按钮)控件,具体修改内容如表 12.1 所示。

表 12.1 对话框上添加的控件

控件名称(类型)	ID	Caption(标题)	说明
Static Text(静态文本)	IDC_STATIC	操作数 1	
Edit Box(文本框)	IDC_EDIT_OPERAND1		用于输入操作数 1
Group Box(分组框)	IDC_STATIC	运算符	
Radio Button(单选按钮)	IDC_RADIO_ADD	+	Group 属性为 True
Radio Button(单选按钮)	IDC_RADIO_SUB	-	
Radio Button(单选按钮)	IDC_RADIO_MUL	*	
Radio Button(单选按钮)	IDC_RADIO_DIV	/	
Static Text(静态文本)	IDC_STATIC	操作数 2	用于输入操作数 2
Edit Box(文本框)	IDC_EDIT_OPERAND2		
Button(按钮)	IDC_BTN_CALC	=	用于执行计算操作
Edit Box(文本框)	IDC_EDIT_RESULT		用于显示计算结果
Button(按钮)	IDOK	确定(&O)	退出程序的按钮

为了使对话框上的控件布局更加整齐、美观，可以使用“格式”菜单中的各种功能来进行调整，或者单击“对话框编辑器”工具栏中的按钮来实现同样的功能，如图 12.21 所示。

图 12.21　“对话框编辑器”工具栏

工具栏中有 14 个按钮，从左到右的各个功能分别为：测试对话框、左对齐、右对齐、上边界对齐、下边界对齐、在对话框中垂直居中、在对话框中水平居中、水平等距排列、垂直等距排列、使水平尺寸大小相同、使垂直尺寸大小相同、使尺寸大小完全相同、显示辅助格点、显示辅助标尺网格。例如要实现图 12.19 中运算符 4 个按钮的左对齐，可以用鼠标在对话框上拖曳出一个矩形把 4 个按钮全部选中，然后单击“左对齐”按钮和“垂直等距排列”按钮，注意，轮廓上有黑色选择标识的控件就是操作的标准，所有控件都会和该控件的左侧对齐。

(5) 调整控件的 Tab 顺序，控件的 Tab 顺序是指在对话框上每次按下 Tab 键时，控件拥有输入焦点的轮换次序。选择“格式”菜单下的“Tab 键顺序”菜单项，或者使用快捷键 Ctrl+D，就进入了 Tab 顺序编辑状态，再选择此菜单或按 Esc 键，也可以在对话框外进行其他操作都会退出该编辑状态。进入 Tab 顺序编辑状态后，每个控件左上角都会出现一个数字标签，顺序单击这些控件，就会调整控件的 Tab 顺序，如图 12.22 所示。

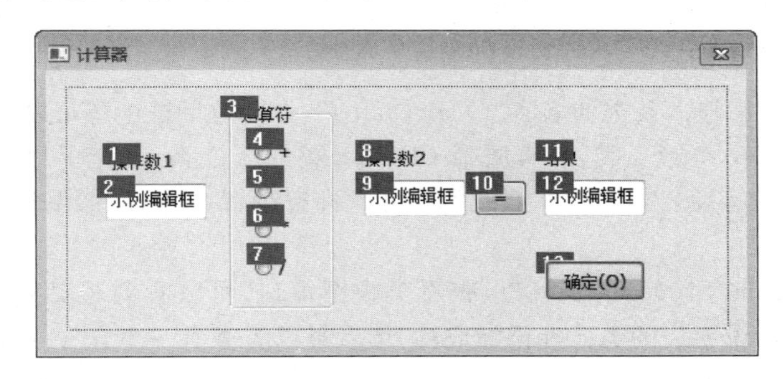

图 12.22　调整 Tab 键顺序

4 个运算符在计算时只能有一个起作用，即 4 个单选按钮必须在某一时刻只能有一个被选中，因此需要对这 4 个单选按钮编组，按照图 12.22 所示的 Tab 顺序，必须把顺序最小的单选按钮(本例中为 4 号按钮)的 Group 属性设为 True，这样从该按钮开始的 4、5、6、7 号就成为一组，如果还想再建立一组单选按钮，只需要把下一组第一个按钮的 Group 属性设为 True 即可。

12.4.3　添加对话框类

对话框资源建好以后，就可为其添加对应的对话框类，具体方法如下。

(1) 用对话框编辑器打开并显示前一节中创建的对话框，选择“项目”|“新建类”菜单，或者在对话框面板上任何位置右击，在弹出的菜单中选择“新建类”，接下来会显示一个“欢

迎使用 MFC 添加类向导”对话框,如图 12.23 所示。

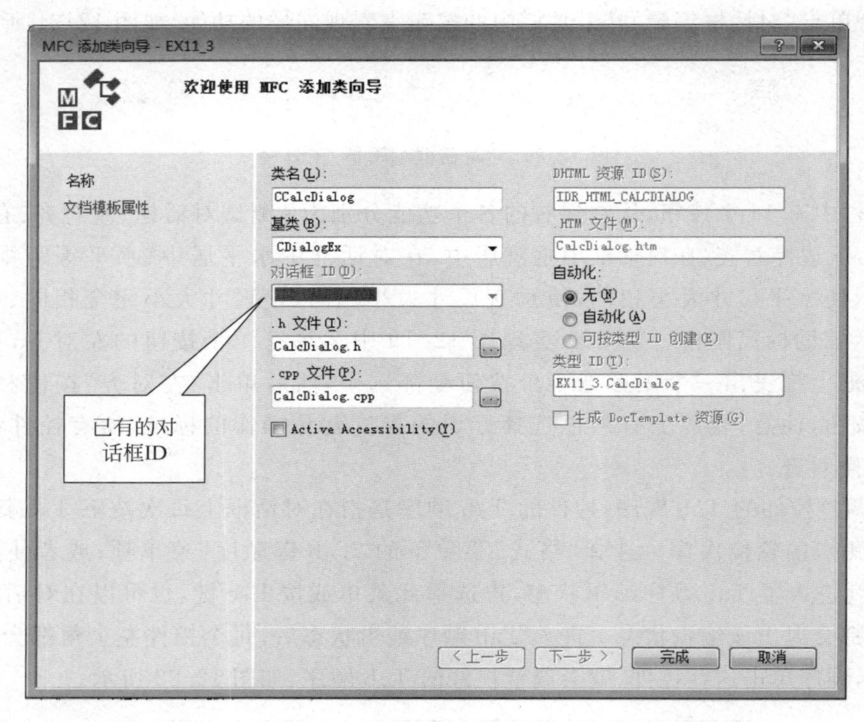

图 12.23 新建生成对话框类向导

(2) 在“类名”中输入新类的名字“CCalcDialog”,在此对话框中还可以选择新类的基类,可以看到基类是 CDialogEx 类(其实质是 CDialog 类的派生类,扩充了原来的 CDialog 类,新增了一些功能和特性)。另外,在窗口中还可以进行设置,在此全部保持默认值,单击“完成”按钮继续执行。

(3) 回到 Visual Studio 的主窗口,查看类视图窗口,可以看到逻辑树上新增加了一个 CCalcDialog 标签,说明新的类已经添加成功,读者可以先查看一下这个类的头文件和实现文件,研究一下它是如何定义的;然后启动类向导工具,要保证“类名”组合框中选择的是 CCalcDialog 类,打开“成员变量”选项卡,在下面的列表框中显示了对话框控件和对应的成员变量的映射关系,在新建的对话框类中,还没有成员变量与控件对应,如图 12.24 所示。

对话框资源和对话框类相关联,对话框中的控件与对话框类中的成员变量相对应,建立起映射关系,变量值发生变化则控件的状态也应该发生变化,反之,对控件进行操作改变了它的状态,成员变量的值也应该随之更新。

在“成员变量”列表中选择控件 IDC_EDIT_OPERAND1,然后直接双击此 ID,或者单击“添加变量”按钮,弹出如图 12.25 所示的对话框,输入变量名 m_sOperand1,由于选择的控件是文本框,其主要用途就是输入或显示浮点数,因此变量的类别选 Value(数值)型,而变量的数据类型选 float,另外推荐填写变量的注释内容,以养成好的编程习惯。

其他的控件对应的成员变量可以参考表 12.2 的内容进行设置。

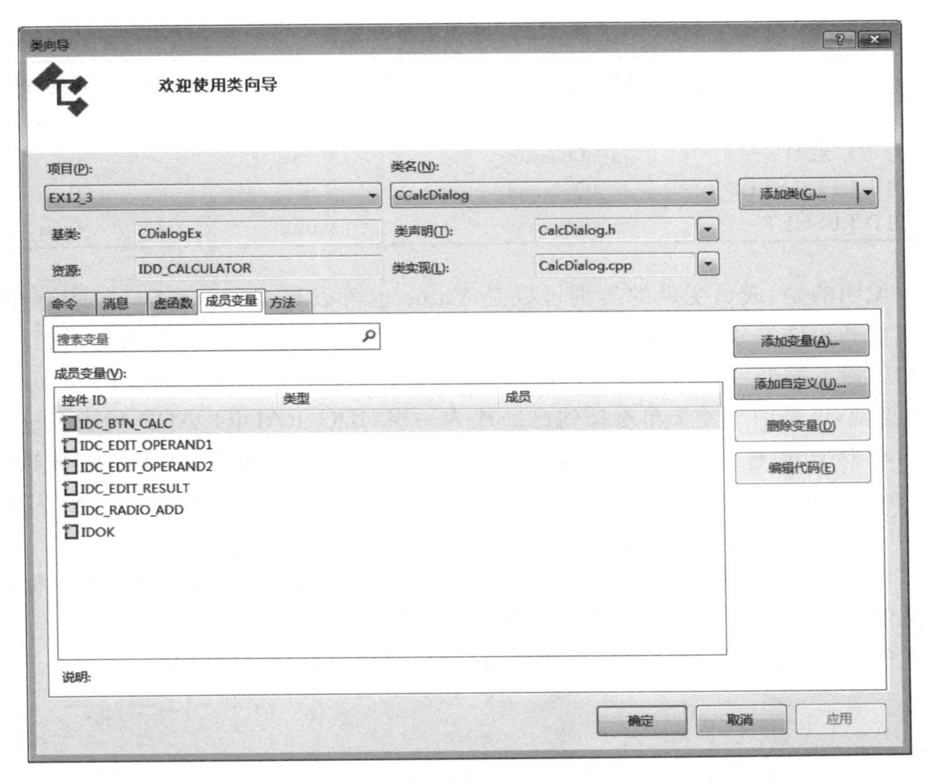

图 12.24　用类向导为对话框添加控件对应的成员变量

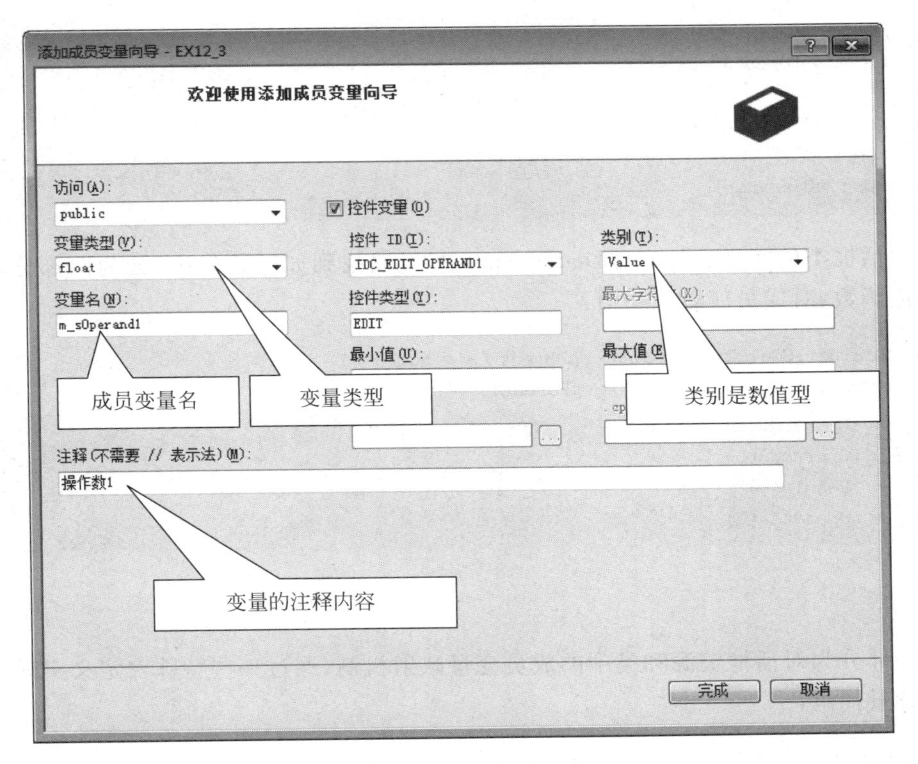

图 12.25　添加成员变量

表 12.2 成员变量设置表

ID	类成员变量名	类别	成员变量的数据类型
IDC_EDIT_OPERAND1	m_fOperand1	Value	float
IDC_RADIO_ADD	m_nOperator	Value	int
IDC_EDIT_OPERAND2	m_fOperand2	Value	float
IDC_EDIT_RESULT	m_fResult	Value	float

需要说明的是,成员变量的类别可以是 Value 也可以是 Control,Value 表示用一个数值型的变量和控件的数据相对应,而 Control 则是建立一个控件类的对象与对话框资源上的控件相映射。另外,在表 12.2 中,可以看到只有一个运算符单选按钮的 ID 并且成员变量设为 int 类型,这是因为 4 个单选按钮已经成为一组,IDC_RADIO_ADD 代表了这个整体,在选择的时候只能有一个选中,因此就可以用一个整数代表哪一个按钮被选中,m_nOperator 可以是 0、1、2、3 中的一个数值,当"+"选中时,nOperator=0,当"/"选中时,nOperator=3。

为对话框的控件添加完成员变量后,在类视图窗口中双击 CCalcDialog 类的标签,就可以打开类的头文件 CalcDialog.h,看到类的定义部分。

在类中可以看到如下灰色背景的代码,这部分实现成员变量的定义:

```
    …
public:
    //操作数 1
    float m_fOperand1;
    //操作数 2
    float m_fOperand2;
    //结果
    float m_fResult;
    //运算符号
    int m_nOperator;
```

在对话框类的实现文件 CalcDialog.cpp 中,可以找到如下的代码,分为两部分,第一部分为构造函数,对成员变量赋初值:

```
CCalcDialog::CCalcDialog(CWnd * pParent /* = NULL */)
    : CDialogEx(IDD_CALCULATOR, pParent)
    , m_fOperand1(0)
    , m_fOperand2(0)
    , m_fResult(0)
    , m_nOperator(0)
{
}
```

第二部分为对话框资源和类中的成员变量映射机制,通过一些特殊宏定义实现,参见如下灰色背景代码:

```
void CCalcDialog::DoDataExchange(CDataExchange * pDX)
```

```
{
    CDialogEx::DoDataExchange(pDX);
    DDX_Text(pDX, IDC_EDIT_OPERAND1, m_fOperand1);
    DDX_Text(pDX, IDC_EDIT_OPERAND2, m_fOperand2);
    DDX_Text(pDX, IDC_EDIT_RESULT, m_fResult);
    DDX_Radio(pDX, IDC_RADIO_ADD, m_nOperator);
}
```

此部分代码至关重要，如果没有 DoDataExchange()函数，系统就无法实现对话框资源和成员变量的数据交换。在对话框类中，要得到控件的内容并使其存储在成员变量中，或者把成员变量的值转换为控件的内容，可以使用成员函数 UpdateData()完成这一双向映射功能，其函数原型如下：

```
BOOL UpdateData(BOOL bSaveAndValidate = TRUE);
```

当参数 bSaveAndValidate 为 True 时，把控件的内容映射为成员变量的值，反之，当参数为 False 时，把成员变量转换为控件的内容。

在对话框基类 CDialog 中还定义了虚函数 OnInitDialog()，此函数在对话框建立以后被自动调用，通常用于初始化对话框的成员变量、对控件设定初始状态等操作，用户可以在派生类中重写它。

要实现计算器的功能，还需要添加计算功能的代码，主要通过为"="按钮添加消息响应函数，然后在该函数中进行计算并显示结果。可以使用类向导工具为 CCalcDialog 类添加 IDC_BTN_CALC 的响应函数，也可以在对话框编辑器中，直接在"="按钮上双击，就会为 CCalcDialog 类添加一个 OnBnClickedBtnCalc ()消息响应成员函数，然后可以加入如下灰色背景代码：

```
//CCalcDialog 消息处理程序
//按钮消息响应函数
void CCalcDialog::OnBnClickedBtnCalc()
{
    UpdateData(TRUE);                        //映射控件内容到成员变量
    switch(m_nOperator)                      //4 种运算符
    {
    case 0:                                  //加法
        m_fResult = m_fOperand1 + m_fOperand2;
        break;
    case 1:                                  //减法
        m_fResult = m_fOperand1 - m_fOperand2;
        break;
    case 2:                                  //乘法
        m_fResult = m_fOperand1 * m_fOperand2;
        break;
    case 3:                                  //除法
        m_fResult = m_fOperand1/m_fOperand2;
        break;
    default:                                 //其他错误分支
        return;
    }
    UpdateData(FALSE);                       //映射成员变量值到控件内容，把 m_fResult 值显示出来
}
```

细心的读者如果向上翻看代码，应该还会发现如下的程序语句：

```
BEGIN_MESSAGE_MAP(CCalcDialog, CDialogEx)
    ON_BN_CLICKED(IDC_BTN_CALC, &CCalcDialog::OnBnClickedBtnCalc)
END_MESSAGE_MAP()
```

其中 ON_BN_CLICKED( )宏调用，就建立了控件 ID 和类成员函数之间的绑定关系。

12.4.4 运行对话框程序

前面已经创建了对话框资源和对话框类，下面就可以通过在主程序的视图窗口上双击来激活对话框，然后在对话框中进行计算，具体步骤如下。

(1) 为 CEX12_3View 类添加双击消息映射，读者可以利用前面 12.3 节学过的方法，用类向导工具添加 WM_LBUTTONDBLCLK 的消息映射函数。这里再介绍一种新的方法，利用属性窗口的消息列表添加消息映射。首先，在类视图中单击 CEX12_3View 视图类的名字标签，右侧的属性窗口随之改变内容，在属性窗口上方找到并单击消息列表切换按钮，在下面的消息列表中选择 WM_LBUTTONDBLCLK，单击右侧的下拉按钮，在下面出现的"< Add > OnLButtonDbClick"文字所在行上单击，OnLButtonDblClk()消息处理函数就直接添加到视图类中，如图 12.26 所示。

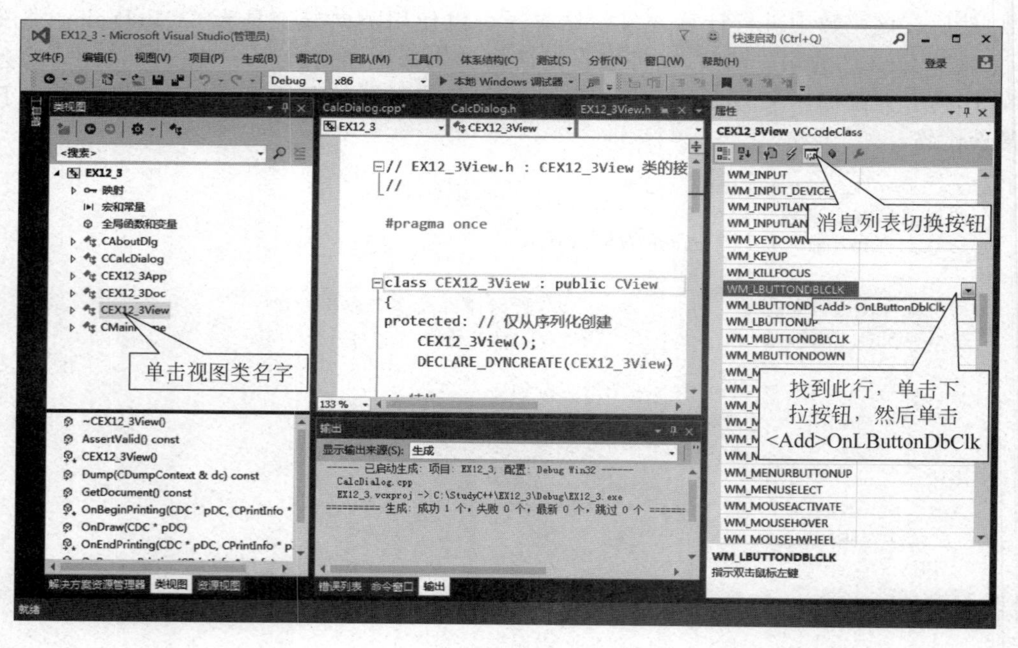

图 12.26 利用属性窗口的消息列表添加消息映射

(2) CEX12_3View 类的实现文件 EX12_3View.cpp 被自动打开，光标停在新增加的消息响应函数 OnLButtonDblClk()中，请读者在函数中填写如下灰色背景代码：

```
void CEX12_3View::OnLButtonDblClk(UINT nFlags, CPoint point)
{
```

```
    //TODO: 在此添加消息处理程序代码和/或调用默认值
    CCalcDialog dlg;                //定义对话框对象
    dlg.DoModal();                  //显示对话框
    CView::OnLButtonDblClk(nFlags, point);
}
```

要显示模式对话框，就需要调用对话框类的 DoModal()成员函数，该函数会把输入操作限制在弹出的对话框上，只有对话框退出或关闭后，才把控制权交还给父窗口，DoModal()函数之后的代码才能继续执行，DoModal()函数可以有返回值，用来判断在对话框中单击哪一个按钮关闭的对话框，如单击"确定"按钮，就会返回 IDOK 值，如果单击了"取消"按钮就会返回 IDCANCEL 值，接下来的程序就可以根据此返回值判断该对话框是否进行了有效的操作。

(3) 在 EX12_3View. cpp 文件的开头添加包含头文件代码 #include "CalcDialog. h"，这样就可以在 CEX12_3View 类中使用前面新建的计算器对话框类了。

(4) 在 Visual Studio 中选择菜单项"生成"|"生成解决方案"，完成程序的编译、连接，生成 EX12_2. exe 程序，然后选择菜单项"调试"|"开始调试"运行该程序，或者单击工具栏中的按钮 ▶ 本地 Windows 调试器 ▾ 运行程序。

(5) 在程序的窗口中双击，就会弹出设计好的"计算器"对话框，结果如图 12.27 所示。

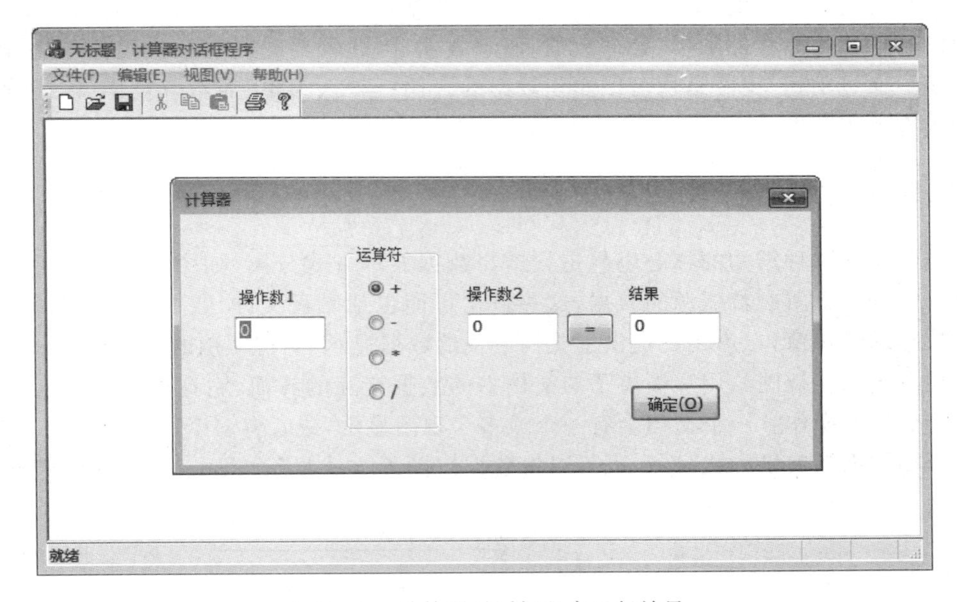

图 12.27 计算器对话框程序运行效果

可以再输入两个操作数，选择一种运算符，然后单击"="按钮，就能实现计算并显示结果。单击"确定"按钮可以退出对话框。

12.4.5 Windows 常用控件

在前面的内容中可以看到，对话编辑器的控件工具箱中有很多种控件，而每一种控件在

MFC 中都有一个响应的类与之对应，这些类都是从 CWnd 类继承过来的，控件通过向父窗口发送通知消息来表明发生了某种事件，表 12.3 中列出了最常用的 6 种控件。

表 12.3 常用控件

控件类型	MFC 类	功能
静态控件	CStatic	显示一些固定不变的文字或图形描述
按钮	CButton	用来产生某些动作或命令
编辑框	CEdit	可完成文字的输入、编辑文字的窗口
列表框	CListBox	显示一个列表，让用户从中选取一个或多个选项
滚动条	CScrollBar	通过滚动块在滚动条上的移动来改变某些数值
组合框	CComboBox	把列表框和编辑框组合在一起，既能选择列表中已有的项，还能编辑生成新的选项

12.5 文档和视图

在 Visual C++的应用程序框架中，最重要的两种就是单文档(SDI)程序和多文档(MDI)程序，显然这两种类型的程序都是基于文档/视图结构的，文档类和视图类是应用程序框架中最重要的两个类，文档用于管理程序的数据，视图用于显示文档和与用户交互，每一程序的目的无外乎存储数据、处理数据、显示数据，因此程序的大部分代码都与这两个类有关。用户通过文档/视图结构可以实现数据的存储、读写、编辑、显示等操作，因此理解好这两个类有助于掌握 MFC 应用程序设计的原则和方法。

12.5.1 文档和视图的关系

文档与视图这种结构的核心思想是数据与数据显示方式分离，如图 12.28 所示。文档对象负责管理来自所有数据源的数据，这些数据可能包括磁盘文件、数据库、网络、端口等。视图是数据的用户窗口，为用户提供了文档可视的数据显示，它把文档的部分或全部内容在窗口中显示出来。视图给用户提供了与文档中的数据交互的界面，它把用户的输入转化为对文档中数据的操作。一个文档会有一个或多个视图显示，或者有多个不同的视图。例如，我们可以将数据以表格方式显示，也可以将数据以图形方式显示。而一个视图只能与一个文档关联。

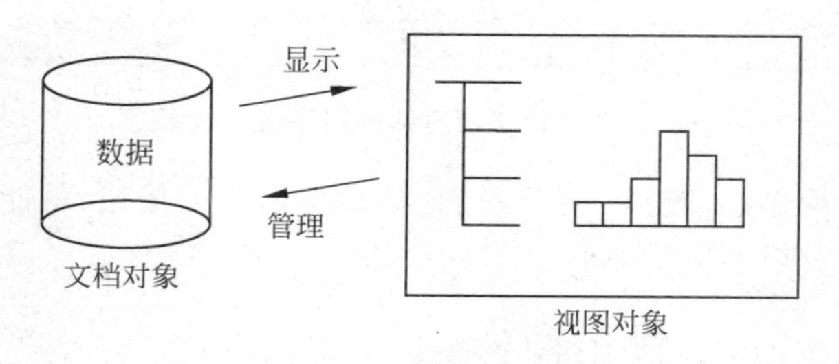

图 12.28 文档与视图的关系

12.5.2 文档和视图类常用的成员函数

以单文档应用程序为例，文档类的基类是 CDocument 类，封装了新建、打开、保存、另存为、关闭等标准操作接口，实现了序列化操作接口、提供了一些实用的虚函数，可以在派生类中改写，还提供了对视图的访问接口。所有视图类的基类都是 CView 类，提供了对文档对象的访问函数，还有对文档更新后的响应函数等。

1. CDocument 类的 OnNewDocument()函数

该函数是虚函数，应用程序新建文件时会自动调用，在派生类中可以重写此函数，用来清除旧的数据，添加对文档对象重新初始化的代码。

2. CDocument 类的序列化 Serialize 函数

虚函数，在文档类内部的打开、保存文件操作机制中被访问，使用一个存档对象作为参数，假设新建的文档派生类名为 CMyDoc，则重写的序列化函数如下：

```
void CMyDoc::Serialize(CArchive& ar)
{
    if (ar.IsStoring())                          //判断是存储还是载入
    {
        //用来添加数据的保存代码
    }
    else
    {
        //用来添加数据的载入代码
    }
}
```

由前面的内容可以知道，CArchive 与文件类相似，因此可以实现数据的文件读写。

3. CDocument 类的 UpdateAllViews( )函数

一个文档对象可能关联着多个视图对象，因此当文档对象的数据发生变化时，所有的相关视图必须随之更新，文档类的 UpdateAllViews 函数就起到了通知所有视图对象刷新的作用，在该函数内部有一个循环可以访问所有的视图对象的指针，然后通过指针调用视图对象的 OnUpdate 函数，达到刷新视图显示的作用，UpdateAllViews 的函数原型是：

```
void UpdateAllViews(CView * pSender, LPARAM lHint = 0L,CObject * pHint = NULL);
```

其中，pSender 为要更新的视图对象指针，后两个参数为附加的修改信息。在 CDocument 类的派生类对该函数的一般用法就是使 pSender＝NULL，另外两个参数采用默认值，如下：

```
UpdateAllViews(NULL);
```

4. CView 类的 GetDocument( )函数

一个视图对象只有一个文档对象与之关联，在视图类中定义了一个 GetDocument()成员函数,通过调用它可以得到相关联的文档对象指针,假设 CMyDoc 是 CDocument 类的派生类,CMyView 是 CView 类的派生类,GetDocument 函数原型为:

```
CMyDoc * CMyView::GetDocument() const;
```

5. CView 类的 OnInitialUpdate( )函数

视图类的初始化更新函数是虚函数,其调用的时刻比较特殊,当相关联的文档对象执行了新建、打开命令后,并在窗口重新绘制函数执行前,会被程序框架自动调用。

在派生类中可以重写此函数,根据文档信息实现视图对象的初始化工作,例如,当文档的显示尺寸是固定的且超出了视图窗口的显示范围时,就可以根据文档大小设置视图滚动条的滚动范围。

6. CView 类的 OnDraw()函数

OnDraw 函数也是以虚函数形式在 CView 类中定义的,用于绘图,当窗口重绘时,应用程序框架会自动调用此函数,调用的时机类似于前述的 Win32 程序框架中的 WM_PAINT 消息处理分支程序中,视图对象的显示能力主要体现在该函数上,其函数原型为:

```
void OnDraw(CDC * pDC);
```

参数 pDC,是 CDC(图形设备环境)类指针变量,可以由此指针访问 CDC 类的各种绘图函数,实现绘图功能。CDC 类实现了对 Win32 程序框架中 GDI 绘图函数机制的封装。

12.6 文档和视图程序实例

本节将以一个简单的例子说明文档视图结构的原理与应用,此例子说明了如何在视图中显示文档中的字符串数据,具体步骤如下。

(1) 参考 12.2 节内容,用应用程序向导创建一个名为“EX12_4”的单文档程序。

(2) 在 Visual Studio 中打开类视图,然后在逻辑树中双击 CEX12_4Doc 名字标签打开 EX12_4Doc.h 头文件,并在 CEX12_4Doc 类中添加如下灰色背景代码:

```
class CEX12_4Doc : public CDocument
{
protected:                                          //仅从序列化创建
    CEX12_4Doc();
    DECLARE_DYNCREATE(CEX12_4Doc)
//特性
protected:
    CString m_sTheString;                           //字符串变量
public:
    CString & GetTheString()                        //返回字符串的引用
    {
        return m_sTheString;
    }
```

```
//重写
public:
    virtual BOOL OnNewDocument();
    …
```

(3) 对文档类中定义的成员变量 m_sTheString 初始化。在类视图中，单击 CEX12_4Doc 标签，在下方的成员列表中选择构造函数 CEX12_4Doc()并且双击，打开该文档类的实现文件 EX12_4Doc.cpp，并定位到找到的构造函数，请添加如下代码：

```
CEX12_4Doc::CEX12_4Doc()
{
    m_sTheString = L"Hello Document and View.";               //为字符串对象赋初值
}
```

(4) 实现文档中字符串的文件读写操作。在 EX11_4Doc.cpp 文件中找到 Serialize(…)函数的函数体，然后添加如下代码：

```
void CEX12_4Doc::Serialize(CArchive& ar)
{
    if (ar.IsStoring())
    {
        ar.WriteString(m_sTheString);                      //保存字符串到磁盘文件
    }
    else
    {
        ar.ReadString(m_sTheString);                       //从磁盘文件读取一行字符串
    }
}
```

程序中利用 CArchive 类的成员函数 ReadString()实现对字符串的文件读写操作。

(5) 为视图类的 OnDraw()函数添加绘图代码。在类视图中，找到并单击视图类 CEX12_4View 的名字标签，在下面的成员列表中找到 OnDraw(…)函数名，双击，于是打开该视图类的实现文件 EX12_4View.cpp，并定位到 OnDraw(…)函数，添加如下灰色背景代码：

```
void CEX12_4View::OnDraw(CDC * pDC)                    //把原来的/* pDC */注释去掉
{
    CEX12_4Doc * pDoc = GetDocument();
    ASSERT_VALID(pDoc);
    if (!pDoc)return;
    pDC->MoveTo(20, 20);                               //画笔起点(20,20)
    pDC->LineTo(300, 20);                              //画线直到 300,20)
    pDC->TextOut(70, 30, pDoc->GetTheString());  //在(70,30)位置绘制字符串
    pDC->MoveTo(20, 60);                               //画笔起点(20,60)
    pDC->LineTo(300, 60);                              //画笔起点(300,60)
}
```

在以上代码中可以看到，OnDraw()函数原来定义了一个 CEX12_4Doc 类指针变量 pDoc，然后调用 GetDocument()函数为其初始化，于是 pDoc 指向关联的文档对象，CDC 类的 TextOut 函数的作用是在指定位置绘制一个字符串，通过调用 pDoc|GetTheString()就得到了文档对象中的字符串数据。

(6) 在 Visual Studio 中单击工具栏中的按钮 ▶ 本地 Windows 调试器 · 运行程序，程序最终运行效果如图 12.29 所示。

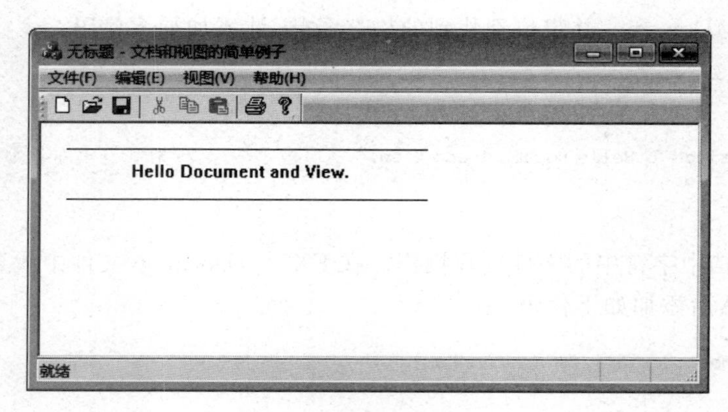

图 12.29　文档与视图例子程序

12.7　本章小结

1. MFC 库和应用程序框架

MFC 包含用来开发 C++程序和 Windows 程序的基础类，提供了大量的工具类，可以提高程序员的编程效率，还提供了一系列 Windows 应用程序框架，定义了应用程序的结构，实现了应用程序的公共部分，封装了大部分的 Windows API 函数，充分利用了 C++中虚函数的技术优势，降低了编程难度，提高了应用程序的开发速度和质量。

本章中以一个单文档程序(SDI)为例，说明如何使用应用程序向导和建立应用程序框架的具体过程。

2. 对话框及常用控件

主要介绍对话框的构成和分类，即由对话框资源和对话框类构成，并有模式和非模式两大类型；还介绍了创建一个简单对话框程序的详细过程，包括创建程序框架、创建对话框资源、添加对话框类，最后运行程序，并且对对话框中常用的空间进行了简单的阐述。

3. 文档和视图

文档与视图结构的核心思想是数据与数据显示方式分离，文档对象负责管理数据，视图是把数据以某种形式在窗口中显示出来，并给用户提供了与文档中的数据交互的界面。在 MFC 中，文档类 CDocumen 封装了许多标准界面操作接口，实现了序列化操作接口及对视图的访问接口。所有视图类的基类都是 CView 类，它提供了对文档对象的访问函数，还有对文档更新后的相应函数等，用户可以在其派生类中改写虚函数，以合理的方式显示文档对象中存储的数据。

习题

12-1 一个 Windows 窗口程序框架都有哪些部分构成？

12-2 什么是消息？消息的构成是怎样的？

12-3 创建一个对话框程序，用对话框输入学生的姓名、性别、年龄等信息。

12-4 创建一个单文档程序，在窗口中间显示文字"我的 Windows 程序"。

12-5 创建一个单文档程序，在窗口中绘制一个九宫格，并在每格中间显示 1～9 的数字。

第13章 综合设计实例——简单绘图程序

本章要点：

- 功能需求描述
- 系统的分析与设计
- 程序实现过程

本章将介绍建立一个简单绘图程序的具体过程，利用 MFC 单文档程序框架，可以使用鼠标实现矢量图形元素的交互式绘制，逻辑上设计图形对象基类，然后派生各具体图元类，并实现虚函数，本章的内容将会涉及本书面向对象部分的主要知识点，包括自定义类、构造函数、析构函数、继承、虚函数、模板、STL 等。

13.1 功能需求

要求设计完成一个简单的矢量绘图系统，界面实现的布局如图 13.1 所示。

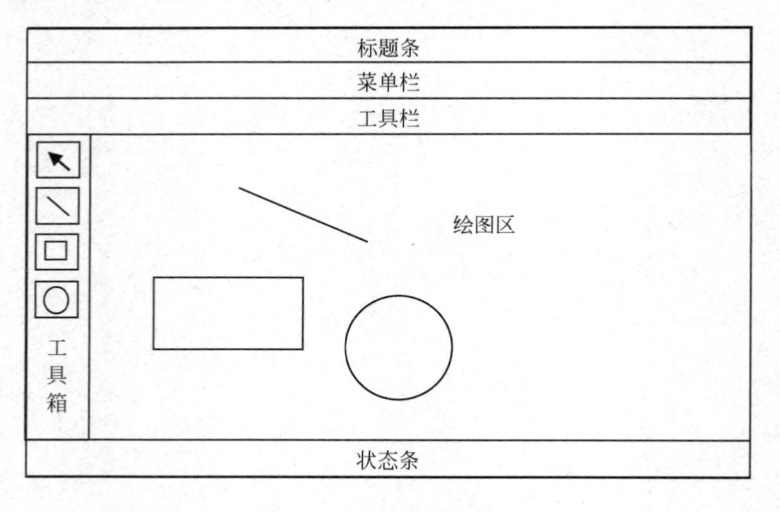

图 13.1 软件界面布局图

具体要求如下：

(1) 要求用 MFC 单文档程序框架(SDI)实现。

(2) 可以通过选择菜单项或工具箱的按钮来选择绘图工具类型，在绘图区绘制线段、矩形、圆基本图形元素。

（3）可以文本格式保存绘制的图形。

13.2　分析与设计

13.2.1　图形元素的类逻辑设计

首先对各种图形元素（图元，图13.2）进行分析，可以发现各种图形元素具有一些相同的属性和操作功能，如图形元素的位置、颜色、线型、线宽等基本属性，还有绘制图形、生成格式字符串等操作，把这些共性的属性和操作提炼出来，就可以得到图元基类CShapeObject，在此基础上就可以派生出具体的图元子类。

线段类CSOLine，直接从CShapeObject类派生而来，线段的属性也因此从基类继承得到，一条线段最重要的几何特征是构成此线段的两个端点，第一个端点可以使用基类的位置属性，第二个端点则需要新增一个点数据成员，除此以外，绘制操作则必须利用Windows系统的GDI接口API函数实现绘图。

矩形类CSORect，与线段类类似，矩形可以由对角线两个点决定，所以从CSOLine类派生，不同的是，绘制时需要画4条直线即可。

圆类CSOCircle，从CShapeObject类派生，以基类总的位置为圆的中心，新增一个半径长度的数据成员，绘制时，可以用小的直线段按圆周连接的方法绘制。

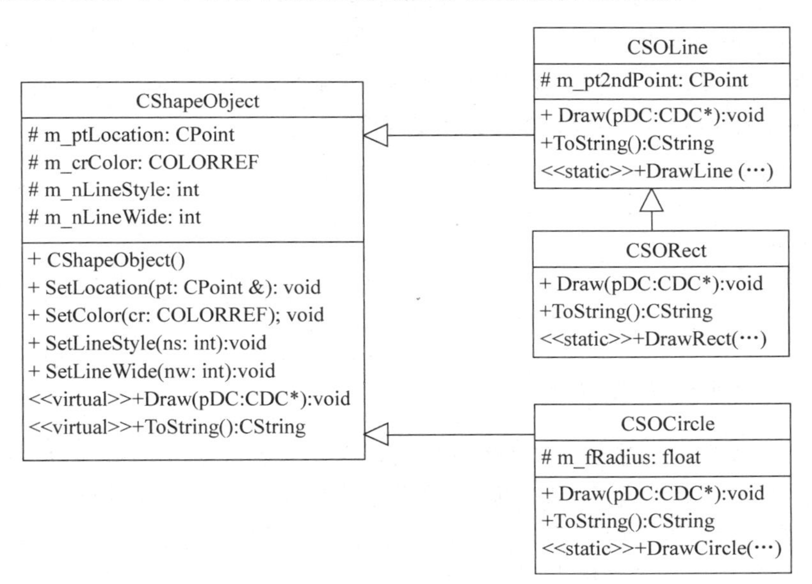

图13.2　图元类设计图

由于基类中的Draw( )函数并没有实际意义，因此完全可以把它们设计成纯虚函数，而CShapeObject自然成为抽象类，即只能用作基类和定义指针与引用。

13.2.2 图元的存储管理

由于本程序是一个交互式的绘图程序，用户可以选择三种不同的图元工具中的任何一种进行绘图，而且绘制的图元数量无法确定，因此需要一个特殊的容器能够同时存放这三种不同类型的图元对象，并且存储对象的空间是可以动态变化的。比较理想的方案就是利用STL的vector或者list容器来容纳图元的基类指针，在每次完成一个图元的绘制操作后，就动态地生成一个该类的对象，然后把对象指针插入到容器中，当程序关闭时，再释放所有对象占用的内存空间。

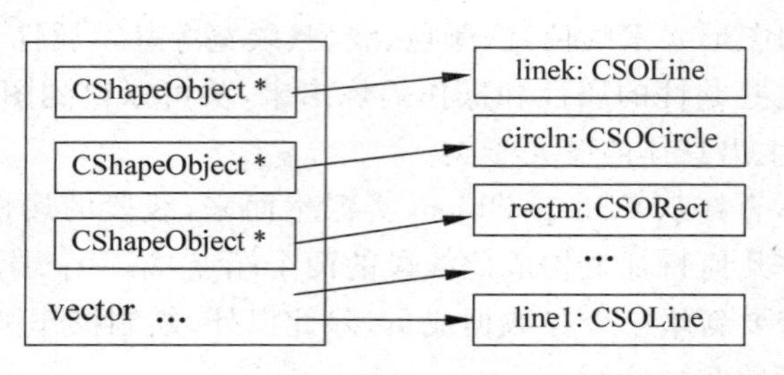

图 13.3 图元存储管理模型

为起到抛砖引玉的作用，本例存储到磁盘的图形文件的格式只简单包含了图元的类型标识字符串和几何数据，以行为单位，格式如下：

类型标识　x坐标值1　y坐标值1　<x坐标值2　y坐标值2><圆半径值>

其中类别标识分为LINE、RECT、CIRCLE三种，分别代表线段、矩形、圆三种类型。LINE和RECT类型后有4个数值，以空格分开，分别为起点和终点x、y坐标。CIRCLE类型后跟圆的中心坐标和半径值，具体格式可如下例：

```
LINE 145 114 168 123
RECT 330 110 421 167
RECT 428 182 517 242
CIRCLE 217 307 57.80
…
```

13.2.3 图元的绘制操作

图元的交互式绘制主要利用鼠标的三个消息响应机制来实现，首先选择某种图元类型，然后在绘图区某个位置单击，记录为起点，然后拖动鼠标，此时会以虚线模式绘制一个临时的图元，当鼠标左键在某个位置抬起时，此为终点，就根据起点和终点坐标生成一个对应类型的图元对象，然后把其指针插入到容器中。

基于MFC文档/视图的设计模式，应该把图元容器对象定义在文档类中，交互操作和绘制都在视图类中实现。

绘制操作的实质就是对容器中的所有对象指针遍历一次，然后逐个调用虚函数Draw()来实现图元对象的绘制，充分体现出面向对象程序设计中的运行时多态机制的优点。

13.3 程序实现

13.3.1 建立 SDI 应用程序框架

开发绘图程序的第一步是使用 Visual Studio 的应用程序向导来建立绘图程序的基本框架，具体步骤如下。

(1) 启动 Visual Studio 工具，选择菜单“文件”|“新建”|“项目”，打开新建项目界面，选择 Visual C++|MFC|MFC 应用程序，在“名称”中输入项目名 MyDraw，把“位置”定位于 C:\StudyC++\文件夹中，单击“确定”按钮。

(2) 在“应用程序类型”界面中，选择“单个文档”类型。项目类型选择“MFC 标准”，其他使用默认值即可，然后单击“下一步”按钮。

(3) 在“文档模板属性”窗口中，输入文件扩展名为 mgef，再填写主框架标题为“我的绘图工具”，其他保持默认值，如图 13.4 所示，然后单击“下一步”按钮。

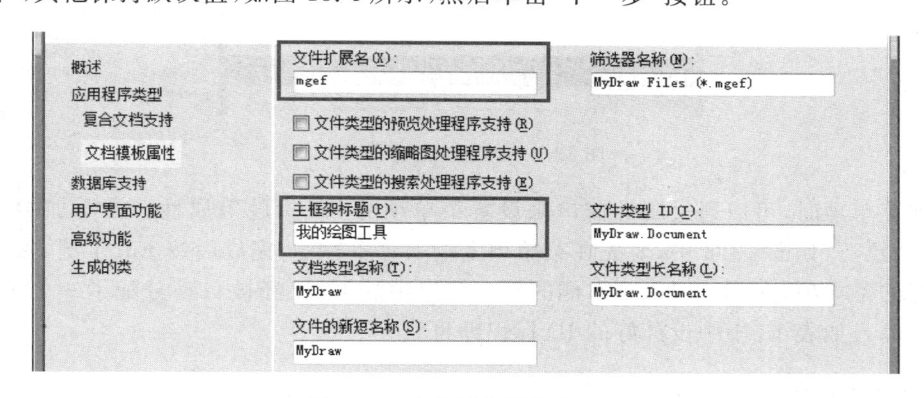

图 13.4　文档模板属性的设置

(4) 在后续的向导对话框中都保持默认值，在最后一步的窗口中，单击“完成”按钮。

应用程序向导自动生成了完整的单文档程序框架，读者可以在 Visual Studio 中单击工具栏中的按钮 ▶ 本地 Windows 调试器 运行程序，可以看到此时程序已经具备了界面布局的初步外观。

13.3.2 建立菜单和工具条

为了让绘图软件通过选择菜单和工具按钮开始绘图，必须设计绘图工具菜单和工具条，然后添加消息映射，编写消息处理函数实现绘图功能。

1. 添加菜单资源

在资源视图窗口中，展开 MyDraw.rc 节点，打开 Menu 分类下的 IDR_MAINFRAME 菜单资源，然后插入一个“工具”主菜单，再添加如表 13.1 所示的各菜单项及属性值，结果如图 13.5 所示。

表 13.1 工具菜单的命令 ID 和标题

Caption 标题	ID 标识	Prompt 菜单提示
选择(&S)	ID_TOOL_SELECT	选择操作\n选择
线段(&L)	ID_TOOL_LINE	绘制线段\n线段
矩形(&R)	ID_TOOL_RECT	绘制矩形\n矩形
圆(&C)	ID_TOOL_CIRCLE	绘制圆形\n圆形

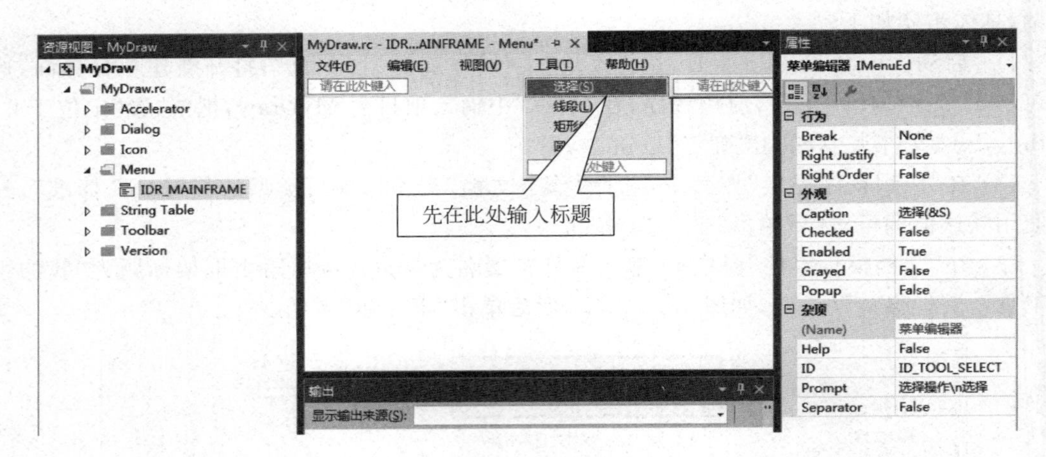

图 13.5 添加工具菜单项

添加菜单项时,可以通过属性窗口来设置菜单项的 ID、标题等属性。在添加中文菜单时,有一个技巧,如图 13.5 中,要先在菜单项上输入菜单标题,完成后按 Enter 键,然后再选择刚建好的菜单项,此刻可以看到右侧的属性窗口中的 ID 已经被自动分配了一个编号,这时再重新输入如表 13.1 中设计好的 ID 标识即可。

2. 添加工具条资源

在资源视图窗口中,展开"MyDraw. rc"节点,看到 Toolbar 分类下有个 IDR_MAINFRAME 标签,这是程序框架默认的工具条。我们需要为程序新增加一个工具条资源:单击选中 Toolbar 分类标签,然后选择菜单项"编辑"|"添加资源",在接下来弹出的"添加资源"界面中单击"新建"按钮。于是可以看见在 Toolbar 分类下增加了一个 IDR_TOOLBAR1 标识,在此标签上单击,在属性窗口中,把 ID 修改为 IDR_DRAWTOOLS,然后在资源视图器中双击此 ID,在右侧出现的工具按钮编辑器中添加 4 个按钮,如图 13.6 所示,并且把每个按钮对应的 ID 设为如表 13.1 所示即可。

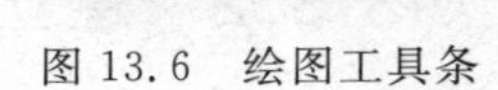

图 13.6 绘图工具条

13.3.3 添加图形元素类

按照图 13.2 中对图元类的结构定义,可以很容易地设计出各个类的具体实现代码,通过在 Visual Studio 2015 中选择菜单项"项目"|"添加类..."工具来添加每个新的 C++类。

(1) 在"一般 C++类向导"窗口中,输入类名 CShapeObject,并且确保勾选了"虚析构函数”和“内联”两项。图元基类 CShapeObject 仅有一个头文件，主要实现代码如下：

```
//头文件 ShapeObject.h
#pragma once
class CShapeObject
{
protected:
    CPoint     m_ptLocation;                    //位置点
    COLORREF   m_crColor;                       //颜色
    int        m_nLineStyle;                    //线型
    int        m_nLineWide;                     //线宽
public:
    CShapeObject()                              //构造函数
    {
        m_ptLocation.x = m_ptLocation.y = 0;
        m_crColor = RGB(0, 0, 0);
        m_nLineStyle = PS_SOLID;
        m_nLineWide = 1;
    }
    virtual ~CShapeObject()                     //虚析构函数
    {  }
    //绘制纯虚函数,参数为 CDC 指针
    virtual void Draw(CDC * pDC) = 0;
    //为了实现文件存储,格式化为字符串
    virtual CString ToString()
    {
        CString ss;
        //在此仅将位置数据的 X、Y 坐标值转换为符串,其他数据略
        ss.Format(L"%d %d", m_ptLocation.x, m_ptLocation.y);
        return ss;
    }
};
```

(2) 添加直线段 CSOLine 类，基类选择 CShapeObject，则直线类由两个文件实现：

```
//头文件 SOLine.h:
#pragma once
#include "ShapeObject.h"                        //必须包含基类头文件
//线段类
class CSOLine : public CShapeObject             //实现继承
{
protected:
    CPoint m_pt2ndPoint;                        //第二个点
public:
    CSOLine(CPoint &p1, CPoint &p2);
    //绘制纯虚函数,参数为设备指针
    void Draw(CDC * pDC);
    //格式化为字符串
    CString ToString();
    //静态绘制线段函数
    static void DrawLine(CDC * pDC, CPoint &p1, CPoint &p2, int mode);
```

```
};
```

下面是实现 CSOLine 类的 SOLine.cpp 文件的主要内容：

```
#include "stdafx.h"
#include "SOLine.h"

//构造函数,使用了初始化表
CSOLine::CSOLine(CPoint &p1, CPoint &p2):  m_pt2ndPoint(p2)
{
    m_ptLocation = p1;
}
//绘制纯虚函数,参数为设备指针
void CSOLine::Draw(CDC * pDC)
{
    //声明一个画笔对象,利用线型、线宽、颜色参数
    CPen pen(m_nLineStyle, m_nLineWide, m_crColor);
    CPen *poldpen;
    poldpen = pDC->SelectObject(&pen);        //选择画笔,返回原来画笔对象指针
    pDC->MoveTo(m_ptLocation);                //画笔起点
    pDC->LineTo(m_pt2ndPoint);                //画线到终点
    pDC->SelectObject(poldpen);               //恢复原来画笔对象(必须,否则会出现内存泄漏)
}
//格式化为字符串,格式:LINE X1 Y1 X2 Y2
CString CSOLine::ToString()
{
    CString ss;
    //第一组坐标字符串用基类的 ToString()函数获得
    ss.Format(L"LINE %s %d %d", CShapeObject::ToString(),
              m_pt2ndPoint.x,
              m_pt2ndPoint.y);
    return ss;
}
//静态绘制虚线段函数
void CSOLine::DrawLine(CDC *pDC, CPoint &p1, CPoint &p2, int mode)
{
    //声明一个画笔对象,虚线、1 像素、黑色
    CPen pen(PS_DOT, 1, RGB(0, 0, 0));
    CPen *poldpen;
    poldpen = pDC->SelectObject(&pen);        //选择画笔
    pDC->SetROP2(mode);                       //设置绘制模式
    pDC->MoveTo(p1);                          //画笔起点
    pDC->LineTo(p2);                          //画线到终点
    pDC->SelectObject(poldpen);               //恢复画笔
}
```

(3) 添加矩形图元类 CSORect，基类选择 CShapeObject，矩形图元类，同样由两个文件实现，内容如下：

```
//头文件 SORect.h:
#include "SOLine.h"
```

```
//矩形图元类
class CSORect : public CSOLine                    //从线段类派生,第二个点作为对角线点
{
public:
    //构造函数
    CSORect(CPoint &p1, CPoint &p2);
    //绘制纯虚函数,参数为设备指针
    void Draw(CDC * pDC);
    //格式化为字符串
    CString ToString();
    //静态绘制矩形函数
    static void DrawRect(CDC * pDC, CPoint &p1, CPoint &p3, int mode);
};
```

下面是 CSORect 类 SORect.cpp 文件的主要内容：

```
//构造函数
CSORect::CSORect(CPoint &p1,CPoint &p2):CSOLine(p1,p2)
{  }
//绘制函数,参数为设备指针
void CSORect::Draw(CDC * pDC)
{
    //声明一个画笔对象,利用线型、线宽、颜色参数
    CPen pen(m_nLineStyle,m_nLineWide,m_crColor);
    CPen * poldpen;
    poldpen = pDC->SelectObject(&pen);                    //选择画笔
    pDC->MoveTo(m_ptLocation.x,m_ptLocation.y);          //起点 0
    pDC->LineTo(m_pt2ndPoint.x,m_ptLocation.y);          //1
    pDC->LineTo(m_pt2ndPoint.x,m_pt2ndPoint.y);          //2
    pDC->LineTo(m_ptLocation.x,m_pt2ndPoint.y);          //3
    pDC->LineTo(m_ptLocation.x,m_ptLocation.y);          //画线回到起点
    pDC->SelectObject(poldpen);                          //恢复画笔
}
//格式化为字符串,格式:RECT X1 Y1 X2 Y2
CString CSORect::ToString()
{
    CString ss;
    ss.Format("RECT %s %d %d",CShapeObject::ToString(),m_pt2ndPoint.x,
m_pt2ndPoint.y);
    return ss;
}
//静态绘制矩形函数,虚线框
void CSORect::DrawRect(CDC * pDC,CPoint &p1,CPoint &p3,int mode)
{
    CPoint p2,p4;                   //p1,p2,p3,p4 为矩形框连续的 4 点,p1,p3 作为对角线已知
    p2.x = p3.x;   p2.y = p1.y;                          //得到 p2 点坐标
    p4.x = p1.x;   p4.y = p3.y;                          //得到 p4 点坐标
    DrawLine(pDC,p1,p2,mode);                            //调用基类的 CSOLine 画虚线静态函数
    DrawLine(pDC,p2,p3,mode);
    DrawLine(pDC,p3,p4,mode);
    DrawLine(pDC,p4,p1,mode);
```

```
}
```

(4) 圆类 CSOCircle,比基类增加了半径成员和绘制虚线圆的静态函数。

```
//头文件 SOCircle.h
#pragma once
#include "ShapeObject.h"
class CSOCircle : public  CShapeObject
{
protected:
    //半径
    float m_fRadius;
public:
    CSOCircle(CPoint &pt, float fr);
    //绘制纯虚函数,参数为设备指针
    void Draw(CDC * pDC);
    //格式化为字符串
    CString ToString();
    //静态绘制圆
    static void DrawCircle(CDC * pDC, CPoint &p1, float fr, int mode);
};
```

下面是 CSOCircle 类 SOCircle.cpp 文件的主要内容:

```
//实现文件 SOCircle.cpp
#include "stdafx.h"
#include "SOCircle.h"
//构造函数
CSOCircle::CSOCircle(CPoint &pt, float fr)
{
    m_ptLocation = pt;
    m_fRadius = fr;
}
//绘制纯虚函数,参数为设备指针
void CSOCircle::Draw(CDC * pDC)
{
    //声明一个画笔对象,利用线型、线宽、颜色参数
    CPoint pttmp;
    float  frad = 0;
    float  funit = 10 * 3.14159f / 180.0f;     //10 度对应的弧度值
    CPen pen(m_nLineStyle, m_nLineWide, m_crColor);
    CPen * poldpen;
    poldpen = pDC->SelectObject(&pen);         //选择画笔
    for (int i = 0; i <= 36; i++)              //把圆周分成 36 份,用线段逐段首尾连接而成
    {
        frad = funit * i;
        pttmp.x = int(m_ptLocation.x + m_fRadius * cosf(frad));
        pttmp.y = int(m_ptLocation.y + m_fRadius * sinf(frad));
        if (i == 0)pDC->MoveTo(pttmp);         //起点
        else pDC->LineTo(pttmp);               //画线到终点
    }
    pDC->SelectObject(poldpen);                //恢复画笔
```

```
}
//格式化为字符串,格式 CIRCLE X  Y  radius
CString CSOCircle::ToString()
{
    CString ss;
    ss.Format(L"CIRCLE %s %5.2f", CShapeObject::ToString(), m_fRadius);
    return ss;
}
//静态函数,绘制虚线圆
void CSOCircle::DrawCircle(CDC *pDC, CPoint &p1, float fr, int mode)
{
    //声明一个画笔对象,利用线型、线宽、颜色参数
    CPoint pttmp;
    float  frad = 0;
    float  funit = 10 * 3.14159f / 180.0f;
    CPen pen(PS_DOT, 1, RGB(0, 0, 0));
    CPen *poldpen;
    pDC->SetROP2(mode);

    poldpen = pDC->SelectObject(&pen);          //选择画笔
    for (int i = 0; i <= 36; i++)
    {
        frad = funit * i;
        pttmp.x = int(p1.x + fr * cosf(frad));
        pttmp.y = int(p1.y + fr * sinf(frad));
        if (i == 0)pDC->MoveTo(pttmp);          //起点
        else pDC->LineTo(pttmp);                //画线到终点
    }
    pDC->SelectObject(poldpen);                 //恢复画笔
}
```

13.3.4　框架类的实现

由于要在程序中添加一个停靠在左侧的工具条，就需要在 CMainFrame 框架类中加入工具条对象的定义和初始化的代码。首先加入新建一个工具条 CToolbar 对象，在 CMainFrame 的头文件 MainFrm. h 中，找到 m_wndToolBar 定义的位置，然后添加如下的灰色背景代码：

```
protected:                                      //控件条嵌入成员
    CToolBar        m_wndToolBar;
    CToolBar        m_wndDrawToolBar;
    CStatusBar      m_wndStatusBar;
```

接着打开 CMainFrame 类的 OnCreate 函数，添加如下灰色背景的代码，请注意对象名和资源标识。

```
if (!m_wndToolBar.CreateEx(this, TBSTYLE_FLAT, WS_CHILD|WS_VISIBLE|
    CBRS_TOP| CBRS_GRIPPER|CBRS_TOOLTIPS|CBRS_FLYBY|CBRS_SIZE_DYNAMIC) ||
```

```
    !m_wndToolBar.LoadToolBar(IDR_MAINFRAME))
{
    TRACE0("未能创建工具栏\n");
    return -1;                                  //未能创建
}
//生成工具条对象
if (!m_wndDrawToolBar.CreateEx(this, TBSTYLE_FLAT, WS_CHILD|WS_VISIBLE|
CBRS_LEFT|CBRS_GRIPPER|CBRS_TOOLTIPS|CBRS_FLYBY|CBRS_SIZE_DYNAMIC)||
    !m_wndDrawToolBar.LoadToolBar(IDR_DRAWTOOLS))
{
    TRACE0("未能创建绘图工具栏\n");
    return -1;           //fail to create
}
if (!m_wndStatusBar.Create(this))
{
    TRACE0("未能创建状态栏\n");
    return -1;                                  //未能创建
}
m_wndStatusBar.SetIndicators(indicators,sizeof(indicators)/sizeof(UINT));
//TODO：如果不需要可停靠工具栏,则删除这三行
m_wndToolBar.EnableDocking(CBRS_ALIGN_ANY);
EnableDocking(CBRS_ALIGN_ANY);
DockControlBar(&m_wndToolBar);
//停靠绘图工具条到左侧
m_wndDrawToolBar.EnableDocking(CBRS_ALIGN_LEFT);
DockControlBar(&m_wndDrawToolBar);
...
```

13.3.5 文档类的实现

文档类的主要任务是实现图元容器的定义和操作,本设计选用 STL 的向量 vector 作容器,首先在文档类头文件 MyDrawDoc.h 中加入如下代码：

```
#include "ShapeObject.h"
#include <vector>
using namespace std;
```

然后在 CMyDrawDoc 类中定义向量对象,如下面的灰色背景代码所示：

```
class CMyDrawDoc : public CDocument
{
protected:                                  //仅从序列化创建
    CMyDrawDoc();
    DECLARE_DYNCREATE(CMyDrawDoc)
//特性
public:
```

```
    vector<CShapeObject *> m_cAllObjects;          //定义容纳基类指针的容器
    //操作
    public:
…
```

于是对象 m_cAllObjects 就成为能够容纳图元基类指针的向量，而这些指针均指向动态生成图元对象的地址，因此在程序结束时，还应该释放这些对象所占的空间，而这项工作在文档类的析构函数中就可以完成，具体实现如下列代码：

```
CMyDrawDoc::~CMyDrawDoc()
{
    int num = m_cAllObjects.size();                //容器内图元数
    CShapeObject *pso;                             //基类指针
    for(int i = 0;i<num;i++)                       //循环遍历
    {   pso = m_cAllObjects[i];
        delete pso;                                //逐一释放,※必须保证基类定义了虚析构函数
    }
    m_cAllObjects.clear();                         //清空容器
}
```

程序运行以后，文档对象的另一个任务就是保存文件，因此可以利用文档类提供的序列化机制，在 Serialize 函数中，访问所有的图元对象，然后调用其虚函数 ToString()，就可以得到每个图元对应的格式字符串，然后把字符串用 ar 对象的 WriteString 函数保存到文件中，添加如下灰色背景代码即可：

```
//CMyDrawDoc 序列化
void CMyDrawDoc::Serialize(CArchive& ar)
{
    if (ar.IsStoring())
    {   //TODO: 在此添加存储代码
        int num = m_cAllObjects.size();
        for (int i = 0; i<num; i++)                     //循环遍历
        {   //调用对象的 ToString(),对象可能不同,但是 ToString()是统一虚函数接口
            ar.WriteString(m_cAllObjects[i]->ToString());
            ar.WriteString(L"\r\n");                    //换行
        }
    }
    else
    {   //TODO: 在此添加加载代码
    }
}
```

13.3.6 视图类的实现

为了区分在程序运行时用户选择的绘图工具类型，特别在视图类的 MyDrawView.h 头

文件的开头定义了一个枚举类型,这样只要在视图类中声明一个枚举变量,当单击某个工具按钮时,就在命令响应函数中把该枚举赋值为对应的枚举常量,这样鼠标接下来在视图区操作时,判断此枚举变量,就能和其他的操作类型区别开来,其中 4 个常量分别代表选择、画线、画矩形、画圆 4 种工作状态。另外,在 CMyDrawView 类中添加主要的成员变量,具体定义见如下灰色背景代码:

```
//MyDrawView.h : CMyDrawView 类的接口
#pragma once
//枚举类型,用来区分绘图工具类型
enum ENUM_DRAWTOOLS { EDT_SELECT, EDT_LINE, EDT_RECT, EDT_CIRCLE };

//视图类
class CMyDrawView : public CView
{
protected:                                          //仅从序列化创建
    CMyDrawView();
    DECLARE_DYNCREATE(CMyDrawView)
//特性
public:
    CMyDrawDoc * GetDocument() const;

    ENUM_DRAWTOOLS m_eCurTools;             //当前选择的绘图工具类型
    bool m_bLButtonDown;                    //鼠标左键按下标识
    CPoint m_ptMousePos1;                   //记录鼠标点 1,用于记录鼠标左键按下时鼠标的位置
    CPoint m_ptMousePos2;                   //记录鼠标点 2,用于记录鼠标左键抬起时鼠标的位置
    CPoint m_ptOldPos;                      //记录旧鼠标点
    float m_fOldRad;                        //记录旧的圆半径
//操作
public:
...
```

为了在绘制过程中能实现“拖动”画图,即在鼠标绘制时,图形也跟着鼠标变化,并以虚线的效果显示,定义的 m_ptOldPos 和 m_fOldRad 就是为了记录上次绘制的“拖动”图形的鼠标位置和圆的半径而增加的辅助数据。

定义好的这些成员变量必须在视图类的构造函数中进行初始化,具体如下:

```
//CMyDrawView 构造/析构
CMyDrawView::CMyDrawView()
{
    //TODO: 在此处添加构造代码
    m_eCurTools = EDT_SELECT;                        //默认选择工具
    m_bLButtonDown = false;                          //鼠标左键没有按下
    m_ptMousePos1.x = m_ptMousePos1.y = 0;           //记录鼠标点 1
    m_ptMousePos2.x = m_ptMousePos2.y = 0;           //记录鼠标点 2
    m_ptOldPos.x = m_ptOldPos.y = 0;                 //旧鼠标位置和半径
    m_fOldRad = 0;
}
```

接下来需要为表 13.1 中给出的菜单 ID 添加命令消息处理函数,在 Visual Studio 中启

动类向导对话框，使“类名”为 CMyDrawView，打开“命令”选项卡，在下面的对象 ID 列表中分别选择 ID_TOOL_SELECT 等 4 个命令 ID，为每个 ID 添加 COMMAND 和 UPDATE_COMMAND_UI 命令响应成员函数，如图 13.7 所示。

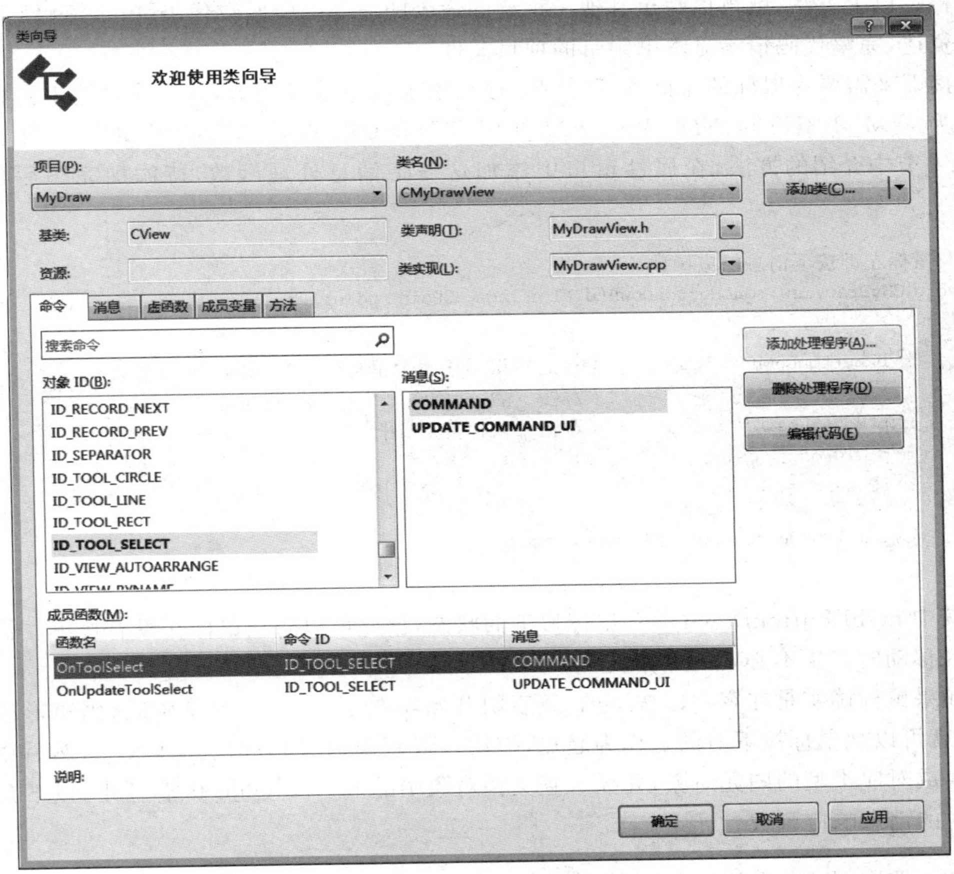

图 13.7 添加命令响应成员函数

操作完成后，单击“确定”按钮关闭类向导，就会看到在 CMyDrawView 类中增加了如下的成员函数，在函数中添加如下灰色背景代码：

```
//"选择"操作的消息响应函数
void CMyDrawView::OnToolSelect()
{
    m_eCurTools = EDT_SELECT;        //设置当前工具类型为 EDT_SELECT
}
//"选择"操作的外观更新响应函数
void CMyDrawView::OnUpdateToolSelect(CCmdUI * pCmdUI)
{
    pCmdUI->SetCheck(m_eCurTools == EDT_SELECT);     //当为选择类型时按钮"凹陷"
}
```

COMMAND消息比较好理解，就是选择了某个菜单项目或者按钮时所收到的消息，而UPDATE_COMMAND_UI消息则是当界面元素显示之前收到的更新消息，例如菜单展开的时候，系统就会发送更新消息，用户就可以在其相应函数里改变菜单的显示样式。

根据以上方法，就可以写出其他三种绘图命令的命令响应函数代码，由于篇幅所限在此不作赘述，完整代码请参见本书附带的项目文件。

接下来需要为鼠标的左键落下、抬起、移动添加消息处理函数，这三个消息对应的符号常量为WM_LBUTTONDOWN、WM_LBUTTONUP、WM_MOUSEMOVE，可以使用12.2.4节中介绍的方法，在属性窗口中添加这三个消息处理函数，待添加完毕后再写入代码：

```
//鼠标左键按下消息响应函数
void CMyDrawView::OnLButtonDown(UINT nFlags, CPoint point)
{
    m_bLButtonDown = true;        //此标识用于表示鼠标确实是在客户区中按下的
    SetCapture();                 //按下后,允许在客户区外捕捉鼠标
    m_ptMousePos1 = point;        //记录鼠标落点(图元起点)
    m_ptOldPos = point;
    m_fOldRad = 0;

    CView::OnLButtonDown(nFlags, point);
}
```

其中m_bLButtonDown表示鼠标按下的状态，据此可以防止鼠标在没有按下左键并在绘图区移动时产生不必要的操作。

如果鼠标确实是在客户区按下的，就表明开始绘图了，此时如果是画线、画矩形或画圆状态，就可以把鼠标按下时的点作为起点，拖动一段距离后又抬起的点作终点，然后用new方法生成对应类型的图元对象，并插入到文档对象中的m_cAllObjects容器中，以下是左键抬起时的消息响应函数。

```
void CMyDrawView::OnLButtonUp(UINT nFlags, CPoint point)
{
    ReleaseCapture();                                    //释放鼠标
    //如果是视图区内按下的鼠标,就是绘图状态
    if(m_bLButtonDown)
    {
        CMyDrawDoc * pDoc = GetDocument();               //得到文档对象指针
        CShapeObject * psonew = NULL;
        float fr = 0;
        CSize szdist;
        m_ptMousePos2 = point;                           //记录第二个鼠标点(图元终点)
        switch(m_eCurTools)                              //根据当前工具类型执行操作
        {
        case EDT_LINE:                                   //画线,生成一个线段对象
            psonew = new CSOLine(m_ptMousePos1,m_ptMousePos2);
            break;
        case EDT_RECT:                                   //画矩形,生成一个矩形对象
```

```
            psonew = new CSORect(m_ptMousePos1,m_ptMousePos2);
            break;
        case EDT_CIRCLE:                              //画圆,计算半径,生成一个圆对象
            szdist = m_ptMousePos2 - m_ptMousePos1;  //两点间的差距
            fr = sqrt(szdist.cx * szdist.cx + szdist.cy * szdist.cy);
            psonew = new CSOCircle(m_ptMousePos1,fr);
            break;
        default:                                      //其他操作,没有
            break;
        }
        if(psonew!= NULL)//如果生成了新对象,就插入容器
        {
            pDoc -> m_cAllObjects.push_back(psonew);
            Invalidate();                             //刷新显示,强制调用 OnDraw()函数
        }
    }
    m_bLButtonDown = false;                           //复位左键落下标识
    CView::OnMouseMove(nFlags, point);
}
```

为了能够在绘制图元时就直接看到它的位置和大小,应该在鼠标按下并“拖动”的过程中动态绘制一个临时的图形,若用虚线绘制则表明它还不是一个最终的图元,要达到这个目的,就要在鼠标移动消息响应函数中先擦除上次绘制的图形,然后根据新的鼠标位置绘制图形,随着“拖动”的继续,应该不断地重复此过程,而擦除和绘制图形都可以通过把 CDC 对象的绘制模式设成 R2_XORPEN 来实现,就像使用了一个具有异或功能的画笔,第一次使用时绘制图形,第二次使用则把上次的图形擦掉了,鼠标移动响应函数代码如下:

```
void CMyDrawView::OnMouseMove(UINT nFlags, CPoint point)
{
    //鼠标没有按下不是绘图状态,就退出函数
    if(m_bLButtonDown == FALSE)
    {
        CView::OnLButtonUp(nFlags, point);
        return;
    }
    CDC * pDC = GetDC();                  //得到当前绘图的 CDC 对象指针
    CSize sztmp;                          //用于表示当前鼠标点和起点位置的坐标差
    float frtmp;                          //表示临时圆的半径
    switch(m_eCurTools)                   //根据当前工具类型执行操作
    {
    case EDT_LINE://画线状态
        //擦掉旧的线
        CSOLine::DrawLine(pDC,m_ptMousePos1,m_ptOldPos,R2_XORPEN);
        //绘制新的线
        CSOLine::DrawLine(pDC,m_ptMousePos1,point,R2_XORPEN);
        break;
    case EDT_RECT:                        //画矩形状态
        //擦掉旧的矩形
```

```
        CSORect::DrawRect(pDC,m_ptMousePos1,m_ptOldPos,R2_XORPEN);
        //绘制新的矩形
        CSORect::DrawRect(pDC,m_ptMousePos1,point,R2_XORPEN);
        break;
    case EDT_CIRCLE:                          //画圆状态
        //擦掉旧的圆
        CSOCircle::DrawCircle(pDC,m_ptMousePos1,m_fOldRad,R2_XORPEN);
        //绘制新的圆
        sztmp = point - m_ptMousePos1;      //计算 x,y 坐标差
        frtmp = sqrt(sztmp.cx * sztmp.cx + sztmp.cy * sztmp.cy);    //计算半径
        CSOCircle::DrawCircle(pDC,m_ptMousePos1,frtmp,R2_XORPEN);
        m_fOldRad = frtmp;
        break;
    default:                                  //其他操作
        break;
    }
    m_ptOldPos = point;                       //记录本次的鼠标位置,用于下次擦除临时图形
    ReleaseDC(pDC);                           //必须释放得到的 CDC 指针
}
```

在图元容器中插入了一些对象后,若此时程序的窗口被其他窗口遮挡或被最小化,而当窗口再次恢复显示时,视图对象的 OnDraw()函数就会被自动调用,默认的 OnDraw()函数并没有任何操作,所以必须在这里加上重新绘制所有图元的代码,这样之前绘制的所有图形才会再次显示出来,如下为具体实现代码:

```
//CMyDrawView 绘制
void CMyDrawView::OnDraw(CDC * pDC)
{   CMyDrawDoc * pDoc = GetDocument();
    ASSERT_VALID(pDoc);
    if (!pDoc)return;
    size_t num = pDoc->m_cAllObjects.size();          //得到容器内的图元数目
    CShapeObject * pso = NULL;                        //基类指针
    for (size_t i = 0; i < num; i++)
    {
        pso = pDoc->m_cAllObjects[i];                 //遍历所有的图元对象指针
        pso->Draw(pDC);                               //调用虚函数 Draw()绘制图元
    }
}
```

另外要注意的是,在视图类的 MyDrawView.cpp 文件中使用了线段、矩形、圆这三个图元类,因此必须在文件的开头添加这三个类的头文件的包含语句:

```
#include "MyDrawDoc.h"
#include "MyDrawView.h"
#include "SOLine.h"
#include "SORect.h"
#include "SOCircle.h"

#ifdef _DEBUG
```

```
#define new DEBUG_NEW
#endif
```

13.4 程序运行结果

在添加完代码后，就可以选择 Build 菜单下的 Build 命令编译、连接该程序，如果程序添加正确就生成了 MyDraw.exe 程序，然后选择 Execute 命令来执行程序，就可以绘图了，选择不同的工具，然后手工在绘图区拖动绘图，如图 13.8 所示就是绘图以后的效果。绘图完成后，还可以保存文件，数据文件用记事本打开看到所存储的内容，如图 13.9 所示。

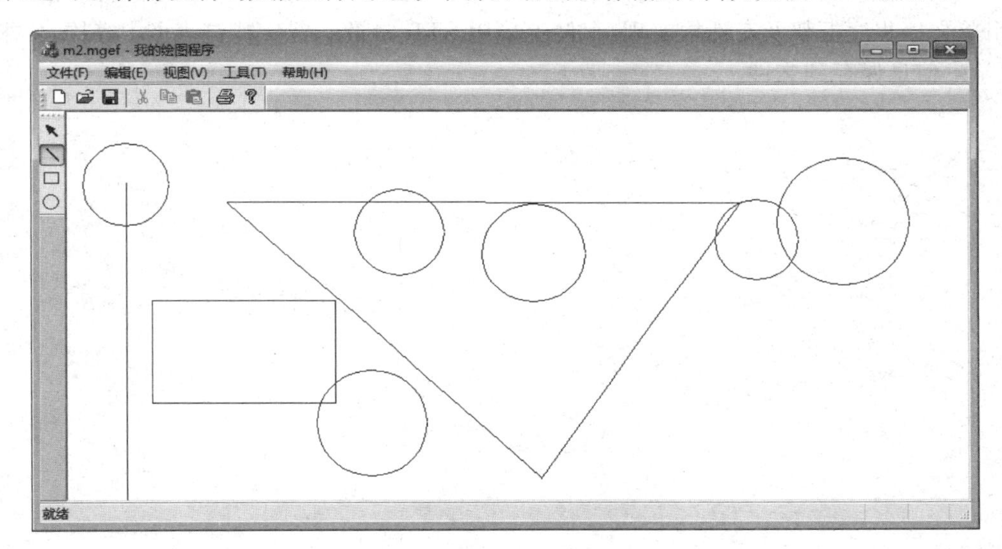

图 13.8 程序运行结果

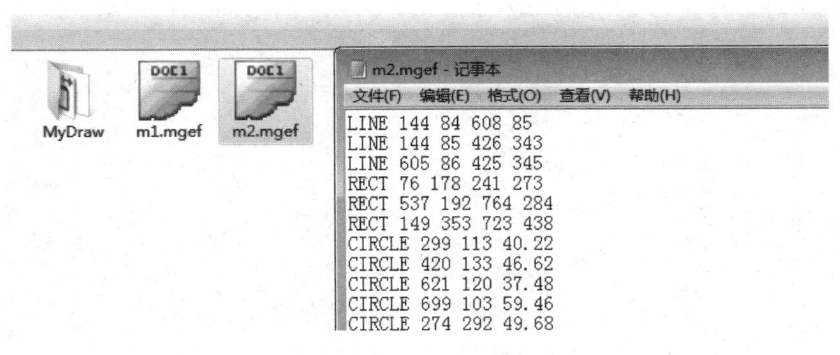

图 13.9 绘图结果保存为数据文件

13.5 本章小结

本章详细地介绍了建立一个简单绘图程序的具体过程，利用 MFC 的 AppWizard 建立了单文档应用程序框架，设计了图元基类及各具体派生类，本章的内容涉及了面向对象主要知识点,包括自定义类、构造函数、析构函数、静态成员、继承、虚函数、抽象类、模板、STL等。最后完成的程序功能比较简单,但却具有一定的实用性,感兴趣的读者可以扩充并完善该程序,使之成为一个功能强大的矢量绘图程序。

习题

13-1 完善本章的实例,能够打开磁盘上保存的图形文件,重现绘制的图形,添加鼠标在视图上选择图元的功能,能够实现删除等功能。

13-2 设计一个小型的学生信息管理系统,可以实现学生信息的录入、查找、修改、删除,用单文档程序框架及对话框实现,存储上采用 STL 向量 vector 或链表 list 容器,要求能够把学生信息保存到文件。

参考文献

[1] Steph Prata. C++ Primer Plus[M]. 6 版. 张海龙，袁国忠，译. 北京：人民邮电出版社，2012.

[2] Bjarne Stroustrup. C++程序设计语言[M]. 裘宗燕，译. 北京：机械工业出版社，2012.

[3] Stanley B Lippman. C++ Primer[M]. 5 版. 王刚，杨巨峰，译. 北京：电子工业出版社，2013.

[4] 李爱华，程磊. 面向对象程序设计(C++语言)[M]. 北京：清华大学出版社，2010.

[5] 钱能. C++程序设计教程[M]. 2 版. 北京：清华大学出版社，2005.

[6] 郑莉，董渊，何江舟. C++语言程序设计[M]. 4 版. 北京：清华大学出版社，2010.

[7] Eric Nagler. C++大学教程[M]. 3 版. 侯普秀，曹振新，译. 北京：清华大学出版社，2005.

[8] 彭木根，王淑凌. C++ STL 程序员开发指南[M]. 北京：中国铁道出版社，2003.

[9] Sinan Si Alhir. UML 高级应用[M]. 韩宏志，译. 北京：清华大学出版社，2004.

[10] Andre Lamothe. Windows 游戏编程大师技巧[M]. 曲文卿，姚君山，钟湄莹，译. 北京：中国电力出版社，2001.

[11] 罗强，蔡乓乓. 循序渐进学 Visual C++ .NET 编程[M]. 北京：北京科海电子出版社，2002.

[12] 李琳娜. Visual C++编程实战宝典[M]. 北京：清华大学出版社，2014.

[13] 郭鑫，陈英. Visual C++项目开发全程实录[M]. 北京：清华大学出版社，2013.

[14] 林俊杰. 新一代 Visual C++ 2005 程序设计[M]. 北京：清华大学出版社，2006.

图书资源支持

感谢您一直以来对清华版图书的支持和爱护。为了配合本书的使用，本书提供配套的资源，有需求的读者请扫描下方的“书圈”微信公众号二维码，在图书专区下载，也可以拨打电话或发送电子邮件咨询。

如果您在使用本书的过程中遇到了什么问题，或者有相关图书出版计划，也请您发邮件告诉我们，以便我们更好地为您服务。

我们的联系方式：

地　　址：北京海淀区双清路学研大厦 A 座 707

邮　　编：100084

电　　话：010－62770175－4604

资源下载：http://www.tup.com.cn

电子邮件：weijj@tup.tsinghua.edu.cn

QQ：883604(请写明您的单位和姓名)

资源下载、样书申请

书圈

用微信扫一扫右边的二维码，即可关注清华大学出版社公众号“书圈”。